21 世纪高等院校自动化类实用规划教材

# 数字电子技术基础

张宏群　主　编

行鸿彦　周先春　张秀再　副主编

清华大学出版社

北　京

## 内 容 简 介

本书概念清楚，实践性强，突出了基础课的特点，强调基础，注重应用，可使学生在学习过程中逐步建立理论联系实际的观点。全书内容共分 8 章，包括数字电路基础、基本逻辑门电路、组合逻辑电路、触发器、时序逻辑电路、脉冲波形的产生与整形、数模与模数转换器、半导体存储器与可编程逻辑器件。

本书可作为高等学校自动化、电子信息、电气、通信、控制和计算机等专业的教材，同时也可供电子信息领域的广大科技工作者学习参考。



**图书在版编目(CIP)数据**

数字电子技术基础/张宏群主编. --北京：清华大学出版社，2014（2023.9重印）
(21 世纪高等院校自动化类实用规划教材)
ISBN 978-7-302-33292-3

Ⅰ. ①数… Ⅱ. ①张… Ⅲ. ①数字电路—电子技术—高等学校—教材 Ⅳ. ①TN79

中国版本图书馆 CIP 数据核字(2013)第 168798 号

**责任编辑**：李春明　郑期彤
**装帧设计**：杨玉兰
**责任校对**：李玉萍
**责任印制**：刘海龙

**出版发行**：清华大学出版社
　　**网　　址**：http://www.tup.com.cn, http://www.wqbook.com
　　**地　　址**：北京清华大学学研大厦 A 座　　**邮　　编**：100084
　　**社 总 机**：010-83470000　　**邮　　购**：010-62786544
　　**投稿与读者服务**：010-62776969, c-service@tup.tsinghua.edu.cn
　　**质量反馈**：010-62772015, zhiliang@tup.tsinghua.edu.cn
　　**课件下载**：http://www.tup.com.cn, 010-62791865
**印 装 者**：三河市铭诚印务有限公司
**经　　销**：全国新华书店
**开　　本**：185mm×260mm　　**印　张**：17.25　　**字　　数**：416 千字
**版　　次**：2014 年 1 月第 1 版　　**印　　次**：2023 年 9 月第 10 次印刷
**定　　价**：49.00 元

产品编号：046894-02

# 前　　言

高等教育对自动化和电气信息类人才的培养提出了更高要求，教材内容更新和定位面临着新的挑战。为适应新形势下数字电子技术的发展和社会需求，依据教育部教学指导委员会颁布的课程教学基本要求，我们组织从事数字电子技术基础教学工作多年的教师编写了此书。教学的实践和体会使我们感到，在器件的更新、技术的发展使教学内容不断增加，而课内教学时数又在减少的形势下，编写一本概念清楚、实践性强、简明扼要、通俗易懂的教材是非常必要的。

本书在编写上具有以下几个特点。

### 1. 强调“保基础，重实践，少而精”的原则

突出基础课的特点，强调基础，尽量简化分析，注重应用，使学生在学习过程中逐步建立理论联系实际的观点。在内容组织上以讲清组合逻辑电路和时序逻辑电路的分析方法和设计方法为主线来介绍各种逻辑器件的功能及应用，贯彻理论联系实际和少而精的原则，加强了对中规模集成电路的应用。对课程教学基本要求中必须掌握的基本概念、基本原理和基本分析方法做到讲深讲透，并注意讲清思路，启发思维，以培养举一反三的能力。

### 2. 突出了集成电路的内容

除门电路和触发器较多涉及内部电路外，加大了对集成芯片及系列产品的介绍和应用举例，把侧重点放在对集成电路的认知和使用方面，以培养学生的应用能力，加强学生的工程意识。

### 3. 增加可读性

本书内容通俗易懂，便于学生学习。在讲解的过程中，注意引导学生对概念的理解，引发学生开放性的思维方式，选用大量的应用实例，利用不同的方法，培养学生从不同的渠道对同一个问题进行讨论，加深学生对所学知识的理解。

本书主要内容包括数字电路基础、基本逻辑门电路、组合逻辑电路、触发器、时序逻辑电路、脉冲波形的产生与整形、数模与模数转换器、半导体存储器与可编程逻辑器件等。

本书编写单位为南京信息工程大学。全书由张宏群副教授任主编，并负责统稿和定稿；行鸿彦教授、周先春副教授、张秀再讲师任副主编；刘建成副教授任主审。具体分工如下：张宏群编写第 1、2、3 章，张秀再编写第 4、5 章，周先春编写第 6、7 章，刘建成编写第 8 章；行鸿彦对全书进行了审阅。

本书的出版得到了江苏省“十一五”高等学校重点专业建设项目(序号 164)的支持，也得到了南京信息工程大学教材建设基金项目和精品课程“数字电子技术基础”建设基金的支持，同时，清华大学出版社给予了大力帮助，在此表示诚挚的感谢。另外，对本书选用的参考文献的著作者，在此致以真诚的感谢。限于编者水平，书中一定还有许多不完善之处，殷切期望读者给予批评指正。

编　者

# 目　录

# 第 1 章

# 数字电路基础

【教学目标】

本章主要讲解数字电路的基本概念，如模拟信号与数字信号的概念、数制与编码的基本概念，并对几种常用的数制和各种数制之间的转换关系，以及几种常用的编码作了必要的介绍。要求了解数字电路的信号特点和电路性质，理解各种数制的特点，掌握各种进制之间的转换方法。

## 1.1 模拟信号与数字信号

电子电路中的信号可以分为两大类：模拟信号和数字信号。模拟信号是指时间连续、数值也连续的信号。数字信号是指时间上和数值上均离散的信号，如电子表的秒信号、生产流水线上记录零件个数的计数信号等，这些信号的变化发生在一系列离散的瞬间，其值也是离散的。

在电子设备中，处理模拟信号的电路称为模拟电路，处理数字信号的电路称为数字电路。与模拟电路相比，数字电路主要具有以下优点。

(1) 数字电路结构简单，制造容易，便于集成和系列化生产，成本低，使用方便。

(2) 数字电路不仅能够完成算术运算，而且能够完成逻辑运算，具有逻辑推理和逻辑判断能力，因此被称为数字逻辑电路或逻辑电路。

(3) 由数字电路组成的数字系统，抗干扰能力强，可靠性高，精确性和稳定性好，便于使用、维护和进行故障诊断。

## 1.2 数制与编码

按进位的原则进行计数，称为进位计数制，简称数制。每一种数制都有一组特定的数码，例如，十进制数有 10 个数码，二进制数只有 2 个数码，而十六进制数有 16 个数码。每种数制中允许使用的数码总数称为基数或底数。

在任意一种数制中，任意一个数都由整数和小数两部分组成，并且具有两种书写形式：位置记数法和多项式表示法。

### 1.2.1 数制

#### 1. 十进制

十进制数的基数 $R$=10，它采用 10 个不同的数码，分别为 0、1、2、…、9，进位规则是“逢十进一”。

若干个数码并列在一起可以表示一个十进制数。例如，对于 435.86 这个数，小数点左边第一位的 5 代表个位，它的数值为 $5\times10^0$；小数点左边第二位的 3 代表十位，它的数值为 $3\times10^1$；小数点左边第三位的 4 代表百位，它的数值为 $4\times10^2$；小数点右边第一位的数值为 $8\times10^{-1}$；小数点右边第二位的数值为 $6\times10^{-2}$。可见，数码处于不同的位置，代表的数值是不同的。这里，$10^2$、$10^1$、$10^0$、$10^{-1}$、$10^{-2}$ 称为权或位权，即十进制数中各位的权是基数 10 的幂，各位数码的值等于该数码与权的乘积，因此有

$$435.86 = 4\times10^2 + 3\times10^1 + 5\times10^0 + 8\times10^{-1} + 6\times10^{-2}$$

上式左边称为位置记数法或并列表示法，右边称为多项式表示法或按权展开法。

一般，对于任意一个十进制数 $N$，都可以用位置记数法和多项式表示法写为

$$
\begin{aligned}
(N)_{10} &= a_{n-1}a_{n-2}\cdots a_1a_0 \cdot a_{-1}a_{-2}\cdots a_{-m} \\
&= a_{n-1}\times 10^{n-1} + a_{n-2}\times 10^{n-2} + \cdots + a_1\times 10^1 + a_0\times 10^0 + a_{-1}\times 10^{-1} \\
&\quad + a_{-2}\times 10^{-2} + \cdots + a_{-m}\times 10^{-m} \\
&= \sum_{i=-m}^{n-1} a_i \times 10^i
\end{aligned} \tag{1.1}
$$

式中，$n$ 为整数位数；$m$ 为小数位数；$a_i(-m\leqslant i\leqslant n-1)$为第 $i$ 位数码，它可以是0、1、2、3、…、9 中的任意一个；$10^i$ 为第 $i$ 位数码的权值。十进制数一般用下标 10 或 D 表示，如$(23)_{10}$，$(87)_D$ 等。

### 2. 二进制

二进制数的基数 $R$=2，它采用 2 个不同的数码，分别为 0、1，进位规则是“逢二进一”，各位的权是基数 2 的幂。任意一个二进制数 $N$ 可表示为

$$
\begin{aligned}
(N)_{2} &= a_{n-1}a_{n-2}\cdots a_1a_0 \cdot a_{-1}a_{-2}\cdots a_{-m} \\
&= a_{n-1}\times 2^{n-1} + a_{n-2}\times 2^{n-2} + \cdots + a_1\times 2^1 + a_0\times 2^0 + a_{-1}\times 2^{-1} \\
&\quad + a_{-2}\times 2^{-2} + \cdots + a_{-m}\times 2^{-m} \\
&= \sum_{i=-m}^{n-1} a_i 2^i
\end{aligned} \tag{1.2}
$$

例如：$(1011.011)_2 = 1\times 2^3 + 0\times 2^2 + 1\times 2^1 + 1\times 2^0 + 0\times 2^{-1} + 1\times 2^{-2} + 1\times 2^{-3}$。

### 3. 八进制

八进制数的基数 $R$=8，它采用 8 个不同的数码，分别为 0、1、2、3、4、5、6、7，进位规则是“逢八进一”，各位的权是基数 8 的幂。任意一个八进制数 $N$ 可表示为

$$
(N)_8 = \sum_{i=-m}^{n-1} a_i 8^i \tag{1.3}
$$

例如：$(376.4)_8 = 3\times 8^2 + 7\times 8^1 + 6\times 8^0 + 4\times 8^{-1}$。

### 4. 十六进制

十六进制数的基数 $R$=16，它采用 16 个不同的数码，分别为 0、1、2、…、9、A、B、C、D、E、F，其中符号 A～F 分别代表十进制数的 10～15，进位规则是“逢十六进一”，各位的权是基数 16 的幂。任意一个十六进制数 $N$ 可表示为

$$
(N)_{16} = \sum_{i=-m}^{n-1} a_i 16^i \tag{1.4}
$$

例如：$(3AB\cdot 11)_{16} = 3\times 16^2 + 10\times 16^1 + 11\times 16^0 + 1\times 16^{-1} + 1\times 16^{-2}$。

## 1.2.2　数制的转换

### 1. 二进制数与十进制数之间的转换

1)　二进制数转换成十进制数——按权展开法

二进制数转换成十进制数时，只要将二进制数按式(1.2)展开，然后将各项数值按十进制

数相加，便可得到等值的十进制数。

例如：

$$(10110.11)_2 = 1\times 2^4 + 1\times 2^2 + 1\times 2^1 + 1\times 2^{-1} + 1\times 2^{-2} = (22.75)_{10}$$

同理，若将任意进制数转换为十进制数，只需将数$(N)_R$写成按权展开的多项式表示式，并按十进制规则进行运算，便可求得相应的十进制数$(N)_{10}$。

2) 十进制数转换成二进制数

十进制数转换成二进制数的过程相对复杂一些，需要将整数部分和小数部分分别进行转换。

(1) 十进制整数转换成二进制整数——除 2 取余法。

进行整数部分转换时，先将十进制整数除以 2，再对每次得到的商除以 2，直至商等于 0 为止。然后将各次余数按倒序写出来，即第一次的余数为二进制整数的最低有效位(LSB)，最后一次的余数为二进制整数的最高有效位(MSB)，所得数值即为等值二进制整数。

**【例 1.1】** 将$(57)_{10}$转换成二进制整数。

**解**：转换过程如下。

| 除数 | 被除数/商 | | 余数 |
|---|---|---|---|
| 2 | 57 | | |
| 2 | 28 | ………… | $1=a_0$ |
| 2 | 14 | ………… | $0=a_1$ |
| 2 | 7 | ………… | $0=a_2$ |
| 2 | 3 | ………… | $1=a_3$ |
| 2 | 1 | ………… | $1=a_4$ |
| | 0 | ………… | $1=a_5$ |

$(57)_{10}=(111001)_2$

(2) 十进制小数转换成二进制小数——乘 2 取整法。

进行小数部分转换时，先将十进制小数乘以 2，积的整数作为相应的二进制小数，再对积的小数部分乘以 2。如此类推，直至小数部分为 0，或按精度要求确定小数位数。第一次积的整数为二进制小数的最高有效位，最后一次积的整数为二进制小数的最低有效位，所得数值即为等值二进制小数。

**【例 1.2】** 将$(0.375)_{10}$转换成二进制小数。

**解**：转换过程如下。

$$\begin{array}{r} 0.375 \\ \times\ \ 2 \\ \hline 0.750 \end{array} \cdots\cdots 0=K_{-1} \qquad \text{整数（高位）}$$

$$\begin{array}{r} 0.750 \\ \times\ \ 2 \\ \hline 1.500 \end{array} \cdots\cdots 1=K_{-2}$$

$$\begin{array}{r} 0.500 \\ \times\ \ 2 \\ \hline 1.000 \end{array} \cdots\cdots 1=K_{-3} \qquad \text{（低位）}$$

高位 → 低位

$(0.375)_{10}=0.011$

将一个带有整数和小数的十进制数转换成二进制数时，必须将整数部分和小数部分分别按除 2 取余法和乘 2 取整法进行转换，然后再将两者的转换结果合并起来即可。

### 2. 二进制数与八进制数、十六进制数之间的相互转换

八进制数和十六进制数的基数分别为 $8=2^3$ 和 $16=2^4$，所以三位二进制数恰好相当于一位八进制数，四位二进制数相当于一位十六进制数，它们之间的相互转换是很方便的。

1)　二进制数转换成八进制数

二进制数转换成八进制数的方法是从小数点开始，分别向左、向右，将二进制数按每三位一组进行分组(不足三位的补 0)，然后写出每一组等值的八进制数。

**【例 1.3】** 将二进制数 10111011.1011 转换成八进制数。

**解：** 转换过程如下。

二进制数：010　111　011　.101　100

↓　↓　↓　↓　↓

八进制数：2　7　3　5　4

$(10111011.1011)_2=(273.54)_8$

2)　二进制数转换成十六进制数

二进制数转换成十六进制数的方法和二进制数转换成八进制数的方法相似，从小数点开始，分别向左、向右，将二进制数按每四位一组进行分组(不足四位的补 0)，然后写出每一组等值的十六进制数。

**【例 1.4】** 将二进制数$(111010111101.101)_2$转换成十六进制数。

**解：** 转换过程如下。

1110　1011　1101　.1010

↓　↓　↓　↓

E　B　D.　A

$(111010111101.101)_2=(EBD.A)_{16}$

将八进制数、十六进制数转换成二进制数时，可以采用与前面相反的步骤，即只要按原来顺序将每一位八进制数(或十六进制数)用相应的三位(或四位)二进制数代替即可。

**【例 1.5】** 将八进制数$(36.24)_8$转换成二进制数。

**解：** $(36.24)_8=(011110.010100)_2$

**【例 1.6】** 将十六进制数$(3DB.46)_{16}$转换成二进制数。

**解：** $(3DB.46)_{16}=(001111011011.01000110)_2$

## 1.2.3　编码

用一定位数的二进制数来表示十进制数码、符号、文字等信息称为编码。编码的方式有多种。

### 1. 二-十进制编码(BCD 码)

二-十进制编码是用二进制码元来表示十进制数码 0～9 的代码，简称 BCD 码(Binary Code Decimal)。

“0～9”这 10 个数码，必须用四位二进制码元来表示。四位二进制码元共有 16 种组合，从中取出 10 种组合来表示 0～9 的编码方案约有 $2.9\times10^{10}$ 种。几种常用的 BCD 码如表 1.1 所示。若某种代码的每一位都有固定的权值，则称这种代码为有权代码，简称为有权码；否则，称为无权码。

表 1.1　几种常用的 BCD 码

| 十进制数 | 8421 码 | 5421 码 | 2421 码 | 余 3 码 | BCD 格雷码 |
|---|---|---|---|---|---|
| 0 | 0000 | 0000 | 0000 | 0011 | 0000 |
| 1 | 0001 | 0001 | 0001 | 0100 | 0001 |
| 2 | 0010 | 0010 | 0010 | 0101 | 0011 |
| 3 | 0011 | 0011 | 0011 | 0110 | 0010 |
| 4 | 0100 | 0100 | 0100 | 0111 | 0110 |
| 5 | 0101 | 1000 | 1011 | 1000 | 0111 |
| 6 | 0110 | 1001 | 1100 | 1001 | 0101 |
| 7 | 0111 | 1010 | 1101 | 1010 | 0100 |
| 8 | 1000 | 1011 | 1110 | 1011 | 1100 |
| 9 | 1001 | 1100 | 1111 | 1100 | 1000 |

1)　8421BCD 码

8421BCD 码是最基本和最常用的 BCD 码，它和四位自然二进制码相似，各位的权值为 8、4、2、1，故称为有权 BCD 码。和四位自然二进制码不同的是，它只选用了四位自然二进制码中的前 10 组代码，即用 0000～1001 分别代表它所对应的十进制数，余下的 6 组代码不用。

2)　余 3 码

余 3 码是 8421BCD 码的每个码组加 0011 形成的。其中的 0 和 9、1 和 8、2 和 7、3 和 6、4 和 5，各对码组相加均为 1111，具有这种特性的代码称为自补代码。余 3 码各位无固定权值，故属于无权码。

3)　2421BCD 码

2421BCD 码的各位权值分别为 2、4、2、1。2421BCD 码是有权码，也是一种自补代码。

用 BCD 码表示十进制数时，只要把十进制数的每一位数码分别用 BCD 码取代即可。反之，若要知道 BCD 码代表的十进制数，只要把 BCD 码以小数点为起点，向左、向右每四位分成一组，再写出每一组代码代表的十进制数，并保持原排序即可。

**【例 1.7】** 分别用 8421BCD 码和余 3 码表示十进制数$(258.369)_{10}$。

**解：** $(258.369)_{10}=(0010\ 0101\ 1000.0011\ 0110\ 1001)_{8421BCD}$

$(258.369)_{10}=(0101\ 1000\ 1011.0110\ 1001\ 1100)_{余3码}$

**2. 可靠性编码**

1)　格雷码

格雷码是一种无权循环码，它的特点是：相邻的两组代码之间只有一位不同。格雷码常用于模拟量的转换中，当模拟量发生微小变化而可能引起数字量发生变化时，格雷码仅改变一位，这样与其他码同时改变两位或多位的情况相比更为可靠，可减少出错的可能性。表 1.2 列出了十进制数 0～15 的四位格雷码。

表 1.2　典型的格雷码

| 十进制数 | 格 雷 码 | 十进制数 | 格 雷 码 |
|---|---|---|---|
| 0 | 0 0 0 0 | 8 | 1 1 0 0 |
| 1 | 0 0 0 1 | 9 | 1 1 0 1 |
| 2 | 0 0 1 1 | 10 | 1 1 1 1 |
| 3 | 0 0 1 0 | 11 | 1 1 1 0 |
| 4 | 0 1 1 0 | 12 | 1 0 1 0 |
| 5 | 0 1 1 1 | 13 | 1 0 1 1 |
| 6 | 0 1 0 1 | 14 | 1 0 0 1 |
| 7 | 0 1 0 0 | 15 | 1 0 0 0 |

2) ASCII 码

ASCII 码，即美国信息交换标准码(American Standard Code for Information Interchange)，是目前国际上广泛采用的一种字符码。ASCII 码用七位二进制代码来表示 128 个不同的字符和符号，如表 1.3 所示。

表 1.3 中一些控制符的含义如下。

- NUL：Null，空白。
- DC1：Device Control 1，设备控制 1。
- SOH：Start of Heading，标题开始。
- DC2：Device Control 2，设备控制 2。
- STX：Start of Text，正文开始。
- DC3：Device Control 3，设备控制 3。
- ETX：End of Text，正文结束。
- DC4：Device Control 4，设备控制 4。
- EOT：End of Transmission，传输结束。
- NAK：Negative Acknowledge，否认。
- ENQ：Enquiry，询问。
- SYN：Synchronous Idle，同步空传。
- ACK：Acknowledge，确认。
- ETB：End of Transmission Block，块结束。
- BEL：Bell，响铃。
- CAN：Cancel，取消。
- BS：Backspace，退一格。
- EM：End of Medium，纸尽。

表 1.3　ASCII 码编码表

| ASCII 值 | 控制字符 | ASCII 值 | 控制字符 | ASCII 值 | 控制字符 | ASCII 值 | 控制字符 |
|---|---|---|---|---|---|---|---|
| 0 | NUT | 32 | (space) | 64 | @ | 96 | 、 |
| 1 | SOH | 33 | ! | 65 | A | 97 | a |
| 2 | STX | 34 | ” | 66 | B | 98 | b |
| 3 | ETX | 35 | # | 67 | C | 99 | c |
| 4 | EOT | 36 | $ | 68 | D | 100 | d |
| 5 | ENQ | 37 | % | 69 | E | 101 | e |
| 6 | ACK | 38 | & | 70 | F | 102 | f |
| 7 | BEL | 39 | , | 71 | G | 103 | g |
| 8 | BS | 40 | ( | 72 | H | 104 | h |
| 9 | HT | 41 | ) | 73 | I | 105 | i |
| 10 | LF | 42 | * | 74 | J | 106 | j |
| 11 | VT | 43 | + | 75 | K | 107 | k |
| 12 | FF | 44 | , | 76 | L | 108 | l |
| 13 | CR | 45 | - | 77 | M | 109 | m |
| 14 | SO | 46 | . | 78 | N | 110 | n |
| 15 | SI | 47 | / | 79 | O | 111 | o |
| 16 | DLE | 48 | 0 | 80 | P | 112 | p |
| 17 | DCI | 49 | 1 | 81 | Q | 113 | q |
| 18 | DC2 | 50 | 2 | 82 | R | 114 | r |
| 19 | DC3 | 51 | 3 | 83 | X | 115 | s |
| 20 | DC4 | 52 | 4 | 84 | T | 116 | t |
| 21 | NAK | 53 | 5 | 85 | U | 117 | u |
| 22 | SYN | 54 | 6 | 86 | V | 118 | v |
| 23 | TB | 55 | 7 | 87 | W | 119 | w |
| 24 | CAN | 56 | 8 | 88 | X | 120 | x |
| 25 | EM | 57 | 9 | 89 | Y | 121 | y |
| 26 | SUB | 58 | : | 90 | Z | 122 | z |
| 27 | ESC | 59 | ; | 91 | [ | 123 | { |
| 28 | FS | 60 | < | 92 | \ | 124 | \| |
| 29 | GS | 61 | = | 93 | ] | 125 | } |
| 30 | RS | 62 | > | 94 | ^ | 126 | ~ |
| 31 | US | 63 | ? | 95 | — | 127 | DEL |

## 本 章 小 结

(1) 数字信号在时间上和数值上均是离散的。对数字信号进行传送、加工和处理的电路称为数字电路。由于数字电路是以二值数字逻辑为基础的，即利用数字 1 和 0 来表示信号，因此数字信号的存储、分析和传输要比模拟信号容易。

(2) 数字电路中用高电平和低电平分别来表示逻辑 1 和逻辑 0，它和二进制数中的 0 和 1 正好对应。因此，数字系统中常用二进制数来表示数据。在二进制位数较多时，常用十六进制或八进制作为二进制的简写。各种数制之间可以相互转换。

(3) 常用 BCD 码有 8421 码、2421 码、5421 码、余 3 码等，其中 8421 码使用最广泛。另外，格雷码由于可靠性高，也是一种常用码。

## 习　　题

1. 将下列二进制数转换成等值的十六进制数和等值的十进制数。

(1) $(1010111)_2$　　(2) $(110111011)_2$

(3) $(0.01011111)_2$　　(4) $(11.001)_2$

2. 将下列十六进制数转换成等值的二进制数和等值的十进制数。

(1) $(8C)_{16}$　　(2) $(3D.BE)_{16}$

(3) $(8F.FF)_{16}$　　(4) $(10.00)_{16}$

3. 将下列十进制数转换成等值的二进制数和等值的十六进制数。要求二进制数保留小数点后四位有效数字。

(1) $(17)_{10}$　　(2) $(127)_{10}$　　(3) $(0.39)_{10}$　　(4) $(25.7)_{10}$

4. 试将下列数转换成二进制数。

(1) $(136.45)_8$　　(2) $(372)_8$　　(3) $(69C)_{16}$　　(4) $(57B.F2)_{16}$

5. 试将下列十进制数表示为 8421BCD 码。

(1) $(43)_{10}$　　(2) $(95.12)_{10}$

6. 试将下列 BCD 码转换成十进制数。

(1) $(010101111001)_{8421BCD}$　　(2) $(010011011011)_{2421BCD}$

(3) $(001110101100.1001)_{5421BCD}$　　(4) $(10001011.0101)_{余3BCD}$

7. 请回答下列问题。

(1) 在数字系统中为什么要采用二进制？

(2) 格雷码的特点是什么？

(3) ASCII 码是什么？

[illegible]

# 习　题

1. [illegible]

(1) [illegible]　　(2) (01001101)

(3) [illegible]　　(4) (11.001)

2. [illegible]

(1) [illegible]　　(2) (5DDF)

(3) [illegible]　　(4) (1000)

3. [illegible]

(1) [illegible]　　(2) [illegible]　　(3) [illegible]　　(4) (25.7)

4. [illegible]

(1) [illegible]　　(2) [illegible]　　(3) [illegible]　　(4) [illegible]

5. [illegible] 8421BCD码。

(1) [illegible]　　(2) (35.1)

6. [illegible] BCD [illegible]

(1) [illegible]　　(2) [illegible]

(3) [illegible]　　(4) [illegible]

7. [illegible]

(1) [illegible]

(2) [illegible]

(3) ASCII码 [illegible]

# 第 2 章

## 基本逻辑门电路

【教学目标】

本章首先介绍分析和设计数字电路时常用的数学工具——逻辑代数和卡诺图，包括逻辑代数的基本公式和基本定律，逻辑函数的代数化简法和卡诺图化简法；然后介绍 TTL 和 CMOS 集成门电路的工作原理、逻辑功能及外部特性。要求掌握逻辑代数的基本逻辑运算及逻辑函数的表示方法，掌握基本逻辑运算的公式和定理以及基本逻辑运算的化简方法，了解集成门电路的工作原理及主要参数，掌握集成门电路的逻辑功能和使用注意事项。

# 2.1 基本逻辑运算的概念、公式和定理

逻辑运算是逻辑思维和逻辑推理的数学描述。逻辑变量之间的关系多种多样，有的简单，也有的复杂，最基本的逻辑关系有与逻辑、或逻辑和非逻辑三种。

逻辑运算的功能常用真值表(Truth Table)来描述。将自变量的各种可能取值及其对应的函数值列在一张表上，就构成了真值表。

## 2.1.1 与、或、非逻辑运算

### 1. 与逻辑

只有当决定某事件的全部条件同时具备时，该事件才发生，这样的逻辑关系称为与逻辑，或称逻辑乘。

例如，在图 2.1 所示的串联开关电路中，只有在开关 $A$ 和 $B$ 都闭合的条件下，灯 $F$ 才亮，这种灯亮与开关闭合的关系就称为与逻辑。如果设开关 $A$、$B$ 闭合为 1，断开为 0，设灯 $F$ 亮为 1，灭为 0，则 $F$ 与 $A$、$B$ 的与逻辑关系可以用表 2.1 所示的真值表来描述。

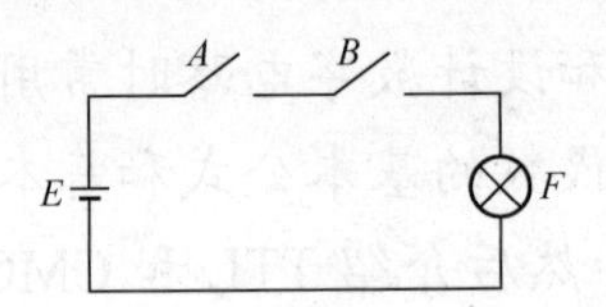


图 2.1　与逻辑实例

表 2.1　与逻辑的真值表

| 输　入 | | 输　出 |
|---|---|---|
| *A* | *B* | *F* |
| 0 | 0 | 0 |
| 0 | 1 | 0 |
| 1 | 0 | 0 |
| 1 | 1 | 1 |

与逻辑可以用逻辑表达式表示为

$$F=A\cdot B$$

实现与逻辑的单元电路称为与门，其逻辑符号如图 2.2 所示。

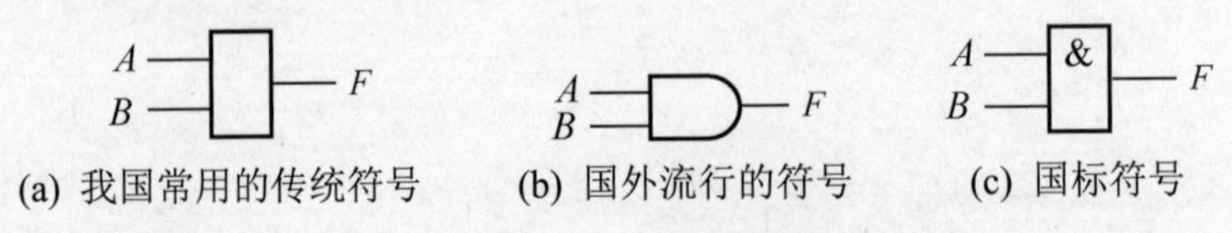


(a) 我国常用的传统符号　(b) 国外流行的符号　(c) 国标符号

图 2.2　与门的逻辑符号

### 2. 或逻辑

在决定某事件的诸多条件中，当有一个或一个以上具备时，该事件都会发生，这样的逻辑关系称为或逻辑，或称逻辑加。或逻辑实例如图 2.3 所示，真值表如表 2.2 所示。

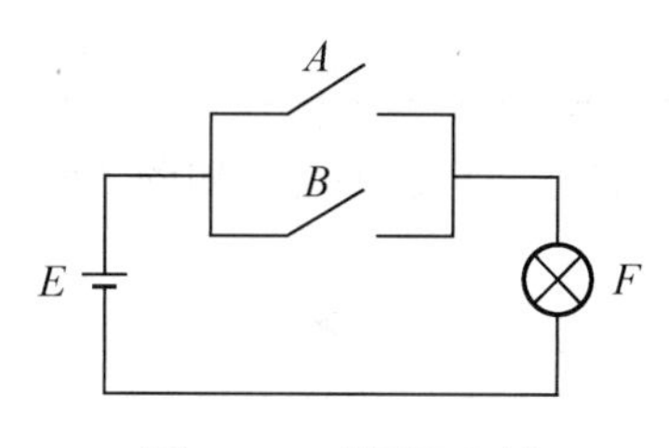


图 2.3　或逻辑实例

表 2.2　或逻辑的真值表

| 输　入 | | 输　出 |
|---|---|---|
| A | B | F |
| 0 | 0 | 0 |
| 0 | 1 | 1 |
| 1 | 0 | 1 |
| 1 | 1 | 1 |

或逻辑可以用逻辑表达式表示为

$$F=A+B$$

实现或逻辑的单元电路称为或门，其逻辑符号如图 2.4 所示。

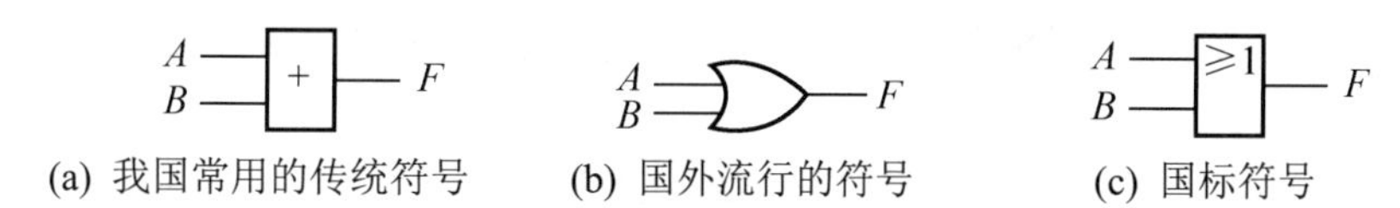


(a) 我国常用的传统符号　(b) 国外流行的符号　(c) 国标符号

图 2.4　或门的逻辑符号

### 3. 非逻辑

当条件具备时，结果不会发生；而条件不具备时，结果一定会发生，这样的逻辑关系称为非逻辑，或称逻辑反。例如，在图 2.5 所示的开关电路中，只有当开关 $A$ 断开时，灯 $F$ 才亮，当开关 $A$ 闭合时，灯 $F$ 反而熄灭。灯 $F$ 的状态总是与开关 $A$ 的状态相反，这种结果总是同条件相反的逻辑关系就称为非逻辑。非逻辑的真值表如表 2.3 所示。非逻辑可以用逻辑表达式表示为

$$F=\overline{A}$$

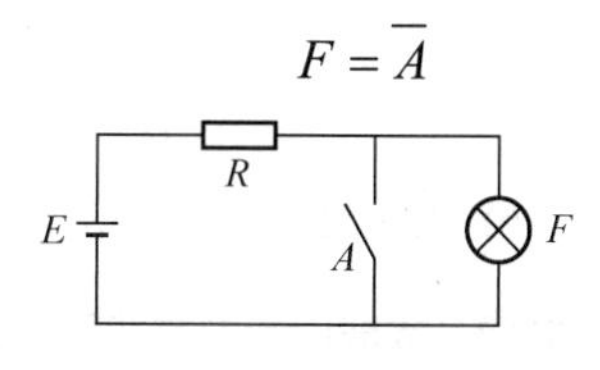


图 2.5　非逻辑实例

表 2.3　非逻辑的真值表

| 输　入 | 输　出 |
|---|---|
| $A$ | $F$ |
| 0 | 1 |
| 1 | 0 |

实现非逻辑的单元电路称为非门，其逻辑符号如图 2.6 所示。

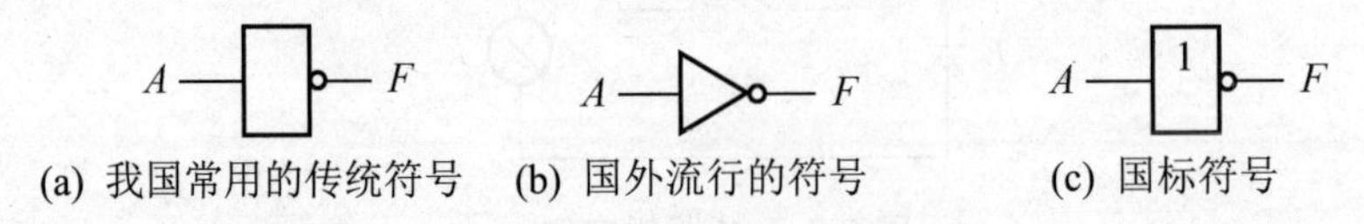


(a) 我国常用的传统符号　(b) 国外流行的符号　(c) 国标符号

图 2.6　非门的逻辑符号

## 2.1.2　其他逻辑运算

### 1. 与非、或非、与或非逻辑

与非逻辑是与逻辑和非逻辑的组合，与非门的逻辑符号如图 2.7(a)所示，其逻辑表达式为

$$F = \overline{A \cdot B}$$

或非逻辑是或逻辑和非逻辑的组合，或非门的逻辑符号如图 2.7(b)所示，其逻辑表达式为

$$F = \overline{A + B}$$

与或非逻辑是与、或、非三种逻辑的组合，与或非门的逻辑符号如图 2.7(c)所示，其逻辑表达式为

$$F = \overline{AB + CD}$$

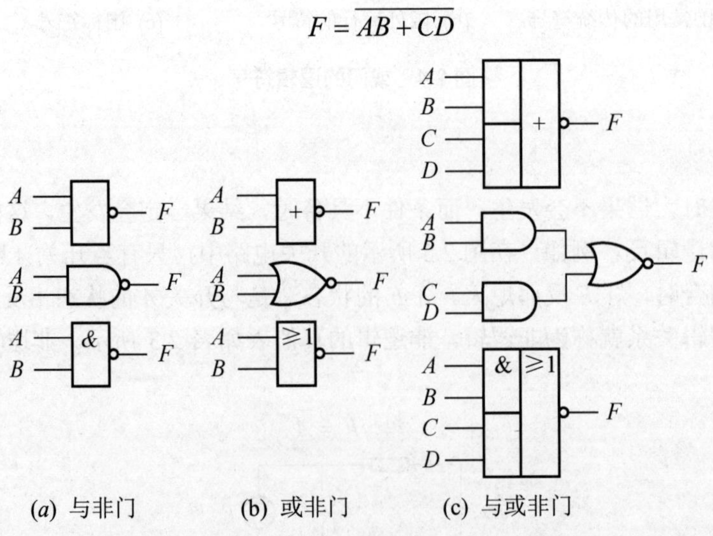


(a) 与非门　(b) 或非门　(c) 与或非门

图 2.7　与非门、或非门和与或非门的逻辑符号

### 2. 异或和同或逻辑

1)　异或逻辑

异或逻辑的含义是：当两个输入变量相异时，输出为 1；相同时，输出为 0。异或运算也称模 2 加运算。

异或逻辑的真值表如表 2.4 所示，其逻辑表达式为

$$F = A \oplus B = A\overline{B} + \overline{A}B$$

表 2.4　异或逻辑的真值表

| 输　入 | 输　出 |
|---|---|
| *A*　*B* | *F* |
| 0　0 | 0 |
| 0　1 | 1 |
| 1　0 | 1 |
| 1　1 | 0 |

异或门的逻辑符号如图 2.8(a)所示。

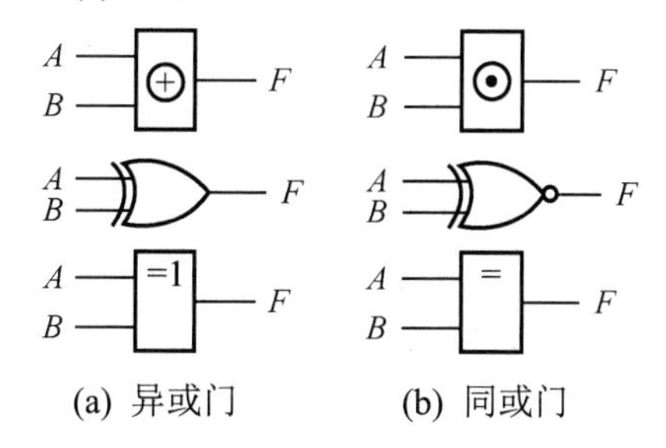


图 2.8　异或门和同或门的逻辑符号

2)　同或逻辑

同或逻辑与异或逻辑相反，其含义是：当两个输入变量相同时，输出为 1；相异时，输出为 0。

同或逻辑的真值表如表 2.5 所示，其逻辑表达式为

$$F = A \odot B = \overline{A}\,\overline{B} + AB$$

表 2.5　同或逻辑的真值表

| 输　入 | 输　出 |
|---|---|
| *A*　*B* | *F* |
| 0　0 | 1 |
| 0　1 | 0 |
| 1　0 | 0 |
| 1　1 | 1 |

同或门的逻辑符号如图 2.8(b)所示。

## 2.1.3 逻辑代数的定律

### 1. 变量和常量的关系式

逻辑变量的取值只有 0 和 1，根据三种基本运算的定义，可推出以下关系式。

(1) 0-1 律： $A \cdot 0 = 0 \quad A+1=1$

(2) 自等律： $A \cdot 1 = A \quad A+0=A$

(3) 重叠律： $A \cdot A = A \quad A+A=A$

(4) 互补律： $A+\overline{A}=1 \quad A \cdot \overline{A}=0$

### 2. 与普通代数相似的定律

(1) 交换律：

$$A \cdot B = B \cdot A$$
$$A+B=B+A$$

(2) 结合律：

$$(A \cdot B) \cdot C = A \cdot (B \cdot C)$$
$$(A+B)+C = A+(B+C)$$

(3) 分配律：

$$A \cdot (B+C) = A \cdot B + A \cdot C$$
$$A + B \cdot C = (A+B) \cdot (A+C)$$

以上定律可以用真值表证明，也可以用公式证明。
例如，证明加对乘的分配律 $A+BC=(A+B)(A+C)$ 。

证明：

$$\begin{aligned}(A+B)(A+C) &= AA+AB+AC+BC \\ &= A+AB+AC+BC \\ &= A(1+B+C)+BC \\ &= A+BC\end{aligned}$$

因此有

$$A+BC=(A+B)+(A+C)$$

### 3. 逻辑代数中的特殊定律

反演律(摩根定律)：

$$\overline{A \cdot B} = \overline{A}+\overline{B}$$
$$\overline{A+B} = \overline{A} \cdot \overline{B}$$

还原律：

$$\overline{\overline{A}} = A$$

## 2.1.4　三个重要规则

### 1. 代入规则

对任意一个逻辑等式，如果将等式两边所出现的某一变量都代之以同一逻辑函数，则等式仍然成立，这个规则称为代入规则。由于逻辑函数与逻辑变量一样，只有0、1两种取值，所以代入规则的正确性不难理解。运用代入规则可以扩大基本定律的运用范围。

例如，已知$\overline{A+B}=\overline{A}\cdot\overline{B}$(反演律)，若用$F=B+C$代替等式中的$B$，则可以得到适用于多变量的反演律，即

$$\overline{A+B+C}=\overline{A}\cdot\overline{B+C}=\overline{A}\cdot\overline{B}\cdot\overline{C}$$

### 2. 反演规则

对于任意一个逻辑函数式$F$，如果将其表达式中所有的算符“·”换成“+”、“+”换成“·”，常量“0”换成“1”、“1”换成“0”，原变量换成反变量，反变量换成原变量，则所得到的结果是原函数$F$的反函数，或称为补函数。

反演规则是反演律的推广，运用它可以简便地求出一个函数的反函数。例如：

$$F=A\cdot\overline{B}+\overline{\overline{A\cdot C}+\overline{D}}$$

$$\overline{F}=(\overline{A}+B)\cdot\overline{\overline{\overline{A}+\overline{C}}\cdot D}$$

运用反演规则时应注意以下两点。

(1)　不能破坏原式的运算顺序，即先算括号里的，然后按“先与后或”的原则运算。

(2)　不属于单变量上的非号应保留不变。

### 3. 对偶规则

对于任意一个逻辑函数式下，如果将其表达式中所有的算符“·”换成“+”，“+”换成“·”，常量“0”换成“1”，“1”换成“0”，而变量保持不变，则所得出的结果是原函数$F$的对偶式，记为$F'$ (或$F^*$)。例如：

$$F=A\cdot\overline{\overline{B}\cdot C+B\cdot\overline{C+\overline{D}}}$$

$$F'=A+\overline{(\overline{B}+C)\cdot(B+\overline{C\cdot\overline{D}})}$$

## 2.1.5　逻辑函数的标准与或式

### 1. 最小项

$n$个变量的最小项是$n$个变量的“与项”，其中每个变量都以原变量或反变量的形式出现一次。

两个变量$A$、$B$可以构成四个最小项：$\overline{A}\,\overline{B}$、$\overline{A}B$、$A\overline{B}$、$AB$。

三个变量$A$、$B$、$C$可以构成八个最小项：$\overline{A}\,\overline{B}\,\overline{C}$、$\overline{A}\,\overline{B}C$、$\overline{A}B\overline{C}$、$\overline{A}BC$、$A\overline{B}\,\overline{C}$、$A\overline{B}C$、$AB\overline{C}$、$ABC$。

可见，$n$ 个变量的最小项共有 $2^n$ 个。表 2.6 所示为三变量逻辑函数的最小项。

表 2.6　三变量逻辑函数的最小项

| $A$ $B$ $C$ | $m_0$ | $m_1$ | $m_2$ | $m_3$ | $m_4$ | $m_5$ | $m_6$ | $m_7$ |
|---|---|---|---|---|---|---|---|---|
| 0 0 0 | 1 | 0 | 0 | 0 | 0 | 0 | 0 | 0 |
| 0 0 1 | 0 | 1 | 0 | 0 | 0 | 0 | 0 | 0 |
| 0 1 0 | 0 | 0 | 1 | 0 | 0 | 0 | 0 | 0 |
| 0 1 1 | 0 | 0 | 0 | 1 | 0 | 0 | 0 | 0 |
| 1 0 0 | 0 | 0 | 0 | 0 | 1 | 0 | 0 | 0 |
| 1 0 1 | 0 | 0 | 0 | 0 | 0 | 1 | 0 | 0 |
| 1 1 0 | 0 | 0 | 0 | 0 | 0 | 0 | 1 | 0 |
| 1 1 1 | 0 | 0 | 0 | 0 | 0 | 0 | 0 | 1 |

最小项具有以下性质。

(1)　$n$ 变量的全部最小项的逻辑和恒为 1，即

$$\sum_{i=0}^{2^n-1} m_i = 1$$

(2)　任意两个不同的最小项的逻辑乘恒为 0，即

$$m_i \cdot m_j = 0(i \neq j)$$

(3)　$n$ 变量的每一个最小项有 $n$ 个相邻项。例如，三变量的某一最小项 $\overline{A}\,\overline{B}C$ 有三个相邻项，$\overline{A}\,\overline{B}\,\overline{C}$、$\overline{A}BC$、$A\overline{B}C$。这种相邻关系对于逻辑函数化简十分重要。

**2. 最小项表达式——标准与或式**

如果在一个与或表达式中，所有与项均为最小项，则称这种表达式为最小项表达式，或称为标准与或式、标准积之和式。

例如，$F(A,B,C) = A\overline{B}C + A\overline{B}\,\overline{C} + AB\overline{C}$ 是一个三变量的最小项表达式，它也可以简写为

$$\begin{aligned} F(A,B,C) &= m_5 + m_4 + m_6 \\ &= \sum m(4,5,6) \end{aligned}$$

任意一个逻辑函数都可以表示为最小项之和的形式：只要将真值表中使函数值为 1 的各个最小项相或，便可得出该函数的最小项表达式。由于任意一个函数的真值表都是唯一的，因此其最小项表达式也是唯一的。

例如，真值表如表 2.7 所示，确定其逻辑表达式。

表 2.7　真值表

| 输　入 | 输　出 |
|---|---|
| $A$ $B$ $C$ | $F$ |
| 0 0 0 | 0 |
| 0 0 1 | 1 |
| 0 1 0 | 1 |
| 0 1 1 | 0 |

续表

| 输　入 | 输　出 |
|---|---|
| A　B　C | F |
| 1　0　0 | 1 |
| 1　0　1 | 0 |
| 1　1　0 | 0 |
| 1　1　1 | 1 |

由表2.7可知，当$A$、$B$、$C$的取值分别为001、010、100、111时，$F$为1，因此最小项表达式由这四种组合所对应的最小项进行相或构成，即

$$F = \overline{A}\overline{B}C + \overline{A}B\overline{C} + A\overline{B}\overline{C} + ABC = \sum m(1,2,4,7)$$

# 2.2　逻辑函数的化简

## 2.2.1　逻辑函数的代数化简

### 1. 并项法

利用公式$A+\overline{A}=1$将两项合并成一项，并消去互补因子。例如：

$$F = A\overline{B}\overline{C}D + AB\overline{C}D = A\overline{C}D$$

$$\begin{aligned} F &= A\overline{B}\overline{C} + AB\overline{C} + ABC + A\overline{B}C \\ &= A(\overline{B}\overline{C} + B\overline{C}) + A(BC + \overline{B}C) \\ &= A\overline{C} + AC = A \end{aligned}$$

### 2. 吸收法

利用以下吸收律吸收(消去)多余的乘积项或多余的因子。

$$A + AB = A$$

$$A + \overline{A}B = A + B$$

$$AB + \overline{A}C + BC = AB + \overline{A}C$$

例如：

$$F = AB + \overline{A}C + \overline{B}C = AB + (\overline{A} + \overline{B})C = AB + \overline{AB}C = AB + C$$

$$F = \overline{A} + AB\overline{C}D + C = \overline{A} + B\overline{C}D + C = \overline{A} + BD + C$$

$$\begin{aligned} F &= ABC + \overline{A}D + \overline{C}D + BD = ABC + (\overline{A} + \overline{C})D + BD \\ &= ABC + \overline{AC}D + BD = ABC + \overline{A}D + \overline{C}D \end{aligned}$$

$$F = A\overline{B} + AC + ADE + \overline{C}D = A\overline{B} + AC + \overline{C}D + ADE = A\overline{B} + AC + \overline{C}D$$

### 3. 配项法

利用重叠律$A+A=A$、互补律$A+\overline{A}=1$和吸收律$AB+AC+BC=AB+AC$先配项或添加

多余项，然后再逐步化简。例如：

$$\begin{aligned}F &= ABC + AB\overline{C} + A\overline{B}C + \overline{A}BC \\ &= (ABC + AB\overline{C}) + (ABC + A\overline{B}C) + (ABC + \overline{A}BC) \\ &= AB + AC + BC\end{aligned}$$

$$\begin{aligned}F &= AC + \overline{A}D + \overline{B}D + B\overline{C} \\ &= AC + B\overline{C} + (\overline{A} + \overline{B})D \\ &= AC + B\overline{C} + AB + \overline{AB}D \\ &= AC + B\overline{C} + AB + D \\ &= AC + B\overline{C} + D\end{aligned}$$

## 2.2.2 逻辑函数的卡诺图化简

### 1. 卡诺图的构成

在逻辑函数的真值表中，输入变量的每一种组合都和一个最小项相对应，这种真值表也称最小项真值表。卡诺图就是根据最小项真值表按一定规则排列的方格图。图 2.9 所示为三变量卡诺图，图 2.10 所示为四变量卡诺图和五变量卡诺图。

| C \ AB | 00 | 01 | 11 | 10 |
|---|---|---|---|---|
| 0 | $\overline{A}\,\overline{B}\,\overline{C}$ | $\overline{A}\,B\,\overline{C}$ | $A\,B\,\overline{C}$ | $A\,\overline{B}\,\overline{C}$ |
| 1 | $\overline{A}\,\overline{B}\,C$ | $\overline{A}\,B\,C$ | $A\,B\,C$ | $A\,\overline{B}\,C$ |

(a) 三变量卡诺图1

| C \ AB | 00 | 01 | 11 | 10 |
|---|---|---|---|---|
| 0 | $m_0$ | $m_2$ | $m_6$ | $m_4$ |
| 1 | $m_1$ | $m_3$ | $m_7$ | $m_5$ |

(b) 三变量卡诺图2

| C \ AB | 00 | 01 | 11 | 10 |
|---|---|---|---|---|
| 0 | 0 | 2 | 6 | 4 |
| 1 | 1 | 3 | 7 | 5 |

(c) 三变量卡诺图3

图 2.9 三变量卡诺图

| CD \ AB | 00 | 01 | 11 | 10 |
|---|---|---|---|---|
| 00 | 0 | 4 | 12 | 8 |
| 01 | 1 | 5 | 13 | 9 |
| 11 | 3 | 7 | 15 | 11 |
| 10 | 2 | 6 | 14 | 10 |

(a) 四变量卡诺图

| DE \ ABC | 000 | 001 | 011 | 010 | 110 | 111 | 101 | 100 |
|---|---|---|---|---|---|---|---|---|
| 00 | 0 | 4 | 12 | 8 | 24 | 28 | 20 | 16 |
| 01 | 1 | 5 | 13 | 9 | 25 | 29 | 21 | 17 |
| 11 | 3 | 7 | 15 | 11 | 27 | 31 | 23 | 19 |
| 10 | 2 | 6 | 14 | 10 | 26 | 30 | 22 | 18 |

(b) 五变量卡诺图

图 2.10 四变量和五变量卡诺图

卡诺图具有如下特点。

(1) $n$ 变量的卡诺图有 $2^n$ 个方格，对应表示 $2^n$ 个最小项。变量数每增加一个，卡诺图的方格数就扩大一倍。

(2) 卡诺图中任意几何位置相邻的两个最小项在逻辑上都是相邻的。由于变量取值的顺序按格雷码排列，保证了各相邻行(列)之间只有一个变量取值不同，从而保证画出来的最小项方格图具有这一重要特点。

所谓逻辑相邻，是指除了一个变量不同外其余变量都相同的两个与项。

卡诺图的主要缺点是，随着输入变量的增加，图形迅速复杂，相邻项不那么直观，因此它只适用于表示 6 个以下变量的逻辑函数。

### 2. 用卡诺图描述逻辑函数

1)　从真值表到卡诺图

画出函数变量的卡诺图，在图中对应真值表中函数为 1 的最小项中填 1，其余填 0 或不填。

**【例 2.1】** 用卡诺图描述表 2.8 所示真值表的逻辑函数。

**解：** 表 2.8 所示真值表已编有行号，因此，将各行 $F$ 取值填入三变量卡诺图编号相同的小方格即可，如图 2.11 所示。有时为了简洁起见，也可只填 0 或 1。

**表 2.8　真值表**

| 行　号 | 输　入 | | | 输　出 |
|---|---|---|---|---|
| | $A$ | $B$ | $C$ | $F$ |
| 0 | 0 | 0 | 0 | 0 |
| 1 | 0 | 0 | 1 | 1 |
| 2 | 0 | 1 | 0 | 1 |
| 3 | 0 | 1 | 1 | 0 |
| 4 | 1 | 0 | 0 | 1 |
| 5 | 1 | 0 | 1 | 0 |
| 6 | 1 | 1 | 0 | 0 |
| 7 | 1 | 1 | 1 | 1 |

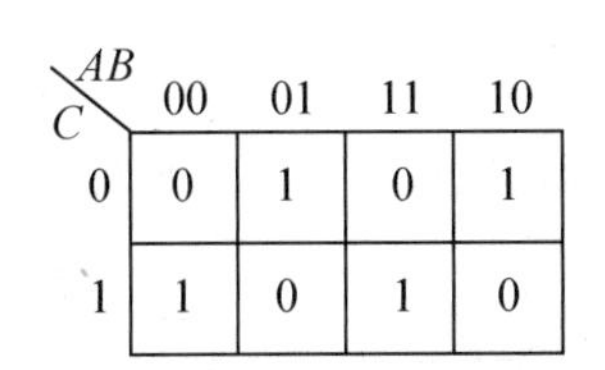


图 2.11　例 2.1 的卡诺图

2)　从逻辑表达式到卡诺图

标准逻辑表达式的卡诺图填写非常方便。如果是最小项表达式，则只要在最小项表达式中出现的序号对应的卡诺图编号小方格中填入 1 即可。

若逻辑表达式是一般式，则应首先展开成最小项表达式。

**【例 2.2】** 将 $F = A\overline{B}C + \overline{AB}C + D + AD$ 用卡诺图表示。

**解：** 卡诺图如图 2.12 所示。

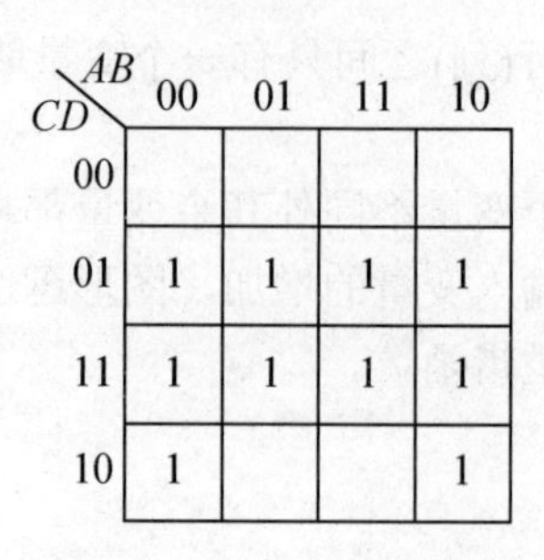


图 2.12　例 2.2 的卡诺图

### 3. 相邻最小项合并规律

相邻最小项可以进行合并，如图 2.13 所示，合并规律如下。

(1) 两相邻项可合并为一项，消去一个取值不同的变量，保留相同变量，标注为 1→原变量，0→反变量，如图 2.13(a)和图 2.13(b)所示。

(2) 四相邻项可合并为一项，消去两个取值不同的变量，保留相同变量，标准与变量关系同上，如图 2.13(c)和图 2.13(d)所示。

(3) 八相邻项可合并为一项，消去三个取值不同的变量，保留相同变量，标注与变量关系同上，如图 2.13(e)所示。

按如上规律，不难得到 16 个相邻项合并的规律。这里需要指出的是：合并的规律是 $2^n$ 个最小项的相邻项可合并，不满足 $2^n$ 关系的最小项不可合并，如 2、4、8、16 个相邻项可合并，其他的均不能合并；而且，相邻关系应是封闭的，如对于 $m_0$、$m_1$、$m_3$、$m_2$ 四个最小项，$m_0$ 与 $m_1$、$m_1$ 与 $m_3$、$m_3$ 与 $m_2$ 均相邻，且 $m_2$ 和 $m_0$ 还相邻，这样的 $2^n$ 个相邻项可合并，而对于 $m_0$、$m_1$、$m_3$、$m_7$，由于 $m_0$ 与 $m_7$ 不相邻，因而这四个最小项不能合并为一项。

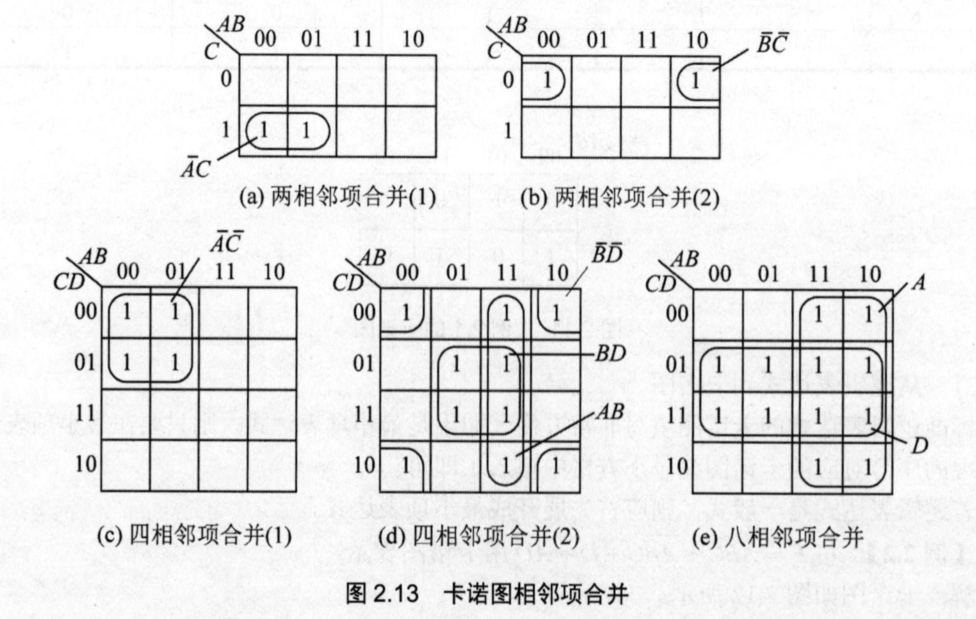


图 2.13　卡诺图相邻项合并

### 4. 用卡诺图化简逻辑函数

在卡诺图上以最少的卡诺圈数和尽可能大的卡诺圈覆盖所有填 1 的方格，即满足最小覆盖，就可以求得逻辑函数的最简与或式。化简的一般步骤如下。

(1) 画出逻辑函数的卡诺图。

(2) 先从只有一种圈法的最小项开始圈起，卡诺圈的数目应最少(与项的项数最少)，卡诺圈应尽量大(对应与项中变量数最少)。

(3) 将每个卡诺圈写成相应的与项，并将它们相或，便得到最简与或式。

圈卡诺圈时应注意，根据重叠律($A+A=A$)，任何一个 1 格可以多次被圈用，但如果在某个卡诺圈中所有的 1 格均已被别的卡诺圈圈过，则该圈为多余圈。为了避免出现多余圈，应保证每个卡诺圈内至少有一个 1 格只被圈一次。

**【例 2.3】** 求 $F=\sum m(1,3,4,5,10,11,12,13)$ 的最简与或式。

**解：**

(1) 画出 $F$ 的卡诺图，将每个与项所覆盖的最小项都填 1，如图 2.14 所示。

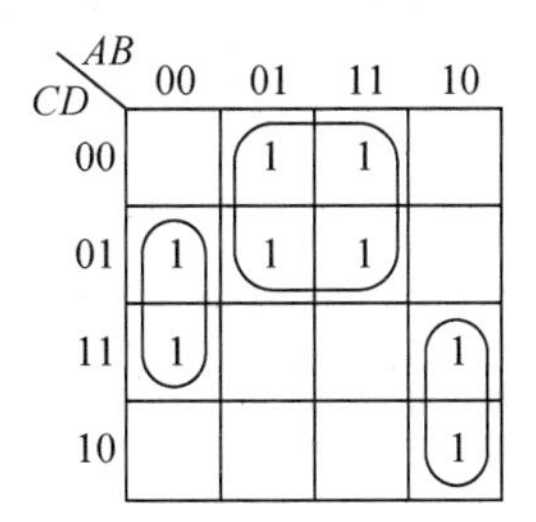


图 2.14　例 2.3 的卡诺图

(2) 画卡诺圈。按照最小项合并规律，将可以合并的最小项分别圈起来。根据化简原则，应选择最少的卡诺圈和尽可能大的卡诺圈覆盖所有的 1 格。

(3) 写出最简式。即

$$F=B\overline{C}+\overline{A}\overline{B}D+A\overline{B}C$$

**【例 2.4】** 求 $F=\overline{B}CD+\overline{A}B\overline{D}+\overline{B}C\overline{D}+AB\overline{C}+ABCD$ 的最简与或式。

**解：**

(1) 画出 $F$ 的卡诺图。给出的 $F$ 为一般与或式，将每个与项所覆盖的最小项都填 1，如图 2.15 所示。

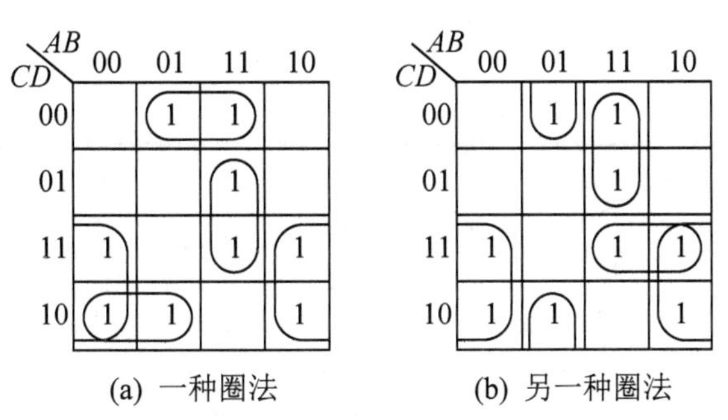


图 2.15　例 2.4 的卡诺图

(2) 画卡诺圈化简函数。

(3) 写出最简与或式。

本例有两种圈法，都可以得到最简式。

按图 2.15(a)所示圈法，有

$$F=\overline{B}C+\overline{A}C\overline{D}+B\overline{C}\overline{D}+ABD$$

按图 2.15(b)所示圈法，有

$$F=\overline{B}C+\overline{A}B\overline{D}+AB\overline{C}+ACD$$

这说明，逻辑函数的最简式不是唯一的。

## 2.2.3 约束项及约束项的应用

### 1. 约束项的概念

在实际的逻辑关系中，有时会遇到这样一种情况：变量的某些取值组合不允许出现，或者变量之间具有一定的制约关系。我们将这些组合或其所对应的最小项称为无关项或约束项，用“×”、“Φ”或“$d$”表示。例如，判断一位十进制数是否为偶数，真值表如表 2.9 所示，卡诺图如图 2.16 所示。

表 2.9 带约束项的真值表

| 输入 | | | | 输出 |
|---|---|---|---|---|
| *A* | *B* | *C* | *D* | *F* |
| 0 | 0 | 0 | 0 | 1 |
| 0 | 0 | 0 | 1 | 0 |
| 0 | 0 | 1 | 0 | 1 |
| 0 | 0 | 1 | 1 | 0 |
| 0 | 1 | 0 | 0 | 1 |
| 0 | 1 | 0 | 1 | 0 |
| 0 | 1 | 1 | 0 | 1 |
| 0 | 1 | 1 | 1 | 0 |
| 1 | 0 | 0 | 0 | 1 |
| 1 | 0 | 0 | 1 | 0 |
| 1 | 0 | 1 | 0 | × |
| 1 | 0 | 1 | 1 | × |
| 1 | 1 | 0 | 0 | × |
| 1 | 1 | 0 | 1 | × |
| 1 | 1 | 1 | 0 | × |
| 1 | 1 | 1 | 1 | × |

| *CD* \ *AB* | 00 | 01 | 11 | 10 |
|---|---|---|---|---|
| 00 | 1 | 1 | × | 1 |
| 01 | 0 | 0 | × | 0 |
| 11 | 0 | 0 | × | × |
| 10 | 1 | 1 | × | × |

图 2.16 带约束项的卡诺图

### 2. 带约束项逻辑函数的化简

在逻辑函数的化简中，充分利用约束项可以得到更加简单的逻辑表达式，因而其相应的逻辑电路也更简单。在化简过程中，约束项的取值可视具体情况取 0 或取 1。具体地讲，如果约束项对化简有利，则取 1；如果约束项对化简不利，则取 0。下面举例说明带约束项逻辑函数的化简。

**【例 2.5】** 求函数 $F=\overline{A}\,\overline{B}\,\overline{C}+\overline{A}\,\overline{B}C\overline{D}+\overline{A}BC\overline{D}$ 的最简与或表达式。约束条件为 $\overline{A}CD+A\overline{C}D=0$。

**解：** 画出函数的卡诺图，如图 2.17 所示。约束条件对应于编号 3、7、9 和 13 的四个方格，在其中标上“×”号。

合并最小项时，约束项的取值为 0 或 1 都不影响函数原有的功能，因此可以充分利用这些无关项来化简逻辑函数，即利用约束项来扩大卡诺圈。

因此，函数的最简与或表达式为

$$F=\overline{A}\,\overline{B}+\overline{A}C$$

**【例 2.6】** 求函数 $F=\sum m\,(0, 2, 3, 4, 8)+\sum d\,(10, 11, 12, 13, 14, 15)$的最简与或表达。

**解：** 画出函数的卡诺图，如图 2.18 所示。

| CD \ AB | 00 | 01 | 11 | 10 |
|---|---|---|---|---|
| 00 | 1 | | | |
| 01 | 1 | | × | × |
| 11 | × | × | | |
| 10 | 1 | 1 | | |

图 2.17　例 2.5 的卡诺图

| CD \ AB | 00 | 01 | 11 | 10 |
|---|---|---|---|---|
| 00 | 1 | 1 | × | 1 |
| 01 | | | × | |
| 11 | 1 | | × | × |
| 10 | 1 | | × | × |

图 2.18　例 2.6 的卡诺图

因此，函数的最简与或表达式为

$$F=\overline{C}\,\overline{D}+\overline{B}C$$

## 2.3　TTL 集成逻辑门电路

数字集成电路按其内部有源器件的不同可以分为两大类。一类为双极型晶体管集成电路，主要有晶体管-晶体管逻辑(Transistor Transistor Logic，TTL)、射极耦合逻辑(Emitter Coupled Logic，ECL)和集成注入逻辑(Integrated Injection Logic，$I^2L$)等几种类型。另一类为 MOS(Metal Oxide Semiconductor)集成电路，其有源器件采用金属-氧化物-半导体场效应管，又可分为 NMOS、PMOS 和 CMOS 等几种类型。

目前数字系统中普遍使用 TTL 和 CMOS 集成电路。TTL 集成电路工作速度高、驱动能力强，但功耗大、集成度低；CMOS 集成电路集成度高、功耗低，超大规模集成电路基本上都是 CMOS 集成电路，其缺点是工作速度略低。目前已生产了 BiCMOS 器件，它由双极型晶体管电路和 CMOS 集成电路构成，能够充分发挥两种电路的优势，缺点是制造工艺复杂。

集成电路按规模可分为以下几类。

(1) 小规模集成电路(Small Scale Integration，SSI)：每片组件内包含 10～100 个元件(或 10～20 个等效门)。

(2) 中规模集成电路(Medium Scale Integration，MSI)：每片组件内含 100～1000 个元件(或 20～100 个等效门)。

(3) 大规模集成电路(Large Scale Integration，LSI)：每片组件内含 1000～100 000 个以上元件(或 100~1000 个等效门)。

(4) 超大规模集成电路(Very Large Scale Integration，VLSI)，每片组件内含 100 000 个以上元件(或 1000 个以上等效门)。

目前常用的逻辑门和触发器属于 SSI，常用的译码器、数据选择器、加法器、计数器、移位寄存器等组件属于 MSI。常见的 LSI、VLSI 有只读存储器、随机存取存储器、微处理器、单片微处理器、位片式微处理器、高速乘法累加器、通用和专用数字信号处理器等。此外还有专用集成电路 Application Specific Integrated Circuit，ASIC，它分标准单元、门阵列和可编程逻辑器件 Programmable Logic Device，PLD。PLD 是近十几年来迅速发展的新型数字器件，目前应用十分广泛。

## 2.3.1 TTL 与非门

### 1. 电路组成

TTL 逻辑门电路的基本形式是与非门，其典型电路如图 2.19 所示，在结构上可分为输入级、中间级和输出级三个部分。

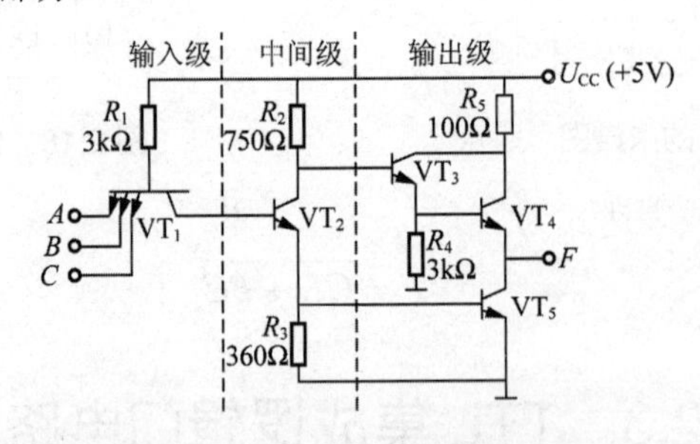


图 2.19 典型 TTL 与非门电路

输入级是由多射极晶体管 $VT_1$ 和电阻 $R_1$ 组成的一个与门，实现输入逻辑变量 $A$、$B$、$C$ 的“与”运算功能。$VT_1$ 的电流放大作用有利于提高 $VT_1$ 从饱和到截止的转换速度。

中间级是由 $VT_2$、$R_2$ 及 $R_3$ 组成的一个电压分相器。它在 $VT_2$ 的发射极与集电极上分别得到两个相位相反的电压，以驱动输出级三极管 $VT_4$、$VT_5$ 轮流导通。

输出级是由 $VT_3$、$VT_4$、$VT_5$ 和 $R_4$、$R_5$ 组成的一个非门。其中 $VT_5$ 为驱动管，达林顿复合晶体管 $VT_3$、$VT_4$ 与电阻 $R_4$、$R_5$ 一起构成了 $VT_5$ 的有源负载。输出级采用的推挽结构使 $VT_4$、$VT_5$ 轮流导通，输出阻抗较低，有利于改善电路的输出波形，提高电路的负载能力。

### 2. 工作原理

(1) 输入端全部接高电平($U_{IH}$=3.6V)，如图 2.20 所示。$VT_1$ 的基极电位 $U_{B1}$ 最高不会超过 2.1V。因为当 $U_{B1}$≥2.1V 时，$VT_1$ 的集电结及 $VT_2$ 和 $VT_5$ 的发射结会同时导通，把 $U_{B1}$ 钳在 $U_{B1}=U_{BC1}+U_{BE2}+U_{BE5}=0.7+0.7+0.7=2.1V$。所以，当各个输入端都接高电平 $U_{IH}(3.6V)$时，$VT_1$ 的所有发射结均截止。这时$+U_{CC}$通过 $R_1$ 使 $VT_1$ 的集电结及 $VT_2$ 和 $VT_5$ 的发射结同时导通，从而使 $VT_2$ 和 $VT_5$ 处于饱和状态。此时 $VT_2$ 的集电极电位为

$$U_{C2}=U_{CES2}+U_{BE5}\approx0.3+0.7=1(V)$$

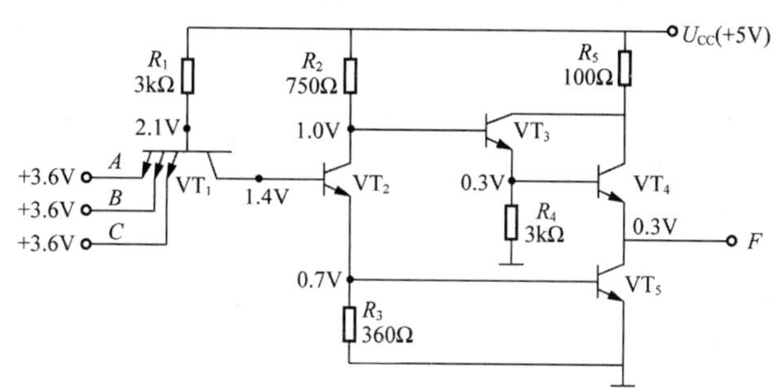


图 2.20 输入端全为高电平时的工作状态

$U_{C2}$ 加到 $VT_3$ 的基极，由于 $R_4$ 的存在，可以使 $VT_3$ 导通。所以，$VT_4$ 的基极电位和射极电位分别为

$$U_{B4}=U_{E3}\approx U_{C2}-U_{BE3}=1-0.7=0.3(V)$$

$$U_{E4}=U_{CES5}\approx0.3V$$

可见，$VT_4$ 的发射结偏压 $U_{BE4}=U_{B4}-U_{E4}=0.3-0.3=0(V)$，所以，$VT_4$ 处于截止状态。

在 $VT_4$ 截止、$VT_5$ 饱和的情况下，输出电压 $U_O$ 为

$$U_O=U_{OL}=U_{CES5}\approx0.3V$$

当 $U_O=U_{OL}$ 时，称与非门处于开门状态。

(2) 输入端至少有一个为低电平($U_{IL}=0.3V$)，如图 2.21 所示。当输入端至少有一个接低电平 $U_{IL}(0.3V)$ 时，接低电平的发射结正向导通，则 $VT_1$ 的基极电位 $U_{B1}=U_{BE1}+U_{IL}=0.7+0.3=1(V)$。为使 $VT_1$ 的集电结及 $VT_2$ 和 $VT_5$ 的发射结同时导通，$U_{B1}$ 至少应当等于 $2.1V(U_{B1}=U_{BC1}+U_{BE2}+U_{BE5})$。现在 $U_{B1}=1V$，所以，$VT_2$ 和 $VT_5$ 必然截止。由于 $VT_2$ 截止，故 $I_{C2}\approx0$，$R_2$ 中的电流也很小，因而 $R_2$ 上的电压很小。因此有

$$U_{C2}=U_{CC}-U_{R2}=5V$$

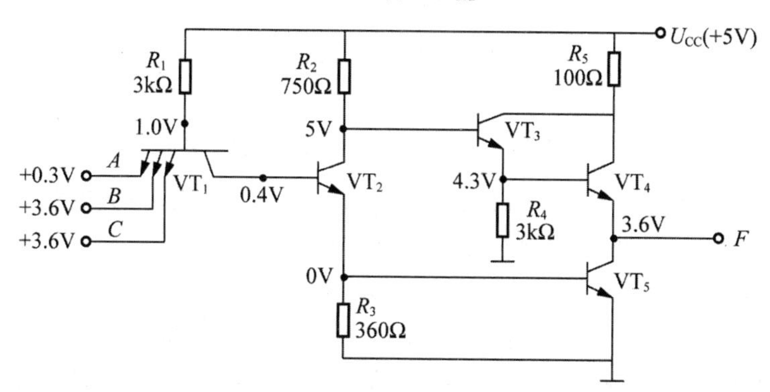


图 2.21 输入端有低电平时的工作状态

该电压使 $VT_3$ 和 $VT_4$ 的发射结处于良好的正向导通状态，$VT_5$ 处于截止状态，此时输出电压 $U_O$ 为

$$U_O=U_{OH}=U_{C2}-U_{BE3}-U_{BE4}=5-0.7-0.7=3.6(V)$$

此值未计入 $R_2$ 上的压降，所以实际的 $U_{OH}$ 小于 3.6V。

当 $U_O=U_{OH}$ 时，称与非门处于关闭状态。

### 3. 电路功能

如果用逻辑“1”表示高电平(+3.6V)，用逻辑“0”表示低电平(+0.3V)，则根据前面分析可知，该电路只有当输入变量 $A$、$B$、$C$ 全部都为 1 时，输出才为 0，实现了三变量 $A$、$B$、$C$ 的与非运算，即 $F=\overline{ABC}$ 。因此，该电路是一个三输入与非门。

### 4. 主要技术参数

1) 电压传输特性

电压传输特性是指输出电压跟随输入电压变化的关系曲线，即 $U_O=f(U_I)$函数关系，它可以用图 2.22 所示的曲线表示。由图可见，曲线大致分为以下四段。

(1) *AB* 段(截止区)：当 $U_I \leqslant 0.6V$ 时，$VT_1$ 工作在深饱和状态，$U_{ces1}<0.1V$，$U_{be2}<0.7V$，故 $VT_2$、$VT_5$ 截止，$VT_3$、$VT_4$ 均导通，输出高电平 $U_{OH}$=3.6V。

(2) *BC* 段(线性区)：当 $0.6V \leqslant U_I<1.3V$ 时，$0.7V \leqslant U_{b2}<1.4V$，$VT_2$ 开始导通，$VT_5$ 尚未导通。此时 $VT_2$ 处于放大状态，其集电极电压 $U_{c2}$ 随着 $U_I$ 的增加而下降，并通过 $VT_3$、$VT_4$ 射极跟随器使输出电压 $U_O$ 也下降，下降斜率近似等于 $-R_2/R_3$。

(3) *CD* 段(转折区)：$1.3V \leqslant U_I<1.4V$，当 $U_I$ 略大于 1.3V 时，$VT_5$ 开始导通，此时 $VT_2$ 发射极到地的等效电阻为 $R_3 // R_{be5}$，比 $VT_5$ 截止时的 $R_3$ 小得多，因而 $VT_2$ 放大倍数增加，近似为 $-R_2/(R_3 // R_{be5})$，因此 $U_{c2}$ 迅速下降，输出电压 $U_O$ 也迅速下降，最后 $VT_3$、$VT_4$ 截止，$VT_5$ 进入饱和状态。

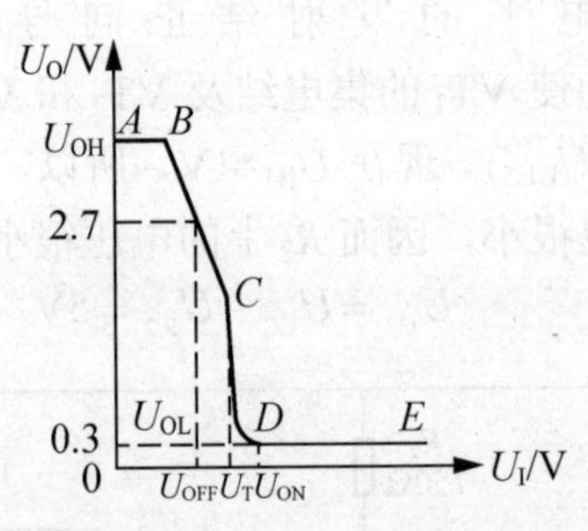


图 2.22 TTL 与非门的电压传输特性

(4) *DE* 段(饱和区)：当 $U_I \geqslant 1.4V$ 时，随着 $U_I$ 的增加，$VT_1$ 进入倒置工作状态，$VT_3$ 导通，$VT_4$ 截止，$VT_2$、$VT_5$ 饱和，因而输出低电平 $U_{OL}$=0.3V。

从电压传输特性可以得出以下几个重要参数。

(1) 输出高电平 $U_{OH}$ 和输出低电平 $U_{OL}$。电压传输特性的截止区的输出电压 $U_{OH}$=3.6V，饱和区的输出电压 $U_{OL}$=0.3V。一般产品规定 $U_{OH} \geqslant 2.4V$、$U_{OL}<0.4V$ 时即为合格。

(2) 阈值电压 $U_T$。阈值电压也称门槛电压。电压传输特性上转折区中点所对应的输入电压 $U_T \approx 1.3V$，可以将 $U_T$ 看成与非门导通(输出低电平)和截止(输出高电平)的分界线。

(3) 开门电平 $U_{ON}$ 和关门电平 $U_{OFF}$。开门电平 $U_{ON}$ 是保证输出电平达到额定低电平(0.3V)时，所允许输入高电平的最小值，即只有当 $U_I > U_{ON}$ 时，输出才为低电平。通常 $U_{ON}$=1.4V，一般产品规定 $U_{ON} \leqslant$ 1.8V。

关门电平 $U_{OFF}$ 是保证输出电平达到额定高电平(2.7V 左右)时所允许输入低电平的最大值，即只有当 $U_I \leqslant U_{OFF}$ 时，输出才为高电平。通常 $U_{OFF} \approx$ 1V，一般产品要求 $U_{OFF} \geqslant$ 0.8V。

(4) 噪声容限 $U_{NL}$、$U_{NH}$。实际应用中，由于外界干扰、电源波动等原因，可能使输入电平 $U_I$ 偏离规定值。为了保证电路可靠工作，应对干扰的幅度有一定限制，称为噪声容限。

低电平噪声容限是指在保证输出高电平的前提下，允许叠加在输入低电平上的最大噪声电压(正向干扰)，用 $U_{NL}$ 表示，有

$$U_{NL}=U_{OFF}-U_{IL}$$

若 $U_{OFF}$=0.8V，$U_{IL}$=0.3V，则 $U_{NL}$=0.5V。

高电平噪声容限是指在保证输出低电平的前提下，允许叠加在输入高电平上的最大噪声电压(负向干扰)，用 $U_{NH}$ 表示，有

$$U_{NH}=U_{IH}-U_{ON}$$

若 $U_{IH}=3V$，$U_{ON}=1.8V$，则 $U_{NH}=1.2V$。

2) 输入特性

输入特性是指输入电流与输入电压之间的关系曲线，即 $I_I=f(u_I)$ 的函数关系。典型的 TTL 与非门输入特性如图 2.23 所示。

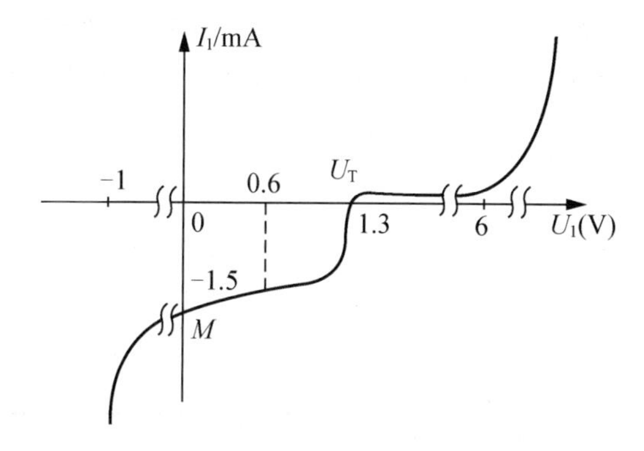


图 2.23 TTL 与非门的输入特性

设输入电流 $I_I$ 由信号源流入 $VT_1$ 发射极时方向为正，反之为负。从图 2.23 中可以看出，当 $U_I < U_T$ 时 $I_I$ 为负，即 $I_I$ 流入信号源，对信号源形成灌电流负载；当 $U_I > U_T$ 时 $I_I$ 为正，$I_I$ 流入 TTL 门，对信号源形成拉电流负载。从输入特性可以得出以下几个重要参数。

(1) 输入短路电流 $I_{IS}$。当 $U_I$=0 时的输入电流称为输入短路电流，典型值约为−1.5mA。

(2) 输入漏电流 $I_{IH}$。当 $U_I > U_T$ 时的输入电流称为输入漏电流，即 $VT_1$ 倒置工作时的反向漏电流，其电流值很小，约为 10μA。

应注意，当 $U_I >$ 7V 以后，$VT_1$ 的 CE 结将发生击穿，使 $I_I$ 猛增。此外，当 $U_I \leqslant$ −1V 时，$V_1$ 的 BE 结也可能烧毁。这两种情况下都会使与非门损坏，因此在使用时，尤其是混合使用电源电压不同的集成电路时，应采取相应的措施，使输入电位钳制在安全工作区内。

3) 输出特性

(1) 与非门处于开门状态时，输出低电平，如图 2.24(a)和图 2.24(b)所示。此时 $VT_5$ 饱和，输出电流 $I_L$ 从负载流进 $VT_5$，形成灌电流；当灌电流增加时，$VT_5$ 饱和程度减轻，因而 $U_{OL}$ 随 $I_L$ 增加而略有增加。$VT_5$ 输出电阻为 10～20Ω。若灌电流很大，使 $VT_5$ 脱离饱和进入放大状态，$U_{OL}$ 将很快增加，这是不允许的。通常为了保证 $U_{OL}\leqslant 0.35V$，应使 $I_L\leqslant 25mA$。

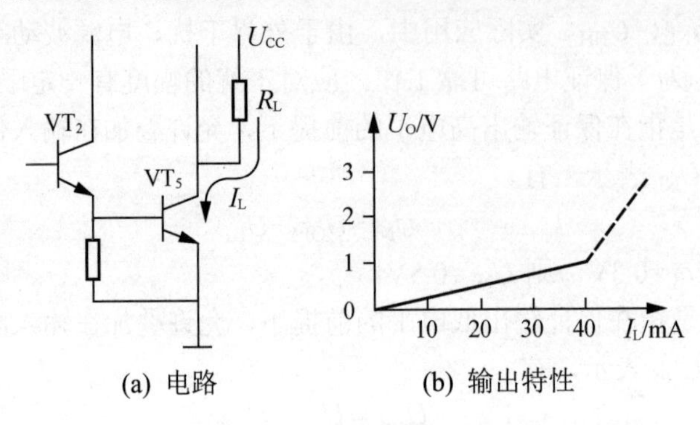

(a) 电路　　(b) 输出特性

图 2.24　TTL 与非门输出低电平时的输出特性

(2) 与非门处于关门状态时，输出高电平，如图 2.25(a)和图 2.25(b)所示。此时 $VT_5$ 截止，$VT_3$ 微饱和，$VT_4$ 导通，负载电流为拉电流。从特性曲线可见，当拉电流 $I_L<5mA$ 时，$VT_3$、$VT_4$ 处于射随器状态，因而输出高电平 $U_{OH}$ 变化不大。当 $I_L>5mA$ 时，$VT_3$ 进入深饱和，由于 $I_{R5}\approx I_L$，$U_{OH}=U_{CC}-U_{ces3}-U_{be4}-I_LR_5$，故 $U_{OH}$ 将随着 $I_L$ 的增加而降低。因此，为了保证稳定地输出高电平，要求负载电流 $I_L\leqslant 14mA$，允许的最小负载电阻 $R_L$ 约为 170Ω。

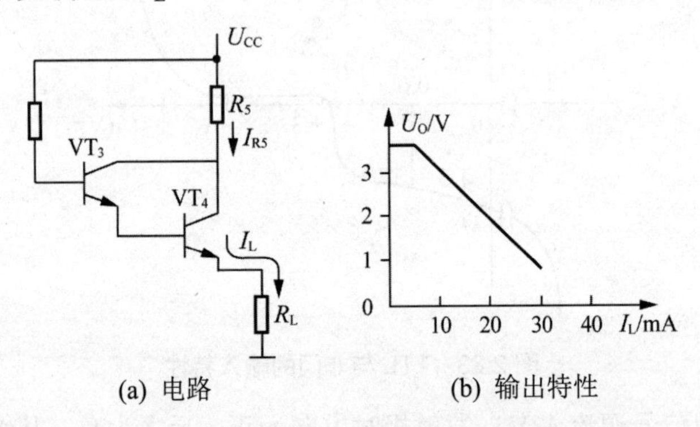

(a) 电路　　(b) 输出特性

图 2.25　TTL 与非门输出高电平时的输出特性

4) 扇入系数和扇出系数

扇入系数是指门的输入端数。扇出系数 $N_O$ 是指一个门能驱动同类型门的个数。当 TTL 门的某个输入端为低电平时，其输入电流约等于 $I_{IS}$(输入短路电流)；当输入端为高电平时，输入电流为 $I_{IH}$(输入漏电流)。而 $I_{IS}$ 比 $I_{IH}$ 大得多，因此按最坏的情况考虑，当测出输出端为低电平时允许灌入的最大负载电流 $I_{Lmax}$ 后，则可求出驱动门的扇出系数 $N_O$ 为

$$N_O=\frac{I_{L\max}}{I_{IS}}$$

5) 平均延迟时间 $t_{pd}$

平均延迟时间是衡量门电路速度的重要指标，它表示输出信号滞后于输入信号的时间。

通常将输出电压由高电平跳变为低电平的传输延迟时间称为导通延迟时间 $t_{PHL}$，将输出电压由低电平跳变为高电平的传输延迟时间称为截止延迟时间 $t_{PLH}$。$t_{PHL}$ 和 $t_{PLH}$ 是以输入、输出波形对应边上等于最大幅度 50%的两点时间间隔来确定的，如图 2.26 所示。$t_{pd}$ 为 $t_{PLH}$ 和 $t_{PHL}$ 的平均值，即

$$t_{pd} = \frac{1}{2}(t_{PHL} + t_{PLH})$$

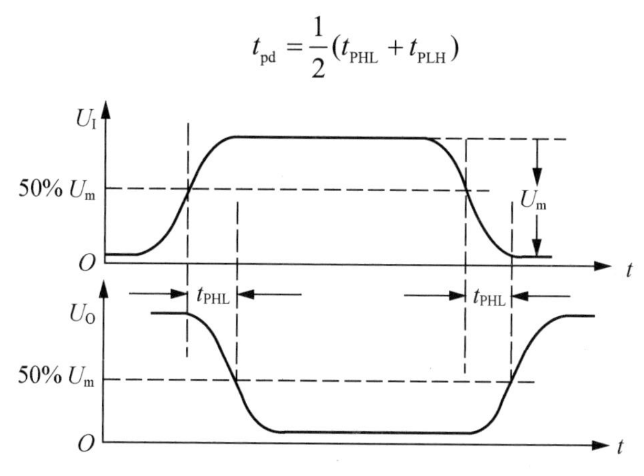


图 2.26 TTL 与非门的平均延迟时间

通常，TTL 门的 $t_{pd}$ 为 3～40ns。

## 2.3.2 集电极开路与非门和三态输出与非门

### 1. 集电极开路门

1) 电路结构

集电极开路门简称 OC 门(Open-Collector Gate)，它是将 TTL 与非门输出级的倒相器 $VT_5$ 管的集电极有源负载 $VT_3$、$VT_4$ 及电阻 $R_4$、$R_5$ 去掉，保持 $VT_5$ 管集电极开路而得到的。OC 门电路如图 2.27 所示。

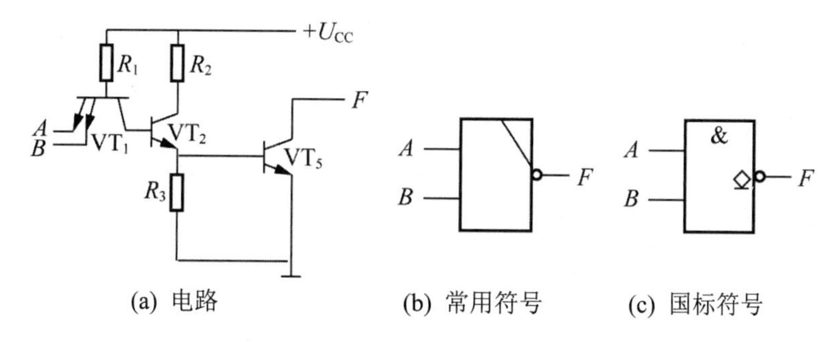


(a) 电路 (b) 常用符号 (c) 国标符号

图 2.27 OC 门电路

2) 功能分析

OC 门的电路特点是其输出管 $VT_5$ 的集电极开路，因此使用时必须通过外部上拉电阻 $R_C$ 接至电源+$E_C$。$E_C$ 可以是不同于 $U_{CC}$ 的另一个电源。多个 OC 门的输出端并联时，可以共用一个上拉电阻 $R_C$，如图 2.28 所示。

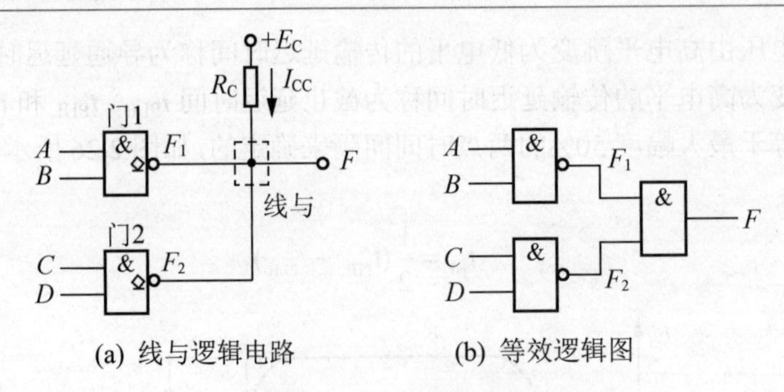


(a) 线与逻辑电路　　(b) 等效逻辑图

图 2.28　多个 OC 门并联

$R_C$ 的估算公式为

$$\frac{E_C - U_{OL\max}}{I_{OL} - mI_{IL}} \leqslant R_L \leqslant \frac{E_C - U_{OH\min}}{nI_{OH} + mI_{IH}}$$

式中，$n$——输出端直接相连的 OC 门的个数；

$m$——负载门的个数；

$E_C$——$R_C$ 外接电源的电压；

$U_{OLmax}$——输出低电平的上限值；

$U_{OHmin}$——输出高电平的下限值；

$I_{OL}$——单个 OC 门输出低电平时输出管 $VT_5$ 所允许流入的最大电流；

$I_{OU}$——输出高电平时输出管允许流入的最大电流；

$I_{IL}$——负载门的输入低电平电流；

$I_{IH}$——负载门的输入高电平电流。

### 2. 三态输出门

三态输出门也称三态门、TS 门，是在 TTL 逻辑门的基础上增加一个使能端 EN 而得到的。当 EN=0 时，TTL 与非门不受影响，仍然实现与非门功能；当 EN=1 时，TTL 与非门的 $VT_4$、$VT_5$ 将同时截止，使逻辑门输出处于高阻状态。

因此，三态门除了具有普通逻辑门的高电平(逻辑 1)和低电平(逻辑 0)两种状态之外，还有第三种状态——高阻抗状态，也称开路状态或 Z 状态。

三态门的逻辑符号和真值表分别如图 2.29 和表 2.10 所示。国标符号中的倒三角形“▽”表示逻辑门是三态输出，EN 为“使能”限定符，输入端的小圆圈表示低电平有效(有的三态门也可能没有小圆圈，说明 EN 是高电平有效)。

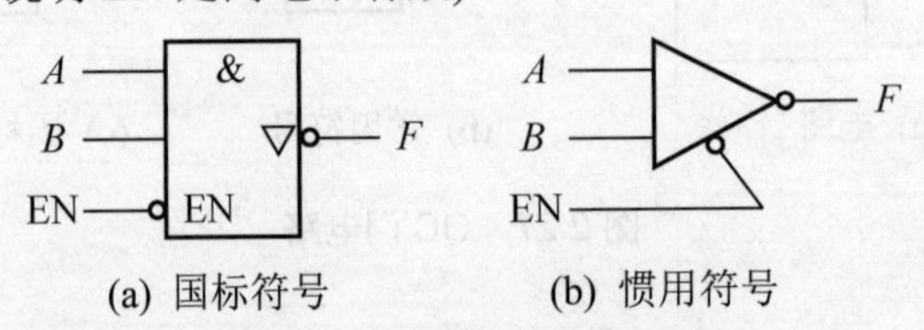


(a) 国标符号　　(b) 惯用符号

图 2.29　三态门的逻辑符号

表 2.10　三态门的真值表

| 输　入 | | | 输　出 |
|---|---|---|---|
| EN | $A$ | $B$ | $F$ |
| 1 | × | × | 高阻 |
| 0 | 0 | 0 | 1 |
| 0 | 0 | 1 | 1 |
| 0 | 1 | 0 | 1 |
| 0 | 1 | 1 | 0 |

多个三态门的输出端可以直接相连，但连在一起的三态门必须分时工作，即任何时候最多只能有一个三态门处于工作状态，不允许多个三态门同时工作。因此，需要对各个三态门的使能端 EN 进行适当控制，以保证三态门分时工作。

三态门主要用来实现多路数据在总线上的分时传送，如图 2.30(a)所示。为了实现这一功能，必须保证在任何时刻只有一个三态门被选通，即只有一个门向总线传送数据；否则，会造成总线上的数据混乱，并且损坏导通状态的输出管。传送到总线上的数据可以同时被多个负载门接收，也可在控制信号作用下，让指定的负载门接收。

利用三态门可以实现信号的可控双向传送，如图 2.30(b)所示。当 $G$=0 时，门 1 选通，门 2 禁止，信号由 $A$ 传送到 $B$；当 $G$=1 时，门 1 禁止，门 2 选通，信号由 $B$ 传送到 $A$。

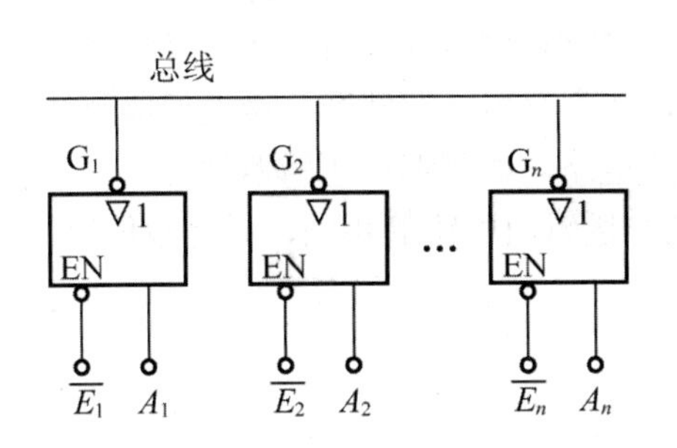


(a) 三态门实现数据分时传送

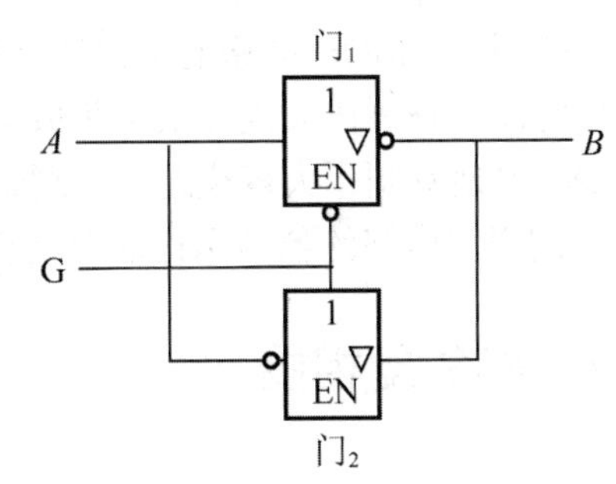


(b) 信号的可控双向传送

图 2.30　三态门的应用

## 2.3.3　TTL 集成逻辑门电路系列

TTL 门电路由双极型三极管构成，其特点是速度快、抗静电能力强、集成度低、功耗大，目前广泛应用于中、小规模集成电路中。TTL 门电路有 74(商用)和 54(军用)两大系列，每个系列中又有若干子系列。例如，74 系列包含如下基本子系列。

(1) 74：标准 TTL(Standard TTL)。

(2) 74H：高速 TTL(High Speed TTL)。

(3) 74S：肖特基 TTL(Schottky TTL)。

(4) 74AS：先进肖特基 TTL(Advanced Schottky TTL)。

(5) 74LS：低功耗肖特基 TTL(Low Power Schottky TTL)。

(6) 74ALS：先进低功耗肖特基 TTL(Advanced Low Power Schottky TTL)。

54 系列和 74 系列具有相同的子系列，两个系列的参数基本相同，主要在电源电压范围和工作环境温度范围上有所不同，54 系列适应的范围更大些。不同子系列在速度、功耗等参数上有所不同。TTL 门电路采用 5V 电源供电。

## 2.4 CMOS 集成逻辑门电路

MOS 逻辑门是用绝缘栅场效应管制作的逻辑门。在半导体芯片上制作一个 MOS 管要比制作一个电阻容易，而且所占的芯片面积也小。所以，在 MOS 集成电路中，几乎所有的电阻都用 MOS 管代替，这种 MOS 管称为负载管。在 MOS 逻辑电路中，除负载管有可能是耗尽型外，其他 MOS 管均为增强型。MOS 逻辑电路有 PMOS、NMOS 和 CMOS 三种类型。

PMOS 逻辑电路是用 P 沟道 MOS 管制作的。由于其工作速度低，而且采用负电源，不便和 TTL 电路连接，故其应用受到限制。

NMOS 逻辑电路是用 N 沟道 MOS 管制作的。其工作速度比 PMOS 电路高，集成度高，而且采用正电源，便于和 TTL 电路连接。其制造工艺适宜制作大规模数字集成电路，如存储器和微处理器等，但不适宜制作通用型逻辑集成电路(这种电路要求在一个芯片上制作若干不同类型的逻辑门和触发器)，主要是因为 NMOS 电路对电容性负载的驱动能力较弱。

CMOS 逻辑电路是用 P 沟道和 N 沟道两种 MOS 管构成的互补电路制作的。和 PMOS、NMOS 电路相比，CMOS 电路的工作速度高，功耗小，并且可用正电源，便于和 TTL 电路连接，所以它既适宜制作大规模数字集成电路，如寄存器、存储器、微处理器及计算机中的常用接口等，又适宜制作大规模通用型逻辑集成电路，如可编程逻辑器件等。

CMOS 逻辑门电路的各项指标的定义和 TTL 逻辑门电路的相同，只是数值有所差异。

### 2.4.1 CMOS 反相器

#### 1. 电路结构及工作原理

CMOS 反相器电路如图 2.31(a)所示，它由两个增强型 MOS 场效应管组成，其中 $VT_1$ 为 NMOS 管，称驱动管，$VT_2$ 为 PMOS 管，称负载管。图 2.31(b)所示为 CMOS 反相器的简化电路。 NMOS 管的栅源开启电压 $U_{TN}$ 为正值，PMOS 管的栅源开启电压 $U_{TP}$ 为负值，其数值范围均在 2～5V 之间。为了使电路能正常工作，要求电源电压 $U_{DD}>(U_{TN}+|U_{TP}|)$。$U_{DD}$ 工作范围较宽，可在 3～18V 之间。

当 $U_I=U_{IL}=0V$ 时，$U_{GS1}=0$，$VT_1$ 截止，而 $|U_{GS2}|>|U_{TP}|$，因此 $VT_2$ 导通，且导通内阻很低，此时 $U_O=U_{OH}\approx U_{DD}$，即输出为高电平。当 $U_I=U_{IH}=U_{DD}$ 时，$U_{GS1}=U_{DD}>U_{TN}$，$VT_1$ 导通，而 $U_{GS2}=0<|U_{TP}|$，因此 $VT_2$ 截止，此时 $U_O=U_{OL}\approx 0$，即输出为低电平。可见，CMOS 反相器实现了非逻辑的功能。

CMOS 反相器在工作时，由于在静态下 $U_I$ 无论是高电平还是低电平，$VT_1$ 和 $VT_2$ 中总有一个截止，且截止时阻抗极高，流过 $VT_1$ 和 $VT_2$ 的静态电流很小，因此 CMOS 反相器的静态功耗非常低，这是 CMOS 电路最突出的优点。

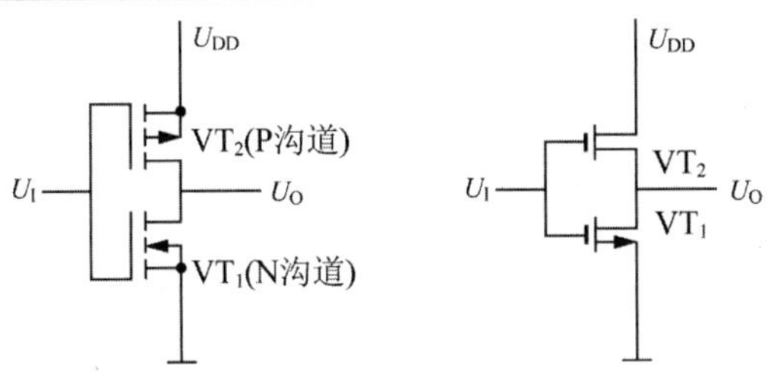


(a) CMOS 反相器电路　　(b) CMOS 反相器的简化电路

图 2.31　CMOS 反相器

### 2. 主要特性

CMOS 反相器的电压传输特性如图 2.32 所示。该特性曲线大致分为 *AB*、*BC*、*CD* 三个阶段。

(1) *AB* 段：$U_I<U_{TN}$ 输入为低电平，$U_{GS1}<U_{TN}$，$|U_{GS2}|>|U_{TP}|$，故 $VT_1$ 截止，$VT_2$ 导通，$U_O=U_{OH}\approx U_{DD}$，输出高电平。

(2) *CD* 段：$U_I>U_{DD}-|U_{TP}|$，输入为高电平，$VT_1$ 导通，而$|U_{GS2}|<|U_{TP}|$，故 $VT_2$ 截止，$U_O=U_{OL}\approx 0$，输出低电平。

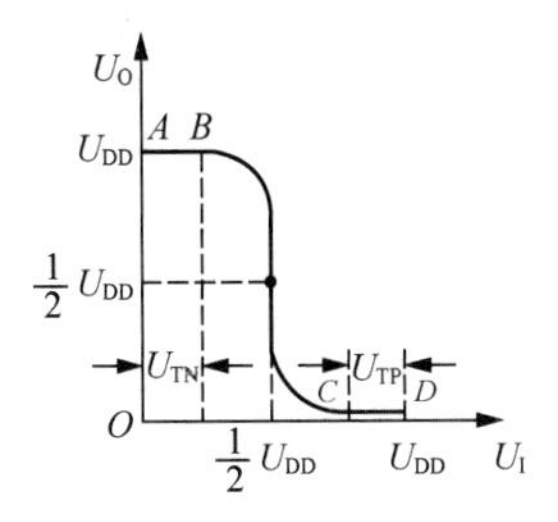


图 2.32　CMOS 反相器的电压传输特性

(3) *BC* 段：$U_{TN}<U_I<(U_{DD}-|U_{TP}|)$，此时由于 $U_{GS1}>U_{TN}$，$U_{GS2}>|U_{TP}|$，故 $VT_1$、$VT_2$ 均导通。若 $VT_1$、$VT_2$ 的参数对称，则 $U_I=1/2U_{DD}$ 时两管导通内阻相等，$U_O=1/2U_{DD}$。因此，CMOS 反相器的阈值电压为 $U_T\approx 1/2U_{DD}$。*BC* 段特性曲线很陡，可见 CMOS 反相器的传输特性接近理想开关特性，因而其噪声容限大，抗干扰能力强。

CMOS 反相器的电流传输特性如图 2.33 所示，在 *AB* 段由于 $VT_1$ 截止，阻抗很高，所以流过 $VT_1$ 和 $VT_2$ 的漏电流几乎为 0。在 *CD* 段由于 $VT_2$ 截止，阻抗很高，所以流过 $VT_1$ 和 $VT_2$ 的漏电流也几乎为 0。只有在 *BC* 段，$VT_1$ 和 $VT_2$ 均导通时才有电流 $i_D$ 流过 $VT_1$ 和 $VT_2$，并且在 $U_I=1/2U_{DD}$ 附近时 $i_D$ 最大。

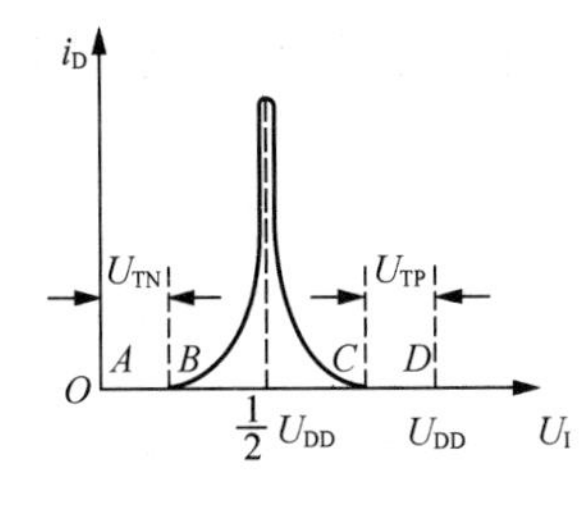


图 2.33　CMOS 反相器的电流传输特性

从以上分析可以看出，CMOS 电路有以下特点。

(1) 静态功耗低。CMOS 反相器稳定工作时总是有一个 MOS 管处于截止状态，流过的电流为极小的漏电流，因而静态功耗很低，有利于提高集成度。

(2) 抗干扰能力强。由于其阈值电压 $U_T$=1/2$U_{DD}$，在输入信号变化时，过渡区变化陡峭，所以低电平噪声容限和高电平噪声容限近似相等，约为 0.45$U_{DD}$。同时，为了提高 CMOS 门电路的抗干扰能力，还可以适当提高 $U_{DD}$。这在 TTL 电路中是办不到的。

(3) 电源电压工作范围宽，电源利用率高。标准 CMOS 电路的电源电压范围很宽，可在 3～18V 范围内工作。当电源电压变化时，与电压传输特性有关的参数基本上都与电源电压呈线性关系。CMOS 反相器的输出电压摆幅大，$U_{OH}=U_{DD}$，$U_{OL}$=0V，因此电源利用率很高。

## 2.4.2 CMOS 传输门、CMOS 三态门和 CMOS 漏极开路门

### 1. CMOS 传输门

CMOS 传输门(TG 门)的电路和逻辑符号如图 2.34 所示。它由一个 NMOS 管 $VT_1$ 和一个 PMOS 管 $VT_2$ 并联而成。$VT_1$ 和 $VT_2$ 的源极和漏极分别相接作为传输门的输入端和输出端。两管的栅极是一对互补控制端，$C$ 端称为高电平控制端，$\overline{C}$ 端称为低电平控制端。两管的衬底均不和源极相接，NMOS 管的衬底接地，PMOS 管的衬底接正电源 $U_{DD}$，以便于控制沟道的产生。

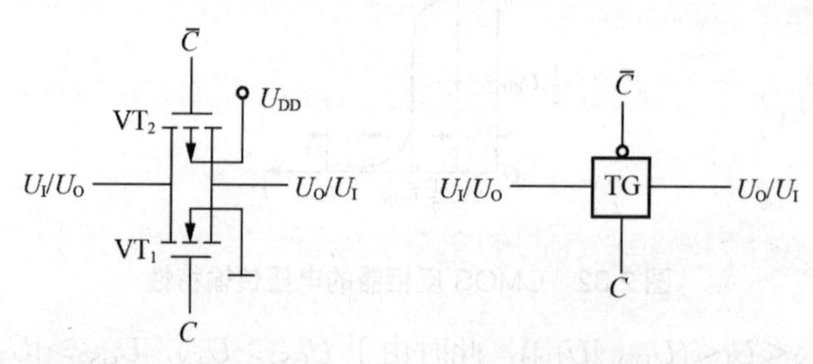

(a) CMOS 传输门电路　　(b) CMOS 传输门逻辑符号

图 2.34　CMOS 传输门

把 NMOS 管 $VT_1$ 的栅极和衬底之间的电压记为 $U_{GB1}$，开启电压记为 $U_{TN}$，则当 $U_{GB1}>U_{TN}$ 时，$VT_1$ 产生沟道；当 $U_{GB1}<U_{TN}$ 时，$VT_1$ 的沟道消失。

把 PMOS 管 $VT_2$ 的栅极和衬底之间的电压记为 $U_{GB2}$，开启电压记为 $U_{TP}$，则当 $U_{GB2}<U_{TP}$ 时，$VT_2$ 产生沟道；当 $U_{GB2}>U_{TP}$ 时，$VT_2$ 的沟道消失。

当 $C=U_{DD}$，$\overline{C}$ =0V 时，$VT_1$ 的 $U_{GB1}=U_{DD}>U_{TN}$，故 $VT_1$ 导通；$VT_2$ 的 $U_{GB2}=-U_{DD}<U_{TP}$，故 $VT_2$ 也导通。所以此时在 $VT_1$ 和 $VT_2$ 的漏极和源极之间同时产生沟道，使输入端与输出端之间形成导电通路，相当于开关接通。

当 $C$=0，$\overline{C}=U_{DD}$ 时，$VT_1$ 的 $U_{GB1}=0<U_{TN}$，故 $VT_1$ 不能产生沟道；$VT_2$ 的 $U_{GB2}=0>U_{TP}$，故 $VT_2$ 也不能产生沟道。在这种情况下，输入端与输出端之间呈现高阻抗状态，相当于开关断开。

由于 MOS 管的结构对称，其漏极和源极可以互换，因而 CMOS 传输门的输入端和输出端可以互换使用，即 CMOS 传输门是双向器件。

### 2. CMOS 三态门

图 2.35 所示为 CMOS 三态非门电路。两个 NMOS 管 $VT_1$ 和 $VT_2$ 串联，另外两个 PMOS 管 $VT_3$ 和 $VT_4$ 也串联。两组串联 MOS 管构成等效互补电路，$VT_2$ 和 $VT_3$ 一对互补管构成 CMOS 反相器(非门)，其栅极相接作为三态非门的信号输入端；$VT_1$ 和 $VT_4$ 一对互补管构成控制电路，其栅极反相连接后作为控制端(也称选通端)。

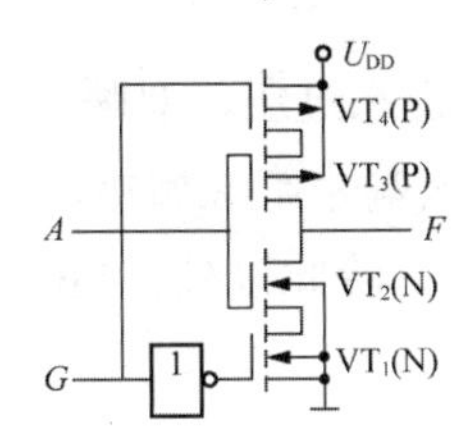


图 2.35 CMOS 三态非门电路

当 $G$=1 时，$VT_1$ 和 $VT_4$ 均不产生沟道，不论 $A$ 为何值，$F$ 端均处于高阻态，相当于 $F$ 端悬空，称为禁止状态。

当 $G$=0 时，$VT_1$ 和 $VT_4$ 均产生沟道，处于导通状态。此时若把 $VT_1$ 和 $VT_4$ 近似用短路线代替，则该电路就与反相器一样，完成非运算 $F=A$。可见，该电路是一个低电平选通的三态非门。

CMOS 三态门的逻辑符号与 TTL 三态门相同。

### 3. CMOS 漏极开路门

CMOS 漏极开路门简称为 OD 门，它与 TTL 门电路中的集电极开路门是对应的，逻辑符号也相同。

## 2.4.3 CMOS 集成逻辑门电路系列及主要特点

CMOS 逻辑门电路有三大系列，主要是 4000 系列、74C××系列、硅-氧化铝系列。

与双极型逻辑电路相比，CMOS 逻辑电路主要具有以下特点。

(1) 制造工艺简单，集成度和成品率较高，便于大规模集成。

(2) 工作电源 $U_{DD}$ 允许变化的范围大，CMOS 门电路输出的高、低电平分别为 $U_{DD}$ 和 0V，抗干扰能力强。

(3) 在电源到地的回路中，总有 MOS 管截止，功耗特别低。

(4) 输入阻抗高，一般高达 500MΩ以上，带负载能力强。

当前，CMOS 逻辑电路已成为与双极型逻辑电路并驾齐驱的另一类集成电路，特别是在大规模集成电路和微处理器中已经占据支配地位。

## 2.4.4 集成逻辑门使用中的实际问题

### 1. 多余输入端的处理

1) TTL 门

TTL 门的输入端悬空，相当于输入高电平。但是，为防止引入干扰，一般不将输入端悬空。

对于与门和与非门的多余输入端，可以使其输入高电平。具体措施是将其通过电阻 $R$(约几千欧)接$+U_{CC}$，或者通过大于 2kΩ的电阻接地。在前级门的扇出系数有富余的情况下，也可以和有用输入端并接使用。

2) MOS 门

MOS 门的输入端是 MOS 管的绝缘栅极，它与其他电极间的绝缘层很容易被击穿。虽然内部设置有保护电路，但它只能防止稳态过压，对瞬变过压保护效果差，因此 MOS 门的多余端不允许悬空。由于 MOS 门的输入端是绝缘栅极，所以通过一个电阻 $R$ 将其接地时，不论 $R$ 多大，该端都相当于输入低电平。除此以外，MOS 门的多余输入端的处理方法与 TTL 门相同。

### 2. TTL 门电路和 CMOS 门电路的连接

TTL 门电路和 CMOS 门电路是两种不同类型的电路，它们的参数并不完全相同，因此，在一个数字系统中，如果同时使用 TTL 门电路和 CMOS 门电路，为了保证系统能够正常工作，必须考虑两者之间的连接问题，应满足下列条件：

驱动门　负载门

$$U_{OHmin}>U_{IHmin}$$

$$U_{OLmax}<U_{ILmax}$$

$$I_{OH}>I_{IH}$$

$$I_{OL}>I_{IL}$$

如果不满足上面的条件，则必须增加接口电路。常用的方法有：增加上拉电阻，采用专用接口电路，驱动门并接等办法。

## 本 章 小 结

(1) 逻辑运算中的三种基本运算是与、或、非运算。与非、或非、与或非、异或、同或则是由与、或、非三种基本逻辑运算复合而成的五种常用逻辑运算。分析数字电路或数字系统的数学工具是逻辑代数。

(2) 常用的逻辑函数表示方法有真值表、逻辑表达式、逻辑图等，它们之间可以任意地相互转换。

(3) 逻辑代数的定律和规则是推演、变换及化简逻辑函数的依据。

(4) 逻辑函数的化简有公式法和图形法等。公式法是利用逻辑代数的公式、定律和规则来对逻辑函数进行化简。图形法就是利用函数的卡诺图来对逻辑函数进行化简，这种方法简单直观，容易掌握，但变量太多时卡诺图太复杂，图形法已不适用。在对逻辑函数化简时，充分利用约束项可以得到十分简单的结果。

(5) 利用半导体器件的开关特性，可以构成与门、或门、非门、与非门、或非门、与或非门、异或门等各种逻辑门电路，也可以构成在电路结构和特性两方面都别具特色的三态门、集电极开路门、漏极开路门及传输门。

(6) TTL 电路的优点是开关速度较高，抗干扰能力较强，带负载的能力也比较强，缺点是功耗较大。

(7) CMOS 电路具有制造工艺简单、功耗小、输入阻抗高、集成度高、电源电压范围宽等优点，其主要缺点是工作速度稍低，但随着集成工艺的不断改进，CMOS 电路的工作速度已有了大幅度的提高。

## 习　　题

1. 用真值表证明下列各式相等。

(1) $A\bar{B}+B+\bar{A}B=A+B$

(2) $A(B\oplus C)=(AB)\oplus(AC)$

(3) $\overline{A\bar{B}+C}=(\bar{A}+B)\bar{C}$

(4) $\overline{AB+\bar{A}C}=A\bar{B}+\bar{A}\bar{C}$

2. 写出下列逻辑函数的对偶式 $F'$ 及反函数 $\bar{F}$ 。

(1) $F=\bar{A}\bar{B}+CD$　　(2) $F=[(A\bar{B}+C)D+E]G$

(3) $F=\overline{A\bar{B}+C}+\overline{A+\bar{B}\bar{C}}$　　(4) $F=\overline{A+B+\bar{C}+\overline{D+E}}$

3. 将下列逻辑函数化为最小项之和的形式。

(1) $F=\bar{A}BC+A$　　(2) $F=\overline{A\bar{C}+BC}$

(3) $Y=A+B+CD$　　(4) $Y=AB+\overline{\bar{B}\bar{C}(\bar{C}+\bar{C})}$

4. 用逻辑代数的基本公式和常用公式将下列逻辑函数化为最简与或式。

(1) $Y=A\bar{B}+B+\bar{A}B$

(2) $Y=A\bar{B}C+\bar{A}+B+\bar{C}$

(3) $Y=\overline{\bar{A}BC}+\overline{A\bar{B}}$

(4) $Y=A\bar{B}CD+ABD+A\bar{C}D$

(5) $Y=A\bar{B}(\bar{A}CD+\overline{AD+\bar{B}\bar{C}})(\bar{A}+B)$

(6) $Y=AC(\bar{C}D+\bar{A}B)+BC(\overline{\bar{B}+AD+CE})$

(7) $Y=A\bar{C}+ABC+AC\bar{D}+CD$

(8) $Y=A+(\overline{B+\bar{C}})+(A+\bar{B}+C)(A+B+C)$

(9) $Y=B\bar{C}+AB\bar{C}E+\bar{B}(\overline{\bar{A}\bar{D}+AD})+B(A\bar{D}+\bar{A}D)$

(10) $Y=AC+A\bar{C}D+A\bar{B}\bar{E}F+B(D\oplus E)+B\bar{C}D\bar{E}+B\bar{C}\bar{D}E+AB\bar{E}F$

5. 写出图 2.36 中各逻辑图的逻辑函数式，并化简为最简与或式。

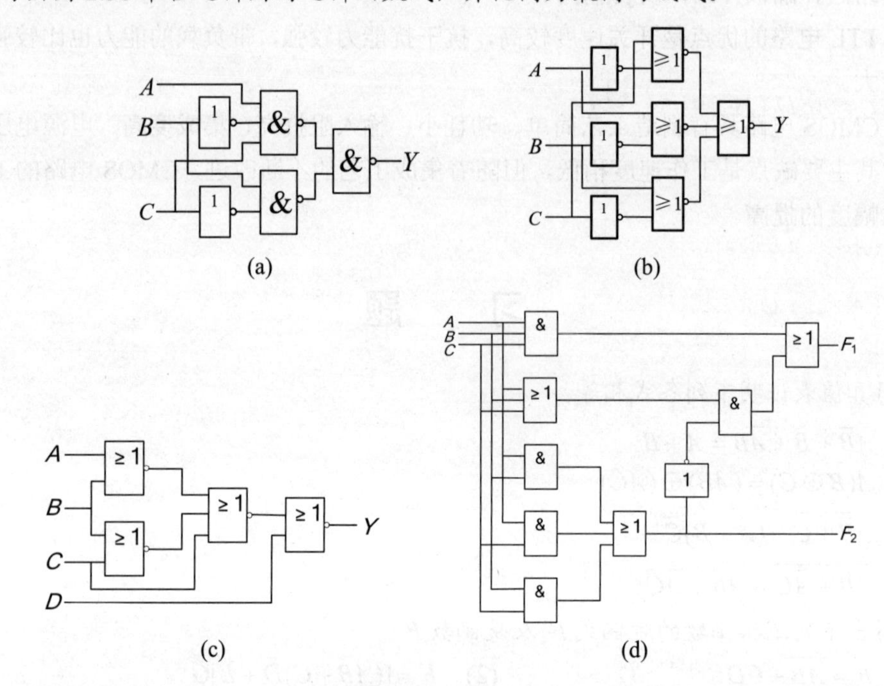


图 2.36　习题 5 图

6. 求下列函数的反函数并化为最简与或式。

(1) $Y = AB + C$

(2) $Y = (A + BC)\overline{C}D$

(3) $Y = \overline{(A + \overline{B})(\overline{A} + C)}AC + BC$

(4) $Y = \overline{\overline{A\overline{B}}C + \overline{C}D}(AC + BD)$

(5) $Y = A\overline{D} + \overline{A}\,\overline{C} + \overline{B}\,\overline{C}D + C$

(6) $Y = \overline{E}\,\overline{F}\,\overline{G} + \overline{E}\,\overline{F}G + \overline{E}F\overline{G} + \overline{E}FG + E\overline{F}\,\overline{G} + E\overline{F}G + EF\overline{G} + EFG$

7. 用卡诺图化简法将下列函数化为最简与或式。

(1) $Y = ABC + ABD + \overline{C}\,\overline{D} + A\overline{B}C + \overline{A}C\overline{D} + A\overline{C}D$

(2) $Y = A\overline{B} + \overline{A}C + BC + \overline{C}D$

(3) $Y = \overline{A}\,\overline{B} + B\overline{C} + \overline{A} + \overline{B} + ABC$

(4) $Y = \overline{A}\,\overline{B} + AC + \overline{B}C$

(5) $Y = A\overline{B}\,\overline{C} + \overline{A}\,\overline{B} + \overline{A}D + C + BD$

(6) $Y(A,B,C) = \sum(m_0, m_1, m_2, m_3, m_5, m_6, m_7)$

(7) $Y(A,B,C) = \sum(m_1, m_3, m_5, m_7)$

(8) $Y(A,B,C,D) = \sum(m_0, m_1, m_2, m_4, m_6, m_8, m_9, m_{10}, m_{11}, m_{14})$

(9) $Y(A,B,C,D) = \sum(m_0, m_1, m_2, m_5, m_8, m_9, m_{10}, m_{12}, m_{14})$

8. 化简下列逻辑函数(方法不限)。

(1) $Y = A\overline{B} + \overline{A}C + \overline{C}\,\overline{D} + D$

(2) $Y=\overline{A}(C\overline{D}+\overline{C}D)+B\overline{C}D+A\overline{C}D+\overline{A}C\overline{D}$

(3) $Y=(\overline{\overline{\overline{A}+\overline{B}}})D+(\overline{A}\,\overline{B}+BD)\overline{C}+\overline{A}\,\overline{C}BD+\overline{D}$

(4) $Y=A\overline{B}D+\overline{A}\,\overline{B}\,\overline{C}D+\overline{B}CD+(\overline{A\overline{B}+C})(B+D)$

(5) $Y=\overline{A\overline{B}\,\overline{C}D+A\overline{C}DE+\overline{B}D\overline{E}+A\overline{C}\,\overline{D}E}$

9. 证明下列逻辑恒等式(方法不限)。

(1) $(A+\overline{C})(B+D)(B+\overline{D})=AB+B\overline{C}$

(2) $\overline{\overline{(A+B+\overline{C})}\,\overline{C}D}+(B+\overline{C})(A\overline{B}D+\overline{B}\,\overline{C})=1$

(3) $\overline{A}\,\overline{B}\,\overline{C}\,\overline{D}+\overline{A}B\overline{C}D+A\overline{B}C\overline{D}+ABCD=\overline{A\overline{C}+\overline{A}C+B\overline{D}+\overline{B}D}$

(4) $\overline{A}(C\oplus D)+B\overline{C}D+AC\overline{D}+A\overline{B}\,\overline{C}D=C\oplus D$

10. 试画出用与非门和反相器实现下列函数的逻辑图。

(1) $Y=AB+BC+AC$

(2) $Y=(\overline{A}+B)(A+\overline{B})C+\overline{B}\,\overline{C}$

(3) $Y=\overline{AB\overline{C}+A\overline{B}C+\overline{A}BC}$

(4) $Y=A\overline{BC}+(\overline{\overline{A\overline{B}}+\overline{A}\,\overline{B}+BC})$

11. 试画出用或非门和反相器实现下列函数的逻辑图。

(1) $Y=A\overline{B}C+B\overline{C}$

(2) $Y=(A+C)(\overline{A}+B+\overline{C})(\overline{A}+\overline{B}+C)$

(3) $Y=\overline{(AB\overline{C}+\overline{B}C)}\overline{D}+\overline{A}\,\overline{B}D$

(4) $Y=\overline{\overline{C\overline{D}}\,\overline{BC\,ABCD}}$

12. 试画出图 2.37(a)所示门电路的输出波形，输入 $A$、$B$ 的波形如图 2.37(b)所示。

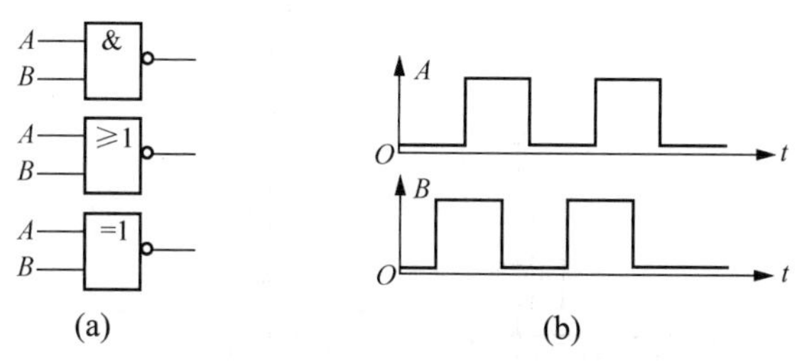


图 2.37 习题 12 图

13. 指出图 2.38 所示电路的输出逻辑电平是高电平、低电平还是高阻态。已知图 2.38(a)中的门电路都是 74 系列的 TTL 门电路，图 2.38(b)中的门电路为 CC4000 系列的 CMOS 门电路。

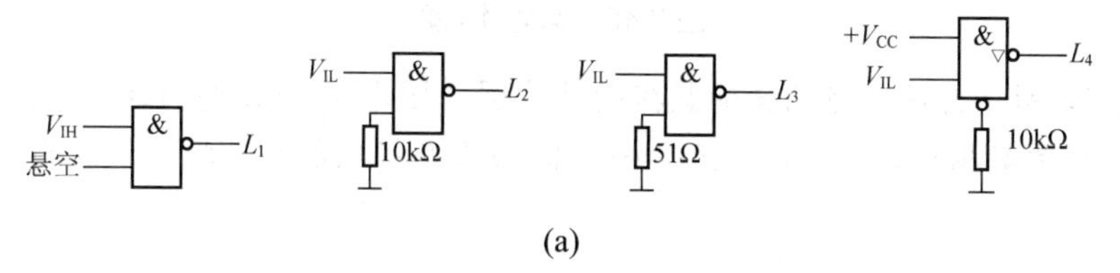


图 2.38 习题 13 图

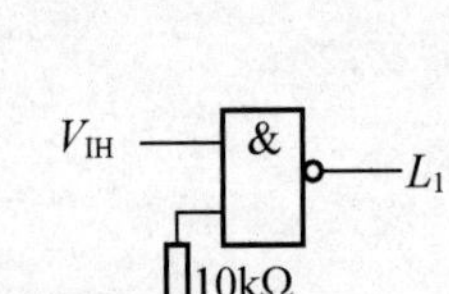


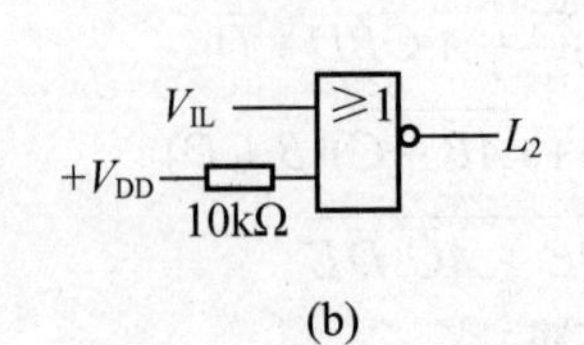


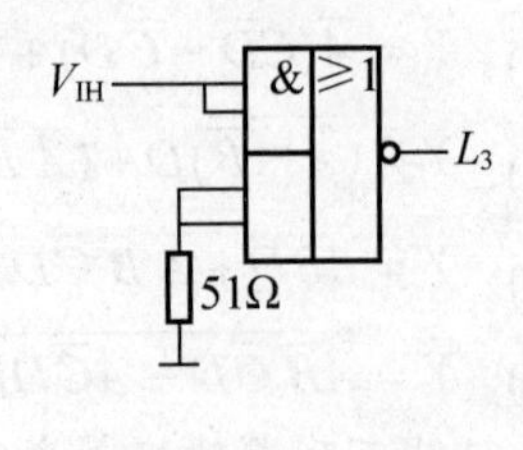


(b)

图 2.38　习题 13 图(续)

14. 图 2.39 中 $G_1$ 和 $G_2$ 两个 OC 门"线与"。每个门在输出低电平时，允许流入的最大灌电流 $I_{OLmax}=13mA$，输出高电平时漏电流 $I_{OH}$ 小于 250 μA。$G_3$、$G_4$、$G_5$ 是三个普通 TTL 与非门，它们的输入端个数分别为两个、两个和三个，而且全部为并联使用。已知 TTL 与非门的输入低电平电流 $I_{IL}=1.1mA$，输入高电平电流 $I_{IH}=50\mu A$，$V_{CC}=5V$。试求 $R_L$ 的取值范围。

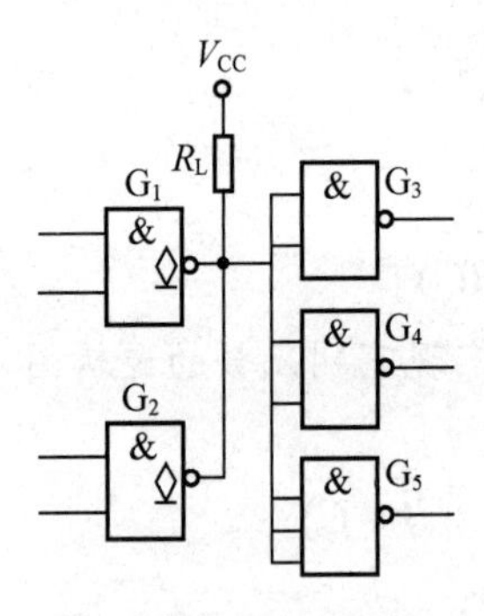


图 2.39　习题 14 图

15. 试写出图 2.40 中各 NMOS 门电路的输出逻辑表达式。

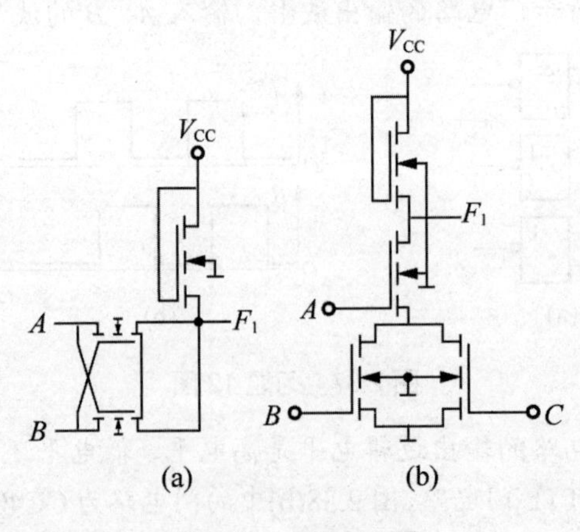


图 2.40　习题 15 图

16. 图 2.41 所示为用三态门传输数据的示意图，图中 $n$ 个三态门连到总线 BUS，其中 $A_1$、$A_2$、…、$A_n$ 为数据输入端，$E_1$、$E_2$、…、$E_n$ 为三态门使能控制端，试说明电路能传输数据的原理。

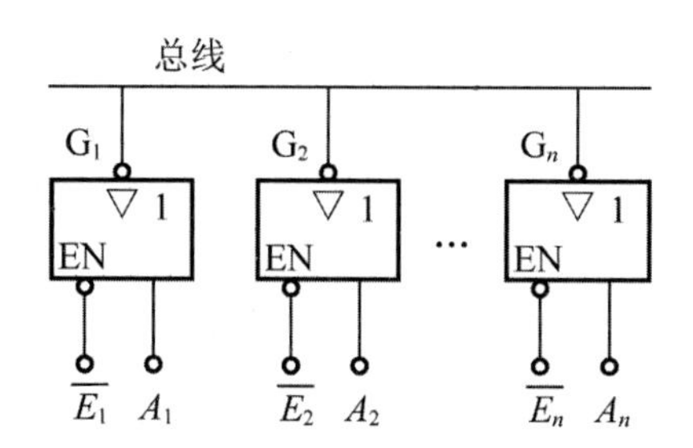


图 2.41　习题 16 图

# 第 3 章

# 组合逻辑电路

【教学目标】

本章介绍了组合逻辑电路的分析方法以及组合逻辑电路的设计，对加法器、比较器、编码器、译码器、数据选择器、数据分配器等中规模集成电路的特性、功能及应用进行了分析，并介绍了组合逻辑电路中的竞争与冒险。要求掌握组合逻辑电路的分析和设计方法，掌握常见的中规模集成电路的特性及使用。了解组合逻辑电路中的竞争与冒险。

# 3.1 组合逻辑电路的分析与设计

逻辑电路可以分为两大类：组合逻辑电路和时序逻辑电路。组合逻辑电路是比较简单的一类逻辑电路，它具有以下特点。

(1) 从电路结构上看，不存在反馈，不包含记忆元件。

(2) 从逻辑功能上看，任一时刻的输出仅仅与该时刻的输入有关，与该时刻之前电路的状态无关。

组合逻辑电路的特点可用图 3.1 表示。

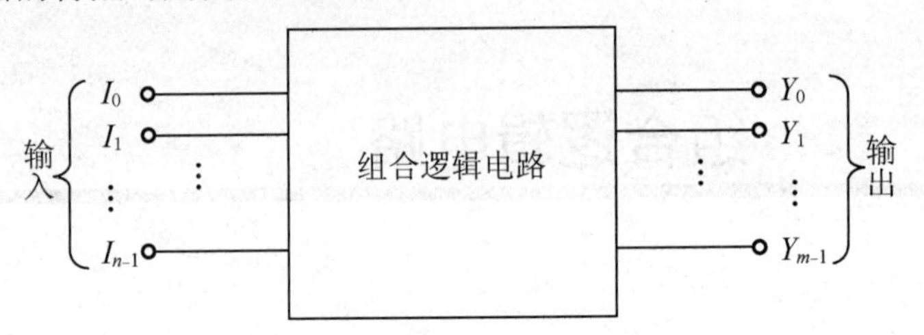


图 3.1 组合逻辑电路框图

输入/输出表达式描述为

$$Y_0 = F_0(I_0, I_1, \cdots, I_{n-1})$$
$$Y_1 = F_1(I_0, I_1, \cdots, I_{n-1})$$
$$\vdots$$
$$Y_{m-1} = F_{m-1}(I_0, I_1, \cdots, I_{n-1})$$

表示逻辑函数的方法有真值表、卡诺图、逻辑表达式及时间图等。

## 3.1.1 组合逻辑电路的分析

分析组合逻辑电路一般是根据给出的逻辑电路图，通过分析总结出它的逻辑功能。当输入不变时，具体的步骤通常如下。

(1) 根据逻辑电路图，写出逻辑表达式。

(2) 利用所得到的逻辑表达式，列出真值表，画出卡诺图。

(3) 总结出电路的逻辑功能。

**【例 3.1】** 已知逻辑电路如图 3.2 所示，试分析其功能。

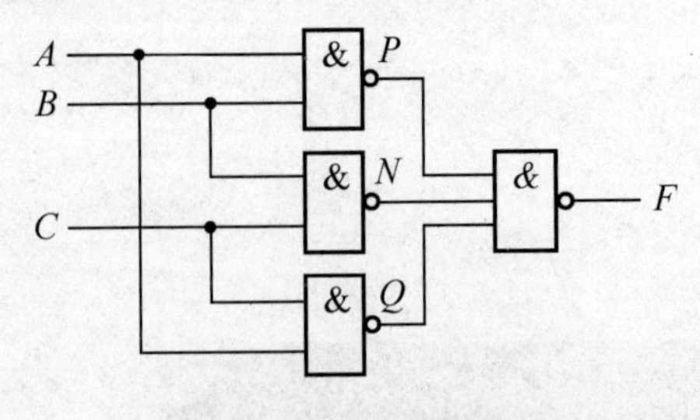


图 3.2 例 3.1 的逻辑图

解：

(1) 写出逻辑表达式。由前级到后级写出各个门的输出函数为

$$P=\overline{AB} \quad N=\overline{BC} \quad Q=\overline{AC}$$

$$F=\overline{P\cdot N\cdot Q}=\overline{\overline{AB}\cdot\overline{BC}\cdot\overline{AC}}=AB+BC+AC$$

(2) 列出真值表，如表 3.1 所示。

表 3.1 例 3.1 的真值表

| 输 入 | | | 输出 |
|---|---|---|---|
| *A* | *B* | *C* | *F* |
| 0 | 0 | 0 | 0 |
| 0 | 0 | 1 | 0 |
| 0 | 1 | 0 | 0 |
| 0 | 1 | 1 | 1 |
| 1 | 0 | 0 | 0 |
| 1 | 0 | 1 | 1 |
| 1 | 1 | 0 | 1 |
| 1 | 1 | 1 | 1 |

(3) 由真值表可以看出，在三个输入变量中，只要有两个或两个以上的输入变量为 1 时，输出函数 $F$ 为 1，否则为 0，它表示一种“少数服从多数”的逻辑关系，因此可以将该电路概括为三变量多数表决器。

【例 3.2】 分析图 3.3 所示电路的逻辑功能。

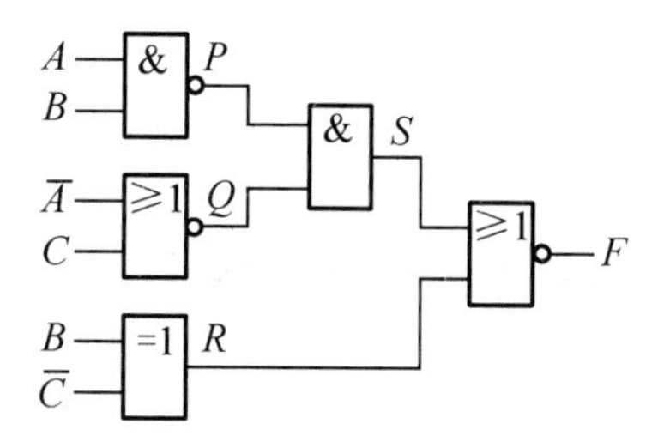


图 3.3 例 3.2 的逻辑图

解：

(1) 写出函数表达式。

$$P=\overline{AB} \quad Q=\overline{\overline{A}+C}$$

$$S=\overline{AB}\cdot\overline{\overline{A}+C}$$

$$R=B\oplus\overline{C}$$

$$F=\overline{S+R}=\overline{\overline{AB}\cdot(\overline{\overline{A}+C})+(B\oplus\overline{C})}$$

$$=\overline{\overline{AB}\cdot(\overline{\overline{A}+C})}\cdot\overline{B\oplus\overline{C}}$$

$$=(AB+\overline{A}+C)(B\overline{C}+\overline{B}C)$$

$$=AB\overline{C}+\overline{A}B\overline{C}+\overline{A}\,\overline{B}C+\overline{B}C$$

(2) 列真值表，如表 3.2 所示。

表 3.2 例 3.2 的真值表

| 输 入 | | | 输 出 |
|---|---|---|---|
| $A$ | $B$ | $C$ | $F$ |
| 0 | 0 | 0 | 0 |
| 0 | 0 | 1 | 1 |
| 0 | 1 | 0 | 1 |
| 0 | 1 | 1 | 0 |
| 1 | 0 | 0 | 0 |
| 1 | 0 | 1 | 1 |
| 1 | 1 | 0 | 1 |
| 1 | 1 | 1 | 0 |

(3) 功能描述。由真值表可看出，这就是一个二变量的异或电路。

$$F=\overline{B}C+B\overline{C}=B\oplus C$$

(4) 改进设计。该电路的卡诺图如图 3.4 所示。由重新化简可以看出，原电路设计不合理，应改进，用一个异或门即可。

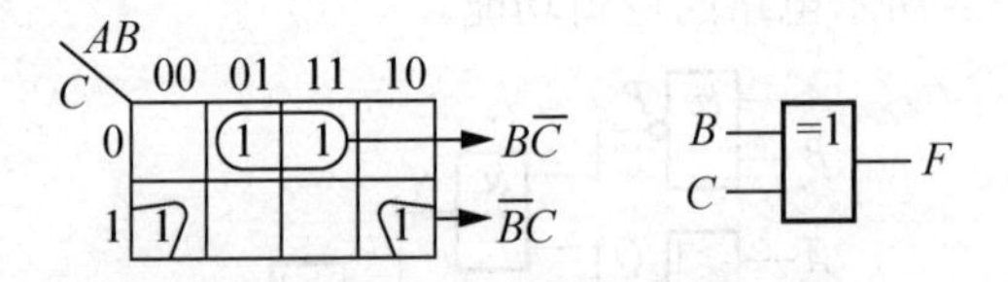


图 3.4 例 3.2 化简后重新设计逻辑图

### 3.1.2 组合逻辑电路的设计

电路设计的任务就是根据功能设计电路，一般按如下步骤进行。

(1) 将文字描述的逻辑命题变换为真值表，这是十分重要的一步。作出真值表前要仔细分析解决逻辑问题的条件，作出输入、输出变量的逻辑规定，然后列出真值表。

(2) 进行函数化简，化简形式应依据选择哪种门电路而定。

(3) 根据化简结果和选定的门电路，画出逻辑电路。

**【例 3.3】** 设计三变量表决器，其中 $A$ 具有否决权。

**解：**

(1) 列出真值表。设 $A$、$B$、$C$ 分别代表参加表决的逻辑变量，$F$ 为表决结果。对于变量作如下规定：$A$、$B$、$C$ 为 1 表示赞成，为 0 表示反对；$F$=1 表示通过，$F$=0 表示被否决。真值表如表 3.3 所示。

(2) 函数化简。这里选用与非门来实现。画出卡诺图，其化简过程如图 3.5(a)所示，化简函数为

$$F = AB + AC = \overline{\overline{AB} \cdot \overline{AC}}$$

表 3.3 例 3.3 的真值表

| 输 入 | | | 输 出 |
|---|---|---|---|
| A | B | C | F |
| 0 | 0 | 0 | 0 |
| 0 | 0 | 1 | 0 |
| 0 | 1 | 0 | 0 |
| 0 | 1 | 1 | 0 |
| 1 | 0 | 0 | 0 |
| 1 | 0 | 1 | 1 |
| 1 | 1 | 0 | 1 |
| 1 | 1 | 1 | 1 |

逻辑电路如图 3.5(b)所示。

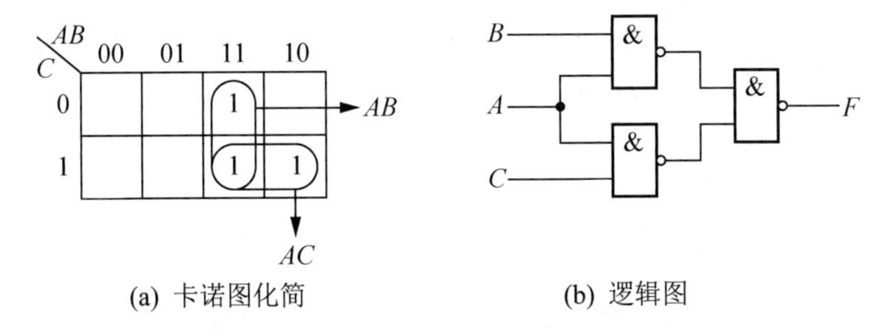


(a) 卡诺图化简　　(b) 逻辑图

图 3.5 例 3.3 的化简过程及逻辑图

**【例 3.4】** 设计一个组合电路，将 8421BCD 码变换为余 3 码。

**解:**

(1) 分析题意，列真值表。这是一个码制变换问题。由于均是 BCD 码，故输入、输出均为四个端点。按两种码的编码关系，得出如表 3.4 所示的真值表。

由于 8421BCD 码不会出现 1010～1111 这六种状态，故当输入出现这六种状态时，输出视为无关项。

表 3.4 例 3.4 的真值表

| 输 入 | | | | 输 出 | | | |
|---|---|---|---|---|---|---|---|
| A | B | C | D | $E_3$ | $E_2$ | $E_1$ | $E_0$ |
| 0 | 0 | 0 | 0 | 0 | 0 | 1 | 1 |
| 0 | 0 | 0 | 1 | 0 | 1 | 0 | 0 |
| 0 | 0 | 1 | 0 | 0 | 1 | 0 | 1 |
| 0 | 0 | 1 | 1 | 0 | 1 | 1 | 0 |
| 0 | 1 | 0 | 0 | 0 | 1 | 1 | 1 |

续表

| 输 入 | | | | 输 出 | | | |
|---|---|---|---|---|---|---|---|
| $A$ | $B$ | $C$ | $D$ | $E_3$ | $E_2$ | $E_1$ | $E_0$ |
| 0 | 1 | 0 | 1 | 1 | 0 | 0 | 0 |
| 0 | 1 | 1 | 0 | 1 | 0 | 0 | 1 |
| 0 | 1 | 1 | 1 | 1 | 0 | 1 | 0 |
| 1 | 0 | 0 | 0 | 1 | 0 | 1 | 1 |
| 1 | 0 | 0 | 1 | 1 | 1 | 0 | 0 |
| 1 | 0 | 1 | 0 | × | × | × | × |
| 1 | 0 | 1 | 1 | × | × | × | × |
| 1 | 1 | 0 | 0 | × | × | × | × |
| 1 | 1 | 0 | 1 | × | × | × | × |
| 1 | 1 | 1 | 0 | × | × | × | × |
| 1 | 1 | 1 | 1 | × | × | × | × |

(2) 选择器件，写出输出函数表达式。化简过程如图 3.6 所示，化简函数为

$$E_3 = A + BC + BD = \overline{\overline{A} \cdot \overline{BC} \cdot \overline{BD}}$$

$$E_2 = B\overline{C}\,\overline{D} + \overline{B}C + \overline{B}D = B\overline{(C + D)} + \overline{B}(C + D) = B \oplus (C + D)$$

$$E_1 = \overline{C}\,\overline{D} + CD = C \oplus \overline{D}$$

$$E_0 = \overline{D}$$

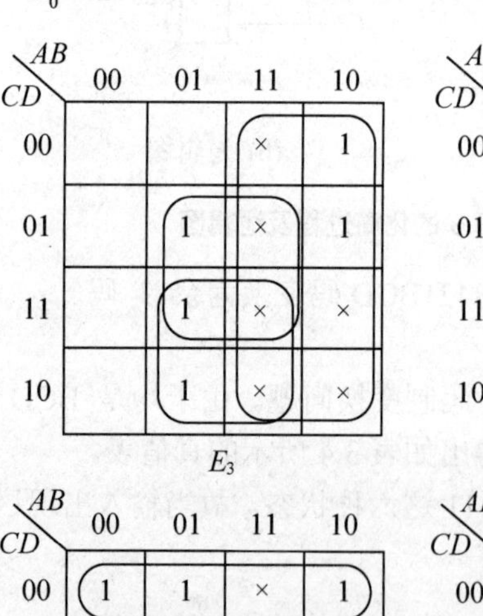

图 3.6 例 3.4 的卡诺图化简过程

(3) 画逻辑图，如图 3.7 所示。

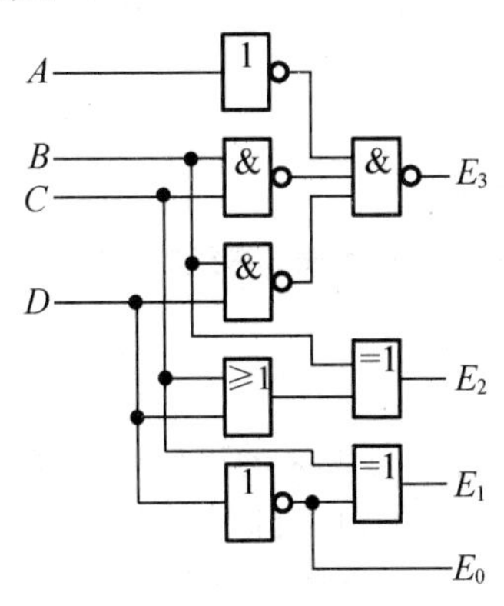


图 3.7　例 3.4 的逻辑图

# 3.2　加　法　器

加法器是一种算术运算电路，其基本功能是实现两个二进制数的加法运算。

## 3.2.1　半加器和全加器

### 1．半加器

仅对两个一位二进制数 $A_i$ 和 $B_i$ 进行的加法运算称为“半加”。实现半加运算功能的逻辑部件称为半加器。

半加器的真值表如表 3.5 所示。表中的 $A$ 和 $B$ 分别为两个相加的一位二进制数；$S_i$ 为本位和；$C$ 为本位向高位的进位。

表 3.5　半加器的真值表

| 输　入 | | 输　出 | |
|---|---|---|---|
| $A_i$ | $B_i$ | $C_i$ | $S_i$ |
| 0 | 0 | 0 | 0 |
| 0 | 1 | 0 | 1 |
| 1 | 0 | 0 | 1 |
| 1 | 1 | 1 | 0 |

由真值表可以直接写出如下函数表达式：

$$S_i=A_i\cdot\overline{B}_i+\overline{A}_i\cdot B_i=A_i\oplus B_i$$

$$C_i=A_iB_i$$

半加器的逻辑符号和逻辑图如图 3.8 所示。

可见，用一个与门和一个异或门就可以实现半加器电路。

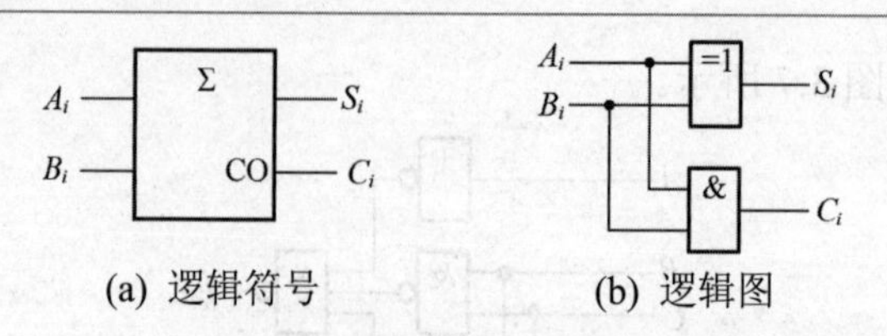


图 3.8　半加器的逻辑符号和逻辑图

### 2．全加器

对两个一位二进制数 $A_i$ 和 $B_i$ 连同低位来的进位 $C_{i-1}$ 进行的加法运算称为“全加”。实现全加运算功能的逻辑部件称为全加器(Full Adder，FA)。在多位数加法运算时，除最低位外，其他各位都需要考虑低位送来的进位。全加器的真值表如表 3.6 所示。

表 3.6　全加器的真值表

| 输　入 | | | 输　出 | |
|---|---|---|---|---|
| $A_i$ | $B_i$ | $C_{i-1}$ | $S_i$ | $C_i$ |
| 0 | 0 | 0 | 0 | 0 |
| 0 | 0 | 1 | 1 | 0 |
| 0 | 1 | 0 | 1 | 0 |
| 0 | 1 | 1 | 0 | 1 |
| 1 | 0 | 0 | 1 | 0 |
| 1 | 0 | 1 | 0 | 1 |
| 1 | 1 | 0 | 0 | 1 |
| 1 | 1 | 1 | 1 | 1 |

表中的 $A_i$ 和 $B_i$ 分别为被加数和加数输入；$C_{i-1}$ 为来自相邻低位的进位输入；$S_i$ 为本位和输出；$C_i$ 为向相邻高位的进位输出。全加器的输出逻辑函数表达式为

$$\begin{aligned}S_i &= \overline{A}_i\overline{B}_iC_{i-1}+\overline{A}_iB_i\overline{C}_{i-1}+A_i\overline{B}_i\overline{C}_{i-1}+A_iB_iC_{i-1}\\ &=(\overline{A}_iB_i+A_i\overline{B}_i)\overline{C}_{i-1}+(\overline{A}_i\overline{B}_i+A_iB_i)C_{i-1}\\ &=(A_i\oplus B_i)\overline{C}_{i-1}+\overline{A_i\oplus B_i}\,C_{i-1}=A_i\oplus B_i\oplus C_{i-1}\end{aligned}$$

$$\begin{aligned}C_i &= A_i\overline{B}_iC_{i-1}+\overline{A}_iB_iC_{i-1}+A_iB_i\overline{C}_{i-1}+A_iB_iC_{i-1}\\ &=(A_i\overline{B}_i+\overline{A}_iB_i)C_{i-1}+A_iB_i=(A_i\oplus B_i)C_{i-1}+A_iB_i\end{aligned}$$

全加器的逻辑图如图 3.9 所示，逻辑符号如图 3.10 所示。

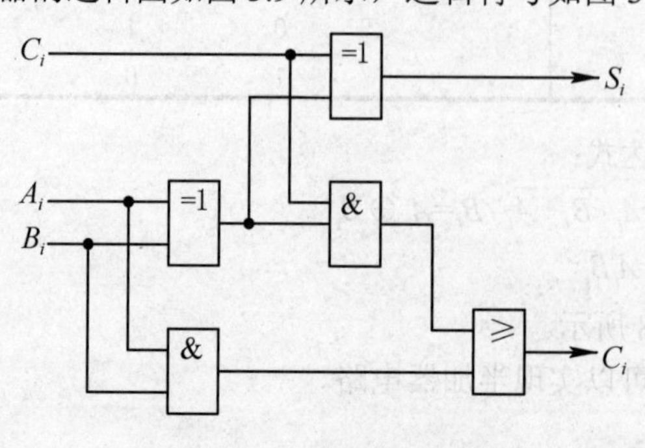


图 3.9　全加器的逻辑图

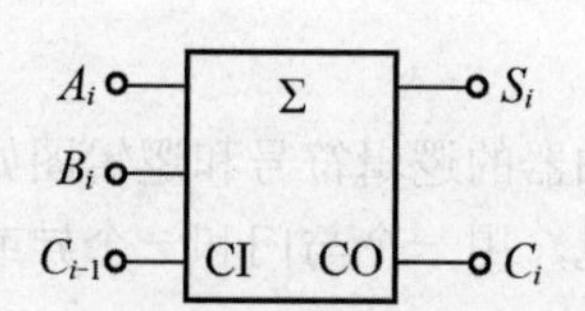


图 3.10　全加器的逻辑符号

### 3.2.2 多位加法器

实现两个多位二进制数相加的电路称为多位加法器。根据电路结构的不同，常见的多位加法器分为串行进位加法器和超前进位加法器。

#### 1. 串行进位加法器(行波进位加法器)

*n* 位串行进位加法器由 *n* 个一位加法器串联构成，图 3.11 所示是一个四位串行进位加法器。在串行进位加法器中，采用串行运算方式，由低位至高位，每一位的相加都必须等待下一位的进位。这种电路结构简单，但运算速度慢：一个 *n* 位串行进位加法器至少需要经过 *n* 个全加器的传输延迟时间才能得到可靠的运算结果。

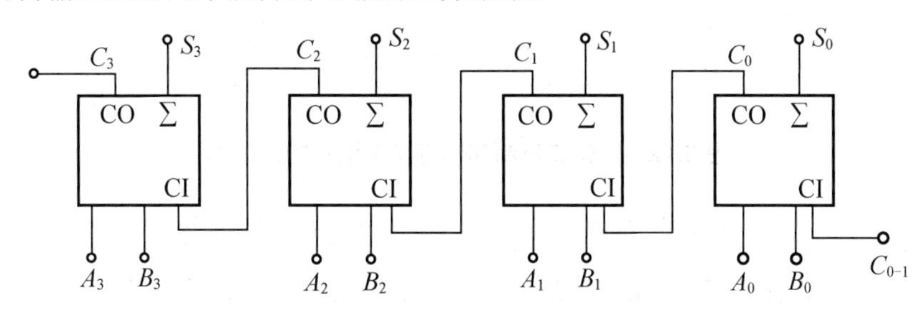


图 3.11 四位串行进位加法器

#### 2. 超前进位加法器

为了提高运算速度，将各进位提前并同时送到各个全加器的进位输入端，这种加法器称为超前进位加法器。其特点是运算速度快，但电路结构较复杂。

前面已经得到全加器的表达式为

$$S_i = A_i \oplus B_i \oplus C_{i-1}$$
$$C_i = A_iB_i + (A_i \oplus B_i)C_{i-1}$$

令 $G_i=A_iB_i$，称其为进位产生函数；令 $P_i = A_i \oplus B_i$，称其为进位传输函数。将其代入 $S_i$、$C_i$ 表达式，得递推公式为

$$S_i = P_i \oplus C_{i-1}$$
$$C_i = G_i + P_iC_{i-1}$$

这样可得各位进位信号的逻辑表达式为

$$C_0 = G_0 + P_0C_{0-1}$$
$$C_1 = G_1 + P_1G_0 = G_1 + P_1G_0 + P_1P_0C_{0-1}$$
$$C_2 = G_2 + P_2G_1 = G_2 + P_2G_1 + P_2P_1G_0 + P_2P_1P_0C_{0-1}$$
$$C_3 = G_3 + P_3G_1 = G_3 + P_3G_2 + P_3P_2G_1 + P_3P_2P_1G_0 + P_3P_2P_1P_0C_{0-1}$$

图 3.12 所示为四位二进制超前进位加法器的逻辑图。

74LS283 和 CC4008 分别是 TTL 和 CMOS 两种类型的四位二进制超前进位加法器，其引脚图如图 3.13 所示。

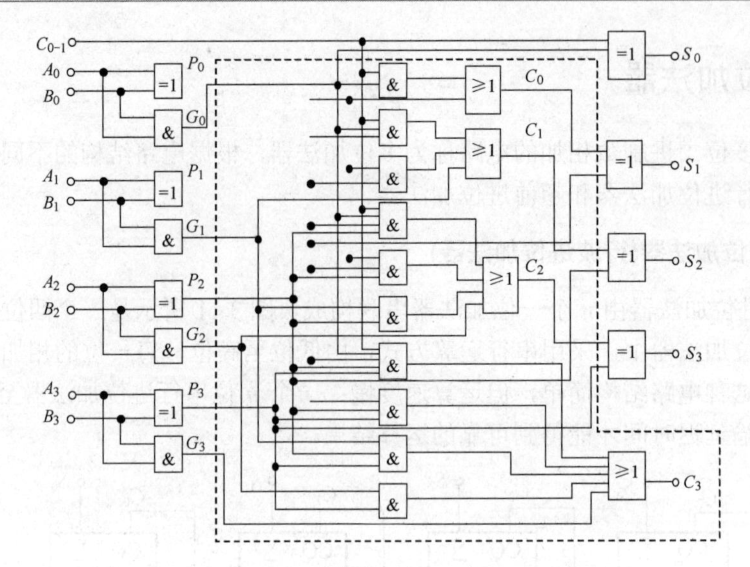


图 3.12　四位二进制超前进位加法器的逻辑图

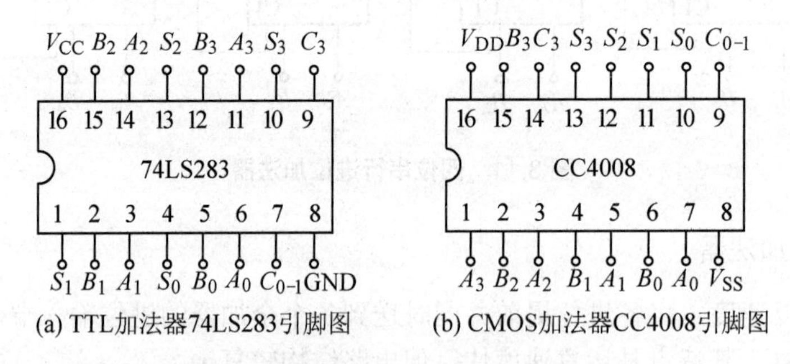


(a) TTL加法器74LS283引脚图　　(b) CMOS加法器CC4008引脚图

图 3.13　四位二进制超前进位加法器引脚图

### 3.2.3　加法器的扩展与应用

#### 1. 加法器的扩展

只要将适当数量的加法器模块级联，即可实现任何两个相同位数的二进制数的加法运算。

【**例 3.5**】 用 74LS283 实现两个八位二进制数的加法运算。

**解：**两个八位二进制数的加法运算需要用两片 74LS283 才能实现，其连接电路如图 3.14 所示。注意，低位模块的 $C_{0-1}$ 要接 0。

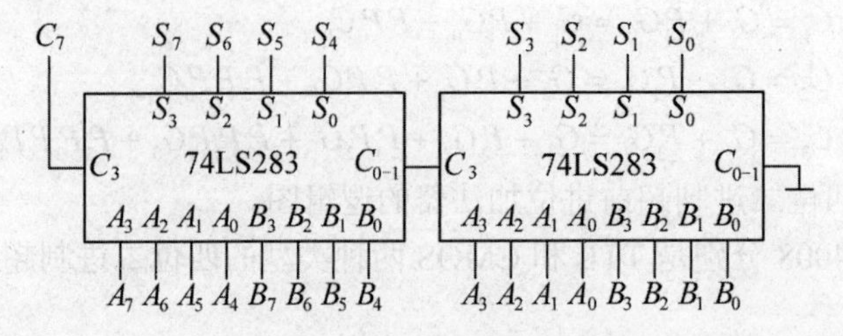


图 3.14　八位二进制加法器

2. 加法器的应用

【例 3.6】 将 8421BCD 码转换为余 3 码。

解：8421BCD 码和余 3 码的对应关系如表 3.7 所示。从表中可以看出，将四位的 8421BCD 码加上 0011 就是对应的余 3 码。

表 3.7 8421BCD 码和余 3 码的对应关系

| 8421BCD 码 | 余 3 码 |
|---|---|
| 0000 | 0011 |
| 0001 | 0100 |
| 0010 | 0101 |
| 0011 | 0110 |
| 0100 | 0111 |
| 0101 | 1000 |
| 0110 | 1001 |
| 0111 | 1010 |
| 1000 | 1011 |
| 1001 | 1100 |

使用 74LS283 加法器可以很方便地将 8421BCD 码转换为余 3 码，如图 3.15 所示。

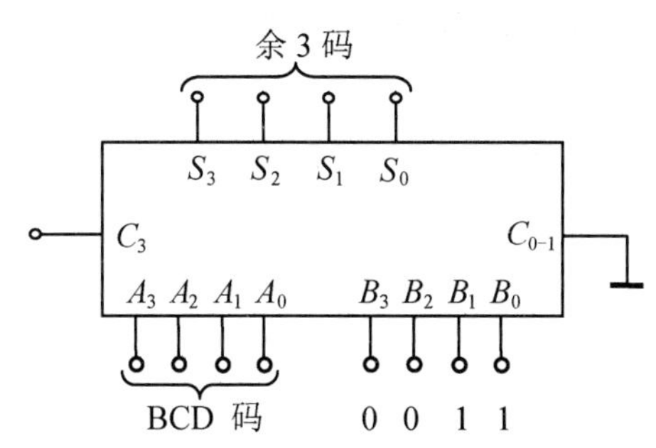


图 3.15 用 74LS283 加法器将 8421BCD 码转换为余 3 码

【例 3.7】 试用全加器完成二进制的乘法功能。

解：以两个二进制数相乘为例，其乘法算式如下：

$$A = A_1A_0 \quad B = B_1B_0$$

$$P = (A_1A_0) \times (B_1B_0)$$

$$\begin{array}{rrrr} & & A_1 & A_0 \\ \times & & B_1 & B_0 \\ \hline & & A_1B_0 & A_0B_0 \\ + & A_1B_1 & A_0B_1 & \\ \hline P_3 & P_2 & P_1 & P_0 \end{array}$$

$$P_0 = A_0B_0$$
$$P_1 = A_1B_0 + A_0B_1$$
$$P_2 = A_1B_1 + C_1$$
$$P_3 = C_2$$

其中，$C_1$ 为 $A_1B_0 + A_0B_1$ 的进位位，$P_3 = C_2$，$C_2$ 为 $A_1B_1 + C_1$ 的进位位。按上述 $P_0$、$P_1$、$P_2$、$P_3$ 的关系，可构成如图 3.16 所示的逻辑图。

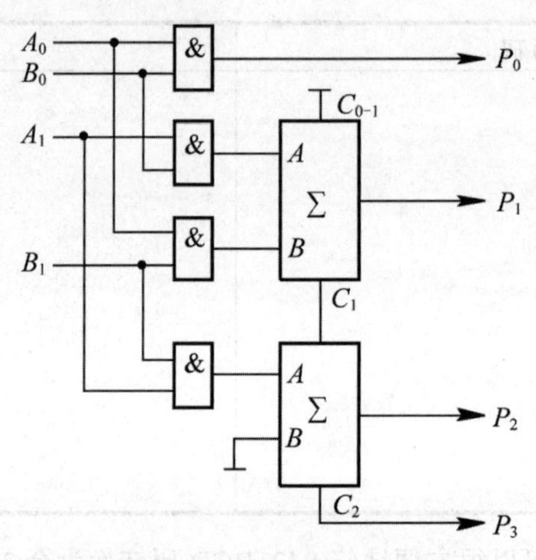


图 3.16　利用全加器实现二进制的乘法

## 3.3　比　较　器

用来比较两个二进制数大小的逻辑电路称为比较器。

### 3.3.1　一位比较器

一位比较器用来比较两个一位二进制数 $A_i$ 和 $B_i$ 的大小。比较结果有三种：$A_i>B_i$、$A_i=B_i$、$A_i<B_i$，现分别用 $L_1$、$L_2$、$L_3$ 表示，其真值表如表 3.8 所示。

表 3.8　一位比较器的真值表

| 输　入 | | 输出 | | |
|---|---|---|---|---|
| $A_i$ | $B_i$ | $L_1$ | $L_2$ | $L_3$ |
| 0 | 0 | 0 | 1 | 0 |
| 0 | 1 | 0 | 0 | 1 |
| 1 | 0 | 1 | 0 | 0 |
| 1 | 1 | 0 | 1 | 0 |

由真值表可以得到一位比较器的逻辑表达式为

$$L_1=A_i\overline{B_i}$$

$$L_2=\overline{\overline{A_i}\,\overline{B_i}+A_iB_i}=\overline{A_i\overline{B_i}+\overline{A_i}B_i}$$

$$L_3=\overline{A_i}B_i$$

根据上面的表达式可画出如图 3.17 所示的逻辑图。

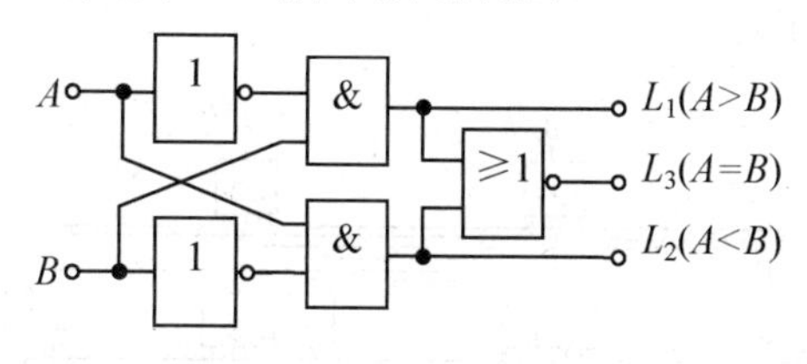


图 3.17 一位比较器的逻辑图

## 3.3.2 多位比较器

多位比较器用来比较两个多位二进制数 $A=A_{n-1}\cdots A_i\cdots A_0$ 和 $B=B_{n-1}\cdots B_i\cdots B_0$ 的大小，比较时从高位往低位逐位进行，当高位相等时才比较低位。

例如，要比较两个四位二进制数 $A=A_3A_2A_1A_0$ 和 $B=B_3B_2B_1B_0$，则先比较最高位 $A_3$ 和 $B_3$。如果 $A_3>B_3$，则 $A>B$；若 $A_3<B_3$，则 $A<B$；当 $A_3=B_3$ 时，必须比较 $A_2$ 和 $B_2$，以此类推，直至得出结果为止。可得如表 3.9 所示的真值表，表中的“×”表示可 0 可 1，对比较结果无影响。每位比较的结果是相互排斥的，即只能有一个是 1，不可能两个或三个同时为 1。

表 3.9 四位比较器的真值表

| 比较输入 | | | | 级联输入 | | | 输出 | | |
|---|---|---|---|---|---|---|---|---|---|
| $A_3$ $B_3$ | $A_2$ $B_2$ | $A_1$ $B_1$ | $A_0$ $B_0$ | $A'>B'$ | $A'<B'$ | $A'=B'$ | $A>B$ | $A<B$ | $A=B$ |
| $A_3>B_3$ | × | × | × | × | × | × | 1 | 0 | 0 |
| $A_3<B_3$ | × | × | × | × | × | × | 0 | 1 | 0 |
| $A_3=B_3$ | $A_2>B_2$ | × | × | × | × | × | 1 | 0 | 0 |
| $A_3=B_3$ | $A_2<B_2$ | × | × | × | × | × | 0 | 1 | 0 |
| $A_3=B_3$ | $A_2=B_2$ | $A_1>B_1$ | × | × | × | × | 1 | 0 | 0 |
| $A_3=B_3$ | $A_2=B_2$ | $A_1<B_1$ | × | × | × | × | 0 | 1 | 0 |
| $A_3=B_3$ | $A_2=B_2$ | $A_1=B_1$ | $A_0>B_0$ | × | × | × | 1 | 0 | 0 |
| $A_3=B_3$ | $A_2=B_2$ | $A_1=B_1$ | $A_0<B_0$ | × | × | × | 0 | 1 | 0 |
| $A_3=B_3$ | $A_2=B_2$ | $A_1=B_1$ | $A_0=B_0$ | 1 | 0 | 0 | 1 | 0 | 0 |
| $A_3=B_3$ | $A_2=B_2$ | $A_1=B_1$ | $A_0=B_0$ | 0 | 1 | 0 | 0 | 1 | 0 |
| $A_3=B_3$ | $A_2=B_2$ | $A_1=B_1$ | $A_0=B_0$ | 0 | 0 | 1 | 0 | 0 | 1 |

真值表中的输入变量包括 $A_3$ 与 $B_3$、$A_2$ 与 $B_2$、$A_1$ 与 $B_1$、$A_0$ 与 $B_0$ 和 $A'$ 与 $B'$ 的比较结果：$A'>B'$、$A'<B'$ 和 $A'=B'$。$A'$ 与 $B'$ 是另外两个低位数，设置低位数比较结果输入端，是为了能与其他数值比较器连接，以便组成更多位数的数值比较器；三个输出信号 $L_1(A>B)$、$L_2(A<B)$ 和 $L_3(A=B)$ 分别表示本级的比较结果。

设 $L_1'=(A'>B')$，$L_2'=(A'<B')$，$L_3'=(A'=B')$，$L_{31}=A_3\overline{B}_3=(A_3>B_3)$，$L_{32}=\overline{A}_3B_3=(A_3$

$< B_3)$，$L_{33}=\overline{\overline{A}_3 B_3 + A_3 \overline{B}_3}=(A_3=B_3)$，其余信号以此类推，由真值表可以得到如下逻辑表达式：

$$L_1 = L_{31} + L_{33}L_{21} + L_{33}L_{23}L_{11} + L_{33}L_{23}L_{13}L_{01} + L_{33}L_{23}L_{13}L_{03}L_1'$$

$$L_2 = L_{32} + L_{33}L_{22} + L_{33}L_{23}L_{12} + L_{33}L_{23}L_{13}L_{02} + L_{33}L_{23}L_{13}L_{03}L_2'$$

$$L_3 = L_{33}L_{23}L_{13}L_{03}L_3'$$

对应逻辑图如图 3.18 所示。

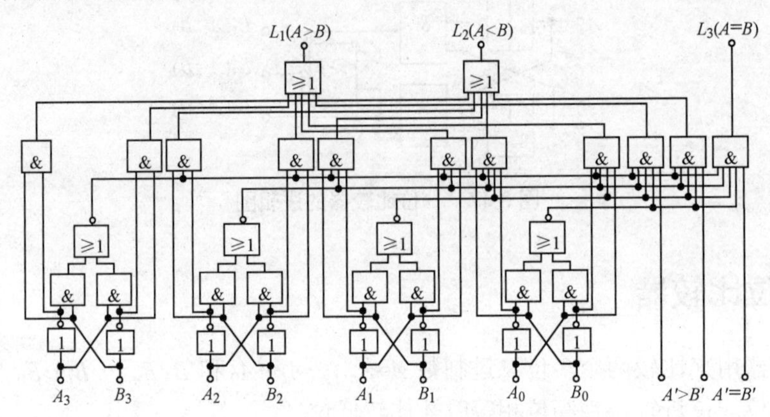


图 3.18　四位比较器的逻辑图

### 3.3.3　集成数值比较器及应用

集成数值比较器 74LS85 是四位比较器，其引脚图和逻辑符号如图 3.19 所示。

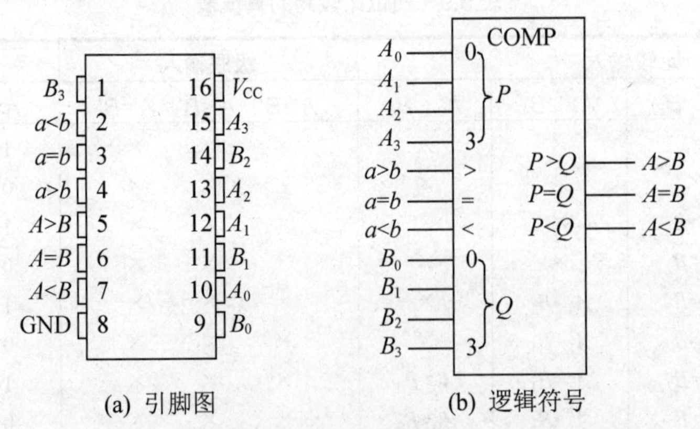


图 3.19　74LS85 四位比较器的引脚图和逻辑符号

$a>b$、$a=b$、$a<b$ 是为了在用 74LS85 扩展构造四位以上的比较器时输入低位的比较结果而设的三个级联输入端。只要两数高位不等，就可以确定两数的大小，以下各位(包括级联输入)可以为任意值；高位相等时，需要比较低位的情况。

本级两个四位数相等时，需要比较低级的情况，此时要将低级的比较输出端接到高级的级联输入端上。最低一级比较器的 $a>b$、$a=b$、$a<b$ 级联输入端必须分别接 0、1、0。

图 3.20 所示是用两片 74LS85 构成的八位比较器的连接图。

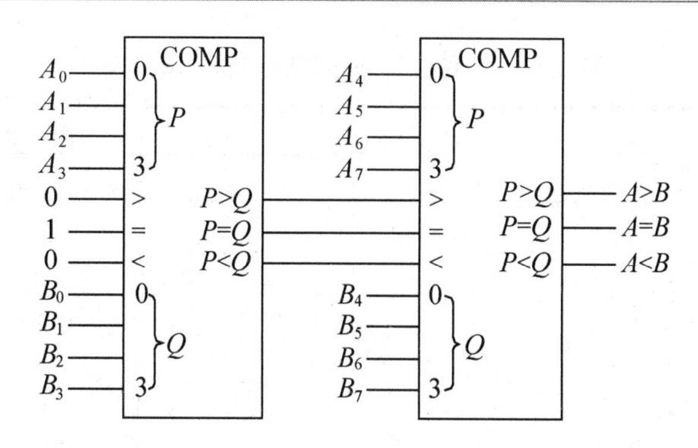


图 3.20　由两片 74LS85 构成的八位比较器

# 3.4　编　码　器

用由 0 和 1 组成的二值代码表示不同的事物称为编码，实现编码功能的电路称为编码器。常见的编码器有普通编码器、优先编码器、二进制编码器、二—十进制编码器等。

例如，用三位二值代码可以对八个一般信号进行编码。编码器有一个特点：任何时刻只允许输入一个有效信号，不允许同时出现两个或两个以上的有效信号，因而其输入是一组有约束(互相排斥)的变量。

在优先编码器中，允许两个或两个以上的信号同时出现，所有输入信号按优先顺序排队，当有多于一个信号同时出现时，只对其中优先级最高的一个信号进行编码。用 $n$ 位 0、1 代码对 $2^n$ 个信号进行编码的电路称为二进制编码器。用二进制代码对 0～9 这十个十进制符号进行编码的电路称为二—十进制编码器。

## 3.4.1　二进制普通编码器

用 $n$ 位二进制代码对 $2^n$ 个相互排斥的信号进行编码的电路，称为二进制普通编码器。

三位二进制普通编码器的功能是对八个相互排斥的输入信号进行编码，它有八个输入、三个输出，因此也称为 8 线—3 线二进制普通编码器。图 3.21 所示为三位二进制普通编码器的框图，表 3.10 是它的真值表。表 3.10 中只列出了输入 $I_0$～$I_7$ 可能出现的组合，其他组合都是不可能发生的，也就是约束。

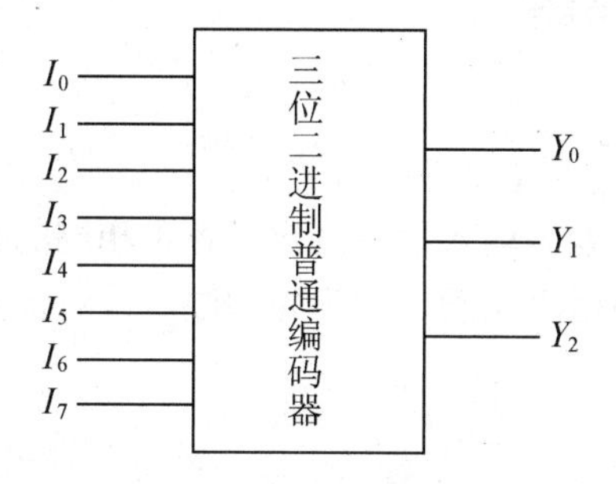


图 3.21　三位二进制普通编码器的框图

表 3.10 三位二进制普通编码器的真值表

| 输 入 | 输出 | | |
|---|---|---|---|
| | $Y_2$ | $Y_1$ | $Y_0$ |
| $I_0$ | 0 | 0 | 0 |
| $I_1$ | 0 | 0 | 1 |
| $I_2$ | 0 | 1 | 0 |
| $I_3$ | 0 | 1 | 1 |
| $I_4$ | 1 | 0 | 0 |
| $I_5$ | 1 | 0 | 1 |
| $I_6$ | 1 | 0 | 0 |
| $I_7$ | 1 | 1 | 1 |

由表 3.10 所示的真值表可以写出如下逻辑表达式：

$$Y_2 = I_4 + I_5 + I_6 + I_7$$

$$Y_1 = I_2 + I_3 + I_6 + I_7$$

$$Y_0 = I_1 + I_3 + I_5 + I_7$$

图 3.22 所示为用与非门实现的三位二进制普通编码器的逻辑图。

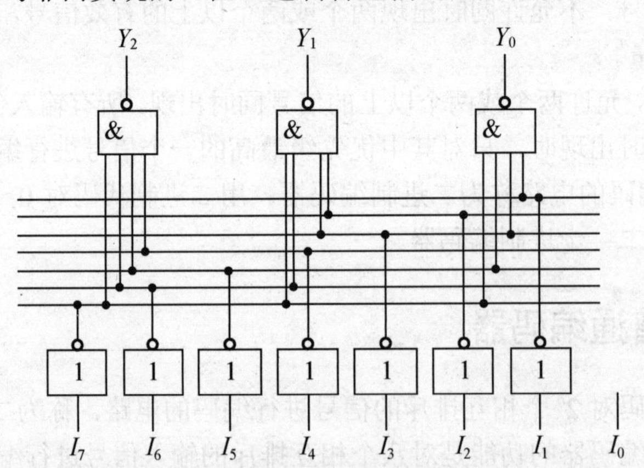


图 3.22 三位二进制普通编码器的逻辑图

## 3.4.2 二进制优先编码器

### 1. 概念

二进制优先编码器对全部编码输入信号规定了各不相同的优先等级，当多个输入信号同时有效时，优先编码器能够根据事先确定的优先顺序，只对优先级最高的有效输入信号进行编码。

### 2. 真值表

三位(又称 8 线—3 线)二进制优先编码器的框图如图 3.23 所示，表 3.11 是真值表。在真值表中，给 $I_0$~$I_7$ 假定了不同的优先级，$I_7$ 的优先级最高，$I_6$ 次之，$I_0$ 的优先级最低。真值表中的“×”表示该输入信号取值无论是 0 还是 1 都无所谓，不影响电路的输出。

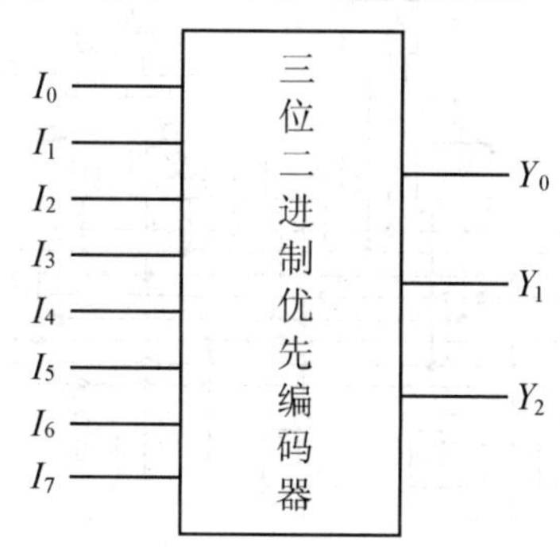


图 3.23 三位二进制优先编码器的框图

表 3.11 三位二进制优先编码器的真值表

| 输 入 | | | | | | | | 输 出 | | |
|---|---|---|---|---|---|---|---|---|---|---|
| $I_7$ | $I_6$ | $I_5$ | $I_4$ | $I_3$ | $I_2$ | $I_1$ | $I_0$ | $Y_2$ | $Y_1$ | $Y_0$ |
| 1 | × | × | × | × | × | × | × | 1 | 1 | 1 |
| 0 | 1 | × | × | × | × | × | × | 1 | 1 | 0 |
| 0 | 0 | 1 | × | × | × | × | × | 1 | 0 | 1 |
| 0 | 0 | 0 | 1 | × | × | × | × | 1 | 0 | 0 |
| 0 | 0 | 0 | 0 | 1 | × | × | × | 0 | 1 | 1 |
| 0 | 0 | 0 | 0 | 0 | 1 | × | × | 0 | 1 | 0 |
| 0 | 0 | 0 | 0 | 0 | 0 | 1 | × | 0 | 0 | 1 |
| 0 | 0 | 0 | 0 | 0 | 0 | 0 | 1 | 0 | 0 | 0 |

### 3. 逻辑表达式

由表 3.11 可以写出如下逻辑表达式：

$$Y_2=\bar{I}_7\bar{I}_6\bar{I}_5I_4+\bar{I}_7\bar{I}_6I_5+\bar{I}_7I_6+I_7$$

$$Y_1=\bar{I}_7\bar{I}_6\bar{I}_5\bar{I}_4\bar{I}_3I_2+\bar{I}_7\bar{I}_6\bar{I}_5\bar{I}_4I_3+\bar{I}_7I_6+I_7$$

$$Y_0=\bar{I}_7\bar{I}_6\bar{I}_5\bar{I}_4\bar{I}_3\bar{I}_2I_1+\bar{I}_7\bar{I}_6\bar{I}_5\bar{I}_3I_3+\bar{I}_7\bar{I}_6I_5+I_7$$

对表达式进行化简，可以得到

$$Y_2=I_7+\bar{I}_7I_6+\bar{I}_7\bar{I}_6I_5+\bar{I}_7\bar{I}_6\bar{I}_5I_4=I_7+I_6+I_5+I_4=\overline{\bar{I}_7\bar{I}_6\bar{I}_5\bar{I}}$$

$$Y_1=I_7+\bar{I}_7I_6+\bar{I}_7\bar{I}_6\bar{I}_5\bar{I}_4I_3+\bar{I}_7\bar{I}_6\bar{I}_5\bar{I}_4\bar{I}_3I_2=I_7+I_6+\bar{I}_5\bar{I}_4I_3+\bar{I}_5\bar{I}_4I_2=\overline{\bar{I}_7\,\bar{I}_6\,\overline{\bar{I}_5\bar{I}_4I_3}\,\overline{\bar{I}_5\bar{I}_4I_2}}$$

$$Y_0=I_7+\bar{I}_7\bar{I}_6I_5+\bar{I}_7\bar{I}_6\bar{I}_5\bar{I}_4I_3+\bar{I}_7\bar{I}_6\bar{I}_5\bar{I}_4\bar{I}_3\bar{I}_2I_1=I_7+\bar{I}_6I_5+\bar{I}_6\bar{I}_4I_3+\bar{I}_6\bar{I}_4\bar{I}_2I_1=\overline{\bar{I}_7\,\overline{\bar{I}_6I_5}\,\overline{\bar{I}_6\bar{I}_4I_3}\,\overline{\bar{I}_6\bar{I}_4\bar{I}_2I_1}}$$

### 4. 逻辑图

图 3.24 所示为用与非门实现的三位二进制优先编码器的逻辑图。

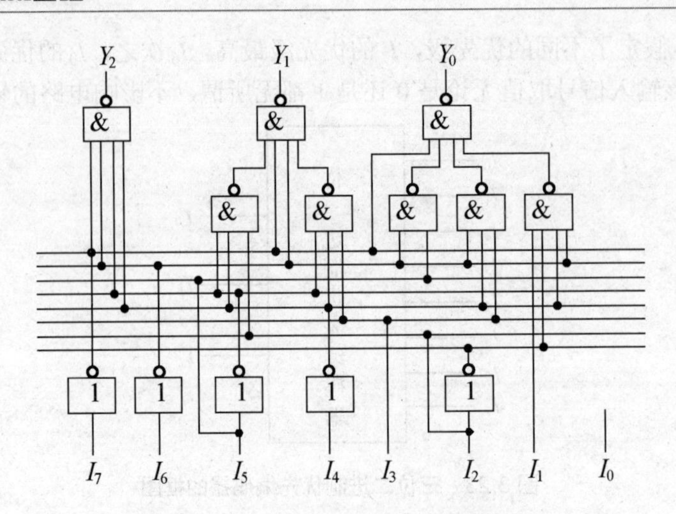


图 3.24　三位二进制优先编码器的逻辑图

如果要求输入、输出均为反变量，只要在图 3.24 中的每一个输出端和输入端加上反相器就可以了。

### 5. 集成三位二进制优先编码器

74LS148 三位二进制优先编码器的输入和输出均为低电平有效，其引脚图和逻辑功能图如图 3.25 所示。

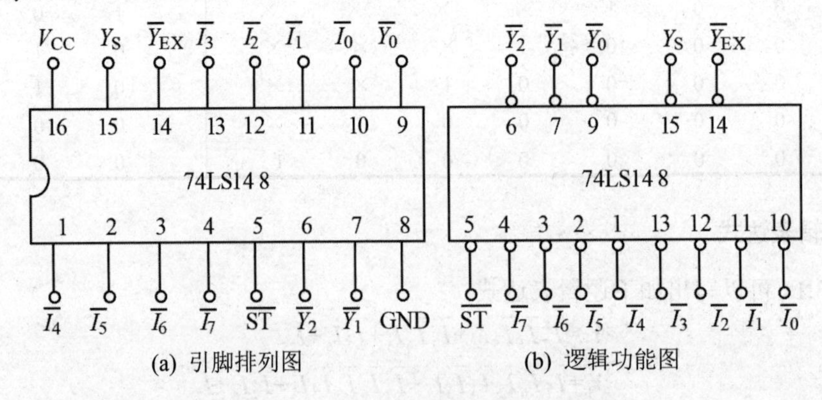


图 3.25　74LS148 引脚图和逻辑功能图

74LS148 的功能表如表 3.12 所示。

表 3.12　74LS148 的功能表

| 输入 | | | | | | | | | 输出 | | | | |
|---|---|---|---|---|---|---|---|---|---|---|---|---|---|
| $\overline{ST}$ | $\overline{I}_7$ | $\overline{I}_6$ | $\overline{I}_5$ | $\overline{I}_4$ | $\overline{I}_3$ | $\overline{I}_2$ | $\overline{I}_1$ | $\overline{I}_0$ | $\overline{Y}_2$ | $\overline{Y}_1$ | $\overline{Y}_0$ | $\overline{Y}_{EX}$ | $\overline{Y}_S$ |
| 1 | × | × | × | × | × | × | × | × | 1 | 1 | 1 | 1 | 1 |
| 0 | 1 | 1 | 1 | 1 | 1 | 1 | 1 | 1 | 1 | 1 | 1 | 1 | 0 |
| 0 | 0 | × | × | × | × | × | × | × | 0 | 0 | 0 | 0 | 1 |
| 0 | 1 | 0 | × | × | × | × | × | × | 0 | 0 | 1 | 0 | 1 |

续表

| 输　入 | | | | | | | | | 输　出 | | | | |
|---|---|---|---|---|---|---|---|---|---|---|---|---|---|
| $\overline{ST}$ | $\overline{I_7}$ | $\overline{I_6}$ | $\overline{I_5}$ | $\overline{I_4}$ | $\overline{I_3}$ | $\overline{I_2}$ | $\overline{I_1}$ | $\overline{I_0}$ | $\overline{Y_2}$ | $\overline{Y_1}$ | $\overline{Y_0}$ | $\overline{Y_{EX}}$ | $\overline{Y_S}$ |
| 0 | 1 | 1 | 0 | × | × | × | × | × | 0 | 1 | 0 | 0 | 1 |
| 0 | 1 | 1 | 1 | 0 | × | × | × | × | 0 | 1 | 1 | 0 | 1 |
| 0 | 1 | 1 | 1 | 1 | 0 | × | × | × | 1 | 0 | 0 | 0 | 1 |
| 0 | 1 | 1 | 1 | 1 | 1 | 0 | × | × | 1 | 0 | 1 | 0 | 1 |
| 0 | 1 | 1 | 1 | 1 | 1 | 1 | 0 | × | 1 | 1 | 0 | 0 | 1 |
| 0 | 1 | 1 | 1 | 1 | 1 | 1 | 1 | 0 | 1 | 1 | 1 | 0 | 1 |

$\overline{ST}$为使能(允许)输入端，低电平有效；当$\overline{ST}=0$时，电路允许编码；$\overline{ST}=1$时，电路禁止编码，输出$\overline{Y_2}\,\overline{Y_1}\,\overline{Y_0}$均为高电平；$\overline{Y_{EX}}$和$\overline{Y_S}$为使能输出端和优先标志输出端，主要用于级联和扩展。

### 6. 级联应用举例

图 3.26 所示为用两片 74LS148 优先编码器扩展构成的 16 线—4 线优先编码器。

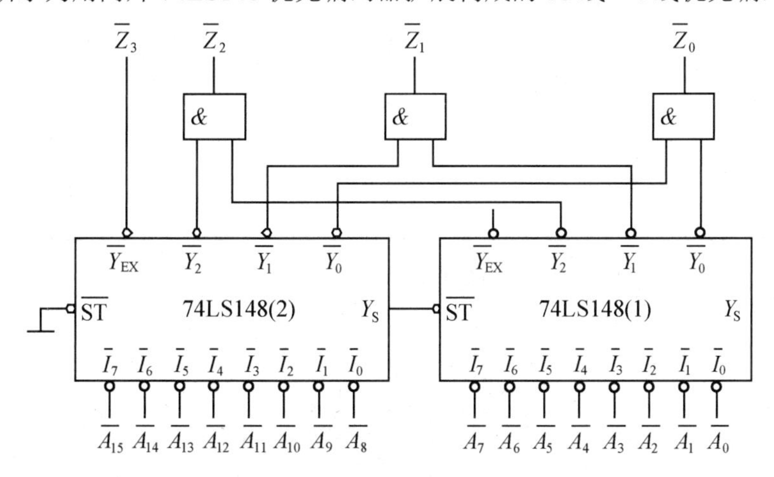


图 3.26　用两片 74LS148 扩展构成的 16 线—4 线优先编码器

## 3.4.3　8421BCD 普通编码器

用四位 8421 二进制代码对 0～9 这十个相互排斥的十进制数进行编码的电路称为 8421BCD 普通编码器。它有十个输入、四个输出。

图 3.27 所示为 8421BCD 普通编码器的框图，表 3.13 是其真值表。表 3.13 中只列出了输入 $I_0$～$I_9$ 可能出现的组合，其他组合都是不可能发生的，也就是约束。

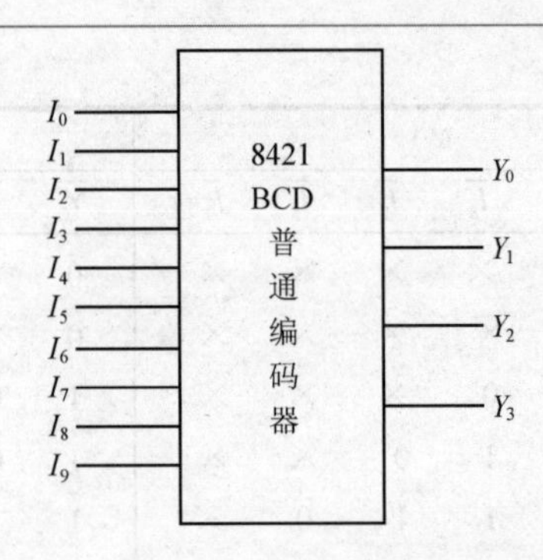


图 3.27　8421BCD 普通编码器的框图

表 3.13　8421BCD 普通编码器的真值表

| 输　入 | 输　出 | | | |
|---|---|---|---|---|
| $I$ | $Y_3$ | $Y_2$ | $Y_1$ | $Y_0$ |
| 0($I_0$) | 0 | 0 | 0 | 0 |
| 1($I_1$) | 0 | 0 | 0 | 1 |
| 2($I_2$) | 0 | 0 | 1 | 0 |
| 3($I_3$) | 0 | 0 | 1 | 1 |
| 4($I_4$) | 0 | 1 | 0 | 0 |
| 5($I_5$) | 0 | 1 | 0 | 1 |
| 6($I_6$) | 0 | 1 | 1 | 0 |
| 7($I_7$) | 0 | 1 | 1 | 1 |
| 8($I_8$) | 1 | 0 | 0 | 0 |
| 9($I_9$) | 1 | 0 | 0 | 1 |

根据表 3.13 可以写出如下逻辑表达式：

$$Y_3 = I_8 + I_9$$
$$Y_2 = I_4 + I_5 + I_6 + I_7$$
$$Y_1 = I_2 + I_3 + I_6 + I_7$$
$$Y_0 = I_1 + I_3 + I_5 + I_7 + I_9$$

图 3.28 所示为用与非门实现的 8421BCD 普通编码器的逻辑图。

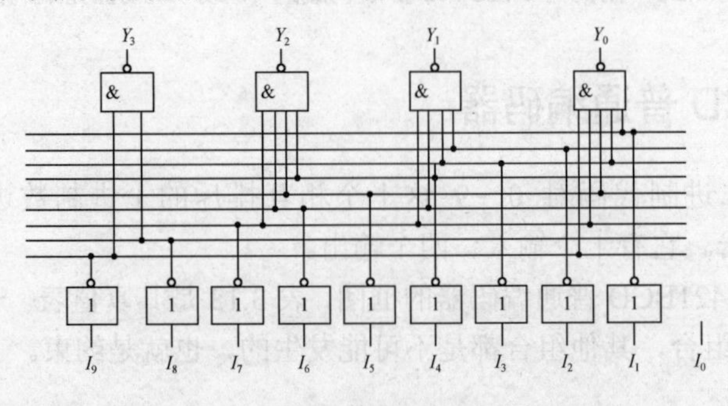


图 3.28　8421BCD 普通编码器的逻辑图

## 3.4.4 8421BCD 优先编码器

### 1. 真值表

用四位 8421 二进制代码对 0～9 这十个允许同时出现的十进制数按一定优先顺序进行编码，当有一个以上信号同时出现时，只对其中优先级别最高的一个进行编码，这样的电路称为 8421BCD 优先编码器。

8421BCD 优先编码器的框图如图 3.29 所示，表 3.14 是它的真值表。在真值表中，给 $I_0$～$I_9$ 假定了不同的优先级，$I_9$ 的优先级最高，$I_8$ 次之，$I_0$ 的优先级最低。真值表中的“×”表示该输入信号取值无论是 0 还是 1 都无所谓，不影响电路的输出。

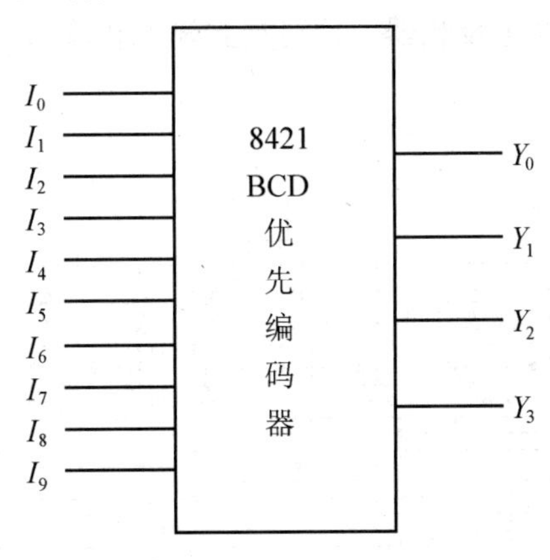


图 3.29 8421BCD 优先编码器的框图

表 3.14 8421BCD 优先编码器的真值表

| 输入 | | | | | | | | | | 输出 | | | |
|---|---|---|---|---|---|---|---|---|---|---|---|---|---|
| $I_9$ | $I_8$ | $I_7$ | $I_6$ | $I_5$ | $I_4$ | $I_3$ | $I_2$ | $I_1$ | $I_0$ | $Y_3$ | $Y_2$ | $Y_1$ | $Y_0$ |
| 1 | × | × | × | × | × | × | × | × | × | 1 | 0 | 0 | 1 |
| 0 | 1 | × | × | × | × | × | × | × | × | 1 | 0 | 0 | 0 |
| 0 | 0 | 1 | × | × | × | × | × | × | × | 0 | 1 | 1 | 1 |
| 0 | 0 | 0 | 1 | × | × | × | × | × | × | 0 | 1 | 1 | 0 |
| 0 | 0 | 0 | 0 | 1 | × | × | × | × | × | 0 | 1 | 0 | 1 |
| 0 | 0 | 0 | 0 | 0 | 1 | × | × | × | × | 0 | 1 | 0 | 0 |
| 0 | 0 | 0 | 0 | 0 | 0 | 1 | × | × | × | 0 | 0 | 1 | 1 |
| 0 | 0 | 0 | 0 | 0 | 0 | 0 | 1 | × | × | 0 | 0 | 1 | 0 |
| 0 | 0 | 0 | 0 | 0 | 0 | 0 | 0 | 1 | × | 0 | 0 | 0 | 1 |
| 0 | 0 | 0 | 0 | 0 | 0 | 0 | 0 | 0 | 1 | 0 | 0 | 0 | 0 |

### 2. 逻辑表达式

由表 3.14 可以写出如下逻辑表达式：

$$
\begin{aligned}
Y_3 &= I_9 + \overline{I}_9 I_8 = I_9 + I_8 \\
Y_2 &= \overline{I}_9\overline{I}_8 I_7 + \overline{I}_9\overline{I}_8\overline{I}_7 I_6 + \overline{I}_9\overline{I}_8\overline{I}_7\overline{I}_6 I_5 + \overline{I}_9\overline{I}_8\overline{I}_7\overline{I}_6\overline{I}_5 I_4 \\
&= \overline{I}_9\overline{I}_8 I_7 + \overline{I}_9\overline{I}_8 I_6 + \overline{I}_9\overline{I}_8 I_5 + \overline{I}_9\overline{I}_8 I_4 \\
Y_1 &= \overline{I}_9\overline{I}_8 I_7 + \overline{I}_9\overline{I}_8\overline{I}_7 I_6 + \overline{I}_9\overline{I}_8\overline{I}_7\overline{I}_6\overline{I}_5\overline{I}_4 I_3 + \overline{I}_9\overline{I}_8\overline{I}_7\overline{I}_6\overline{I}_5\overline{I}_4\overline{I}_3 I_2 \\
&= \overline{I}_9\overline{I}_8 I_7 + \overline{I}_9\overline{I}_8 I_6 + \overline{I}_9\overline{I}_8\overline{I}_5\overline{I}_4 I_3 + \overline{I}_9\overline{I}_8\overline{I}_5\overline{I}_4 I_2 \\
Y_0 &= I_9 + \overline{I}_9\overline{I}_8 I_7 + \overline{I}_9\overline{I}_8\overline{I}_7\overline{I}_6 I_5 + \overline{I}_9\overline{I}_8\overline{I}_7\overline{I}_6\overline{I}_5\overline{I}_4 I_3 + \overline{I}_9\overline{I}_8\overline{I}_7\overline{I}_6\overline{I}_5\overline{I}_4\overline{I}_3\overline{I}_2 I_1 \\
&= I_9 + \overline{I}_8 I_7 + \overline{I}_8\overline{I}_6 I_5 + \overline{I}_8\overline{I}_6\overline{I}_4 I_3 + \overline{I}_8\overline{I}_6\overline{I}_4\overline{I}_2 I_1
\end{aligned}
$$

### 3. 逻辑图

根据上述表达式可得如图 3.30 所示的用与非门实现的 8421BCD 优先编码器的逻辑图。在每一个输入端和输出端都加上反相器，便可得到输入和输出均为反变量的 8421BCD 优先编码器。

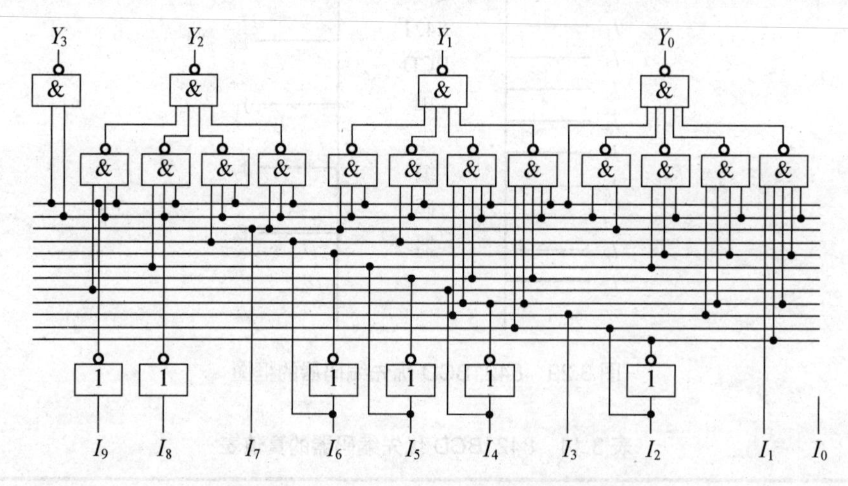


图 3.30　8421BCD 优先编码器的逻辑图

### 4. 集成 8421BCD 优先编码器

图 3.31 所示是集成 8421BCD 优先编码器(也称 10 线—4 线优先编码器)74LS147 的引脚图。

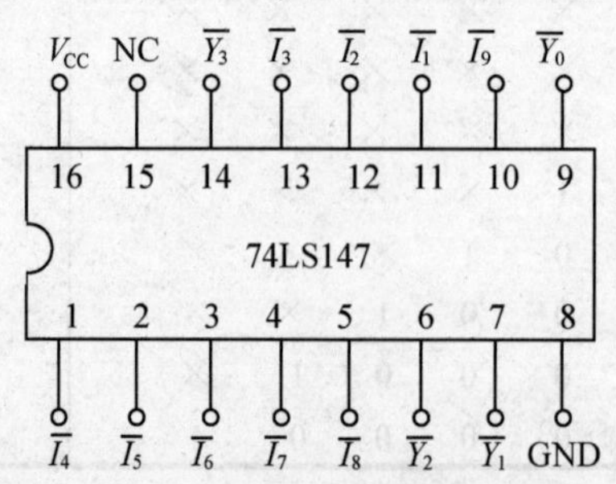


图 3.31　集成 8421BCD 优先编码器的引脚图

# 3.5 译 码 器

译码是编码的逆过程，是将二进制代码所表示的相应信号或对象“翻译”出来。具有译码功能的电路称为译码器。常见的译码器有二进制译码器、二—十进制译码器和显示译码器等。

## 3.5.1 二进制译码器

具有 $n$ 个输入、$2^n$ 个输出，能将输入的所有二进制代码全部翻译出来的译码器称为二进制译码器。

图 3.32 所示为三位二进制译码器的框图。它有三个输入、八个输出，因此也称为 3 线—8 线译码器。

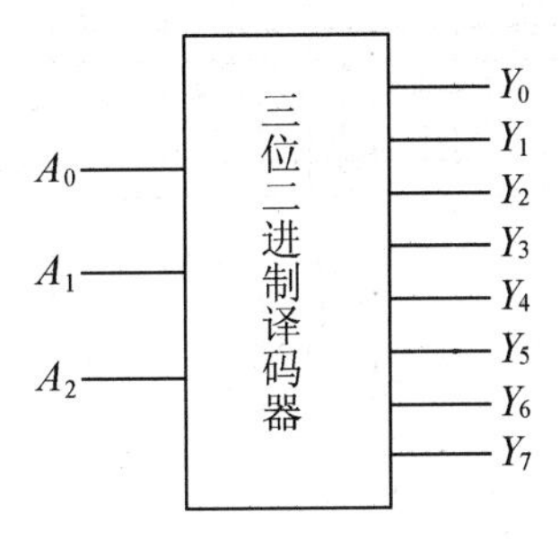


图 3.32 三位二进制译码器的框图

### 1. 真值表

二进制译码器假定输入的任何组合都可能出现，且每一个输出对应一个输入组合。表 3.15 所示为三位二进制译码器的真值表。

表 3.15 三位二进制译码器的真值表

| 输入 | | | 输出 | | | | | | | |
|---|---|---|---|---|---|---|---|---|---|---|
| $A_2$ | $A_1$ | $A_0$ | $Y_0$ | $Y_1$ | $Y_2$ | $Y_3$ | $Y_4$ | $Y_5$ | $Y_6$ | $Y_7$ |
| 0 | 0 | 0 | 1 | 0 | 0 | 0 | 0 | 0 | 0 | 0 |
| 0 | 0 | 1 | 0 | 1 | 0 | 0 | 0 | 0 | 0 | 0 |
| 0 | 1 | 0 | 0 | 0 | 1 | 0 | 0 | 0 | 0 | 0 |
| 0 | 1 | 1 | 0 | 0 | 0 | 1 | 0 | 0 | 0 | 0 |
| 1 | 0 | 0 | 0 | 0 | 0 | 0 | 1 | 0 | 0 | 0 |
| 1 | 0 | 1 | 0 | 0 | 0 | 0 | 0 | 1 | 0 | 0 |
| 1 | 1 | 0 | 0 | 0 | 0 | 0 | 0 | 0 | 1 | 0 |
| 1 | 1 | 1 | 0 | 0 | 0 | 0 | 0 | 0 | 0 | 1 |

2. 逻辑表达式

由表 3.15 可以写出如下逻辑表达式：

$$Y_0=\overline{A_2}\,\overline{A_1}\,\overline{A_0} \quad Y_1=\overline{A_2}\,\overline{A_1}A_0 \quad Y_2=\overline{A_2}A_1\overline{A_0}$$

$$Y_3=\overline{A_2}A_1A_0 \quad Y_4=A_2\overline{A_1}\,\overline{A_0} \quad Y_5=A_2\overline{A_1}A_0$$

$$Y_6=A_2A_1\overline{A_0} \quad Y_7=A_2A_1A_0$$

3. 逻辑图

根据上述逻辑表达式画出的逻辑图如图 3.33 所示。

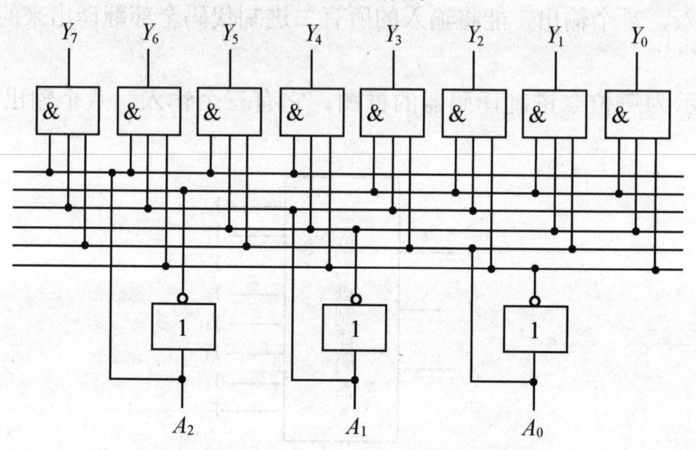


图 3.33 三位二进制译码器的逻辑图

4. 集成 3 线—8 线译码器

74LS138 是 3 线—8 线二进制译码器，它有三个输入和八个输出，输入高电平有效，输出低电平有效。74LS138 译码器的引脚图和逻辑功能图如图 3.34 所示，真值表如表 3.16 所示。

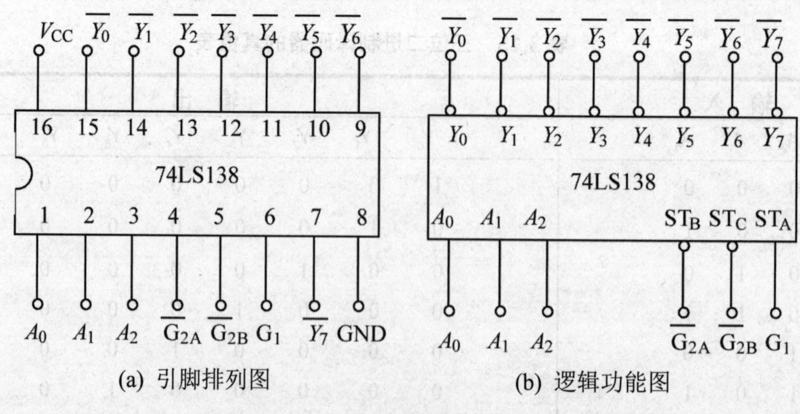


图 3.34 74LS138 译码器的引脚图和逻辑功能图

表 3.16 74LS138 译码器的真值表

| 输入 | | | | | 输出 | | | | | | | |
|---|---|---|---|---|---|---|---|---|---|---|---|---|
| 使能 | | 选择 | | | | | | | | | | |
| $G_1$ | $\overline{G_2}$ | $A_2$ | $A_1$ | $A_0$ | $\overline{Y_7}$ | $\overline{Y_6}$ | $\overline{Y_5}$ | $\overline{Y_4}$ | $\overline{Y_3}$ | $\overline{Y_2}$ | $\overline{Y_1}$ | $\overline{Y_0}$ |
| × | 1 | × | × | × | 1 | 1 | 1 | 1 | 1 | 1 | 1 | 1 |
| 0 | × | × | × | × | 1 | 1 | 1 | 1 | 1 | 1 | 1 | 1 |
| 1 | 0 | 0 | 0 | 0 | 1 | 1 | 1 | 1 | 1 | 1 | 1 | 0 |
| 1 | 0 | 0 | 0 | 1 | 1 | 1 | 1 | 1 | 1 | 1 | 0 | 1 |
| 1 | 0 | 0 | 1 | 0 | 1 | 1 | 1 | 1 | 1 | 0 | 1 | 1 |
| 1 | 0 | 0 | 1 | 1 | 1 | 1 | 1 | 1 | 0 | 1 | 1 | 1 |
| 1 | 0 | 1 | 0 | 0 | 1 | 1 | 1 | 0 | 1 | 1 | 1 | 1 |
| 1 | 0 | 1 | 0 | 1 | 1 | 1 | 0 | 1 | 1 | 1 | 1 | 1 |
| 1 | 0 | 1 | 1 | 0 | 1 | 0 | 1 | 1 | 1 | 1 | 1 | 1 |
| 1 | 0 | 1 | 1 | 1 | 0 | 1 | 1 | 1 | 1 | 1 | 1 | 1 |

$A_2$、$A_1$、$A_0$为二进制译码输入端，$\overline{Y_7}$～$\overline{Y_0}$为译码输出端(低电平有效)。74LS138 有三个使能输入端 $G_1$、$\overline{G}_{2A}$和$\overline{G}_{2B}$，$\overline{G}_2=\overline{G}_{2A}+\overline{G}_{2B}$，只有当 $G_1$=1 且$\overline{G}_{2A}+\overline{G}_{2B}=0$时，译码器才工作；否则，译码功能被禁止。

### 5. 二进制译码器的级联

当输入二进制代码的位数比较多时，可以把几个二进制译码器级联起来完成译码操作。图 3.35 所示为用两片 74LS138 级联起来构成的 4 线—16 线译码器。

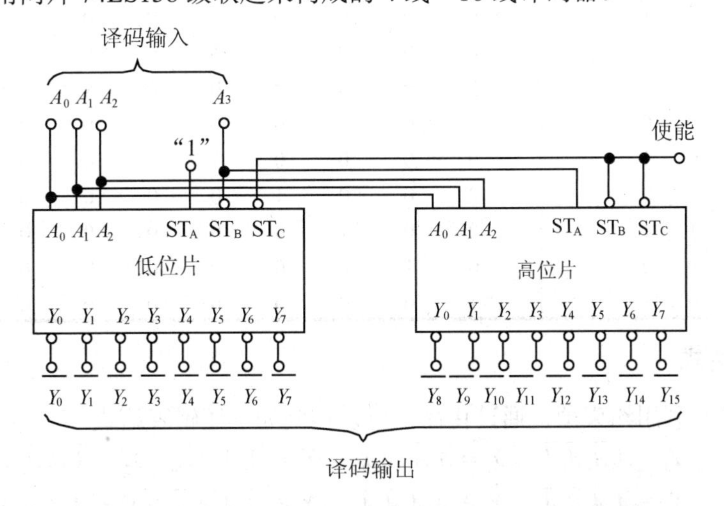


图 3.35 用两片 74LS138 构成的 4 线—16 线译码器

## 3.5.2 二—十进制译码器

将十个表示十进制数 0～9 的二进制代码翻译成相应的输出信号的电路称为二—十进制译码器。

### 1. 真值表

图 3.36 所示为二—十进制译码器的框图，它有四个输入、十个输出，因此也称为 4 线—10 线译码器。

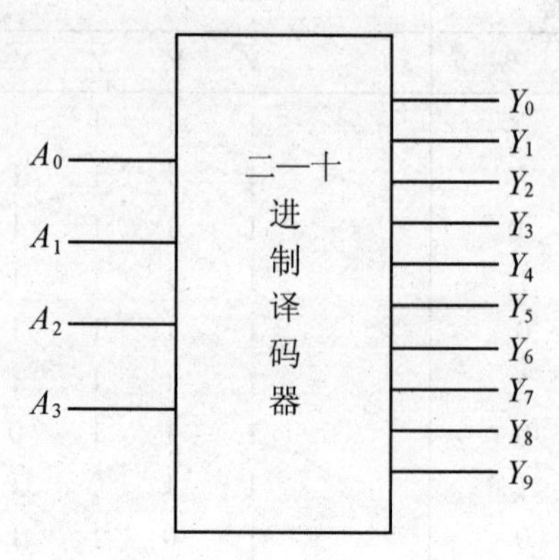


图 3.36　二—十进制译码器的框图

假定 1010～1111 共六个输入组合不会出现，且每一个输出对应一个可能出现的输入组合，则二—十进制译码器的真值表如表 3.17 所示。

表 3.17　二—十进制译码器的真值表

| 输入 | | | | 输出 | | | | | | | | | |
|---|---|---|---|---|---|---|---|---|---|---|---|---|---|
| $A_3$ | $A_2$ | $A_1$ | $A_0$ | $Y_9$ | $Y_8$ | $Y_7$ | $Y_6$ | $Y_5$ | $Y_4$ | $Y_3$ | $Y_2$ | $Y_1$ | $Y_0$ |
| 0 | 0 | 0 | 0 | 0 | 0 | 0 | 0 | 0 | 0 | 0 | 0 | 0 | 1 |
| 0 | 0 | 0 | 1 | 0 | 0 | 0 | 0 | 0 | 0 | 0 | 0 | 1 | 0 |
| 0 | 0 | 1 | 0 | 0 | 0 | 0 | 0 | 0 | 0 | 0 | 1 | 0 | 0 |
| 0 | 0 | 1 | 1 | 0 | 0 | 0 | 0 | 0 | 0 | 1 | 0 | 0 | 0 |
| 0 | 1 | 0 | 0 | 0 | 0 | 0 | 0 | 0 | 1 | 0 | 0 | 0 | 0 |
| 0 | 1 | 0 | 1 | 0 | 0 | 0 | 0 | 1 | 0 | 0 | 0 | 0 | 0 |
| 0 | 1 | 1 | 0 | 0 | 0 | 0 | 1 | 0 | 0 | 0 | 0 | 0 | 0 |
| 0 | 1 | 1 | 1 | 0 | 0 | 1 | 0 | 0 | 0 | 0 | 0 | 0 | 0 |
| 1 | 0 | 0 | 0 | 0 | 1 | 0 | 0 | 0 | 0 | 0 | 0 | 0 | 0 |
| 1 | 0 | 0 | 1 | 1 | 0 | 0 | 0 | 0 | 0 | 0 | 0 | 0 | 0 |

### 2. 逻辑表达式

根据真值表，利用约束项，通过化简，可以得到如下逻辑表达式：

$$Y_0=\overline{A}_3\overline{A}_2\overline{A}_1\overline{A}_0\quad Y_1=\overline{A}_3\overline{A}_2\overline{A}_1A_0\quad Y_2=\overline{A}_3\overline{A}_2A_1\overline{A}_0\quad Y_3=\overline{A}_3\overline{A}_2A_1A_0$$

$$Y_4=\overline{A}_3A_2\overline{A}_1\overline{A}_0\quad Y_5=\overline{A}_3A_2\overline{A}_1A_0\quad Y_6=\overline{A}_3A_2A_1\overline{A}_0\quad Y_7=\overline{A}_3A_2A_1A_0$$

$$Y_8=A_3\overline{A}_2\overline{A}_1\overline{A}_0\quad Y_9=A_3\overline{A}_2\overline{A}_1A_0$$

### 3. 逻辑图

根据上述逻辑表达式画出二—十进制译码器的逻辑图，如图 3.37 所示。

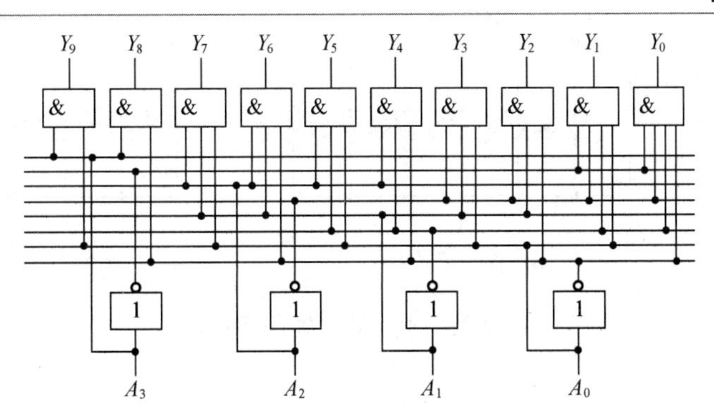


图 3.37　二—十进制译码器的逻辑图

4. 集成 4 线—10 线译码器

图 3.38 所示为集成 4 线—10 线 8421BCD 码译码器 74LS42 的引脚图及逻辑功能图。输出为反变量，即为低电平有效，并且采用完全译码方案。

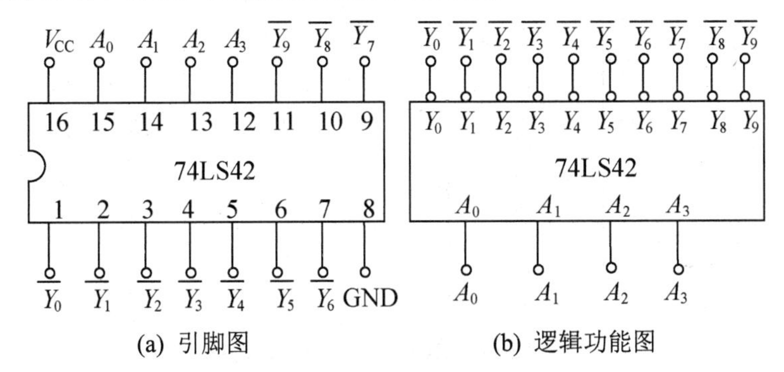


(a) 引脚图　　(b) 逻辑功能图

图 3.38　74LS42 的引脚图及逻辑功能图

## 3.5.3　显示译码器

在数字系统中，经常需要将数字、文字、符号的二进制代码翻译成人们习惯的形式，直观地显示出来，以便掌握和监控系统的运行情况。把二进制代码翻译出来以供显示器件显示的电路称为显示译码器。显示译码器有很多种类，BCD—七段显示译码器是其中一种常用的显示译码器。设计显示译码器时，首先要了解显示器件的特性。常用的显示器件有半导体显示器件和液晶显示器件。

1. 七段显示数码管的原理

发光二极管是一种半导体显示器件，其基本结构是由磷化镓、砷化镓或磷砷化镓等材料构成的 PN 结。当 PN 结外加正向电压时，P 区的多数载流子——空穴向 N 区扩散，N 区的多数载流子——电子向 P 区扩散，当电子和空穴复合时会释放能量，并发出一定波长的光。

将七个发光二极管按一定的方式连接在一起，就构成了七段显示数码管，其形状如图 3.39(a)所示。显示哪个字型，相应段的发光二极管就发光。数码管有两种连接方式，共阴极连接方式如图 3.39(b)所示，共阳极连接方式如图 3.39(c)所示。

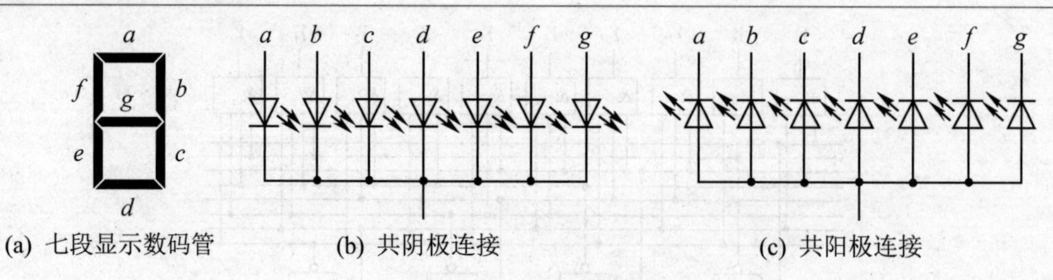


(a) 七段显示数码管　　(b) 共阴极连接　　(c) 共阳极连接

图 3.39　七段显示数码管结构

2. 显示译码器

BCD—七段显示译码器如图 3.40 所示。该显示译码器有四个输入、七个输出。输入为 0～9 这十个数字的 BCD 码；输出用来驱动七段发光二极管，使它发光，从而显示出相应的数字。假定数码管为共阳极连接，即驱动信号为 10 时发光二极管发光，也就是说，如要 $a$ 段发光，需要 $Y_a$ 为 0。

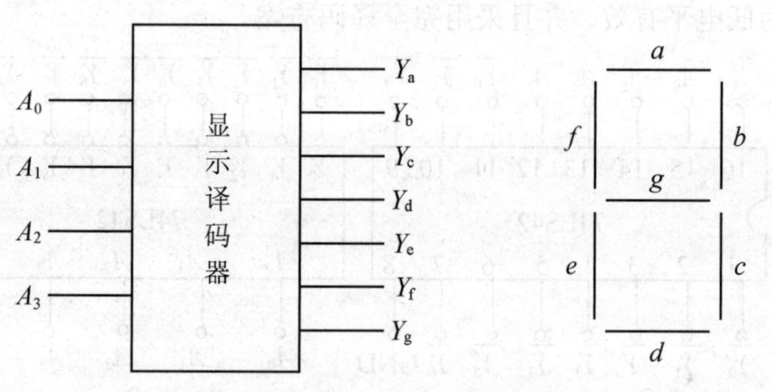


图 3.40　BCD—七段显示译码器

1)　真值表

根据显示器件的驱动特性，可以列出如表 3.18 所示的真值表，表中假定 1010～1111 共六个输入组合不会出现。此真值表仅适用于共阳极 LED。

表 3.18　BCD—七段显示译码器的真值表

| 输　入 | | | | 输　出 | | | | | | | 显　示 |
|---|---|---|---|---|---|---|---|---|---|---|---|
| $A_3$ | $A_2$ | $A_1$ | $A_0$ | $Y_a$ | $Y_b$ | $Y_c$ | $Y_d$ | $Y_e$ | $Y_f$ | $Y_g$ | |
| 0 | 0 | 0 | 0 | 0 | 0 | 0 | 0 | 0 | 0 | 1 | 0 |
| 0 | 0 | 0 | 1 | 1 | 0 | 0 | 1 | 1 | 1 | 1 | 1 |
| 0 | 0 | 1 | 0 | 0 | 0 | 1 | 0 | 0 | 1 | 0 | 2 |
| 0 | 0 | 1 | 1 | 0 | 0 | 0 | 0 | 1 | 1 | 0 | 3 |
| 0 | 1 | 0 | 0 | 0 | 0 | 0 | 1 | 1 | 0 | 0 | 4 |
| 0 | 1 | 0 | 1 | 0 | 1 | 0 | 0 | 1 | 0 | 0 | 5 |
| 0 | 1 | 1 | 0 | 0 | 1 | 0 | 0 | 0 | 0 | 0 | 6 |
| 0 | 1 | 1 | 1 | 0 | 0 | 0 | 1 | 1 | 1 | 1 | 7 |
| 1 | 0 | 0 | 0 | 0 | 0 | 0 | 0 | 0 | 0 | 0 | 8 |
| 1 | 0 | 0 | 1 | 0 | 0 | 0 | 0 | 1 | 0 | 0 | 9 |

2) 逻辑表达式

根据真值表，利用约束项，通过化简，可以得到如下逻辑表达式：

$$Y_a = A_2\overline{A_1}\,\overline{A_0} + \overline{A_3}\,\overline{A_2}\,\overline{A_1}A_0$$

$$Y_b = A_2\overline{A_1}A_0 + A_2A_1\overline{A_0}$$

$$Y_c = \overline{A_2}A_1\overline{A_0}$$

$$Y_d = A_2\overline{A_1}\,\overline{A_0} + A_2A_1A_0 + \overline{A_3}\,\overline{A_2}\,\overline{A_1}A_0$$

$$Y_e = A_2\overline{A_1} + A_0$$

$$Y_f = A_1A_0 + \overline{A_2}A_1 + \overline{A_3}\,\overline{A_2}A_0$$

$$Y_g = \overline{A_3}\,\overline{A_2}\,\overline{A_1} + A_2A_1A_0$$

3) 逻辑图

根据以上逻辑表达式，得到BCD—七段显示译码器的逻辑图，如图3.41所示。

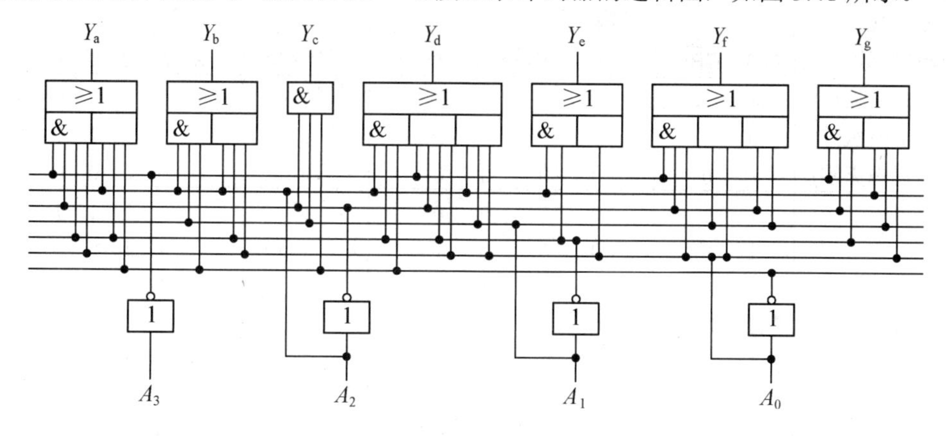


图3.41 BCD—七段显示译码器的逻辑图

图3.42所示为BCD—七段显示译码器驱动LED数码管(共阴)的接法。图中，电阻是上拉电阻，也称限流电阻，当译码器内部带有上拉电阻时，则可省去。

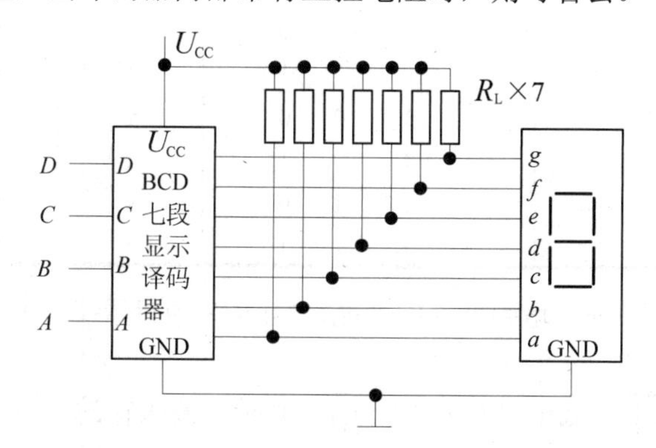


图3.42 BCD—七段显示译码器驱动LED数码管(共阴)的接法

4) 集成显示译码器

集成BCD—七段显示译码器就是根据上述原理组成的，只是为了使用方便，增加了一些辅助控制电路。这类集成译码器产品很多，类型各异，它们的输出结构也各不相同，因而使用时要予以注意。图 3.43 所示为集成 BCD—七段显示译码器 74LS48 的引脚图。

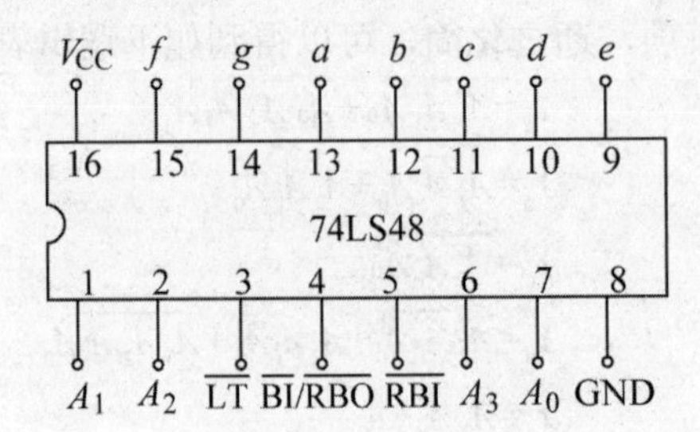


图 3.43　集成 BCD—七段显示译码器 74LS48 的引脚图

74LS48 的真值表如表 3.19 所示。

表 3.19　74LS48 的真值表

| 功能或十进制数 | 输入 | | | | | | 输出 | | | | | | | |
|---|---|---|---|---|---|---|---|---|---|---|---|---|---|---|
| | $\overline{LT}$ | $\overline{RBI}$ | $A_3$ | $A_2$ | $A_1$ | $A_0$ | $\overline{BI}/\overline{RBO}$ | a | b | c | d | e | f | g |
| $\overline{BI}/\overline{RBO}$ (灭灯) | × | × | × | × | × | × | 0(输入) | 0 | 0 | 0 | 0 | 0 | 0 | 0 |
| $\overline{LT}$ (试灯) | 0 | × | × | × | × | × | 1 | 1 | 1 | 1 | 1 | 1 | 1 | 1 |
| $\overline{RBI}$ (动态灭零) | 1 | 0 | 0 | 0 | 0 | 0 | 0 | 0 | 0 | 0 | 0 | 0 | 0 | 0 |
| 0 | 1 | 1 | 0 | 0 | 0 | 0 | 1 | 1 | 1 | 1 | 1 | 1 | 1 | 0 |
| 1 | 1 | × | 0 | 0 | 0 | 1 | 1 | 0 | 1 | 1 | 0 | 0 | 0 | 0 |
| 2 | 1 | × | 0 | 0 | 1 | 0 | 1 | 1 | 1 | 0 | 1 | 1 | 0 | 1 |
| 3 | 1 | × | 0 | 0 | 1 | 1 | 1 | 1 | 1 | 1 | 1 | 0 | 0 | 1 |
| 4 | 1 | × | 0 | 1 | 0 | 0 | 1 | 0 | 1 | 1 | 0 | 0 | 1 | 1 |
| 5 | 1 | × | 0 | 1 | 0 | 1 | 1 | 1 | 0 | 1 | 1 | 0 | 1 | 1 |
| 6 | 1 | × | 0 | 1 | 1 | 0 | 1 | 0 | 0 | 1 | 1 | 1 | 1 | 1 |
| 7 | 1 | × | 0 | 1 | 1 | 1 | 1 | 1 | 1 | 1 | 0 | 0 | 0 | 0 |
| 8 | 1 | × | 1 | 0 | 0 | 0 | 1 | 1 | 1 | 1 | 1 | 1 | 1 | 1 |
| 9 | 1 | × | 1 | 0 | 0 | 1 | 1 | 1 | 1 | 1 | 0 | 0 | 1 | 1 |
| 10 | 1 | × | 1 | 0 | 1 | 0 | 1 | 0 | 0 | 0 | 1 | 1 | 0 | 1 |
| 11 | 1 | × | 1 | 0 | 1 | 1 | 1 | 0 | 0 | 1 | 1 | 0 | 0 | 1 |
| 12 | 1 | × | 1 | 1 | 0 | 0 | 1 | 0 | 1 | 0 | 0 | 0 | 1 | 1 |
| 13 | 1 | × | 1 | 1 | 0 | 1 | 1 | 1 | 0 | 0 | 1 | 0 | 1 | 1 |
| 14 | 1 | × | 1 | 1 | 1 | 0 | 1 | 0 | 0 | 0 | 1 | 1 | 1 | 1 |
| 15 | 1 | × | 1 | 1 | 1 | 1 | 1 | 0 | 0 | 0 | 0 | 0 | 0 | 0 |

由真值表可以看出，为了增强器件的功能，74LS48 中设置了一些辅助端。这些辅助端的功能如下。

(1)　试灯输入端 $\overline{LT}$：低电平有效。当 $\overline{LT}$=0 时，数码管的七段应全亮，与输入的译码信号无关。本输入端用于测试数码管的好坏。

(2) 动态灭零输入端$\overline{RBI}$：低电平有效。当$\overline{LT}$=1、$\overline{RBI}$=0，且译码输入全为0时，该位输出不显示，即0字被熄灭；当译码输入不全为0时，该位正常显示。本输入端用于消隐无效的0，如数据0093.70可显示为93.7。

(3) 灭灯输入/动态灭零输出端$\overline{BI}/\overline{RBO}$：这是一个特殊的端钮，有时用作输入，有时用作输出。当$\overline{BI}/\overline{RBO}$作为输入使用，且$\overline{BI}/\overline{RBO}$=0时，数码管七段全灭，与译码输入无关。当$\overline{BI}/\overline{RBO}$作为输出使用时，受控于$\overline{LT}$和$\overline{RBI}$：当$\overline{LT}$=1且$\overline{RBI}$=0时，$\overline{BI}/\overline{RBO}$=0；其他情况下$\overline{BI}/\overline{RBO}$=1。本端钮主要用于显示多位数字时多个译码器之间的连接。

图3.44所示为具有灭零控制功能的数码显示系统。其中在整数部分中，高位的$\overline{BI}/\overline{RBO}$与低位的$\overline{RBI}$相连；在小数部分中，低位的$\overline{BI}/\overline{RBO}$与高位的$\overline{RBI}$相连。

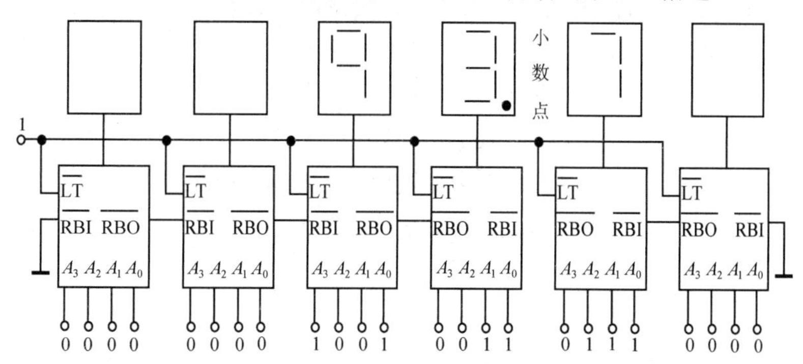


图3.44 具有灭零控制功能的八位数码显示系统

## 3.5.4 译码器的应用

二进制译码器的应用很广，典型的应用有以下几种。

(1) 实现存储系统的地址译码。

(2) 实现逻辑函数。

(3) 带使能端的译码器可用作数据分配器或脉冲分配器。

由变量译码器可知，它的输出端就表示一项最小项，而逻辑函数可以用最小项表示，利用这个特点，可以实现组合逻辑电路的设计，而不需要经过化简过程。

**【例3.8】** 用译码器设计两个一位二进制数的全加器。

**解：** 由全加器真值表可得

$$S=\overline{A}\overline{B}C+\overline{A}B\overline{C}+A\overline{B}\overline{C}+ABC=m_1+m_2+m_4+m_7$$
$$=\overline{\overline{m_1}\cdot\overline{m_2}\cdot\overline{m_4}\cdot\overline{m_7}}$$

$$C_i=\overline{A}BC+A\overline{B}C+AB\overline{C}+ABC=m_3+m_5+m_6+m_7$$
$$=\overline{\overline{m_2}\cdot\overline{m_5}\cdot\overline{m_6}\cdot\overline{m_7}}$$

因为当译码器的使能端有效时，每个输出$\overline{Y_i}=\overline{m_i}$，因此只要将函数的输入变量加至译码器的地址输入端，并在输出端辅以少量的门电路，便可以实现逻辑函数，如图3.45所示。

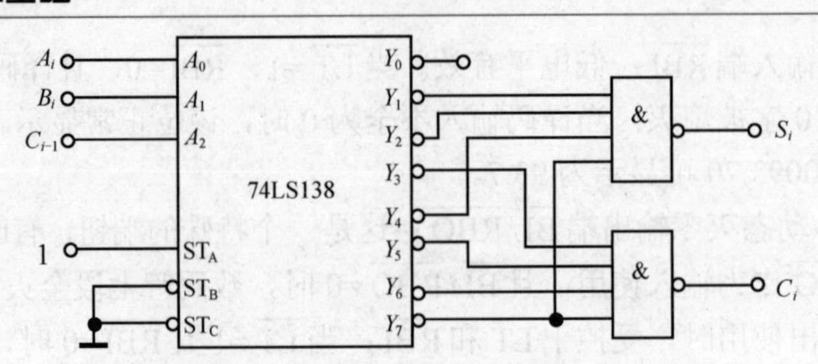


图 3.45 用 3 线—8 线译码器组成全加器

**【例 3.9】** 用 74LS138 实现逻辑函数 $F=\overline{A}\,\overline{C}+BC$。

**解：** 74LS138 的输出为输入的各个不同的最大项(最小项的反)，因此，可将 $F$ 写成最大项(或最小项的反)的形式，即

$$
\begin{aligned}
F &= \overline{A}\,\overline{C} + BC \\
&= \overline{A}\,\overline{C}(B+\overline{B}) + (A+\overline{A})BC \\
&= \overline{A}\,\overline{C}B + \overline{A}\,\overline{B}\,\overline{C} + \overline{A}BC + ABC \\
&= \overline{\overline{m}_0\overline{m}_2\overline{m}_3\overline{m}_7}
\end{aligned}
$$

逻辑图如图 3.46 所示。

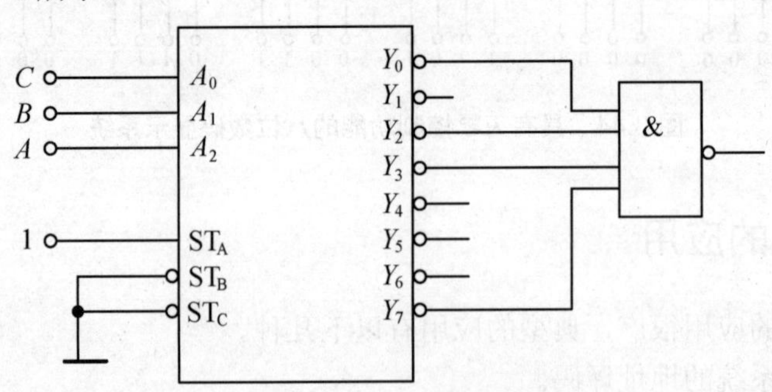


图 3.46 例 3.9 的逻辑图



# 3.6 数据选择器

## 3.6.1 数据选择器电路

能从多个数据输入中选择出其中一个进行传输的电路称为数据选择器，也称多路选择器或多路开关。

### 1. 真值表

一个数据选择器具有 $n$ 个数据选择端，$2^n$ 个数据输入端，一个数据输出端。图 3.47 所示为四选一数据选择器的框图，其真值表如表 3.20 所示。

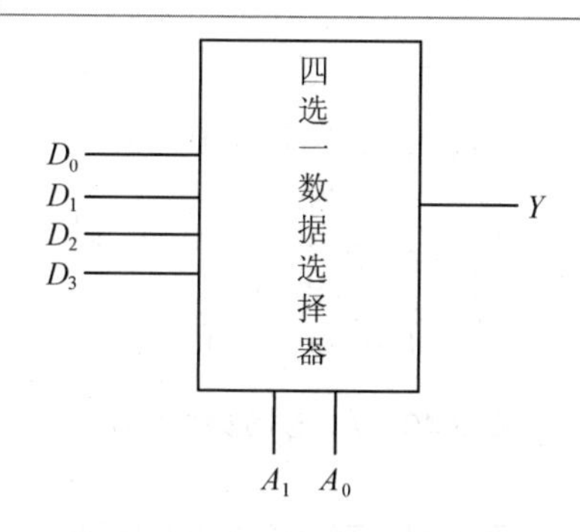


图 3.47　四选一数据选择器的框图

表 3.20　四选一数据选择器的真值表

| 输　入 | | | 输　出 |
|---|---|---|---|
| $D$ | $A_1$ | $A_0$ | $Y$ |
| $D_0$ | 0 | 0 | $D_0$ |
| $D_1$ | 0 | 1 | $D_1$ |
| $D_2$ | 1 | 0 | $D_2$ |
| $D_3$ | 1 | 1 | $D_3$ |

## 2. 逻辑表达式

由真值表可以得到输出的逻辑表达式为

$$Y=\overline{A_1}\,\overline{A_0}D_0+\overline{A_1}A_0D_1+A_1\overline{A_0}D_2+A_1A_0D_3$$

## 3. 逻辑图

根据表达式可以画出用与非门实现的四选一数据选择器的逻辑图，如图 3.48 所示。

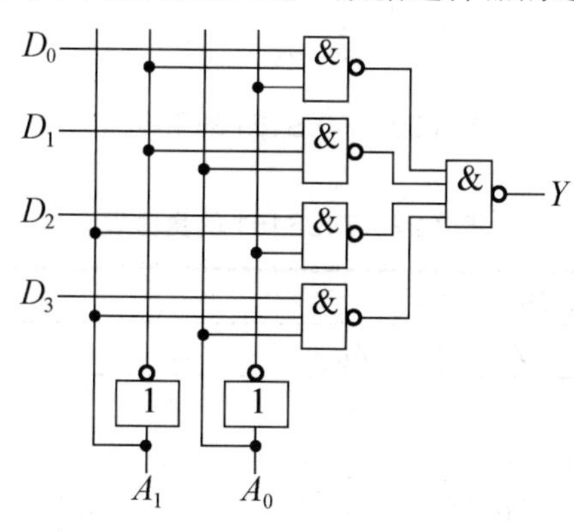


图 3.48　四选一数据选择器的逻辑图

## 4. 集成数据选择器

1)　集成双四选一数据选择器 74LS153

图 3.49 所示为集成双四选一数据选择器 74LS153 的引脚图，其真值表如表 3.21 所示。

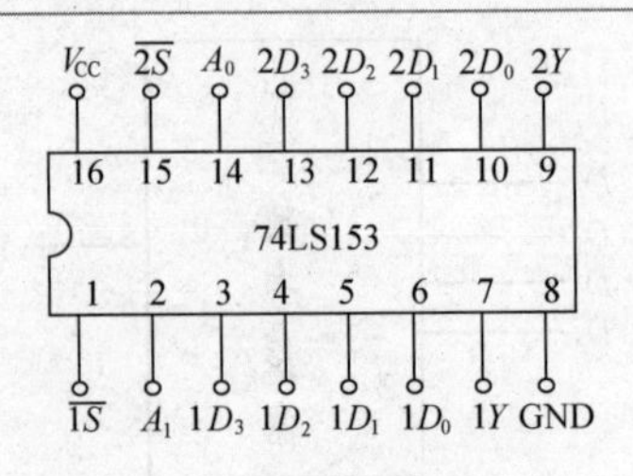


图 3.49　74LS153 的引脚图

表 3.21　74LS153 的真值表

| 输入 | | | | 输出 |
|---|---|---|---|---|
| $S$ | $D$ | $A_1$ | $A_0$ | $Y$ |
| 1 | × | × | × | 0 |
| 0 | $D_0$ | 0 | 0 | $D_0$ |
| 0 | $D_1$ | 0 | 1 | $D_1$ |
| 0 | $D_2$ | 1 | 0 | $D_2$ |
| 0 | $D_3$ | 1 | 1 | $D_3$ |

其中选通控制端 $S$ 为低电平有效，即 $S$=0 时芯片被选中，处于工作状态；$S$=1 时芯片被禁止，$Y$=0。

2)　集成八选一数据选择器 74LS151

图 3.50 所示为集成八选一数据选择器 74LS151 的引脚图，其真值表如表 3.22 所示。

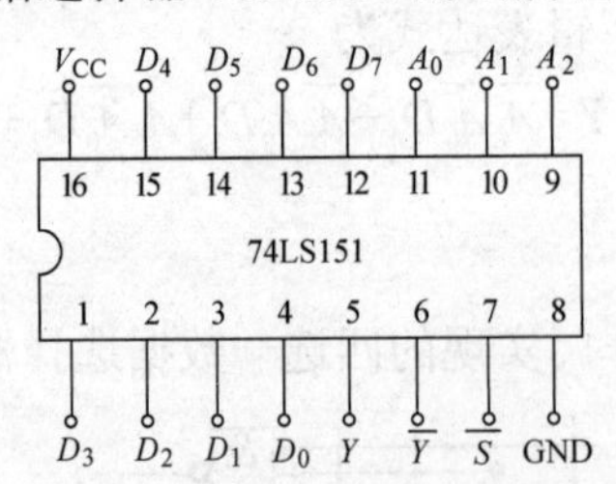


图 3.50　74LS151 的引脚图

表 3.22　74LS151 的真值表

| 输入 | | | | | 输出 | |
|---|---|---|---|---|---|---|
| $D$ | $A_2$ | $A_1$ | $A_0$ | $\overline{S}$ | $Y$ | $\overline{Y}$ |
| × | × | × | × | 1 | 0 | 1 |
| $D_0$ | 0 | 0 | 0 | 0 | $D_0$ | $\overline{D}_0$ |
| $D_1$ | 0 | 0 | 1 | 0 | $D_1$ | $\overline{D}_1$ |
| $D_2$ | 0 | 1 | 0 | 0 | $D_2$ | $\overline{D}_2$ |
| $D_3$ | 0 | 1 | 1 | 0 | $D_3$ | $\overline{D}_3$ |
| $D_4$ | 1 | 0 | 0 | 0 | $D_4$ | $\overline{D}_4$ |
| $D_5$ | 1 | 0 | 1 | 0 | $D_5$ | $\overline{D}_5$ |
| $D_6$ | 1 | 1 | 0 | 0 | $D_6$ | $\overline{D}_6$ |
| $D_7$ | 1 | 1 | 1 | 0 | $D_7$ | $\overline{D}_7$ |

$\overline{S}=1$时，选择器被禁止，无论地址码是什么，$Y$总是等于0。

$\overline{S}=0$时，选择器被选中，有

$$Y=D_0\overline{A}_2\overline{A}_1\overline{A}_0+D_1\overline{A}_2\overline{A}_1A_0+\cdots+D_7A_2A_1A_0=\sum_{i=0}^{7}D_im_i$$

$$\overline{Y}=\overline{D}_0\overline{A}_2\overline{A}_1\overline{A}_0+\overline{D}_1\overline{A}_2\overline{A}_1A_0+\cdots+\overline{D}_7A_2A_1A_0=\sum_{i=0}^{7}\overline{D}_im_i$$

3) 数据选择器的扩展

利用片选端可以做数据选择器的扩展，图3.51所示为两片74LS151连接成的十六选一的数据选择器。

由图3.51可知$A_3$=0时，$\overline{S}_1$=0、$\overline{S}_2$=1，片(2)禁止、片(1)工作；$A_3$=1时，$\overline{S}_1$=1、$\overline{S}_2$=0，片(1)禁止、片(2)工作。

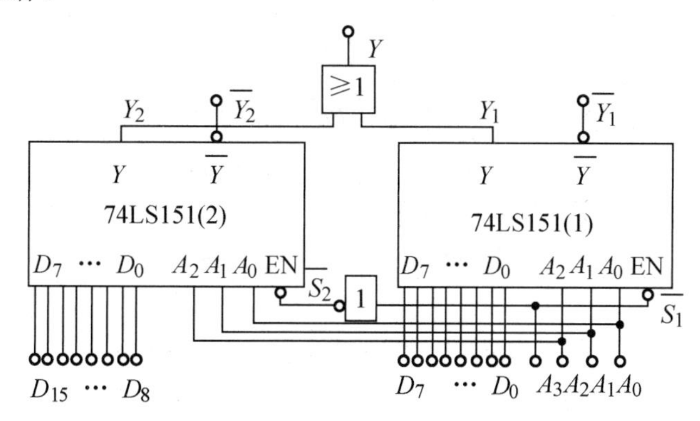


图3.51 十六选一数据选择器

## 3.6.2 利用数据选择器实现逻辑函数

数据选择器具有以下主要特点。

(1) 具有标准与或表达式的形式，即

$$Y=\sum_{i=0}^{2^n-1}D_im_i$$

(2) 提供了地址变量的全部最小项。

(3) 一般情况下，$D_i$可以当作一个变量处理。

这些特点使我们可以利用数据选择器去实现逻辑函数。因为任何组合逻辑函数总可以用最小项之和的标准形式构成。所以，利用数据选择器的输入$D_i$来选择地址变量组成的最小项$m_i$，可以实现任何所需的组合逻辑函数。实现方法有以下两种。

### 1. 比较法

所谓比较法，就是将要实现的逻辑函数变为与数据选择器输出函数表达式相同的形式，从中确定数据选择器的地址选择变量和数据输入变量，最后得出实现电路。比较法的一般步骤如下。

(1) 选择接到数据选择端的函数变量。

(2) 写出数据选择器输出的逻辑表达式。

(3) 将要实现的逻辑函数转换为标准与或表达式。

(4) 对照数据选择器输出表达式和待实现函数的表达式，确定数据输入端的值。

(5) 连接电路。

**【例 3.10】** 用数据选择器实现函数 $L=\overline{A}\overline{B}C+\overline{A}B\overline{C}+AB$。

(1) 确定数据选择器。

$n$ 个地址变量的数据选择器，不需要增加门电路，最多可实现 $n$+1 个变量的函数。逻辑函数为三个变量，选用四选一数据选择器 74LS153。

(2) 确定地址变量。

74LS153 有两个地址变量，令 $A_1$=$A$、$A_0$=$B$。

(3) 求 $D_i$。

写出函数的标准与或表达式，即

$$\begin{aligned}L&=\overline{A}\overline{B}C+\overline{A}B\overline{C}+AB\\&=m_0C+m_1\overline{C}+m_2\cdot 0+m_3\cdot 1\end{aligned}$$

四选一数据选择器输出信号的表达式为

$$Y=m_0D_0+m_1D_1+m_2D_2+m_3D_3$$

比较 $L$ 和 $Y$，得

$$D_0=C\quad D_1=\overline{C}\quad D_2=0\quad D_3=1$$

(4) 画连线图，如图 3.52 所示。

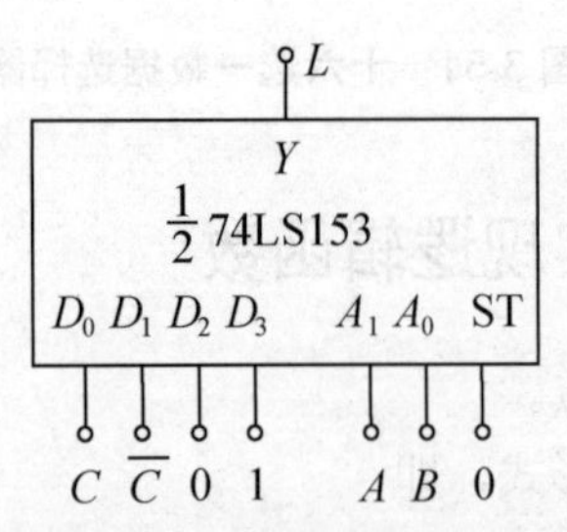


图 3.52 例 3.10 的连线图

## 2. 卡诺图法

所谓卡诺图法，就是利用卡诺图来确定数据选择器的地址选择变量和数据输入变量，最后得出实现电路。其实现步骤如下。

(1) 将卡诺图画成与数据选择器相适应的形式。数据选择器有几个地址选择码输入端，逻辑函数的卡诺图的某一边就应有几个变量，且就将这几个变量作为数据选择器的地址选择码。

(2) 将要实现的逻辑函数填入卡诺图并在卡诺图上画圈。由于数据选择器的输出函数是与或表达式且包含地址选择码的全部最小项，因此化简时不仅要圈最小项，而且还只能顺着地址选择码的方向圈，以保证地址选择变量不被化简掉。

(3) 读图。读图时，地址选择码可以不读出来，只读出其他变量的化简结果，这些结果就是地址选择码所选择的数据输入 $D$ 的值。地址选择码与数据输入 $D$ 之间的对应关系是：将地址选择码的二进制数化为十进制数，就是它所选择的数据输入 $D$ 的下标。

(4) 根据地址选择码和数据输入值，画出用数据选择器实现的逻辑电路。

**【例 3.11】** 试用八选一数据选择器实现逻辑函数

$$F(A,B,C,D)=\sum m(0,4,5,7,12,13,14)$$

**解：**

(1) 画出 $F$ 的四变量卡诺图，如图 3.53 所示。

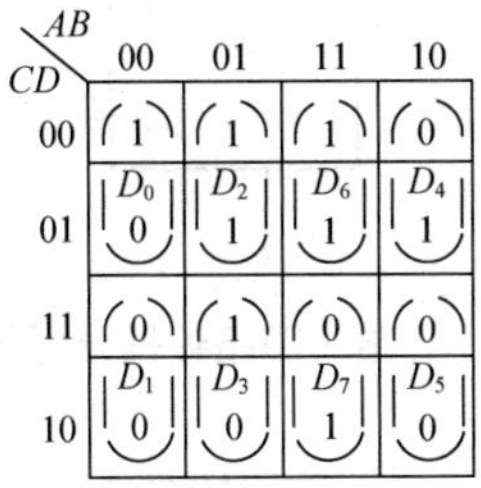

| CD \ AB | 00 | 01 | 11 | 10 |
|---|---|---|---|---|
| 00 | 1 | 1 | 1 | 0 |
| 01 | $D_0$ 0 | $D_2$ 1 | $D_6$ 1 | $D_4$ 1 |
| 11 | 0 | 1 | 0 | 0 |
| 10 | $D_1$ 0 | $D_3$ 0 | $D_7$ 1 | $D_5$ 0 |

图 3.53　例 3.11 的卡诺图

(2) 选择地址变量，确定余函数 $D_i$。

原则上，地址变量的选择是任意的，但选择合适了才能使电路简化。

若选择 $A_2A_1A_0=ABC$，则引入变量为 $D$。

在图 3.53 所示的卡诺图中，确定八选一数据选择器输入 $D_i$ 的范围，如图中虚线所示。化简各子卡诺图求得余函数为

$$D_0=\overline{D} \quad D_1=0 \quad D_2=1 \quad D_3=D$$
$$D_4=D \quad D_5=0 \quad D_6=1 \quad D_7=\overline{D}$$

其逻辑图如图 3.54 所示。

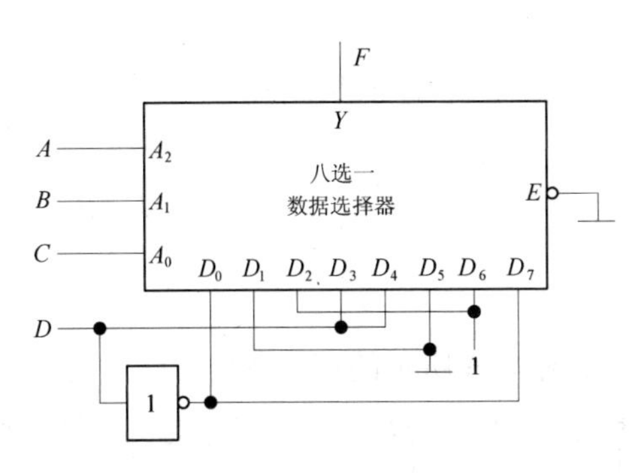


图 3.54　例 3.11 的逻辑图

## 3.7　数据分配器

数据分配器的逻辑功能是将一个输入信号，根据选择信号的不同取值，传送至多个输出数据通道中的某一个。数据分配器又称为多路分配器。一个数据分配器有一个数据输入端，$n$ 个选择输入端，$2^n$ 个数据输出端。

## 1. 真值表

图 3.55 所示为一路—四路数据分配器的框图，其真值表如表 3.23 所示。

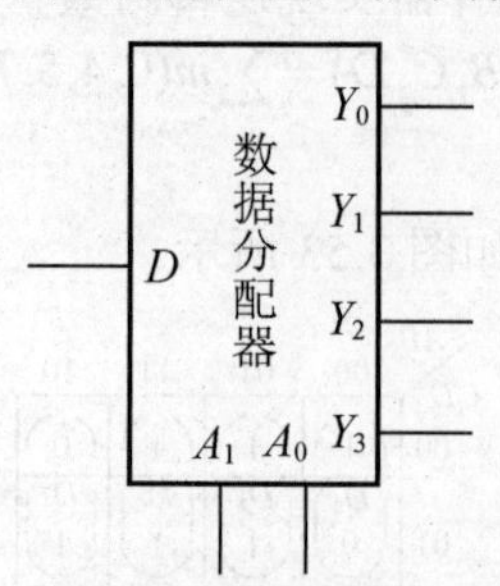


图 3.55　一路—四路数据分配器的框图

表 3.23　一路—四路数据分配器的真值表

| 输　入 | | | 输　出 | | | |
|---|---|---|---|---|---|---|
| $E$ | $A_1$ | $A_0$ | $Y_0$ | $Y_1$ | $Y_2$ | $Y_3$ |
| 1 | × | × | 1 | 1 | 1 | 1 |
| 0 | 0 | 0 | $D$ | 1 | 1 | 1 |
| 0 | 0 | 1 | 1 | $D$ | 1 | 1 |
| 0 | 1 | 0 | 1 | 1 | $D$ | 1 |
| 0 | 1 | 1 | 1 | 1 | 1 | $D$ |

其中 $A_1$、$A_0$ 为地址码，决定将输入数据 $D$ 送给哪一路输出。

## 2. 逻辑表达式

根据真值表可得一路—四路数据分配器的逻辑表达式为

$$Y_0 = D\overline{A}_1\overline{A}_0 \qquad Y_1 = D\overline{A}_1 A_0$$

$$Y_2 = DA_1\overline{A}_0 \qquad Y_3 = DA_1A_0$$

## 3. 逻辑图

根据逻辑表达式可画出如图 3.56 所示的逻辑图。

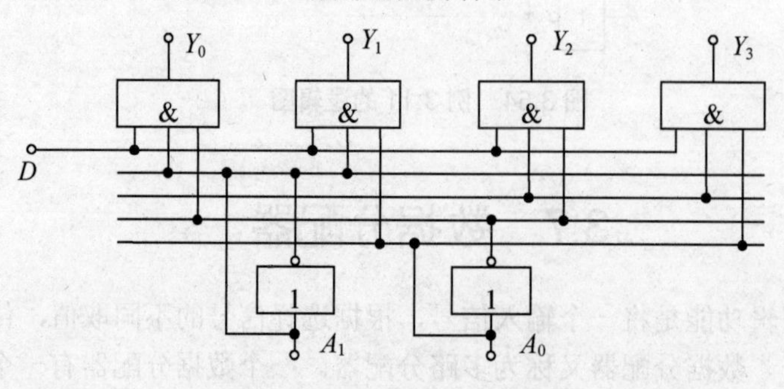


图 3.56　一路—四路数据分配器的逻辑图

#### 4. 集成数据分配器

由数据分配器的逻辑表达式中可以看出以下特点：选择输入端的各个不同最小项作为因子会出现在各个输出的表达式中。这与译码器电路的输出为地址输入的各个不同的最小项(或其反)这一特点相同。实际上，我们可以利用译码器来实现数据分配器的功能。

把二进制译码器的使能端作为数据输入端，二进制代码输入端作为地址码输入端，则带使能端的二进制译码器就是数据分配器，如图 3.57 所示。

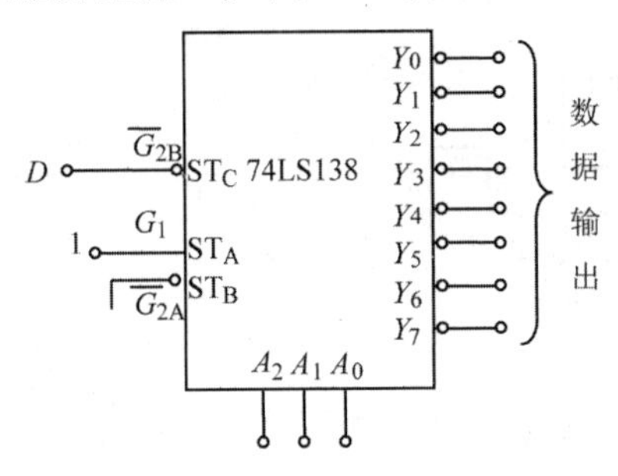


图 3.57　利用译码器实现数据分配器

#### 5. 数据分配器的应用

数据分配器和数据选择器一起可构成数据分时传送系统。例如，发送端由数据选择器将各路数据分时送到公共传输线上，接收端再由分配器将公共传输线上的数据适时分配到相应的输出端，而两者的地址输入都是同步控制的，其示意图如图 3.58 所示。

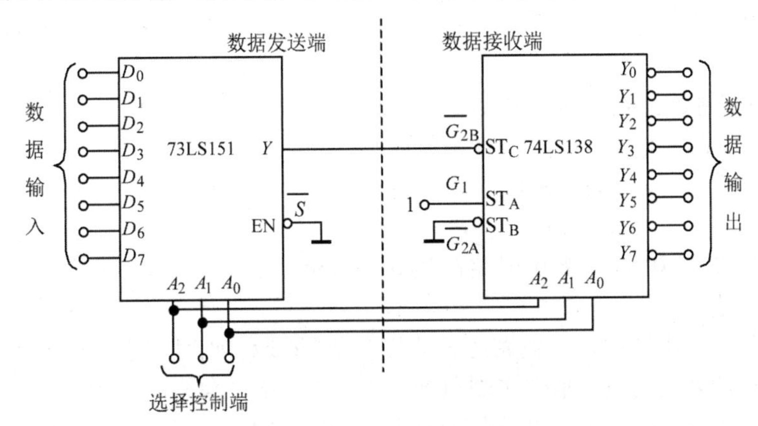


图 3.58　数据分时传送系统

## 3.8　组合逻辑电路中的竞争冒险

#### 1. 竞争冒险的概念

在组合电路中，当输入信号的状态改变时，输出端可能会出现不正常的干扰信号，使电路产生错误的输出，这种现象称为竞争冒险。

### 2. 产生竞争冒险的原因

竞争冒险主要是由于门电路的延迟时间产生的。例如，对于图 3.59(a)所示电路，其输出函数为 $F=\overline{A}B+AC$。当 $B=C=1$ 时，应有 $F=\overline{A}+A=1$，即不管 $A$ 如何变化，输出 $F$ 恒为高。而实际上由于门电路有延迟，当 $A$ 由高变低时，在输出波形上出现了一个负脉冲，如图 3.59(b)所示。瞬间的错误输出称为毛刺。这种负向毛刺也称为 0 型冒险；反之，若出现正向毛刺，则称之为 1 型冒险。

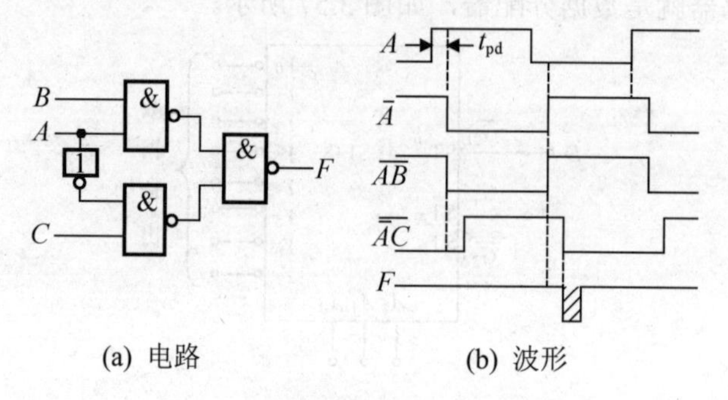


(a) 电路　　(b) 波形

图 3.59　竞争与冒险现象示例

逻辑电路的竞争冒险现象持续时间虽然不长，但危害却不可忽视。尤其是当组合逻辑电路的输出用来驱动时序电路时，有可能会造成严重后果。

### 3. 竞争冒险的识别

1)　代数法

当函数表达式在一定条件下可以简化成 $F=X+\overline{X}$ 或 $F=X\cdot\overline{X}$ 的形式时，$X$ 的变化可能引起竞争冒险现象。

**【例 3.12】** 判断 $F=(A+C)(\overline{A}+B)(B+\overline{C})$的竞争冒险情况。

**解：** 变量 $A$、$C$ 具有竞争能力，冒险判别如下：

$$B=C=0 \qquad F=A\overline{A}$$
$$A=B=0 \qquad F=C\overline{C}$$

可看出，当 $B=C=0$ 和 $A=B=0$ 时将产生 0 型冒险。

2)　卡诺图法

在逻辑函数的卡诺图中，函数表达式的每个积项(或和项)对应于一个卡诺圈。如果两卡诺圈相切，而相切处又未被其他卡诺圈包围，则可能发生竞争冒险现象。

如图 3.60(a)所示，该卡诺图中两卡诺圈相切，$F=\overline{A}B+AC$，在 $B=C=1$ 时，$F=\overline{A}+A$ 将产生竞争冒险。

如图 3.60(b)所示，该卡诺图中两卡诺圈相切，$F=(\overline{A}+B)+(A+C)$，在 $B=C=0$ 时，$F=\overline{A}+A$ 将产生竞争冒险。

### 4. 竞争冒险的消除

当电路中存在竞争冒险现象时，必须设法消除它，否则会导致错误结果。消除竞争冒险现象通常可以采取修改逻辑设计、增加选通电路、增加输出滤波等多种方法。后两种方法或增加电路实现复杂性，或使输出波形变坏，平常极少使用。因此，此处只介绍通过修改逻辑设计来消除竞争冒险现象的方法。

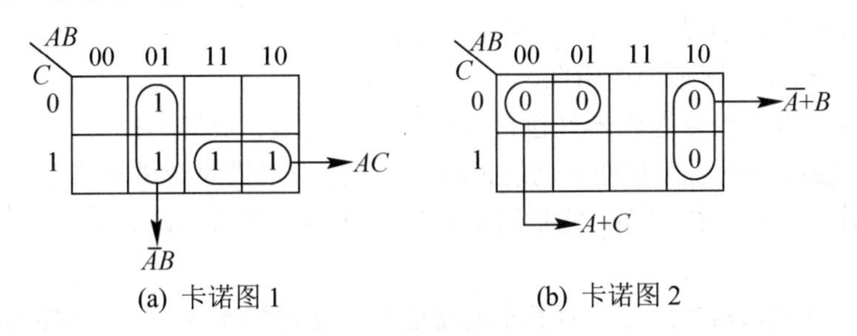


(a) 卡诺图 1　　(b) 卡诺图 2

图 3-60　卡诺图判别竞争冒险

修改逻辑设计消除竞争冒险现象的方法实际上是通过增加冗余项的办法来使函数在任何情况下都不可能出现 $F=\overline{A}+A$ 或 $F=\overline{A}A$ 的情况，从而达到消除竞争冒险现象的目的。从卡诺图上看，相当于在相切的卡诺圈间增加一个冗余圈，将相切处的 0 或 1 圈起来。

如前述 $F=\overline{A}B+AC$，在 $B=C=1$ 时，$F=\overline{A}+A$，将产生 1 型冒险。这时可增加冗余项 $BC$，则当 $B=C=1$ 时，$F$ 恒为 1，所以消除了冒险。即在卡诺图化简时多圈了一个卡诺圈，如图 3.61 所示。相切处增加了一个 $BC$ 圈，消除了相切部分的影响。

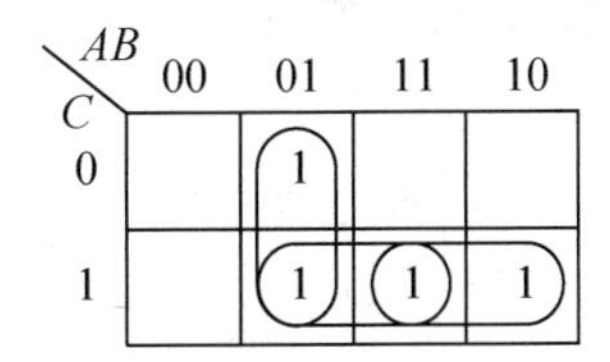


图 3.61　增加冗余项消除竞争冒险

**【例 3.13】** 判断图 3.62(a)所示电路中是否存在竞争冒险，如存在，则采用修改逻辑设计的办法，消除竞争冒险。

**解：** 作出卡诺图，如图 3.62(b)所示，在原卡诺图中有两圈相切，存在竞争冒险。

在相切的两个卡诺圈相切处，增加一个冗余的卡诺圈，即增加 $AC$ 项，如图 3.62(b)中虚线所示，可消除竞争冒险，此时有

$$Y=A\overline{B}+BC+AC$$

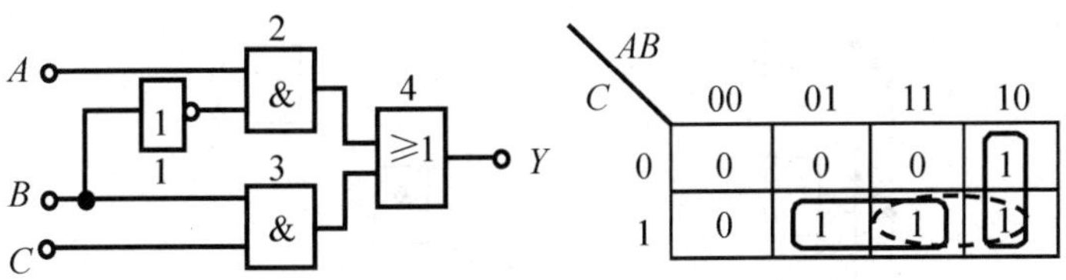

(a) 电路图　　(b) 卡诺图

图 3.62　例 3.13 的电路图及卡诺图

# 本 章 小 结

(1) 组合逻辑电路的分析步骤为：写出各输出端的逻辑表达式→化简和变换逻辑表达式

→列出真值表→确定功能。

(2) 组合逻辑电路的设计步骤为：根据设计要求列出真值表→写出逻辑表达式(或填写卡诺图)→逻辑化简和变换→画出逻辑图。

(3) 常用的中规模组合逻辑器件包括编码器、译码器、数据选择器、数值比较器、加法器等。为了增加使用的灵活性和便于功能扩展，在多数中规模组合逻辑器件中都设置了输入、输出使能端或输入、输出扩展端。它们既可控制器件的工作状态，又便于构成较复杂的逻辑系统。

(4) 上述组合逻辑器件除了具有其基本功能外，还可用来设计组合逻辑电路。应用中规模组合逻辑器件进行组合逻辑电路设计的一般原则是：使用中规模集成电路芯片的个数和品种型号最少，芯片之间的连线最少。

(5) 用中规模集成电路芯片设计组合逻辑电路最简单和最常用的方法是：用数据选择器设计多输入、单输出的逻辑函数；用二进制译码器设计多输入、多输出的逻辑函数。

# 习　题

1. 分析图 3.63 所示电路的逻辑功能，写出输出逻辑表达式，列出真值表，并说明电路逻辑功能的特点。

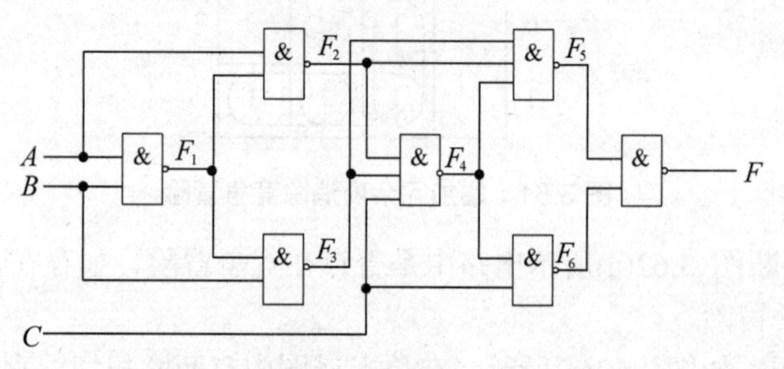


图 3.63　习题 1 图

2. 分析图 3.64 所示电路的逻辑功能，写出输出 $F_1$、$F_2$ 的逻辑表达式，列出真值表，并指出电路完成什么逻辑功能。

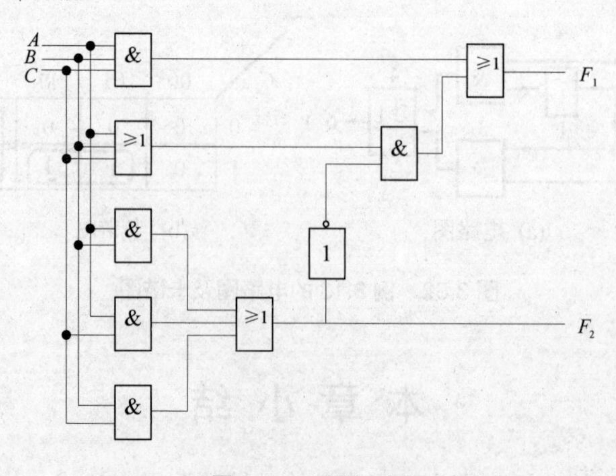


图 3.64　习题 2 图

3. 试用两级最少的与非门组成与图3.65所示电路具有相同逻辑功能的电路。

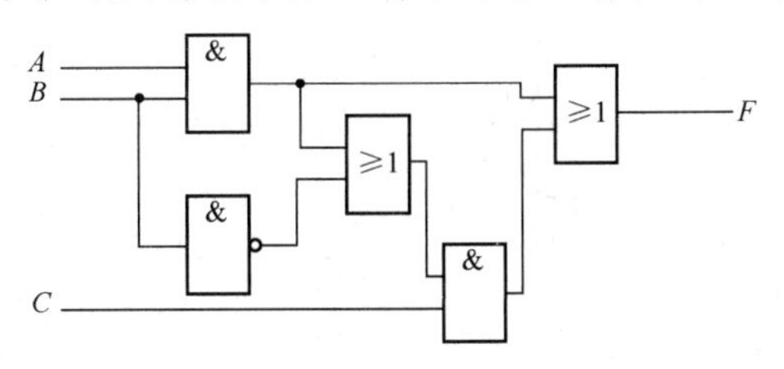


图3.65 习题3图

4. 设计一个“逻辑不一致”电路。要求四个输入变量取值不一致时，输出为1；取值一致时，输出为0。

5. 试用两级最少的与非门设计一个组合电路，该电路的输入$X$及输出$Y$均为三位二进制数，要求：当$0 \leqslant X \leqslant 3$时，$Y=X$；当$4 \leqslant X \leqslant 6$时，$Y=X+1$，且$X \leqslant 6$。

6. 某医院有一、二、三、四号病室4间，每室设有呼叫按钮，同时在护士值班室内对应地装有一、二、三、四号4个指示灯。现要求当一号病室的按钮按下时，无论其他病室的按钮是否按下，只有一号灯亮。当一号病室的按钮没有按下而二号病室的按钮按下时，无论三、四号病室的按钮是否按下，只有二号灯亮。当一、二号病室的按钮没有按下而三号病室的按钮按下时，无论四号病室的按钮是否按下，只有三号灯亮。只有在一、二、三号病室的按钮均未按下而四号病室的按钮按下时，四号灯才亮。试用优先编码器74LS148和门电路设计满足以上控制要求的逻辑电路，给出控制4个指示灯状态的高、低电平信号。

7. 试用两级最少的与非门设计一个多功能逻辑电路，该电路有两个数据输入端$A$、$B$，两个控制端$C_1$、$C_2$，一个输出端$F$，其功能要求如下：当$C_1C_2=00$时，$F=1$；当$C_1C_2=01$时，$F=A$；当$C_1C_2=10$时，$F=A+B$；当$C_1C_2=11$时，$F=\overline{AB}$。

8. 设输入只有原变量而无反变量时，用三级与非门电路实现下列逻辑函数。

(1) $F = A\overline{B} + AD\overline{C} + C\overline{A} + B\overline{C}$

(2) $F = A\overline{BD} + B\overline{AD} + D\overline{AB} + B\overline{CD}$

(3) $F(A,B,C,D) = \sum m(1,5,6,7,12,13,14)$

9. 设计一个4线—2线二进制优先编码器，用与非门电路实现。输入为$A_3A_2A_1A_0$，$A_3$优先级最高，$A_0$优先级最低。输出为$Y_1Y_0$，并加一输出端$G$，以指示最低优先级信号$A_0$输入有效。

10. 试将3线—8线译码器74LS138(逻辑符号同74LS148，可参考图3.25(b))扩展为5线—32线译码器。

11. 试用一片4线—16线译码器74LS154(逻辑符号可参考图3.26)和输出逻辑门(选择与非门或者与门)实现以下多输出逻辑函数。

(1) $F_1(A,B,C,D) = \sum m(2,4,10,11,12,13)$

(2) $F_2(A,B,C,D) = \overline{B}C + \overline{A}\overline{B}D$

(3) $F_3(A,B,C,D) = \sum m(0,1,7,13)$

(4) $F_4(A,B,C,D) = AB\overline{C} + ACD$

12. 写出图3.66所示电路输出$F_1$和$F_2$的最简逻辑表达式。

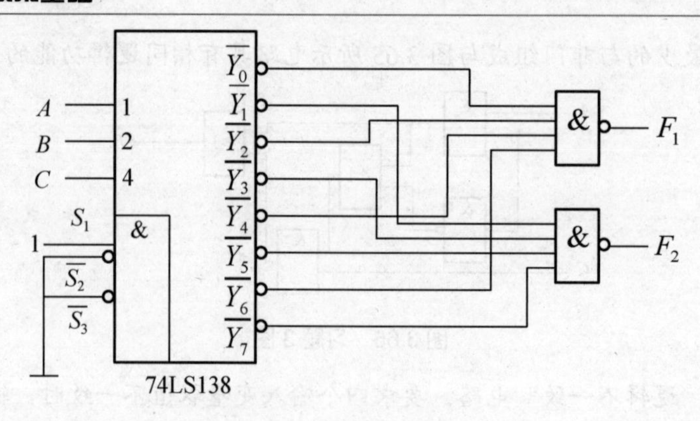


图 3.66　习题 12 图

13. 试用一片 4 线—16 线译码器 74LS154 和与非门，设计能将 8421BCD 码转换为格雷码的代码转换器。

14. 试用两片四选一数据选择器 74LS153 和少许门电路，连接成一个十六选一数据选择器。

15. 试用四选一数据选择器实现下列函数。

(1) $F(A,B,C)=\sum m(2,4,5,7)$

(2) $F(A,B,C)=(a+\bar{b})(\bar{b}+c)$

(3) $F(A,B,C,D)=(B\bar{C}+\bar{A}\bar{C}\bar{D}+A\bar{C}D+\bar{A}\bar{B}CD+A\bar{B}C\bar{D})$

(4) $F(A,B,C,D)=\sum m(0,2,3,5,6,7,8,9)+\sum d(10\sim15)$

16. 试用一片双四选一数据选择器 74LS153 和少量门实现一位全减器。

17. 试写出图 3.67 所示电路的输出函数的最小项之和表达式，图中 74LS139 为集成双 2 线—4 线译码器，74LS151 为八选一数据选择器。

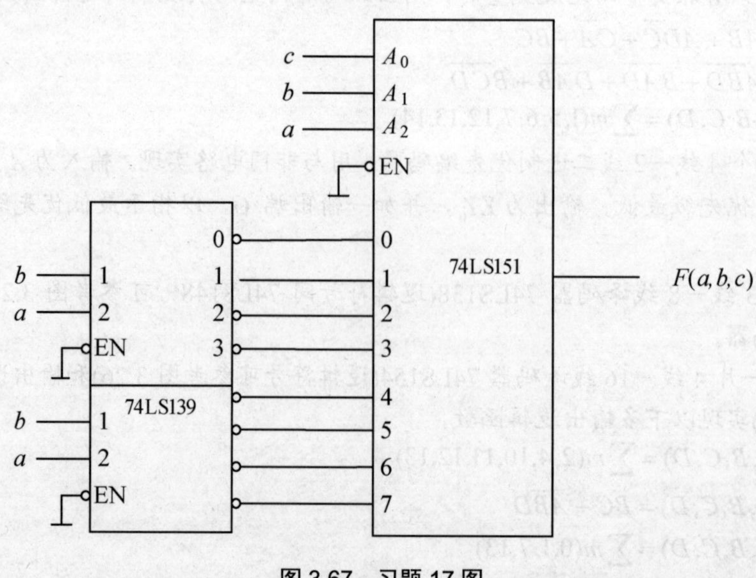


图 3.67　习题 17 图

18. 试用四位二进制加法器 74LS83 设计一个将余 3 码转换为 8421BCD 码的代码

转换器。

19. 试用两片四位二进制加法器 74LS83 和少量门设计一个 8421BCD 码减法器。

20. 试用一片四位比较器 74LS85 和少量门实现对两个五位二进制数进行比较的数值比较器。

21. 试用一片四位比较器 74LS85 构成一个数值范围指示器，其输入变量 $ABCD$ 为 8421BCD 码，用以表示一位十进制数 $X$。当 $X \geqslant 5$ 时，该指示器输出为 1；否则输出为 0。

22. 判断下列各逻辑函数是否存在静态逻辑冒险。若存在静态逻辑冒险，试用修改逻辑设计的方法消除之。

(1) $F=\overline{D}+\overline{A}\overline{C}+AC+A\overline{B}+\overline{A}\overline{B}D$

(2) $F=\overline{A}D+A\overline{B}+A\overline{C}\overline{D}$

(3) $F=\overline{A}\overline{B}+B\overline{C}D+A\overline{D}$

23. 试分析图 3.68 所示电路中，$A$、$B$、$C$、$D$ 中单独一个改变状态时是否存在竞争冒险现象？如果存在竞争冒险现象，那么发生在其他变量为何种取值的情况下？

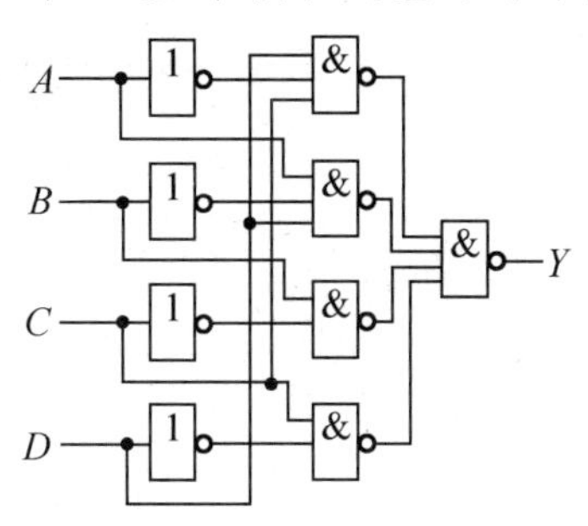


图 3.68 习题 23 图

# 第4章

# 触　发　器

【教学目标】

本章介绍各类触发器的逻辑分类、功能、工作原理、特点，以及不同类型触发器之间的相互转换方法。要求掌握触发器逻辑功能的描述方法，包含特性表、特性方程、状态图和时序图等；理解RS触发器、JK触发器、D触发器、T触发器和T′触发器各自的功能特点；掌握不同类型触发器之间的相互转换。

# 4.1 基本触发器

## 4.1.1 触发器的基本概述

在数字电路中，基本的工作信号是二进制数字信号和两状态逻辑信号。由于二进制数字信号只有 0、1 两个数字符号，两状态逻辑信号只有 0、1 两种逻辑值，为了将数字信号和运算结果保存下来，需要使用具有记忆功能的基本逻辑单元。能够存储一位二值信号的基本逻辑单元电路统称为触发器。

### 1．触发器的基本特点

触发器必须具备以下三个基本特点。

(1) 具有两个能自行保持稳定的状态，可以表示逻辑状态或二进制数的 0 和 1。

(2) 根据输入信号的不同，可以置成逻辑状态或二进制数的 0 和 1。

(3) 当输入信号消失以后，所置成的状态能够保持不变。

### 2．触发器的现态和次态

触发器接收输入信号之前的状态为现态，用 $Q^n$ 表示；触发器接收输入信号之后的状态为次态，用 $Q^{n+1}$ 表示。因此，现态和次态是触发器处于两个相邻离散时间里输出的稳定状态。

### 3．触发器的分类

触发器根据电路结构形式的不同，可以分为基本触发器、同步触发器、主从触发器、维持-阻塞触发器、边沿触发器等。这些不同电路结构的触发器在状态变化过程中具有不同的动作特点，掌握这些动作特点对于正确使用这些触发器十分必要。

触发器根据控制方式的不同(即触发器状态随输入信号变化规律的不同)，其逻辑功能也有所不同，可以分为 RS 触发器、JK 触发器、T 触发器、D 触发器等。

## 4.1.2 用与非门构成的基本 RS 触发器

### 1．电路组成及逻辑符号

1) 电路组成

图 4.1(a)所示是用两个与非门交叉连接起来构成的基本 RS 触发器。$\overline{R}$、$\overline{S}$ 是信号输入端，字母上面的反号表示低电平有效，即 $\overline{R}$、$\overline{S}$ 端为低电平时表示有信号，为高电平时表示无信号，这是一种约定。$Q$、$\overline{Q}$ 既表示触发器的状态，又是两个互补的信号输出端。

2) 逻辑符号

图 4.1(b)所示是与非门构成的基本 RS 触发器的逻辑符号，方框下面输入端处的小圆圈表示低电平有效，即只有当输入低电平时才表示有信号，否则就是无信号。方框上面的两个输

出端，一个无小圆圈，为 $Q$ 端；一个有小圆圈，为 $\overline{Q}$ 端。在正常情况下，二者是两个互补的信号输出端，即一个为高电平，另一个必然为低电平，反之亦然。

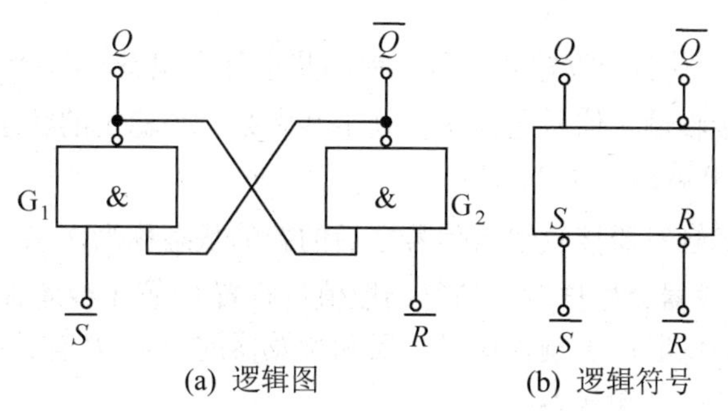


图 4.1 由与非门构成的基本 RS 触发器

### 2. 工作原理

1) 电路有两个稳定状态

电路无输入信号时，即 $\overline{R}=\overline{S}=1$，有两个稳定状态，即 0 状态和 1 状态。电路输出端 $Q$=0、$\overline{Q}$=1 时，电路为 0 状态；$Q$=1、$\overline{Q}$=0 时，电路为 1 状态。

(1) 0 状态。当触发器电路输出端 $Q$=0，$\overline{Q}$=1 时，由于 $Q$=0 送到与非门 $G_2$ 的输入端，使之截止，保证 $\overline{Q}$=1，而 $\overline{Q}$=1 和 $\overline{S}$=1 一起使与非门 $G_1$ 导通，维持 $Q$=0。因此，电路的这种状态可以自己保持，是稳定的状态。

(2) 1 状态。当触发器电路输出端 $Q$=1，$\overline{Q}$=0 时，由于 $\overline{Q}$=0 送到与非门 $G_1$ 的输入端，使之截止，保证 $Q$=1，而 $Q$=1 和 $\overline{R}$=1 一起使与非门 $G_2$ 导通，维持 $\overline{Q}$=0。因此，电路的这种状态可以自己保持，也是稳定的状态。

2) 接收输入信号过程

(1) $\overline{R}$=0、$\overline{S}$=1 时：由于 $\overline{R}$=0，不论原来 $Q$ 为 0 还是 1，与非门 $G_2$ 输出都为 1，即都有 $\overline{Q}$=1；再由 $\overline{S}$=1、$\overline{Q}$=1 可使与非门 $G_1$ 输出为 0，即使得 $Q$=0。因此，不论触发器原来处于 0 状态还是 1 状态，都将变成 0 状态，这种情况称将触发器置 0 或复位。$\overline{R}$ 端称为触发器的置 0 端或复位端。

(2) $\overline{R}$=1、$\overline{S}$=0 时：由于 $\overline{S}$=0，不论原来 $\overline{Q}$ 为 0 还是 1，与非门 $G_1$ 输出都为 1，即都有 $Q$=1；再由 $\overline{R}$=1、$Q$=1 可使与非门 $G_2$ 输出为 0，即使得 $\overline{Q}$=0。因此，不论触发器原来处于 0 状态还是 1 状态，都将变成 1 状态，这种情况称将触发器置 1 或置位。$\overline{S}$ 端称为触发器的置 1 端或置位端。

(3) $\overline{R}$=1、$\overline{S}$=1 时：由与非门 $G_1$、$G_2$ 的逻辑特性知道，触发器电路无输入信号时，触发器将保持原有状态不变，即原来的状态被触发器存储起来，这体现了触发器具有记忆能力。

(4) $\overline{R}$=0、$\overline{S}$=0 时：由与非门 $G_1$、$G_2$ 的逻辑功能容易得出 $Q=\overline{Q}$=1，这不符合触发器的逻辑约定。并且在两输入端的 0 信号同时撤除后，由于与非门 $G_1$、$G_2$ 对信号的延迟时间不可能完全相等，将不能确定触发器下一个状态会处于 1 状态还是 0 状态，因此触发器不允许出现这种情况，这就是基本 RS 触发器的约束条件。

3. 现态、次态、特性表、特性方程和状态图

1)　现态和次态

(1)　现态$Q^n$。把触发器接收输入信号之前的状态称为现态，用$Q^n$和$\overline{Q}^n$表示。触发器有两个稳定的状态，在接收输入信号之前总会处于其中某一个稳定的状态，不是 0 状态就是 1 状态，即$Q^n$不是等于 0 就是等于 1。

(2)　次态$Q^{n+1}$。把触发器接收输入信号之后的新的状态称为次态，用$Q^{n+1}$和$\overline{Q}^{n+1}$表示。当输入信号到来时，触发器会根据输入信号的取值进行置 0、置 1 或者保持原来的状态(现态)，因此次态$Q^{n+1}$的取值不仅取决于输入信号，还和触发器的现态$Q^n$有关。

2)　特性表、特性方程和状态图

(1)　特性表。反映触发器次态$Q^{n+1}$与现态$Q^n$和输入信号$\overline{R}$、$\overline{S}$之间对应关系的表格称为特性表。根据触发器电路的工作原理，可以容易列出基本 RS 触发器的特性表，如表 4.1 所示。

表 4.1　由与非门构成的基本 RS 触发器的特性表

| $\overline{R}$　$\overline{S}$　$Q^n$ | $Q^{n+1}$ | 功　能 |
|---|---|---|
| 0　0　0 | 不用 | 不允许 |
| 0　0　1 | 不用 | |
| 0　1　0 | 0 | $Q^{n+1}=0$ |
| 0　1　1 | 0 | 置 0 |
| 1　0　0 | 1 | $Q^{n+1}=1$ |
| 1　0　1 | 1 | 置 1 |
| 1　1　0 | 0 | $Q^{n+1}=Q^n$ |
| 1　1　1 | 1 | 保持 |

由表 4.1 可知：当$\overline{R}=\overline{S}=1$时，触发器保持原来状态不变，即$Q^{n+1}=Q^n$；当$\overline{R}=1$、$\overline{S}=0$时，触发器置 1，即$Q^{n+1}=1$；当$\overline{R}=0$、$\overline{S}=1$时，触发器置 0，即$Q^{n+1}=0$；而$\overline{R}=\overline{S}=0$是禁止使用的。

(2)　特性方程。由表 4.1 可知：①次态$Q^{n+1}$的值不仅和$\overline{R}$、$\overline{S}$有关，而且还取决于现态$Q^n$。也就是说，$Q^n$和$\overline{R}$、$\overline{S}$一样，也是决定$Q^{n+1}$取值的一个逻辑变量。②在$Q^n$、$\overline{R}$、$\overline{S}$三个变量的八种可能取值中，011 和 111 两种取值不会出现，即有两个约束项。由表 4.1 可转换成对应的卡诺图如图 4.2 所示。

由图 4.2 可得到$Q^{n+1}$的逻辑表达式为

$$\begin{cases} Q^{n+1}=\overline{(\overline{S})}+\overline{R}Q^n=S+\overline{R}Q^n \\ \overline{R}+\overline{S}=1 \qquad \text{约束条件} \end{cases} \tag{4.1}$$

| $Q^n$ \ $\overline{R}\overline{S}$ | 00 | 01 | 11 | 10 |
|---|---|---|---|---|
| 0 | × | 0 | 0 | 1 |
| 1 | × | 0 | 1 | 1 |

图 4.2 基本 RS 触发器 $Q^{n+1}$ 的卡诺图

式(4.1)全面描述了基本 RS 触发器次态 $Q^{n+1}$ 与现态 $Q^n$ 和输入信号 $\overline{R}$、$\overline{S}$ 之间的逻辑关系，称为特性方程。根据特性方程，在遵守约束条件 $\overline{R}+\overline{S}=1$ 的前提下，可以根据 $Q^n$ 和 $\overline{R}$、$\overline{S}$ 的取值方便地计算出 $Q^{n+1}$ 的逻辑值。

(3) 状态图。描述触发器在一定输入信号的条件(转换条件)下状态的变化情况(转换关系)的图形称为状态图。根据表 4.1，容易得到基本 RS 触发器的状态图如图 4.3 所示。

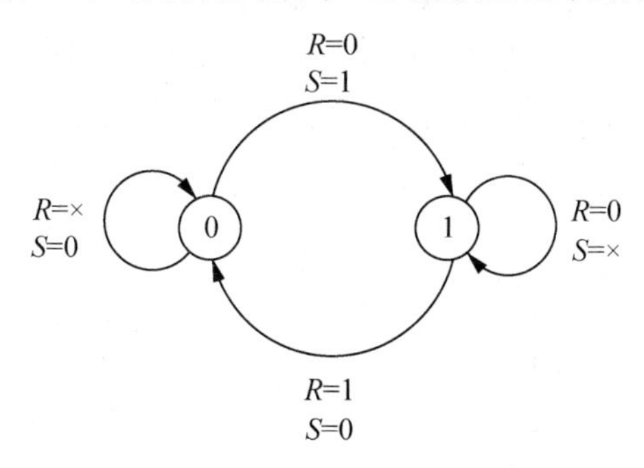


图 4.3　基本 RS 触发器的状态图

由状态图可知：

① 当触发器处在 0 状态，即 $Q^n=0$ 时，若输入信号 $\overline{R}\ \overline{S}=01$ 或 11，触发器仍为 0 状态；若 $\overline{R}\ \overline{S}=10$，触发器就会翻转成为 1 状态。

② 当触发器处在 1 状态，即 $Q^n=1$ 时，若输入信号 $\overline{R}\ \overline{S}=10$ 或 11，触发器仍为 1 状态；若 $\overline{R}\ \overline{S}=01$，触发器就会翻转成为 0 状态。

**【例 4.1】**用与非门组成的基本 RS 触发器如图 4.1(a)所示，已知输入 $\overline{R}$、$\overline{S}$ 的波形图如图 4.4 所示，画出输出 $Q$、$\overline{Q}$ 的波形图。

**解：**$Q$、$\overline{Q}$ 的波形如图 4.4 所示。

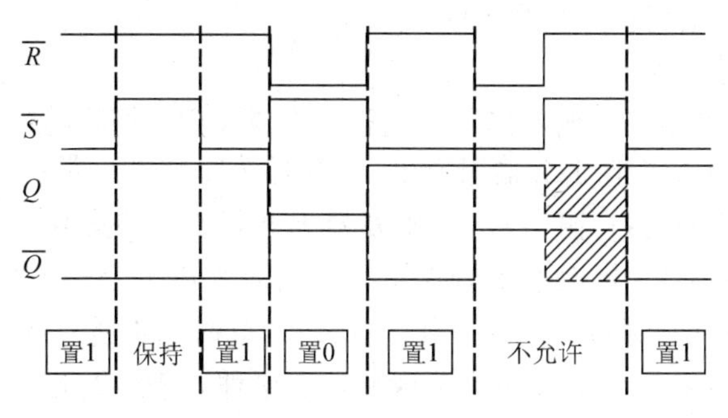


图 4.4　例 4.1 的波形图

### 4.1.3 用或非门构成的基本 RS 触发器

#### 1. 电路组成及逻辑符号

1) 电路组成

图 4.5(a)所示是用两个或非门交叉连接起来构成的基本 RS 触发器，与图 4.1(a)所示电路相比较，*R*、*S* 的几何位置发生了互换，并且反变量都变成了原变量。*R*、*S* 是信号输入端，字母上面无非号表示高电平有效，即 *R*、*S* 端为高电平时表示有信号，为低电平时表示无信号，这是一种约定。同样的，$Q$、$\overline{Q}$ 既表示触发器的状态，又是两个互补的信号输出端。

2) 逻辑符号

图 4.5(b)所示是或非门构成的基本 RS 触发器的逻辑符号，与图 4.1(b)所示逻辑符号相比较，*R*、*S* 输入端无小圆圈，表示高电平有效，即 *R*、*S* 输入端只有输入高电平时才表示有信号，否则就是无信号；方框上面的 $Q$、$\overline{Q}$ 两个输出端的定义是相同的。

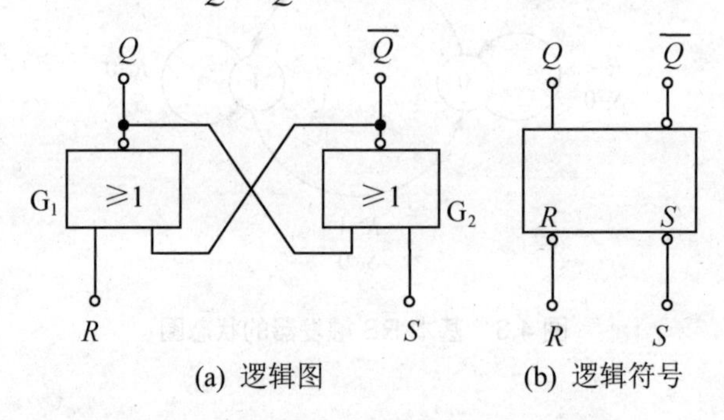


图 4.5 用或非门构成的基本 RS 触发器

#### 2. 工作原理

1) 电路有两个稳定状态

对于图 4.5(a)所示电路，由于交叉耦合的结构，当 *R*=*S*=0 时，无论电路是 0 状态还是 1 状态，输入端 *R*=0 与 $\overline{Q}$ 通过或非门 $G_1$ 的结果取决于 $\overline{Q}$，即或非门 $G_1$ 输出为 $Q$，维持了 $Q$ 不变；同样，*S*=0 与 $Q$ 通过或非门 $G_2$ 的结果取决于 $Q$，即或非门 $G_2$ 输出为 $\overline{Q}$，维持了 $\overline{Q}$ 不变。因此当无输入信号时，电路状态是稳定的。

2) 接收输入信号过程

参考图 4.1(a)所示电路接收输入信号的过程，由或非门的逻辑特性可知：①当 *R*=0、*S*=1 时，或非门 $G_2$ 输出为 0，或非门 $G_1$ 输出为 1，触发器为 1 状态，即置 1；②当 *R*=1、*S*=0 时，或非门 $G_1$ 输出为 0，或非门 $G_2$ 输出为 1，触发器为 0 状态，即置 0；③当 *R*=0、*S*=0 时，或非门 $G_1$、$G_2$ 输出保持不变，即触发器为保持状态；④当 *R*=1、*S*=1 时，或非门 $G_1$、$G_2$ 输出同时为 0，这种状态不符合逻辑约定。并且，当 R、S 同时由 1 跳变成 0 时，因为或非门 $G_1$、$G_2$ 对信号的延迟不可能相同，会发生竞争现象，而这种竞争结果无法确定；当 *R*、*S* 分时由 1 跳变成 0 时，触发器的状态取决于迟跳变者，若 *R* 先跳变则触发器将变成 1 状态，反之，触发器将变成0状态，因此这种情况是不允许的。

### 3. 特性表和特性方程

1)　特性表

根据工作原理分析，可列出如表4.2所示的特性表。

表4.2　由或非门构成的基本RS触发器的特性表

| $R$ | $S$ | $Q^n$ | $Q^{n+1}$ | 功能 |
|---|---|---|---|---|
| 0 | 0 | 0 | 0 | 保持原状态 |
| 0 | 0 | 1 | 1 | $Q^{n+1}=Q^n$ |
| 0 | 1 | 0 | 1 | 置1(置位) |
| 0 | 1 | 1 | 1 | $Q^{n+1}=1$ |
| 1 | 0 | 0 | 0 | 置0(复位) |
| 1 | 0 | 1 | 0 | $Q^{n+1}=0$ |
| 1 | 1 | 0 | × | 不允许 |
| 1 | 1 | 1 | × | |

2)　特性方程

由表4.2与表4.1比较可知，$R$、$S$是原变量，而$\overline{R}$、$\overline{S}$是反变量，当$R$=$S$=0时即$\overline{R}=\overline{S}=1$，当$R$=0、$S$=1时即$\overline{R}=1$、$\overline{S}=0$，当$R$=1、$S$=0时即$\overline{R}=0$、$\overline{S}=1$，当$R$=$S$=1时即$\overline{R}=\overline{S}=0$。因此，两个特性表是等价的，特性方程式可以由式(4.1)表示，也可表示为式(4.2)。

$$\begin{cases} Q^{n+1}=(\overline{\overline{S}})+\overline{R}Q^n=S+\overline{R}Q^n \\ RS=0 \qquad \text{约束条件} \end{cases} \tag{4.2}$$

### 4. 基本RS触发器的主要特点

无论是由与非门还是或非门构成的基本RS触发器，其优、缺点并无区别。

1)　主要优点

电路结构简单，只要把两个与非门或者或非门交叉连接起来即可，这是触发器的基本电路结构形式。电路具有两个稳定状态，在无外来触发信号作用时，电路将保持原状态不变。在外加触发信号有效时，电路可以触发翻转，实现置0或置1。

2)　存在问题

(1)　触发器状态由输入信号电平直接控制，即在输入信号存在期间，其电平直接控制触发器输出端的状态。这不仅给触发器的使用带来不便，而且容易因输入信号受到干扰的影响而使电路输出状态发生改变。

(2)　输入$R$、$S$受约束条件的限制，会给基本RS触发器的使用带来不便。

## 4.2　同步触发器

在实际应用中，触发器的工作状态不仅要由$R$、$S$端的信号来决定，而且还希望触发器按一定的节拍翻转。为此，可给触发器加一个时钟控制端CP，只有在CP端上出现时钟脉冲时，触发器的状态才能变化。在时钟脉冲的控制下，触发器状态的改变可以与时钟脉冲同步，所以称为同步触发器。

## 4.2.1 同步 RS 触发器

### 1. 电路组成、逻辑符号和工作原理

1) 电路组成

图 4.6(a)所示是同步 RS 触发器的逻辑图。与非门 $G_1$、$G_2$ 构成基本触发器，与非门 $G_3$、$G_4$ 是控制门，输入信号 $R$、$S$ 通过控制门进行传输，CP 称为时钟脉冲，是输入控制信号。

2) 逻辑符号

图 4.6(b)所示是同步 RS 触发器的曾用符号，过去大多数书刊都用过这种符号；图 4.6(c)所示是国家规定的标准符号，目前大多使用这种符号。

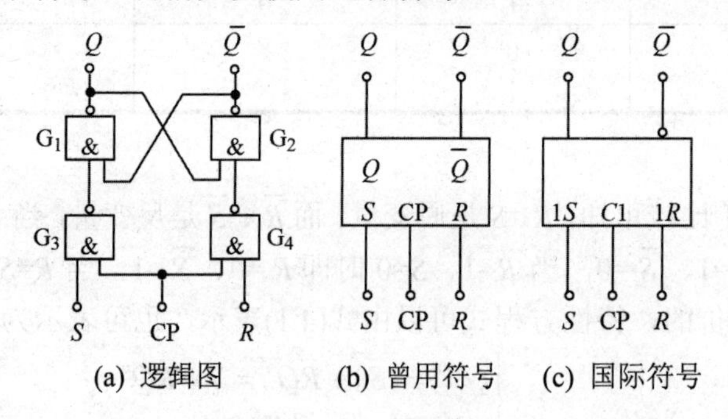


(a) 逻辑图　(b) 曾用符号　(c) 国际符号

图 4.6　同步 RS 触发器

3) 工作原理

当 CP=0 时，控制门 $G_3$、$G_4$ 关闭，且都输出 1。这时，不管 $R$ 端和 $S$ 端的信号如何变化，因与非门 $G_1$、$G_2$ 的输入都为 1，触发器的状态保持不变。

当 CP=1 时，$G_3$、$G_4$ 打开，$R$、$S$ 端的输入信号才能通过这两个门，使基本 RS 触发器的状态翻转，其输出状态由 $R$、$S$ 端的输入信号决定，而且接收信号过程与图 4.1(a)所示电路一样。

### 2. 特性表、特性方程、状态图和波形图

1) 特性表

由同步 RS 触发器的工作原理可列出其特性表如表 4.3 所示，由表可以看出，同步 RS 触发器的状态转换分别由 $R$、$S$ 和 CP 控制，其中，$R$、$S$ 控制状态转换的方向，即决定转换的次态；CP 控制状态转换的时刻，即何时发生转换。

表 4.3　同步 RS 触发器的特性表

| CP | $R$ | $S$ | $Q^n$ | $Q^{n+1}$ | 功　能 |
|---|---|---|---|---|---|
| 0 | × | × | × | $Q^n$ | $Q^{n+1}=Q^n$ 保持 |
| 1 | 0 | 0 | 0 | 0 | $Q^{n+1}=Q^n$ 保持 |
| 1 | 0 | 0 | 1 | 1 | |

续表

| CP | $R$ | $S$ | $Q^n$ | $Q^{n+1}$ | 功 能 |
|---|---|---|---|---|---|
| 1 | 0 | 1 | 0 | 1 | $Q^{n+1}=1$ 置 1 |
| 1 | 0 | 1 | 1 | 1 | |
| 1 | 1 | 0 | 0 | 0 | $Q^{n+1}=0$ 置 0 |
| 1 | 1 | 0 | 1 | 0 | |
| 1 | 1 | 1 | 0 | 不用 | 不允许 |
| 1 | 1 | 1 | 1 | 不用 | |

2) 特性方程

根据表 4.3 可得同步 RS 触发器的特性方程为

$$\begin{cases} Q^{n+1}=S+\overline{R}Q^n \\ RS=0 \quad \text{约束条件} \end{cases} \qquad \text{CP=1 期间有效} \qquad (4.3)$$

3) 状态图

由同步 RS 触发器的特性表和特性方程可知，其状态图与图 4.3 一样，但只在 CP=1 期间有效。

4) 波形图

同步 RS 触发器的功能也可以用输入输出波形图直观地表示出来，图 4.7 所示为同步 RS 触发器的波形图。

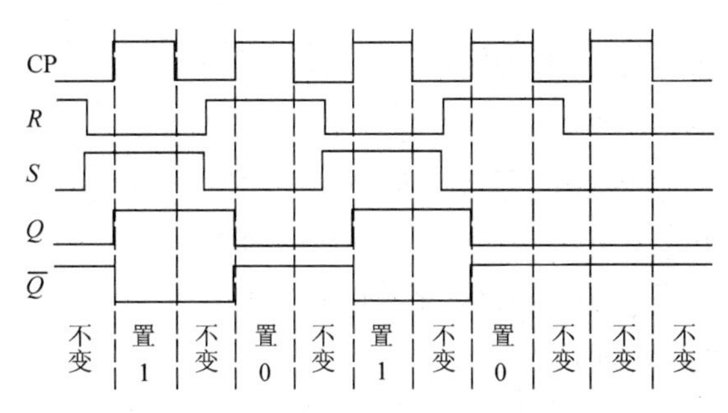


图 4.7 同步 RS 触发器的波形图

## 4.2.2 同步 JK 触发器

### 1. 电路组成、逻辑符号和工作原理

1) 电路组成

图 4.8(a)所示是同步 JK 触发器的逻辑图。与非门 $G_1$、$G_2$ 构成基本触发器，与非门 $G_3$、$G_4$ 是控制门。输入信号 $J$、$K$，以及电路输出反馈到输入端的 $Q$、$\overline{Q}$，通过控制门进行传输，CP 称为时钟脉冲，是输入控制信号。

2) 逻辑符号

图 4.8(b)所示是同步 JK 触发器的曾用符号，过去大多数书刊都用过这种符号；图 4.8(c)所示是国家规定的标准符号，目前大多使用这种符号。

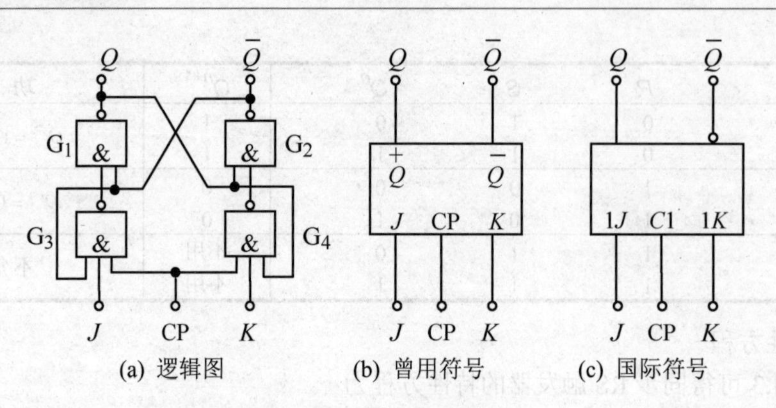


图 4.8 同步 JK 触发器

3) 工作原理

当 CP=0 时，控制门 $G_3$、$G_4$ 关闭，且都输出 1，这时不管 $J$ 端和 $K$ 端的输入信号如何变化以及反馈到输入端的 $Q$、$\overline{Q}$ 处于什么逻辑状态，因与非门 $G_1$、$G_2$ 的输入都为 1，触发器的状态保持不变。

当 CP=1 时，控制门 $G_3$、$G_4$ 处于开启状态可以接收输入信号。此时，$J$ 和 $\overline{Q}$ 是与非门 $G_3$ 的输入，$K$ 和 $Q$ 是与非门 $G_4$ 的输入。根据 $J$、$K$ 输入信号以及 $Q$、$\overline{Q}$ 的不同，有以下四种情况。

(1) $J=K=0$ 时：控制门 $G_3$、$G_4$ 关闭，且都输出 1，由与非门 $G_1$、$G_2$ 的电路连接容易得出，输出 $Q$、$\overline{Q}$ 的状态保持不变。

(2) $J=0$、$K=1$ 时：由于 $J=0$，控制门 $G_3$ 关闭且输出为 1；由于 $K=1$，不论原来 $Q$ 为 0 还是 1，与非门 $G_4$ 都输出 $\overline{Q}$，即都有与非门 $G_2$ 输出为 1，即 $\overline{Q}=1$；再由控制门 $G_3$ 输出为 1 可得与非门 $G_1$ 输出为 0，即 $Q=0$。因此，不论触发器原来处于 0 状态还是 1 状态，都将变成 0 状态，这种情况称将触发器置 0。

(3) $J=1$、$K=0$ 时：由于 $K=0$，控制门 $G_4$ 关闭且输出为 1；由于 $J=1$，不论原来 $\overline{Q}$ 为 0 还是 1，与非门 $G_3$ 都输出 $Q$，即都有与非门 $G_1$ 输出为 1，即 $Q=1$；再由控制门 $G_4$ 输出为 1 可得与非门 $G_2$ 输出为 0，即 $\overline{Q}=0$。因此，不论触发器原来处于 0 状态还是 1 状态，都将变成 0 状态，这种情况称将触发器置 1。

(4) $J=1$、$K=1$ 时：可以假设 $Q=0$、$\overline{Q}=1$，由电路逻辑关系容易分析出与非门 $G_1$、$G_2$ 的输出分别为 1 和 0；若假设 $Q=1$、$\overline{Q}=0$，亦容易分析出与非门 $G_1$、$G_2$ 的输出分别为 0 和 1。即不管电路原来处于什么状态，电路都会发生翻转。

2. 特性表、特性方程、状态图和波形图

1) 特性表

由同步 JK 触发器的工作原理可列出其特性表如表 4.4 所示。由表可以看出，同步 JK 触发器的状态转换分别由 $J$、$K$ 和 CP 控制，其中，$J$、$K$ 控制状态转换的方向，即决定转换的次态；CP 控制状态转换的时刻，即何时发生转换。

表 4.4 同步 JK 触发器的特性表

| CP | $J$ | $K$ | $Q^n$ | $Q^{n+1}$ | 功 能 |
|---|---|---|---|---|---|
| 0 | × | × | × | $Q^n$ | $Q^{n+1}=Q^n$ 保持 |
| 1 | 0 | 0 | 0 | 0 | $Q^{n+1}=Q^n$ 保持 |
| 1 | 0 | 0 | 1 | 1 | |
| 1 | 0 | 1 | 0 | 0 | $Q^{n+1}=0$ 置 0 |
| 1 | 0 | 1 | 1 | 0 | |
| 1 | 1 | 0 | 0 | 1 | $Q^{n+1}=1$ 置 1 |
| 1 | 1 | 0 | 1 | 1 | |
| 1 | 1 | 1 | 0 | 1 | $Q^{n+1}=\bar{Q}^n$ 翻转 |
| 1 | 1 | 1 | 1 | 0 | |

2) 特性方程

比较图 4.8(a)和图 4.6(a)可知，将 $S=J\bar{Q}^n$、$R=KQ^n$ 代入同步 RS 触发器的特性方程，即可得同步 JK 触发器的特性方程为

$$
\begin{aligned}
Q^{n+1} &= S+\bar{R}Q^n = J\bar{Q}^n+\overline{KQ^n}Q^n \\
&= J\bar{Q}^n+\bar{K}Q^n
\end{aligned}
\qquad \text{CP=1 期间有效} \qquad (4.4)
$$

由同步 JK 触发器的特性方程，将 $JK$ 分别取 00、01、10、11 时代入计算次态 $Q^{n+1}$ 的值，也可以得出其特性表如表 4.4 所示。

3) 状态图

由同步 JK 触发器的特性表和特性方程可知，其状态图如图 4.9 所示，且只在 CP=1 期间有效。

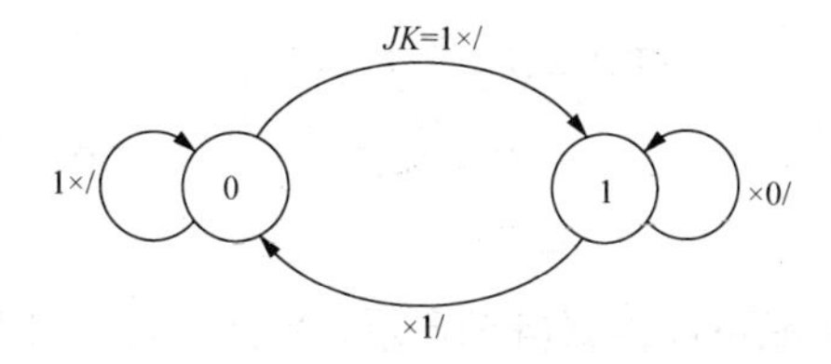


图 4.9 同步 JK 触发器的状态图

4) 波形图

同步 JK 触发器的功能也可以用输入输出波形图直观地表示出来，图 4.10 所示为同步 JK 触发器的波形图。

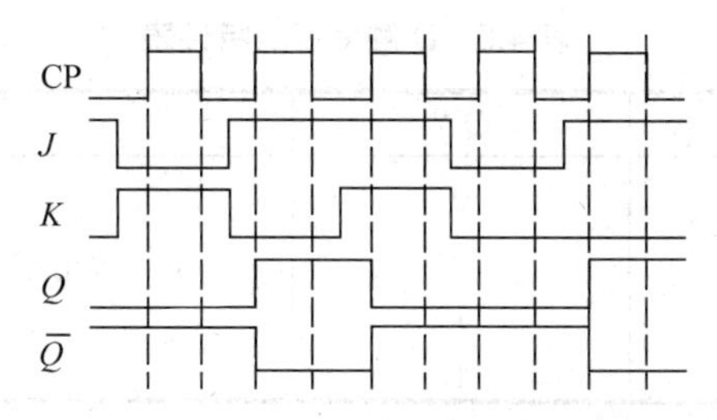


图 4.10 同步 JK 触发器的波形图

## 4.2.3 同步 D 触发器

### 1. 电路组成、逻辑符号和工作原理

1) 电路组成和逻辑符号

图 4.11 所示是同步 D 触发器的电路图。由图 4.11(a)可知，同步 D 触发器是在同步 RS 触发器的基础上改进的，即把加在 $S$ 端的 $D$ 信号通过反相器送到 $R$ 端就构成了同步 D 触发器。图 4.11(b)所示是同步 D 触发器的简化电路，图 4.11(c)所示是其逻辑符号。

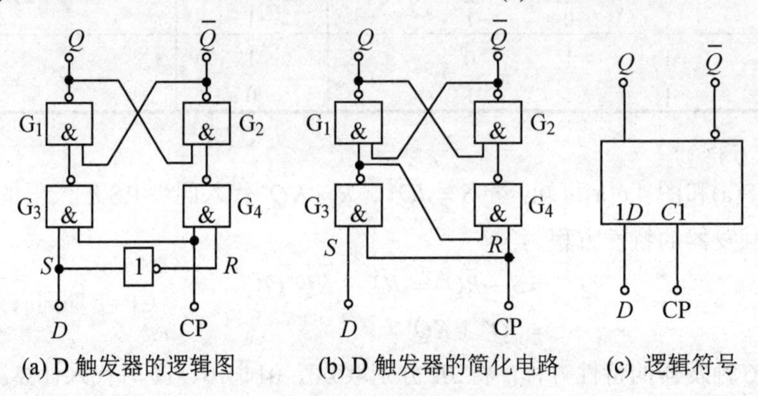


图 4.11 同步 D 触发器

2) 工作原理

由图 4.11(a)可知，将 $S=D$ 和 $R=\overline{D}$ 代入同步 RS 触发器的特性方程，即可得到同步 D 触发器的特性方程为

$$\begin{aligned} Q^{n+1} &= S+\overline{R}Q^n \\ &= D+\overline{\overline{D}}Q^n \qquad \text{CP=1 期间有效} \\ &= D \end{aligned} \tag{4.5}$$

同步 D 触发器的逻辑功能可以由式(4.5)表示，显然，同步 D 触发器消除了有输入约束条件的限制。

3) 特性表

由同步 D 触发器的特性方程，容易计算出其对应的特性表如表 4.5 所示，条件是 CP=1 期间有效。

表 4.5 D 触发器的特性表

| $D$ | $Q^n$ | $Q^{n+1}$ | 功 能 |
|---|---|---|---|
| 0 | 0 | 0 | 输出状态与 $D$ 输入状态相同 |
| 0 | 1 | 0 | |
| 1 | 0 | 1 | |
| 1 | 1 | 1 | |

4) 简化电路

如果把与非门 $G_3$ 的输出同时送到 $R$ 端，即将 $R$ 与 $G_3$ 的输出连接起来，便可得到如图 4.11(b)所示的同步 D 触发器的简化电路。

在图 4.11(b)所示电路中，当 CP=1 时，与非门 $G_3$ 的输出为

$$\overline{S\cdot \mathrm{CP}}=\overline{S\cdot 1}=\overline{S}=R$$

因为

$$S=D$$

所以

$$R=\overline{D}$$

代入同步 RS 触发器的特性方程，同样可以得到式(4.5)。

5) 状态图

由同步 D 触发器的特性方程可知，其状态图如图 4.12 所示，且只在 CP=1 期间有效。

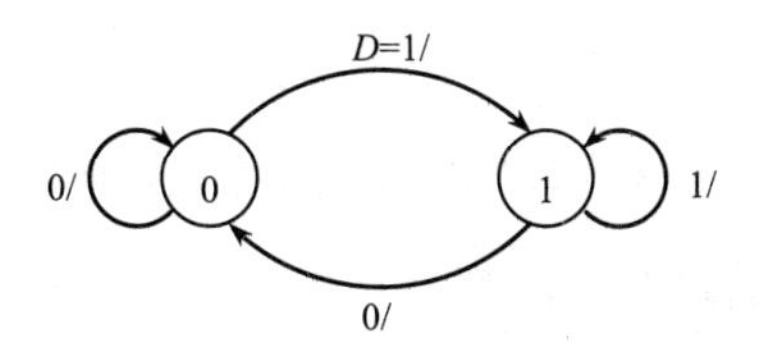


图 4.12 同步 D 触发器的状态图

6) 波形图

同步 D 触发器的功能也可以用输入输出波形图直观地表示出来，图 4.13 所示为同步 D 触发器的波形图。

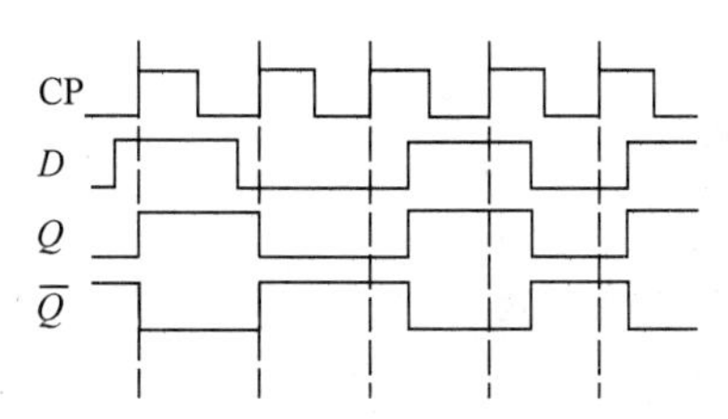


图 4.13 同步 D 触发器的波形图

### 2. 主要特点

1) 时钟电平控制，无约束问题

同步 D 触发器的时钟电平控制和同步 JK 触发器没有什么区别。在 CP=1 期间，若 $D$=1，则 $Q^{n+1}$=1；若 $D$=0，则 $Q^{n+1}$=0，即根据输入信号 $D$ 取值不同，触发器既可以置 1，也可以置 0。同时，通过改进也消除了对输入信号约束条件的限制。

2) CP=1 时跟随，下降沿到来时锁存

在 CP=1 期间，因为 $Q^{n+1}=D$，输出端 $Q$ 的状态跟随 $D$ 变化，只有当 CP 脉冲下降沿到来时才锁存，锁存的内容是 CP 下降沿瞬间 $D$ 的值。

## 4.2.4 同步触发器存在的问题——空翻

在一个时钟周期的整个高电平期间或整个低电平期间都能接收输入信号并改变状态的

触发方式称为电平触发。由此引起的在一个时钟周期中，触发器发生多次翻转的现象称为空翻。空翻是一种有害的现象，它使得时序电路不能按时钟节拍工作，造成系统的误动作。

造成空翻现象的原因是同步触发器结构的不完善，同步 RS 触发器的空翻波形如图 4.14 所示，在 CP=1 期间，输入信号 $R$、$S$ 发生改变，会造成触发器发生多次翻转的现象。

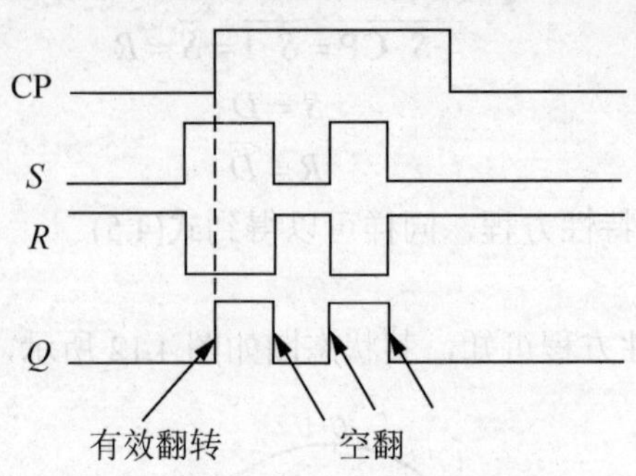


图 4.14 同步 RS 触发器的空翻波形

下面将讨论的几种无空翻的触发器，都是从结构上采取措施，从而克服了空翻现象。

# 4.3 主从触发器

为了提高触发器工作的可靠性，希望在每个时钟周期里输出端的状态只改变一次。为此，在同步触发器的基础上又设计了主从结构的触发器。

## 4.3.1 主从 RS 触发器

### 1. 电路组成、逻辑符号和工作原理

1) 电路组成

主从 RS 触发器由两个相同的同步 RS 触发器按照主从结构连接起来构成，但它们的时钟信号相位相反，如图 4.15(a)所示。其中由与非门 $G_1$ ～ $G_4$ 组成的同步 RS 触发器称为从触发器，由与非门 $G_5$ ～ $G_8$ 组成的同步 RS 触发器称为主触发器。

2) 逻辑符号

图 4.15(b)所示是主从 RS 触发器的曾用符号，图 4.15(c)所示是国标符号，其中 CP 输入端的小圆圈表示输出状态的改变由时钟的下降沿触发；符号中的“¬”表示“延迟输出”，即 CP 从 1 返回 0 以后输出状态才改变。

3) 工作原理

主从触发器的触发翻转分为两个节拍。

(1) 当 CP=1 时，$\overline{CP}=0$，从触发器控制门 $G_3$、$G_4$ 封锁，保持原状态不变。这时，与非门 $G_7$、$G_8$ 开启，主触发器工作，接收 $R$、$S$ 端的输入信号，有

$$\begin{cases} Q_m^{n+1} = S + \bar{R}Q_m^n \\ RS = 0 \end{cases} \tag{4.6}$$

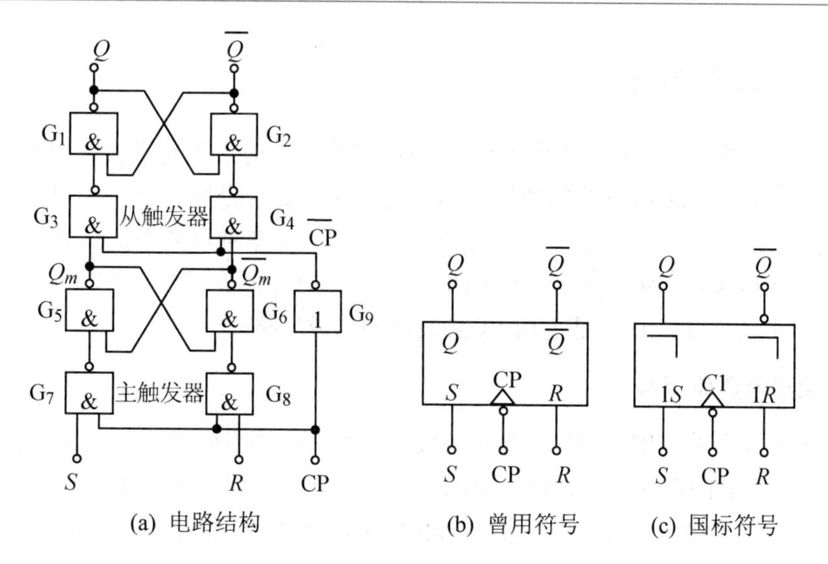


(a) 电路结构　　(b) 曾用符号　　(c) 国标符号

图 4.15　主从 RS 触发器

(2) 当 CP 由 1 跃变到 0 时(CP 下降沿到来时)，即 CP=0、$\overline{\mathrm{CP}}$=1，主触发器控制门 $G_7$、$G_8$ 封锁，在 CP=1 期间接收的内容被存储起来。同时，由于 $\overline{\mathrm{CP}}$=1，从触发器控制门 $G_3$、$G_4$ 开启，主触发器将其接收的内容送入从触发器，输出端随之改变状态。

在 CP=0 期间，由于主触发器保持状态不变，因此受其控制的从触发器的状态也不变，即 $Q$ 和 $\overline{Q}$ 保持状态不变。

### 2. 特性方程、特性表

1) 特性方程

由主从 RS 触发器的工作原理可知，其输入 $R$、$S$ 信号与输出状态 $Q$ 和 $\overline{Q}$ 之间的逻辑关系仍然描述为式(4.2)，而输出状态发生改变则是由 CP 下降沿触发，因此其特性方程为

$$\begin{cases} Q^{n+1} = S + \bar{R}Q^n \\ RS = 0 \end{cases} \quad \text{CP 下降沿到来时有效} \tag{4.7}$$

2) 特性表

主从 RS 触发器的特性表，即输入 $R$、$S$ 信号与输出状态 $Q$ 和 $\overline{Q}$ 之间的逻辑关系如表 4.3 所示，只是输出状态改变的条件变成了 CP 下降沿有效。

### 3. 电路特点

由上述分析可知，主从 RS 触发器采用主从控制结构，输出状态的翻转是在 CP 由 1 变 0 时刻(CP 下降沿)发生的，主触发器在 CP=1 期间接收输入信号，CP 一旦变为 0 后，触发器被封锁，其状态不再受 $R$、$S$ 影响，故主从触发器对输入信号的敏感时间大大缩短，只在 CP 由 1 变 0 的时刻触发翻转，这样从根本上解决了输入信号直接控制输出状态的问题，因此不会有空翻现象。但其仍然存在着约束问题，即在 CP=1 期间，输入信号 $R$ 和 $S$ 不能同时为 1。

## 4.3.2 主从 JK 触发器

RS 触发器的特性方程中有一约束条件 $SR=0$，即在工作时，不允许输入信号 $R$、$S$ 同时为 1。这一约束条件给 RS 触发器的使用带来不便。而触发器的两个输出端 $Q$、$\overline{Q}$ 在正常工作时是互补的，即一个为 1，则另一个一定为 0，因此，如果把这两个信号通过两根反馈线分别引到与非门 $G_7$、$G_8$ 的输入端，则在任意时刻，$G_7$、$G_8$ 中一定有一个门被封锁，这时就不怕输入信号同时为 1 了。这就是主从 JK 触发器的构成思路。

### 1. 电路组成及逻辑符号

在主从 RS 触发器的基础上增加两根反馈线，一根从 $Q$ 端引到与非门 $G_8$ 的输入端，一根从 $\overline{Q}$ 端引到与非门 $G_7$ 的输入端，并把原来的 $S$ 端改为 $J$ 端，把原来的 $R$ 端改为 $K$ 端，就构成了主从 JK 触发器，如图 4.16(a)所示。图 4.16(b)所示是主从 JK 触发器的曾用符号，图 4.16(c)所示是国标符号。

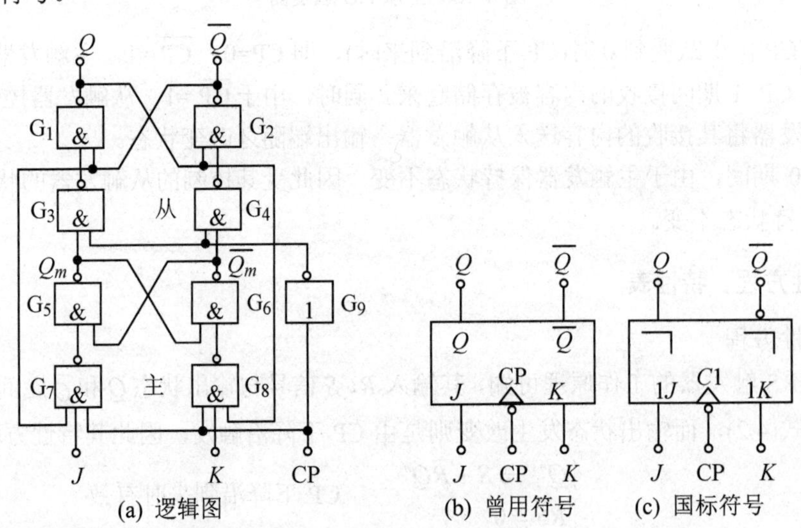


图 4.16 主从 JK 触发器

### 2. 逻辑功能

根据主从 JK 触发器的电路结构，将 $S=J\overline{Q}^n$、$R=KQ^n$ 代入主从 RS 触发器的特性方程，即可得到主从 JK 触发器的特性方程为

$$\begin{aligned} Q^{n+1} &= S+\overline{R}Q^n \\ &= J\overline{Q}^n+\overline{KQ^n}Q^n \qquad \text{CP 下降沿到来时有效} \qquad (4.8) \\ &= J\overline{Q}^n+\overline{K}Q^n \end{aligned}$$

由式(4.8)可知主从 JK 触发器的特性表如表 4.6 所示。

表 4.6 主从 JK 触发器的特性表

| $J$ | $K$ | $Q^n$ | $Q^{n+1}$ | 功 能 | |
|---|---|---|---|---|---|
| 0 | 0 | 0 | 0 | $Q^{n+1}=Q^n$ | 保持 |
| 0 | 0 | 1 | 1 | | |
| 0 | 1 | 0 | 0 | $Q^{n+1}=0$ | 置 0 |
| 0 | 1 | 1 | 0 | | |
| 1 | 0 | 0 | 1 | $Q^{n+1}=1$ | 置 1 |
| 1 | 0 | 1 | 1 | | |
| 1 | 1 | 0 | 1 | $Q^{n+1}=\bar{Q}^n$ | 翻转 |
| 1 | 1 | 1 | 0 | | |

**【例 4.2】** 设主从 JK 触发器的初始状态为 0，已知输入 $J$、$K$ 的波形图如图 4.17 所示，画出输出 $Q$ 的波形图。

**解：** 波形图如图 4.17 所示。

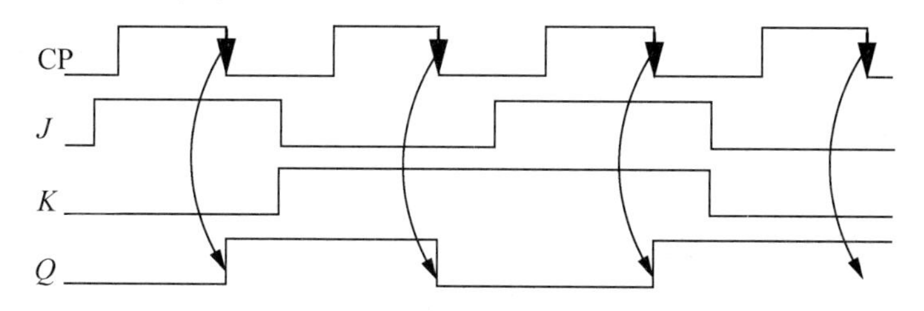


图 4.17 例 4.2 的波形图

在画主从触发器的波形图时，应注意以下两点。

(1) 触发器的触发翻转发生在时钟脉冲的触发沿(这里是下降沿)。

(2) 在 CP=1 期间，如果输入信号的状态没有改变，判断触发器次态的依据是时钟脉冲下降沿前一瞬间输入端的状态。

### 3. 主从 JK 触发器存在的问题——一次变化现象

主从 JK 触发器虽然消除了主从 RS 触发器的约束条件，也不存在空翻问题，但存在一次变化现象。

**【例 4.3】** 假设主从 JK 触发器的初始状态为 0，已知输入 $J$、$K$ 的波形图如图 4.18 所示，画出输出 $Q$ 的波形图。

**解：** 波形图如图 4.18 所示。

由此看出，主从 JK 触发器在 CP=1 期间，主触发器只变化(翻转)一次，这种现象称为一次变化现象。一次变化现象也是一种有害的现象，如果在 CP=1 期间，输入端出现干扰信号，就可能造成触发器的误动作。为了避免发生一次变化现象，在使用主从 JK 触发器时，要保证在 CP=1 期间，$J$、$K$ 输入保持状态不变。

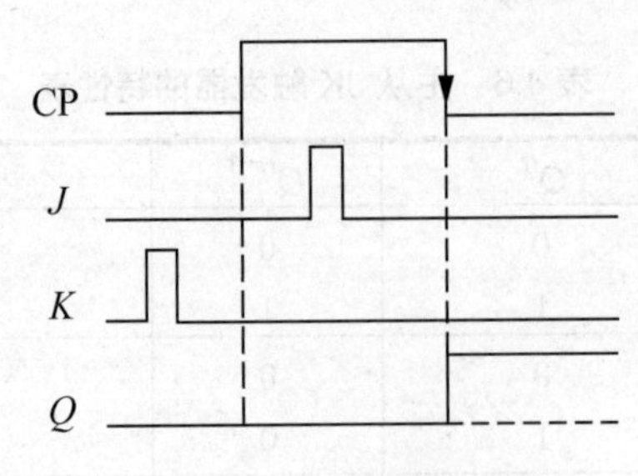


图 4.18 例 4.3 的波形图

要从根本上解决一次变化问题，仍应从电路结构上入手，让触发器只接收 CP 触发沿到来前一瞬间的输入信号，这种触发器称为边沿触发器。

# 4.4 边沿触发器

边沿触发器的次态仅仅取决于 CP 下降沿(或上升沿)到达时刻输入信号的状态，而在此之前和之后输入状态的变化对触发器的次态没有影响。因此，边沿触发器既没有空翻现象，也没有一次变化问题，从而大大提高了触发器工作的可靠性和抗干扰能力。

## 4.4.1 边沿 D 触发器

### 1. 电路组成、逻辑符号和工作原理

1) 电路组成及逻辑符号

将两个同步 D 触发器按照主从触发器的电路结构连接，时钟信号相位相反，就构成了边沿 D 触发器，如图 4.19(a)所示。图 4.19(b)所示是边沿 D 触发器的曾用符号，图 4.19(c)所示是其国标符号。

2) 工作原理

(1) CP=1 时，与非门 $G_7$、$G_8$ 开启，与非门 $G_3$、$G_4$ 被封锁，从触发器状态不变，主触发器的状态跟随输入信号 $D$ 的变化而变化，即在 CP=1 期间始终都有 $Q_m=D$。

(2) CP=0 时，与非门 $G_7$、$G_8$ 被封锁，此时的输入信号 $D$ 不起作用，与非门 $G_3$、$G_4$ 开启，从触发器的状态取决于主触发器的 $Q_m$，即 $Q=Q_m$。

(3) CP 下降沿到来时，与非门 $G_7$、$G_8$ 封锁，与非门 $G_3$、$G_4$ 开启，主触发器锁存 CP 下降沿时刻 $D$ 的值，即 $Q_m=D$，随后将该值送入从触发器，使 $Q=D$、$\overline{Q}=\overline{D}$。

(4) CP 下降沿过后，主触发器锁存的 CP 下降沿时刻 $D$ 的值被保存下来，而从触发器的状态也将保持不变。

综上所述，边沿 $D$ 触发器的特性方程为

$$Q^{n+1}=D \qquad \text{CP 下降沿时刻有效} \tag{4.9}$$

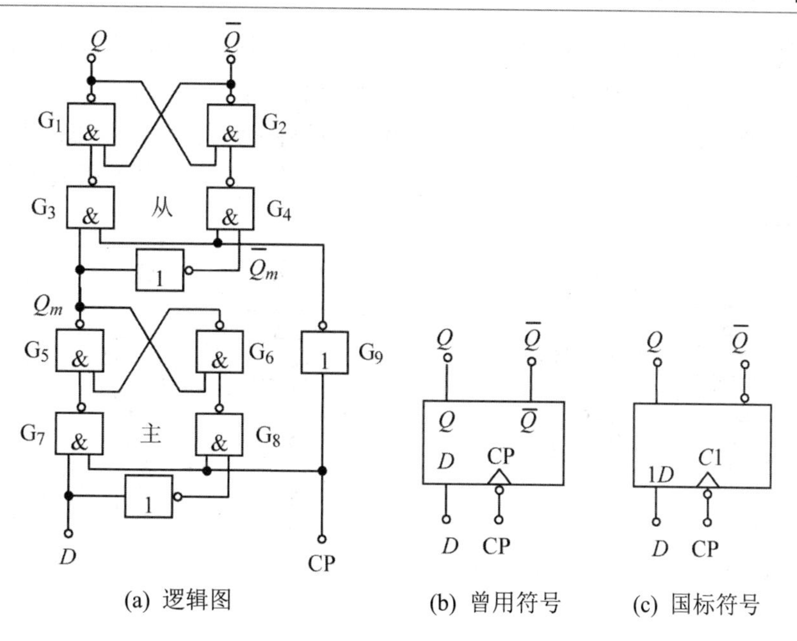


(a) 逻辑图　　(b) 曾用符号　　(c) 国标符号

图 4.19　边沿 D 触发器

2．主要特点

边沿 D 触发器具有以下特点。

(1) 边沿 D 触发器的动作特点是输出端状态的转换发生在 CP 的边沿时刻，而且触发器所保存下来的状态仅仅取决于 CP 边沿(上升沿或下降沿)到达时 $D$ 的输入状态。因此，不会有一次变化现象。

(2) 抗干扰能力极强。因为是边沿触发，只要在触发沿附近一个极短的时间内，加在 $D$ 端的输入信号保持稳定，触发器就能够可靠地接收，在其他时间里输入信号对触发器不起作用。

(3) 在 CP 边沿将输入状态置到输出，实现置 0、置 1 功能，使用灵活、方便。

## 4.4.2　维持-阻塞边沿 D 触发器

### 1．电路组成及工作原理

1) 电路组成

在同步 RS 触发器的基础上，再加两个门 $G_5$、$G_6$，将输入信号 $D$ 变成互补的两个信号分别送给 $R$、$S$ 端，即 $R=\overline{D}$，$S=D$，如图 4.20(a)所示，就构成了同步 D 触发器。在图 4.20(a)所示电路的基础上引入三根反馈线 $L_1$、$L_2$、$L_3$，即可构成维持-阻塞边沿 D 触发器，如图 4.20(b)所示。

2) 工作原理

(1) 输入 $D$=1。在 CP=0 时，$G_3$、$G_4$ 被封锁，$Q_3$=1、$Q_4$=1，$G_1$、$G_2$ 组成的基本 RS 触发器保持原状态不变。因 $D$=1，$G_5$ 输入全 1，输出 $Q_5$=0，它使 $Q_3$=1、$Q_6$=1。当 CP 由 0 变 1

时，$G_4$输入全 1，输出$Q_4$变为 0。继而，$Q$翻转为 1，$\overline{Q}$翻转为 0，完成了使触发器翻转为 1 状态的全过程。同时，一旦$Q_4$变为 0，通过反馈线$L_1$封锁了$G_6$门，这时如果$D$信号由 1 变为 0，只会影响$G_5$的输出，不会影响$G_6$的输出，维持了触发器的 1 状态。因此，称$L_1$线为置 1 维持线。同理，$Q_4$变 0 后，通过反馈线$L_2$也封锁了$G_3$门，从而阻塞了置 0 通路，故称$L_2$线为置 0 阻塞线。

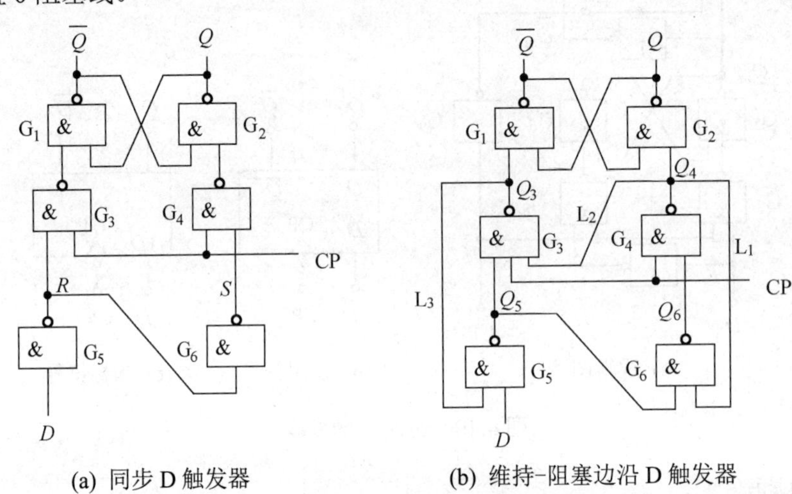


图 4.20 D 触发器的逻辑图

(2) 输入$D$=0。在 CP=0 时，$G_3$、$G_4$被封锁，$Q_3$=1、$Q_4$=1，$G_1$、$G_2$组成的基本 RS 触发器保持原状态不变。因$D$=0，$Q_5$=1，$G_6$输入全 1，输出$Q_6$=0。当 CP 由 0 变 1 时，$G_3$输入全 1，输出$Q_3$变为 0。继而，$\overline{Q}$翻转为 1，$Q$翻转为 0，完成了使触发器翻转为 0 状态的全过程。同时，一旦$Q_3$变为 0，通过反馈线$L_3$封锁了$G_5$门，这时无论$D$信号再怎么变化，也不会影响$G_5$的输出，从而维持了触发器的 0 状态。因此，称$L_3$线为置 0 维持线。

可见，维持-阻塞触发器是利用了维持线和阻塞线，将触发器的触发翻转控制在 CP 上升沿到来的一瞬间，并接收 CP 上升沿到来前一瞬间的$D$信号。维持-阻塞触发器因此而得名。

**【例 4.4】** 维持-阻塞 D 触发器如图 4.20(b)所示，设初始状态为 0，已知输入$D$的波形图如图 4.21 所示，画出输出$Q$的波形图。

**解：** 由于是边沿触发器，在画波形图时，应注意以下两点。

(1) 触发器的触发翻转发生在时钟脉冲的触发沿(这里是上升沿)。

(2) 判断触发器次态的依据是时钟脉冲触发沿前一瞬间(这里是上升沿前一瞬间)输入端的状态。

根据 D 触发器的功能表、特性方程或状态图可画出输出端$Q$的波形图如图 4.21 所示。

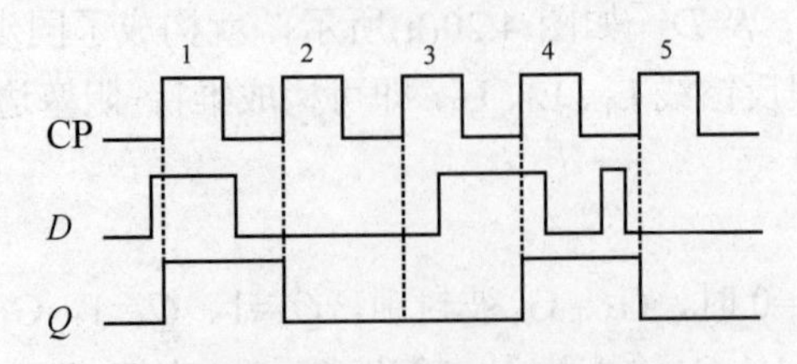


图 4.21 例 4.4 的波形图

### 2. 带有直接置 0 和置 1 端的维持-阻塞 D 触发器

如图 4.22 所示，$\overline{R}_D$ 为直接置 0 端，$\overline{S}_D$ 为直接置 1 端。该电路的 $\overline{R}_D$ 和 $\overline{S}_D$ 端都为低电平有效。$\overline{R}_D$ 和 $\overline{S}_D$ 信号不受时钟信号 CP 的制约，具有最高的优先级。$\overline{R}_D$ 和 $\overline{S}_D$ 的作用主要是给触发器设置初始状态，或对触发器的状态进行特殊的控制。在使用时要注意，任何时刻只能一个信号有效，不能同时有效。

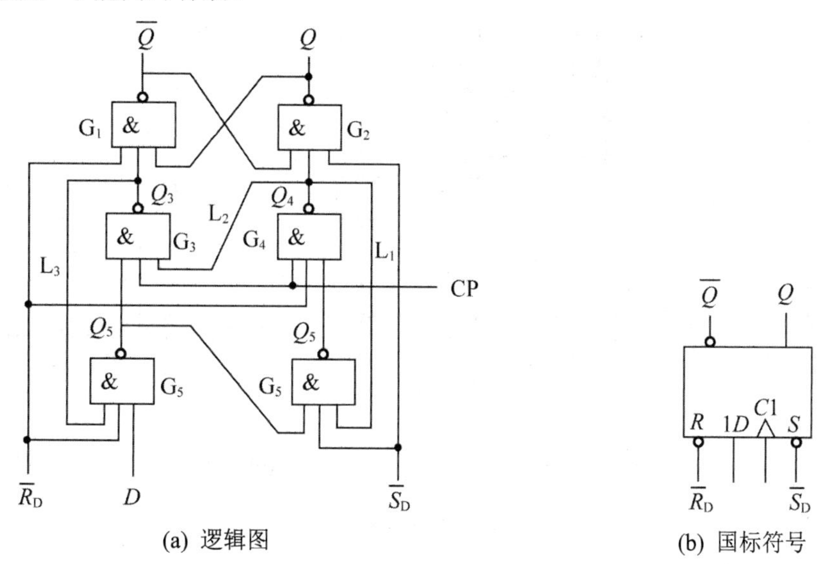


图 4.22　带有 $\overline{R}_D$ 和 $\overline{S}_D$ 端的维持-阻塞 D 触发器

当 $\overline{R}_D$ 和 $\overline{S}_D$ 端都为高电平时，其逻辑功能和维持-阻塞边沿 D 触发器的逻辑功能一样。

## 4.4.3　边沿 JK 触发器

边沿 JK 触发器的电路结构形式较多，现以基于边沿 D 触发器改进的电路结构为例，说明其工作原理和特点。

### 1. 电路组成及逻辑符号

1)　电路组成

在边沿 D 触发器的基础上，增加三个门 $G_1$、$G_2$、$G_3$，把输出 $Q$ 馈送回 $G_1$、$G_3$，即构成了边沿 JK 触发器，如图 4.23(a)所示。

2)　逻辑符号

图 4.23(b)所示是边沿 JK 触发器的曾用符号，图 4.23(c)所示是国标符号，CP 端的小圆圈表示电路是下降沿触发的边沿 JK 触发器。

### 2. 工作原理

1)　$D$ 的逻辑表达式

由图 4.23(a)，根据从 $J$、$K$ 输入端到门 $G_2$ 输出端 $D$ 的逻辑关系，可以得到 $D$ 的逻辑表达式为

$$D = \overline{\overline{J + Q^n} + KQ^n} \qquad (4.10)$$
$$= J\bar{Q}^n + \bar{K}Q^n$$

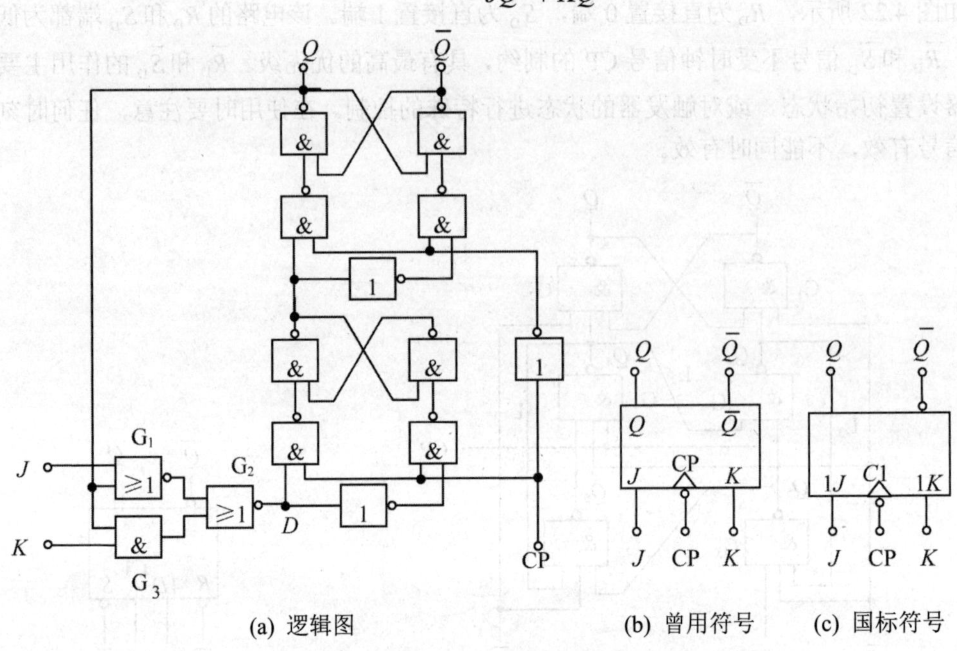


(a) 逻辑图　　(b) 曾用符号　　(c) 国标符号

图 4.23　边沿 JK 触发器

2)　特性方程

将式(4.10)代入边沿 D 触发器的特性方程，可以得到

$$Q^{n+1} = D \qquad \text{CP 下降沿时刻有效} \qquad (4.11)$$
$$= J\bar{Q}^n + \bar{K}Q^n$$

由式(4.11)可知，边沿 JK 触发器的特性方程与主从 JK 触发器的特性方程一样，触发方式也是下降沿触发。但是，边沿 JK 触发器是在边沿 D 触发器的基础上改进的，具有边沿触发、无一次变化现象和抗干扰能力极强的特点。



## 4.4.4　CMOS 主从结构的边沿触发器

### 1．电路结构

图 4.24 所示是用 CMOS 逻辑门和 CMOS 传输门组成的主从 D 触发器。图中，$G_1$、$G_2$ 和 $TG_1$、$TG_2$ 组成主触发器，$G_3$、$G_4$ 和 $TG_3$、$TG_4$ 组成从触发器。CP 和 $\overline{CP}$ 为互补的时钟脉冲。由于引入了传输门，该电路虽为主从结构，却没有一次变化问题，具有边沿触发器的特性。

### 2．工作原理

触发器的触发翻转分为两个节拍。

(1)　当 CP 变为 1 时，则 $\overline{CP}$ 变为 0。这时 $TG_1$ 开通，$TG_2$ 关闭。主触发器接收输入端 $D$

的信号。设 $D$=1，经 $TG_1$ 传到 $G_1$ 的输入端，使 $\bar{Q}'$=0，$Q'$=1。同时，$TG_3$ 关闭，切断了主、从两个触发器间的联系，$TG_4$ 开通，从触发器保持原状态不变。

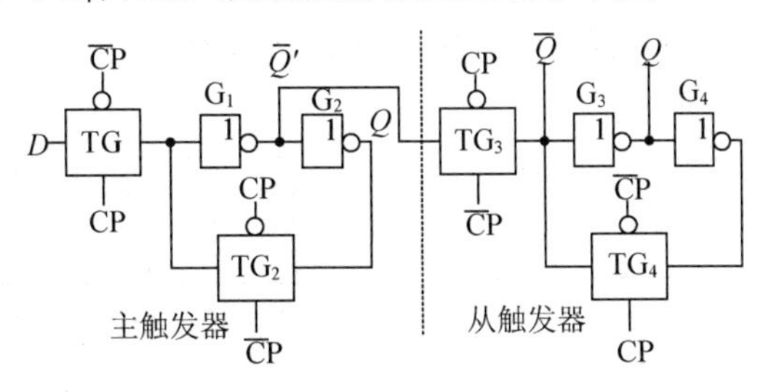


图 4.24 CMOS 主从结构的边沿触发器

(2) 当 CP 由 1 变为 0 时，则 $\overline{CP}$ 变为 1。这时 $TG_1$ 关闭，切断了 $D$ 信号与主触发器的联系，使 $D$ 信号不再影响触发器的状态，而 $TG_2$ 开通，将 $G_1$ 的输入端与 $G_2$ 的输出端连通，使主触发器保持原状态不变。与此同时，$TG_3$ 开通，$TG_4$ 关闭，将主触发器的状态 $\bar{Q}'$=0 送入从触发器，使 $\bar{Q}$=0，经 $G_3$ 反相后，输出 $Q$=1。至此完成了整个触发翻转的全过程。

可见，该触发器是在利用四个传输门交替地开通和关闭将触发器的触发翻转控制在 CP 下降沿到来的一瞬间，并接收 CP 下降沿到来前一瞬间的 $D$ 信号。

如果将传输门的控制信号 CP 和 $\overline{CP}$ 互换，可使触发器变为 CP 上升沿触发。

同样，集成的 CMOS 边沿触发器一般也具有直接置 0 端 $R_D$ 和直接置 1 端 $S_D$，如图 4.25 所示。需要注意的是，该电路的 $R_D$ 和 $S_D$ 端都为高电平有效。

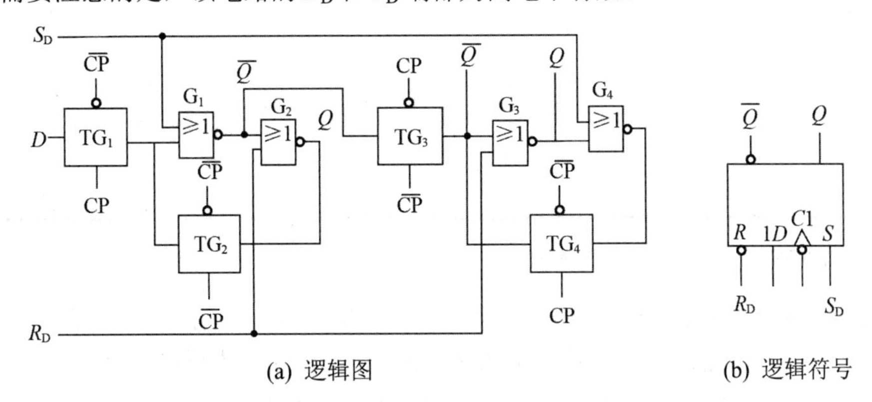


图 4.25 带有 $R_D$ 和 $S_D$ 端的 CMOS 边沿触发器

# 4.5 集成触发器

## 4.5.1 集成触发器举例

### 1. TTL 主从 JK 触发器 74LS72

如图 4.26 所示，74LS72 为多输入端的单 JK 触发器，它有三个 $J$ 端和三个 $K$ 端，三个 $J$

端之间是与逻辑关系，三个 $K$ 端之间也是与逻辑关系。使用中如有多余的输入端，应将其接高电平。该触发器带有直接置 0 端 $\overline{R}_D$ 和直接置 1 端 $\overline{S}_D$，都为低电平有效，不用时应接高电平。74LS72 为主从型触发器，状态翻转发生在 CP 下降沿。

74LS72 的特性如表 4.7 所示。

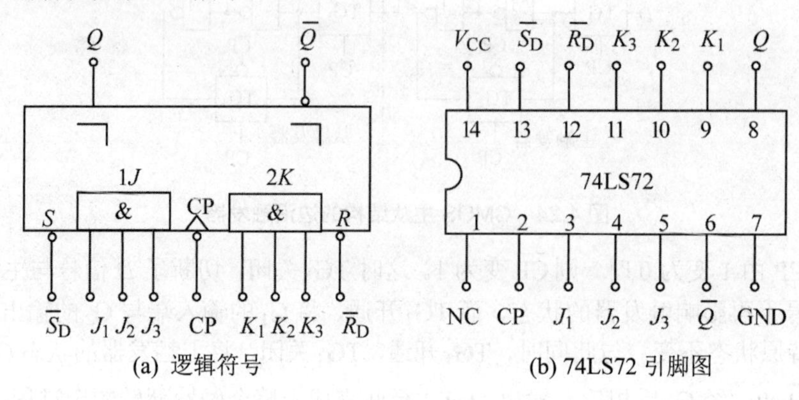


(a) 逻辑符号　　(b) 74LS72 引脚图

图 4.26　TTL 主从 JK 触发器 74LS72

表 4.7　74LS72 的特性

| 输入 | | | | | 输出 | |
|---|---|---|---|---|---|---|
| $\overline{R}_D$ | $\overline{S}_D$ | CP | 1$J$ | 1$K$ | $Q$ | $\overline{Q}$ |
| 0 | 1 | × | × | × | 0 | 1 |
| 1 | 0 | × | × | × | 1 | 0 |
| 1 | 1 | ⎍↓ | 0 | 0 | $Q^n$ | $\overline{Q}^n$ |
| 1 | 1 | ⎍↓ | 0 | 1 | 0 | 1 |
| 1 | 1 | ⎍↓ | 1 | 0 | 1 | 0 |
| 1 | 1 | ⎍↓ | 1 | 1 | $\overline{Q}^n$ | $Q^n$ |

## 2．高速 CMOS 边沿 D 触发器 74HC74

74HC74 为单输入端的双 D 触发器。一个片子里封装着两个相同的 D 触发器，每个触发器只有一个 $D$ 端，它们都带有直接置 0 端 $\overline{R}_D$ 和直接置 1 端 $\overline{S}_D$，为低电平有效，CP 上升沿触发。74HC74 的逻辑符号和引脚图分别如图 4.27(a)和图 4.27(b)所示。

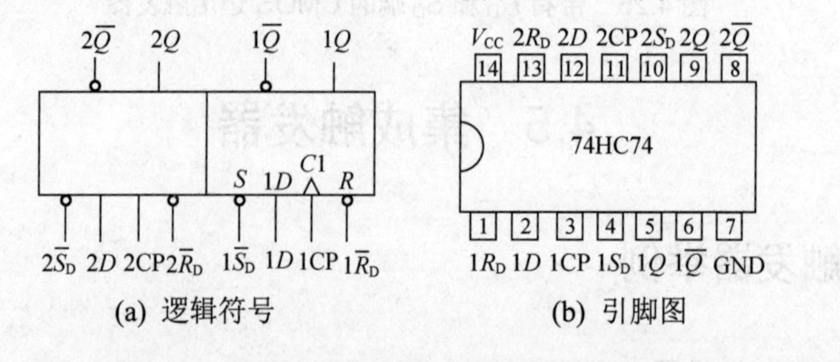


(a) 逻辑符号　　(b) 引脚图

图 4.27　高速 CMOS 边沿 D 触发器 74HC74

74HC74 的特性如表 4.8 所示。

表 4.8　74HC74 的特性

| 输　入 | | | | 输　出 | |
|---|---|---|---|---|---|
| $\overline{R}_D$ | $\overline{S}_D$ | CP | $D$ | $Q$ | $\overline{Q}$ |
| 0 | 1 | × | × | 0 | 1 |
| 1 | 0 | × | × | 1 | 0 |
| 1 | 1 | ↑ | 0 | 0 | 1 |
| 1 | 1 | ↑ | 1 | 1 | 0 |

## 4.5.2　触发器功能的转换

触发器按功能分有 RS、JK、D、T、T′五种类型，但最常见的集成触发器是 JK 触发器和 D 触发器。T、T′触发器没有集成产品，如需要时，可用其他触发器转换成 T 或 T′触发器。JK 触发器与 D 触发器之间的功能也是可以互相转换的。

转换方法是指利用已有触发器和待求触发器的特性方程相等的原则，求出转换逻辑。

具体转换步骤如下。

(1) 写出已有触发器和待求触发器的特性方程。

(2) 变换待求触发器的特性方程，使之形式与已有触发器的特性方程一致。

(3) 比较已有和待求触发器的特性方程，根据两个方程相等的原则求出转换逻辑。

(4) 根据转换逻辑画出逻辑电路图。

### 1. 将 JK 触发器转换成其他功能的触发器

1) JK→D

写出 JK 触发器的特性方程为

$$Q^{n+1} = J\overline{Q}^n + \overline{K}Q^n \tag{4.12}$$

再写出 D 触发器的特性方程并变换为

$$Q^{n+1} = D = D(\overline{Q}^n + Q^n) = D\overline{Q}^n + DQ^n \tag{4.13}$$

比较以上两式得

$$J=D \qquad K=\overline{D}$$

画出将 JK 触发器转换成 D 触发器的逻辑图如图 4.28(a)所示。

2) JK→T

在数字电路中，凡在 CP 时钟脉冲控制下，根据输入信号 $T$ 取值的不同，具有保持和翻转功能的电路，即当 $T$=0 时能保持状态不变，$T$=1 时状态翻转的电路，都称为 T 触发器，其特性表如表 4.9 所示。

表 4.9　T 触发器的特性表

| $T$ | $Q^n$ | $Q^{n+1}$ | 功　能 |
|---|---|---|---|
| 0 | 0 | 0 | $Q^{n+1}=Q^n$ 保持 |
| 0 | 1 | 1 | |
| 1 | 0 | 1 | $Q^{n+1}=\overline{Q}^n$ 翻转 |
| 1 | 1 | 0 | |

根据表 4.9 可以写出 T 触发器的特性方程为

$$Q^{n+1}=T\overline{Q}^n+\overline{T}Q^n \tag{4.14}$$

与 JK 触发器的特性方程比较得

$$J=T \quad K=T$$

画出将 JK 触发器转换成 T 触发器的逻辑图如图 4.28(b)所示。

3) JK→T′

在数字电路中，凡每来一个时钟脉冲就翻转一次的电路，都称为 T′触发器，其特性表如表 4.10 所示。

表 4.10 T′触发器的特性表

| $Q^n$ | $Q^{n+1}$ | 功 能 |
|---|---|---|
| 0 | 1 | $Q^{n+1}=\overline{Q}^n$ |
| 1 | 0 | 翻转 |

根据表 4.10 可以写出 T′触发器的特性方程为

$$Q^{n+1}=\overline{Q}^n \tag{4.15}$$

变换 T′触发器的特性方程为

$$Q^{n+1}=\overline{Q}^n=1\cdot\overline{Q}^n+\overline{1}\cdot Q^n \tag{4.16}$$

与 JK 触发器的特性方程比较得

$$J=1 \quad K=1$$

画出将 JK 触发器转换成 T′触发器的逻辑图如图 4.28(c)所示。

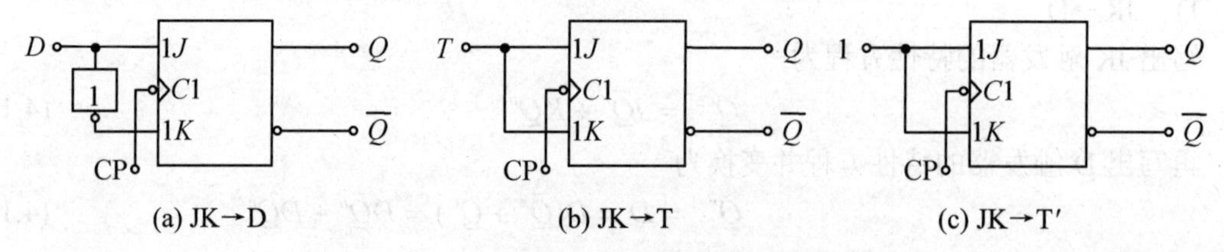


图 4.28 将 JK 触发器转换成其他功能的触发器

## 2．将 D 触发器转换成其他功能的触发器

1) D→JK

写出 D 触发器和 JK 触发器的特性方程为

$$Q^{n+1}=D \tag{4.17}$$

$$Q^{n+1}=J\overline{Q}^n+\overline{K}Q^n \tag{4.18}$$

联立两式，得

$$D=J\overline{Q}^n+\overline{K}Q^n \tag{4.19}$$

画出将 D 触发器转换成 JK 触发器的逻辑图如图 4.29(a)所示。

2) D→T

写出 D 触发器和 T 触发器的特性方程为

$$Q^{n+1}=D \tag{4.20}$$

$$Q^{n+1}=T\overline{Q}^n+\overline{T}Q^n \tag{4.21}$$

联立两式，得

$$D=T\overline{Q}^n+\overline{T}Q^n=T\oplus Q^n \tag{4.22}$$

画出将D触发器转换成T触发器的逻辑图如图4.29(b)所示。

3) D→T′

写出D触发器和T′触发器的特性方程为

$$Q^{n+1}=D \tag{4.23}$$

$$Q^{n+1}=\overline{Q}^n \tag{4.24}$$

联立两式，得

$$D=\overline{Q}^n \tag{4.25}$$

画出将D触发器转换成T′触发器的逻辑图如图4.29(c)所示。

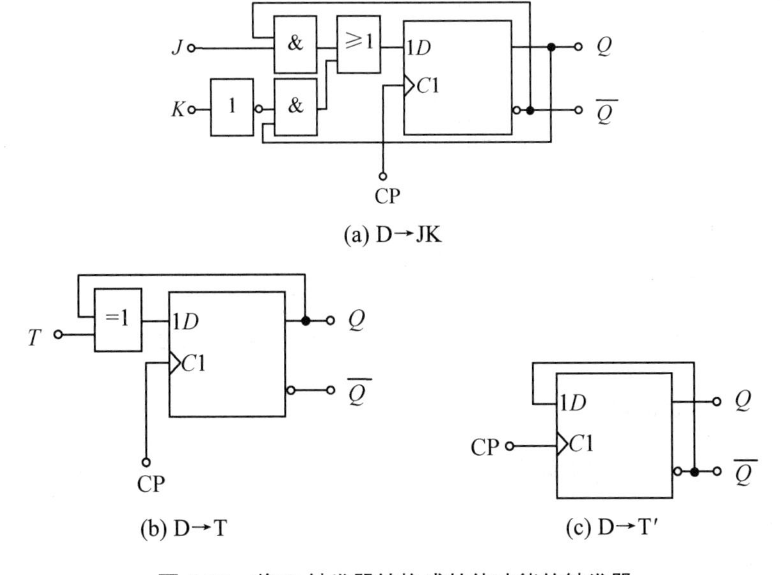


图4.29 将D触发器转换成其他功能的触发器

## 4.5.3 集成触发器的脉冲工作特性

触发器的脉冲工作特性是指触发器对时钟脉冲、输入信号以及它们之间相互配合的时间关系的要求。掌握这种工作特性对触发器的应用非常重要。

### 1. 维持-阻塞D触发器的脉冲工作特性

如图4.20(b)所示，在CP上升沿到来时，$G_3$、$G_4$门将根据$G_5$、$G_6$门的输出状态控制触发器翻转。因此在CP上升沿到达之前，$G_5$、$G_6$门必须要有稳定的输出状态。而从信号加到$D$端开始到$G_5$、$G_6$门的输出稳定下来，需要经过一段时间，把这段时间称为触发器的建立时间$t_{set}$，即输入信号必须比CP脉冲早$t_{set}$时间到达。由图4.20(b)可以看出，该电路的建立时间为两级与非门的延迟时间，即 $t_{set}=2t_{pd}$。

其次，为使触发器可靠翻转，信号 $D$ 还必须维持一段时间，把在 CP 触发沿到来后输入信号需要维持的时间称为触发器的保持时间 $t_H$。当 $D=0$ 时，这个 0 信号必须维持到 $Q_3$ 由 1 变 0 后将 $G_5$ 封锁为止，若在此之前 $D$ 变为 1，则 $Q_5$ 变为 0，将引起触发器误触发，所以 $D=0$ 时的保持时间 $t_H=1t_{pd}$。当 $D=1$ 时，CP 上升沿到达后，经过 $t_{pd}$ 的时间 $Q_4$ 变为 0，将 $G_6$ 封锁。但若 $D$ 信号变化，传到 $G_6$ 的输入端也同样需要 $t_{pd}$ 的时间，所以 $D=1$ 时的保持时间 $t_H=0$。综合以上两种情况，取 $t_H=1t_{pd}$。

另外，为保证触发器可靠翻转，CP=1 的状态也必须保持一段时间，直到触发器的 $Q$、$\overline{Q}$ 端电平稳定，这段时间称为触发器的维持时间 $t_{CPH}$。把从时钟脉冲触发沿开始到一个输出端由 0 变 1 所需的时间称为 $t_{CPLH}$；把从时钟脉冲触发沿开始到另一个输出端由 1 变 0 所需的时间称为 $t_{CPHL}$。由图 4.20(b)可以看出，该电路的 $t_{CPLH}=2t_{pd}$、$t_{CPHL}=3t_{pd}$，所以触发器的 $t_{CPH}\geqslant t_{CPHL}=3t_{pd}$。

上述几个时间参数的相互关系如图 4.30 所示。

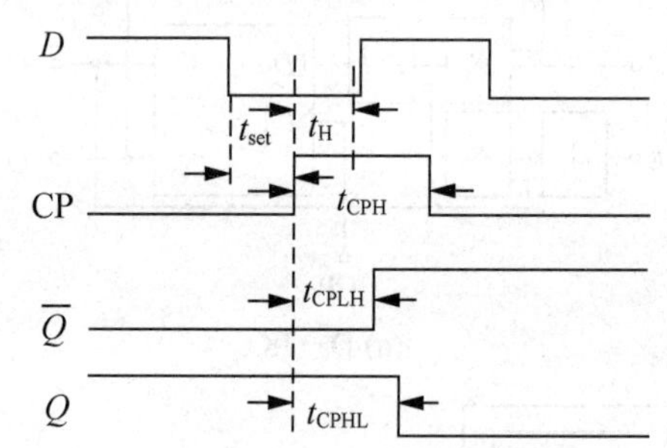


图 4.30　维持-阻塞 D 触发器的脉冲工作特性

### 2. 主从 JK 触发器的脉冲工作特性

在图 4.16(a)所示的主从 JK 触发器电路中，当时钟脉冲 CP 上升沿到达时，输入信号 $J$、$K$ 进入主触发器，由于 $J$、$K$ 和 CP 同时接到 $G_7$、$G_8$ 门，所以 $J$、$K$ 信号只要不迟于 CP 上升沿即可，所以 $t_{set}=0$。

在 CP 上升沿到达后，要经过三级与非门的延迟时间，主触发器才翻转完毕，所以 $t_{CPH}\geqslant 3t_{pd}$。

等 CP 下降沿到达后，从触发器翻转，主触发器立即被封锁，所以，输入信号 $J$、$K$ 可以不再保持，即 $t_H=0$。

从 CP 下降沿到达到触发器输出状态稳定，也需要一定的传输时间，即 CP=0 的状态也必须保持一段时间，这段时间称为 $t_{CPL}$。由图 4.16(a)可以看出，该电路的 $t_{CPLH}=2t_{pd}$、$t_{CPHL}=3t_{pd}$，所以触发器的 $t_{CPL}\geqslant t_{CPHL}=3t_{pd}$。

综上所述，主从 JK 触发器要求 CP 的最小工作周期 $T_{min}= t_{CPH}+t_{CPL}$。

图 4.31 所示是上述几个时间参数的相互关系。

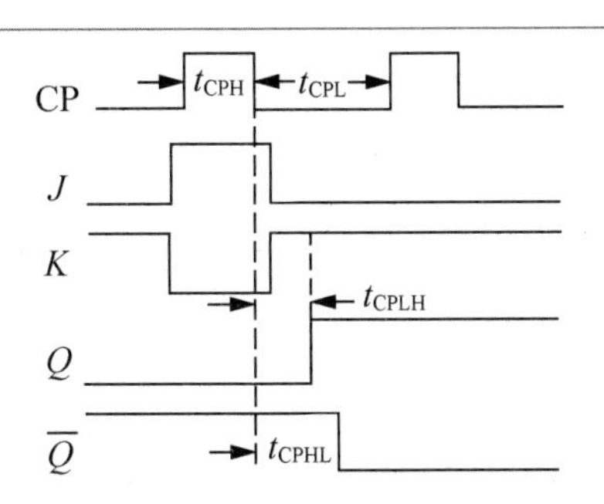


图 4.31　主从 JK 触发器的脉冲工作特性

下面结合例 4.5，充分理解触发器的“记忆”作用。

**【例 4.5】** 设计一个 3 人抢答电路。3 人 A、B、C 各控制一个按键开关 $K_A$、$K_B$、$K_C$ 和一个发光二极管 $VD_A$、$VD_B$、$VD_C$。谁先按下开关，谁的发光二极管亮，同时使其他人的抢答信号无效。

**解：** 用门电路组成的抢答电路如图 4.32 所示。开始抢答前，三个按键开关 $K_A$、$K_B$、$K_C$ 均不按下，$A$、$B$、$C$ 三个信号都为 0，$G_A$、$G_B$、$G_C$ 的输出都为 1，三个发光二极管均不亮。开始抢答后，如 $K_A$ 第一个被按下，则 $A$=1，$G_A$ 的输出变为 $V_{OA}$=0，点亮发光二极管 $VD_A$，同时，$VD_A$ 的 0 信号封锁了 $G_B$、$G_C$，$K_B$、$K_C$ 再按下无效。

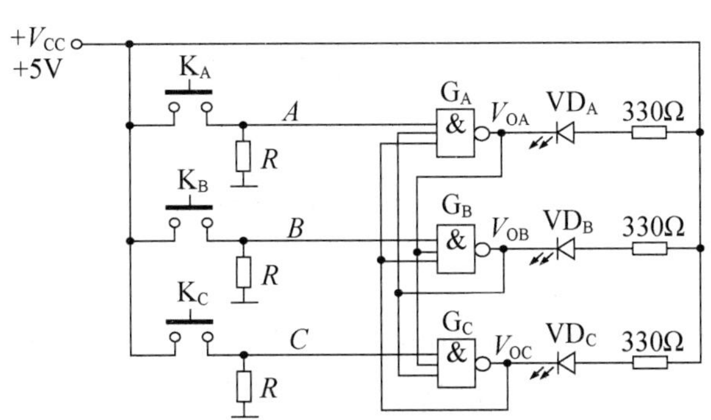


图 4.32　用门电路组成的抢答电路

基本电路实现了抢答的功能，但是该电路有一个很严重的缺陷：当 $K_A$ 第一个被按下后，必须总是按着，才能保持 $A$=1、$V_{OA}$=0，禁止 $B$、$C$ 信号进入。如果 $K_A$ 稍一放松，就会使 $A$=0、$V_{OA}$=1，$B$、$C$ 的抢答信号就有可能进入系统，造成混乱。要解决这一问题，最有效的方法就是引入具有“记忆”功能的触发器。

引入基本 RS 触发器的抢答电路如图 4.33 所示。其中 $K_R$ 为复位键，由裁判控制。开始抢答前，先按一下复位键 $K_R$，即三个触发器的 $\overline{R}$ 信号都为 0，使 $Q_A$、$Q_B$、$Q_C$ 均置 0，三个发光二极管均不亮。开始抢答后，如 $K_A$ 第一个被按下，则 $FF_A$ 的 $\overline{S}$=0，使 $Q_A$ 置 1，$G_A$ 的输出变为 $V_{OA}$=0，点亮发光二极管 $VD_A$，同时，$V_{OA}$ 的 0 信号封锁了 $G_B$、$G_C$，$K_B$、$K_C$ 再按下无效。

该电路与图 4.32 所示电路的功能一样，但由于使用了触发器，按键开关只要按一下，触发器就能记住这个信号。如 $K_A$ 第一个被按下，则 $FF_A$ 的 $\overline{S}$=0，使 $Q_A$ 置 1，然后松开 $K_A$，此时 $FF_A$ 的 $\overline{S}=\overline{R}=1$，触发器保持原状态，保持着刚才的 $Q_A$=1，直到裁判重新按下 $K_R$ 键，新一轮抢答开始。这就是触发器的“记忆”作用。

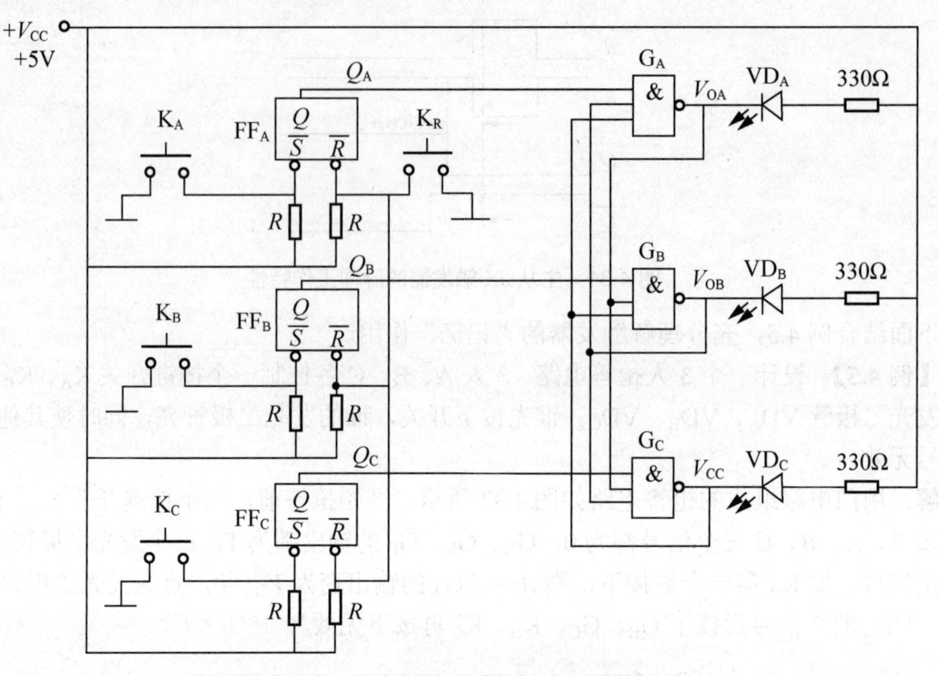


图 4.33　引入基本 RS 触发器的抢答电路

# 本 章 小 结

(1)　触发器有以下两个基本性质。

①　在一定条件下，触发器可维持在两种稳定状态(0 或 1 状态)之一而保持不变。

②　在一定的外加信号作用下，触发器可从一个稳定状态转变到另一个稳定状态。这就使得触发器能够记忆二进制信息 0 和 1，常被用作二进制存储单元。

(2)　触发器的逻辑功能是指触发器输出的次态与输出的现态及输入信号之间的逻辑关系。描述触发器逻辑功能的方法主要有特性表、特性方程、卡诺图、状态图和波形图(又称时序图)等。

(3)　按照结构不同，触发器可分为以下几类。

①　基本 RS 触发器。

②　同步触发器，为电平触发方式。

③　主从触发器，为脉冲触发方式。

④　边沿触发器，为边沿触发方式。

(4)　根据逻辑功能的不同，触发器可分为以下几类。

①　RS 触发器　　$Q^{n+1}=S+\overline{R}Q^n$　　$RS=0$(约束条件)

②　JK 触发器　　$Q^{n+1}=J\overline{Q}^n+\overline{K}Q^n$

③　D 触发器　　$Q_{n+1}=D$

④　T 触发器　　$Q^{n+1}=T\overline{Q}^n+\overline{T}Q^n$

⑤ T′触发器 $Q_{n+1}=\overline{Q}_n$

(5) 同一电路结构的触发器可以做成不同的逻辑功能；同一逻辑功能的触发器可以用不同的电路结构来实现；不同结构的触发器具有不同的触发条件和动作特点。触发器逻辑符号中 CP 端有小圆圈的为下降沿触发，没有小圆圈的为上升沿触发。利用特性方程可实现不同功能触发器间逻辑功能的相互转换。

## 习 题

1. 图 4.34 所示是一上升沿触发的边沿 D 触发器，$R_D$是高电平有效的直接复位端，请根据输入波形画出 $Q$ 的输出波形，设初始状态 $Q$ 为 0。

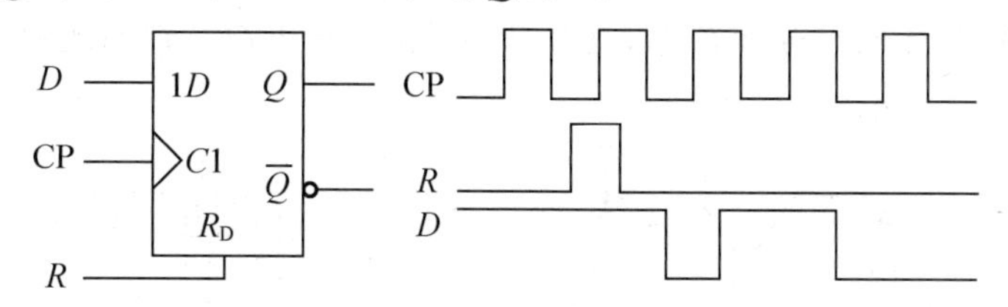


图 4.34 习题 1 图

2. 图 4.35 所示是一下降沿触发的边沿触发器，根据输入 $J$、$K$ 的波形画出 $Q$ 的输出波形，设初始状态 $Q$ 为 0。

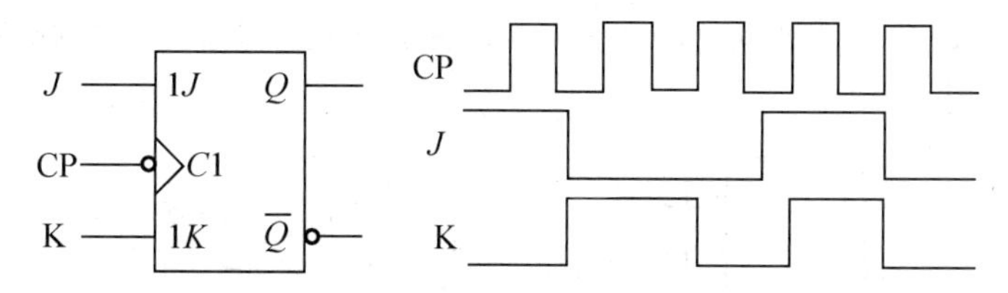


图 4.35 习题 2 图

3. 在同步 RS 触发器中，CP 及 $R$、$S$ 的波形如图 4.36 所示，试画出 $Q$ 及 $\overline{Q}$ 端的波形，设触发器的起始状态为 0。

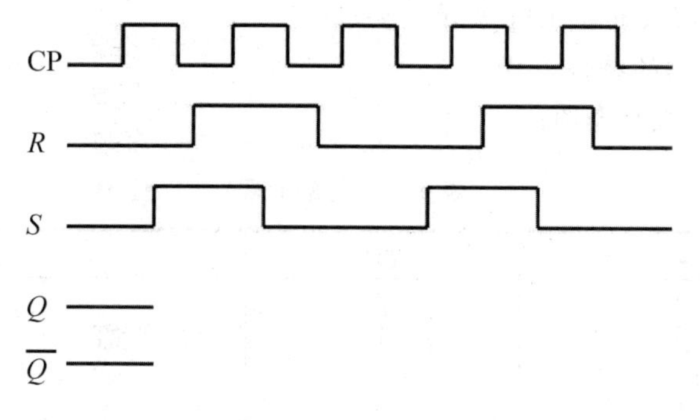


图 4.36 习题 3 图

4. 现有一下降沿触发的 JK 触发器，需要把它变换成下降沿触发的 D 触发器，分别写出特性方程和转换函数，画出逻辑图。

5. 在主从 JK 触发器中，CP 及 $J$、$K$ 的波形如图 4.37 所示，试画出主触发器输出 $Q_m$ 及从触发器输出 $Q$ 端的波形，假设触发器的起始状态为 0 。

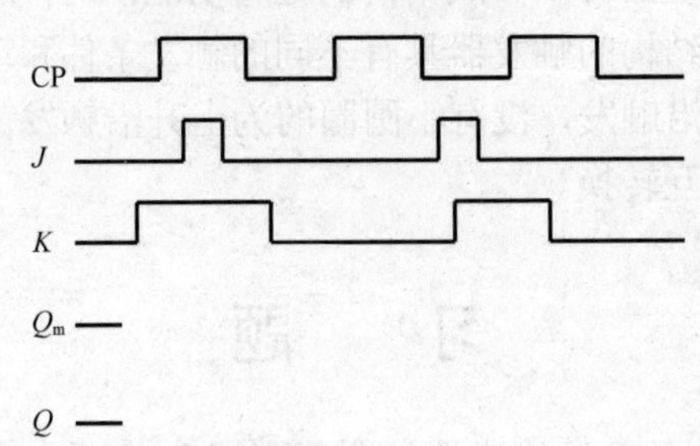


图 4.37　习题 5 图

6. 将如图 4.38 所示的信号加在基本 RS 触发器上，画出 $Q$、$\overline{Q}$ 的波形图。

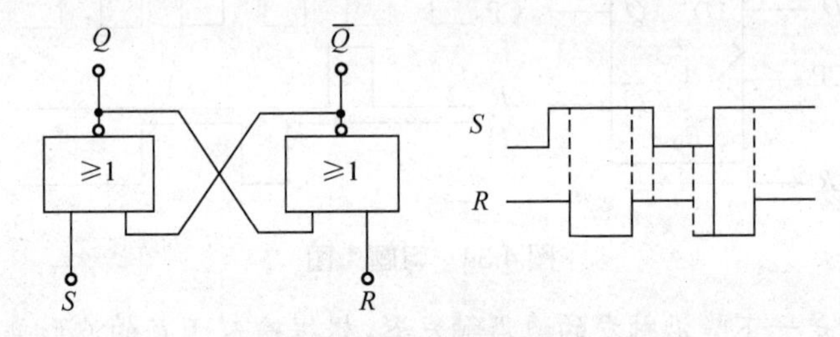


图 4.38　习题 6 图

7. 电路如图 4.39 所示，设电路初态为 0，画出电路在连续 4 个时钟脉冲 CP 作用下，触发器 $Q$、$\overline{Q}$ 的波形图。

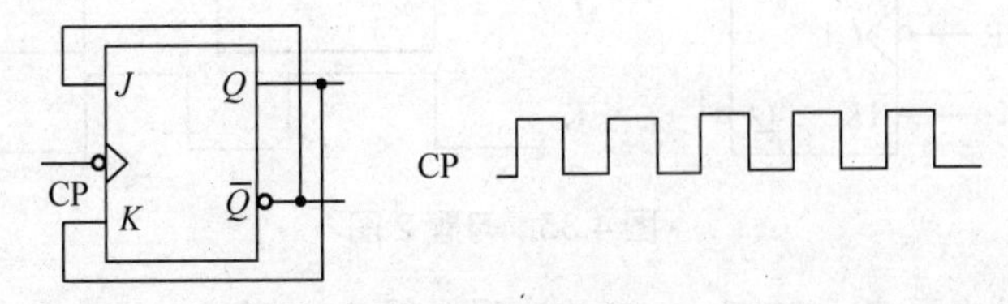


图 4.39　习题 7 图

8. JK 触发器的特性表如表 4.11 所示，要求：

(1)　写出 JK 触发器的特性方程。

(2)　将特性表转换成状态图。

表 4.11　习题 8 表

| $J$ | $K$ | $Q^n$ | $Q^{n+1}$ |
|---|---|---|---|
| 0 | 0 | 0 | 0 |
| 0 | 0 | 1 | 1 |
| 0 | 1 | 0 | 0 |
| 0 | 1 | 1 | 0 |
| 1 | 0 | 0 | 1 |
| 1 | 0 | 1 | 1 |
| 1 | 1 | 0 | 1 |
| 1 | 1 | 1 | 0 |

9. 已知触发器电路如图 4.40 所示，设触发器的初始状态为 $Q^n=0$，要求：

(1) 写出触发器的特性方程。

(2) 画出在 CP 信号连续作用下触发器的输出端 $Q$ 的信号电压波形。

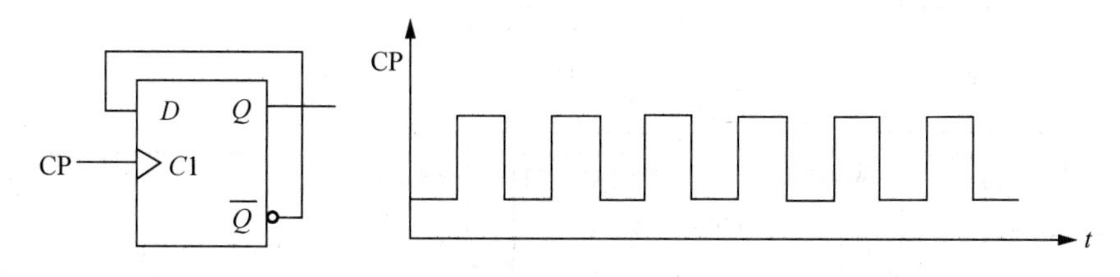


图 4.40 习题 9 图

10. 已知触发器电路和输入波形如图 4.41 所示，写出输出方程式，并画出 $Q$ 与 CP 对应的波形。

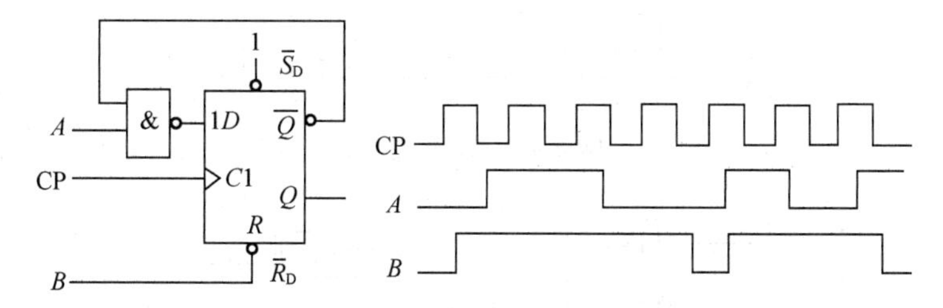


图 4.41 习题 10 图

11. 已知触发器电路及 CP、$D$、$S_D$、$R_D$ 的波形如图 4.42 所示，写出输出方程，画出 $Q$ 的波形，设触发器初态为 0。

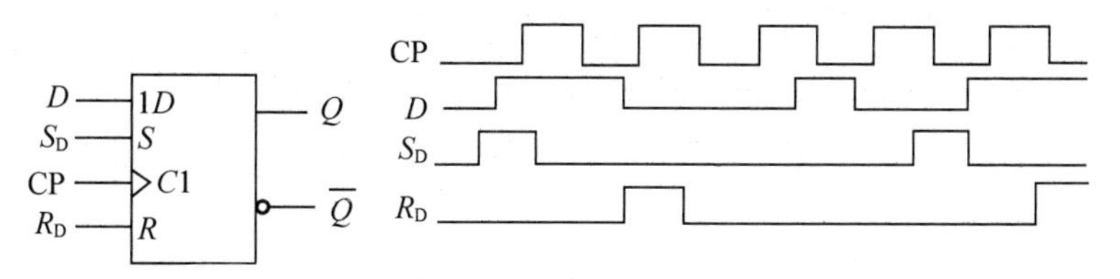


图 4.42 习题 11 图

12. 基本 RS 触发器 $\overline{R}_d$、$\overline{S}_d$ 端的状态波形如图 4.43 所示，试画出 $Q$ 端的状态波形。

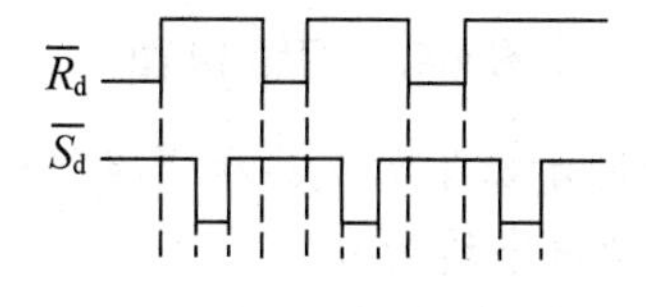


图 4.43 习题 12 图

13. 设图 4.44 中各触发器的初始状态皆为 $Q=0$，画出 CP 脉冲连续作用下各个触发器输出端的波形图。

14. 试写出图 4.45(a)、(b)中各触发器的次态函数(即 $Q_1^{n+1}$、$Q_2^{n+1}$ 与现态和输入变量之间的函数式)，并画出在图 4.45(c)给定信号的作用下 $Q_1$、$Q_2$ 的波形，假定各触发器的初始状态均为 $Q=0$。

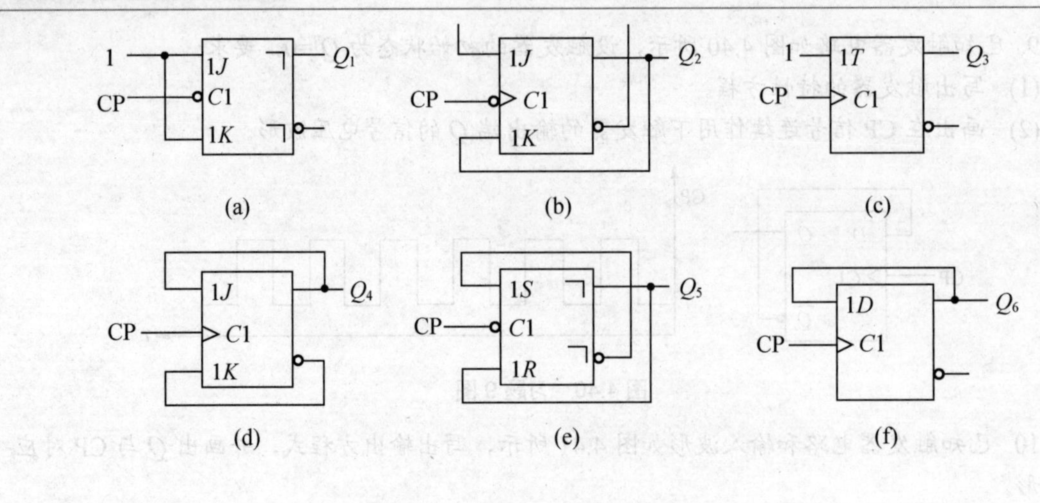


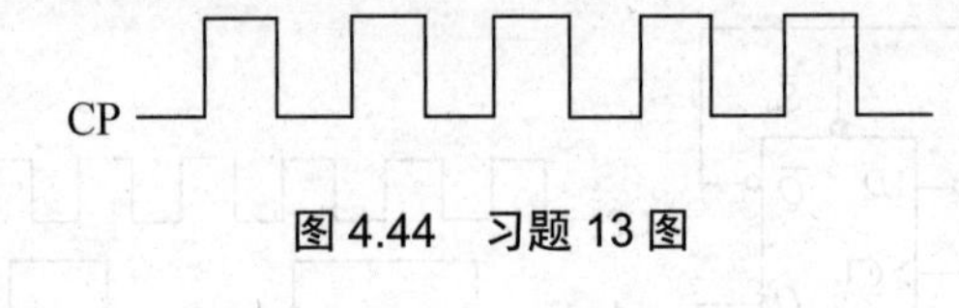


图 4.44　习题 13 图

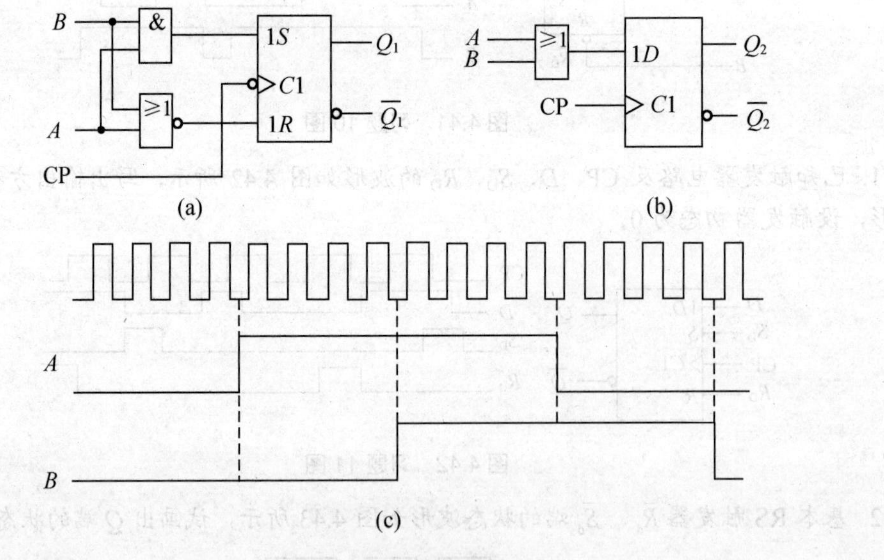


图 4.45　习题 14 图

15. 图 4.46(a)和图 4.46(b)分别示出了触发器和逻辑门构成的脉冲分频电路，CP 脉冲如图 4.46(c)所示，设各触发器的初始状态均为 0。

(1) 试画出图 4.46(a)中的 $Q_1$、$Q_2$ 和 $F$ 的波形。

(2) 试画出图 4.46(b)中的 $Q_4$ 和 $Y$ 的波形。

16. 电路如图 4.47 所示，设各触发器的初始状态均为 0。已知 CP 和 $A$ 的波形，试分别画出 $Q_1$、$Q_2$ 的波形。

17. 电路如图 4.48 所示，设各触发器的初始状态均为 0。已知 $CP_1$、$CP_2$ 的波形，试分别画出 $Q_1$、$Q_2$ 的波形。

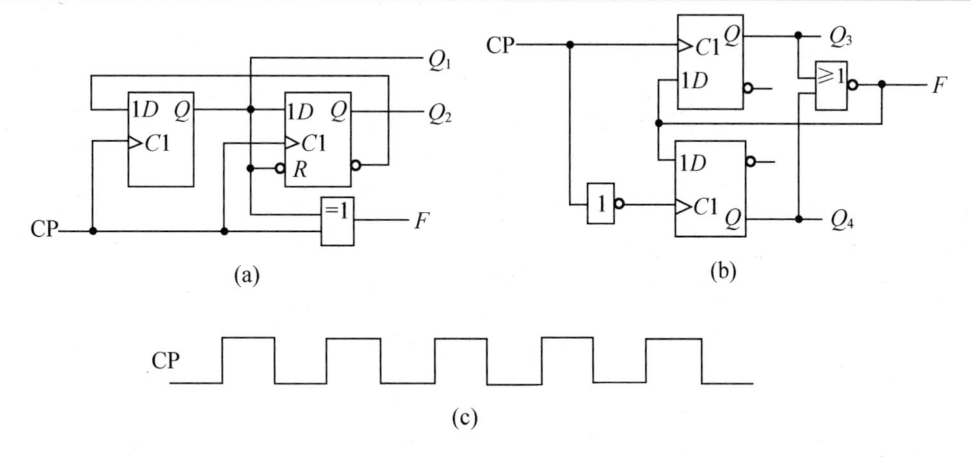


图 4.46　习题 15 图

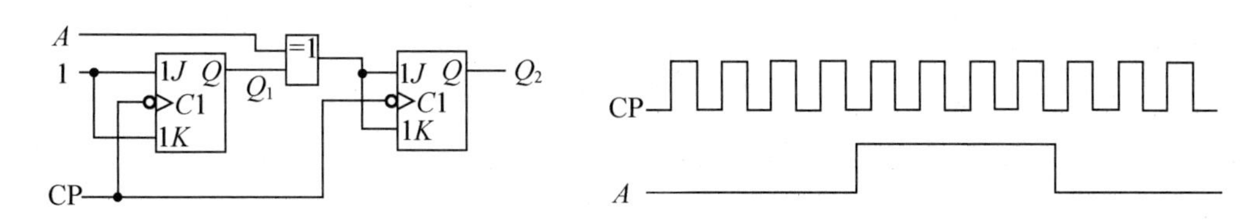


图 4.47　习题 16 图

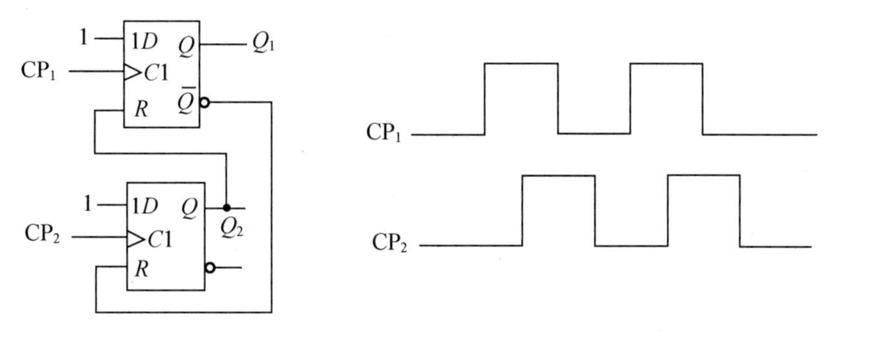


图 4.48　习题 17 图

# 第 5 章

# 时序逻辑电路

【教学目标】

本章介绍时序逻辑电路的特点、功能和分类，说明时序逻辑电路的分析方法和设计方法，并介绍计数器、移位寄存器的组成及工作原理。要求理解同步时序逻辑电路的分析方法和设计方法；了解常用时序电路，尤其是计数器、移位寄存器的组成及工作原理；了解异步时序电路的概念；掌握典型中规模时序逻辑器件上附加控制端的功能和使用方法，并能进行多片联用的逻辑设计。

# 5.1 时序逻辑电路的分析和设计方法

## 5.1.1 时序逻辑电路的基本概念

在数字电路中，若任一时刻电路的稳定输出信号不仅取决于该时刻的输入信号，而且还取决于电路原来的状态，则此电路称为时序逻辑电路。

### 1. 时序逻辑电路的特点及结构

1) 时序逻辑电路的特点

时序逻辑电路的特点是，电路任何一个时刻的输出状态不仅取决于当时的输入信号，还与电路的原状态有关。

2) 时序逻辑电路的结构

时序逻辑电路中，因为电路的状态和输出不仅与该时刻的输入有关，还与电路前一时刻的输出和状态有关，所以必须利用存储器件把电路前一时刻的输出和状态保存下来，可以用触发器来实现此功能，因此触发器是时序逻辑电路不可缺少的器件。

图 5.1 所示为时序逻辑电路的基本结构。电路中，$X$ 为输入信号，$Y$ 为输出信号，$W$ 为存储电路的输入信号(也称为触发器的驱动信号)，$Q$ 为存储电路的输出信号(也称为触发器的状态)，这些信号之间的逻辑关系用表达式表示为

$$Y_i = F_i(X_1, X_2, \cdots, X_p; Q_1^n, Q_2^n, \cdots, Q_q^n) \qquad i = 1, 2, \cdots, m \tag{5.1}$$

$$W_j = G_j(X_1, X_2, \cdots, X_p; Q_1^n, Q_2^n, \cdots, Q_q^n) \qquad j = 1, 2, \cdots, r \tag{5.2}$$

$$Q_k^{n+1} = H_k(W_1, W_2, \cdots, W_r; Q_1^n, Q_2^n, \cdots, Q_q^n) \qquad k = 1, 2, \cdots, t \tag{5.3}$$

其中，式(5.1)是输出方程，式(5.2)是驱动方程，式(5.3)是状态方程。式(5.3)中，$Q_k^n$ 为 $t_n$ 时刻存储电路的当前状态；$Q_k^{n+1}$ 为存储电路的在 $t_n$ 时刻之后的 $t_{n+1}$ 时刻的状态。

由以上这些关系式可以再次看出，在 $t_{n+1}$ 时刻电路的输出 $Y(t_{n+1})$ 不仅取决于 $t_{n+1}$ 时刻的输入 $X(t_{n+1})$，还取决于 $Q_k^{n+1}$，即还取决于在 $t_n$ 时刻存储电路的输入[ $W(t_n)$ ]和存储电路 $t_n$ 时刻的状态 $Q_k^n$。这又充分体现了时序逻辑电路的特点。



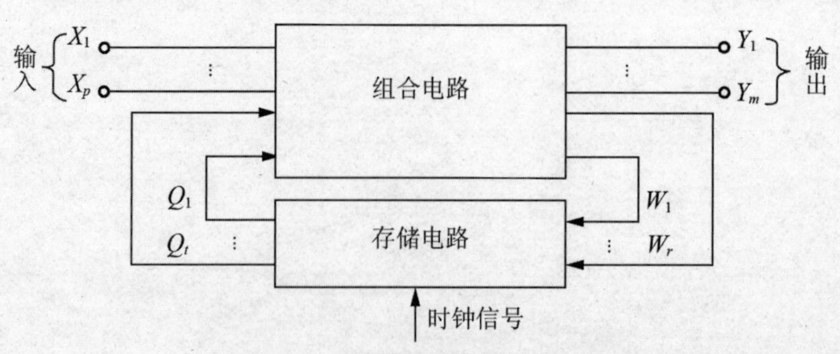


图 5.1　时序逻辑电路的基本结构

根据图 5.1 所示时序逻辑电路的结构，可以看出其电路具有两个特点。

(1) 时序逻辑电路通常包含组合电路和存储电路两部分，存储电路(触发器)是必不可少的。

(2) 存储器的输出状态必须反馈到组合电路的输入端，与外部输入信号共同决定组合逻辑电路的输出。

以后还会看到，有些具体的时序逻辑电路并不具备图 5.1 所示的完整的形式。例如，有的时序逻辑电路中没有组合逻辑电路部分，而有些时序逻辑电路中又没有输入逻辑变量，还有些电路中没有输出逻辑变量，只有电路的状态，但它们在逻辑功能上仍具有时序逻辑电路的基本特征，电路状态有着严格的时间先后关系。

#### 2. 时序逻辑电路的分类

时序逻辑电路可以按照不同的方法来分类，具体有以下三种。

1) 根据逻辑功能划分

计数器、寄存器、移位寄存器、读/写存储器、顺序脉冲发生器等，都属于典型的时序逻辑电路，实现不同的逻辑功能。

2) 根据存储电路中触发器的动作特点划分

由于存储电路中触发器的动作特点不同，按照其工作状态的改变方式，可以将时序逻辑电路分为同步时序逻辑电路和异步时序逻辑电路两大类。

同步时序逻辑电路中所有触发器采用统一的时钟脉冲，全部触发器的时钟是并联在一起的，在统一时钟脉冲的作用下，各个触发器状态可以同时发生变化，即与时钟脉冲同步。

异步时序逻辑电路没有统一的时钟脉冲，触发器的时钟端连接不完全相同，所以，各个触发器状态不能同时发生变化，即与时钟脉冲不同步。

一般来说，同步时序逻辑电路的工作速度比异步时序逻辑电路快，但它的结构比异步时序逻辑电路复杂。

3) 根据输出信号的特点划分

根据电路中有无输入信号，可以把时序逻辑电路划分为米利(Mealy)型和穆尔(Moore)型两种。

米利型电路中有输入信号，输出信号不仅取决于存储电路的状态，而且取决于电路输入变量。

穆尔型电路中没有输入信号，输出信号仅仅取决于存储电路的状态。可见，穆尔型电路只不过是米利型电路的一种特例而已。

此外，根据电路能否编程，时序逻辑电路有可编程时序电路和不可编程时序电路之分；根据集成度不同，有 SSI、MSI、LSI、VLSI 之分；根据使用的开关元件类型，还有 TTL 电路和 CMOS 电路等之分。

### 5.1.2 时序逻辑电路的分析方法

时序逻辑电路的分析，就是要找出给定电路的逻辑功能，具体说就是要找出电路的状态和输出在输入变量和时钟信号作用下的变化规律。

### 1. 分析的一般步骤

时序逻辑电路的分析一般按如下步骤进行。

1) 写方程式

根据给出的时序逻辑电路分析电路的类型，根据输入、输出的关系写出以下方程。

(1) 时钟方程：各个触发器时钟信号的逻辑表达式。

(2) 驱动方程：各个触发器的同步输入信号的逻辑表达式。

(3) 输出方程：时序逻辑电路中各个输出信号的逻辑表达式。

2) 求状态方程

把驱动方程代入相应触发器的特性方程，即求出时序电路的状态方程，也就是各个触发器次态输出的逻辑表达式。

3) 计算求次态

把输入逻辑变量和电路的所有初始状态代入状态方程和输出方程，经计算得到相应次态和输出值，得到状态表。这里要注意以下几点。

(1) 状态方程有有效的时钟条件，凡不具备时钟条件者，方程无效，也就是说触发器将保持原来状态不变。

(2) 电路的初态，就是组成该电路的所有触发器状态的组合。

(3) 在进行计算时，不能漏掉任何可能出现的输入变量的取值和初始状态。

(4) 如果计算现态的起始值给定了，可以从起始值开始依次进行计算；倘若未给出起始值，可以根据输入变量的取值和初始状态的设定把所有可能出现的情况列出来，然后依次计算相应次态和输出。

4) 列出状态表，画出状态图或时序图

根据步骤 3)的计算，列出状态表，即次态和输出与初态和输入之间的关系列表。此时倘若逻辑功能不明显，可以根据状态表中的状态转换规律画出状态图或时序图。

5) 说明电路功能

根据状态表、状态图或时序图说明电路的逻辑功能。但是，在实际应用中，输入信号、输出信号和电路的状态都有确定的物理含义，因此常常需要结合信号的物理含义来进一步说明电路的具体功能。

同步时序逻辑电路和异步时序逻辑电路在时钟端的连接方式上有所不同，所以在分析方法上也有所区别，下面分别来讨论这两种电路的分析方法。

### 2. 分析例题

**【例 5.1】** 根据图 5.2 所示时序电路，画出其状态图、时序图，并分析其逻辑功能。

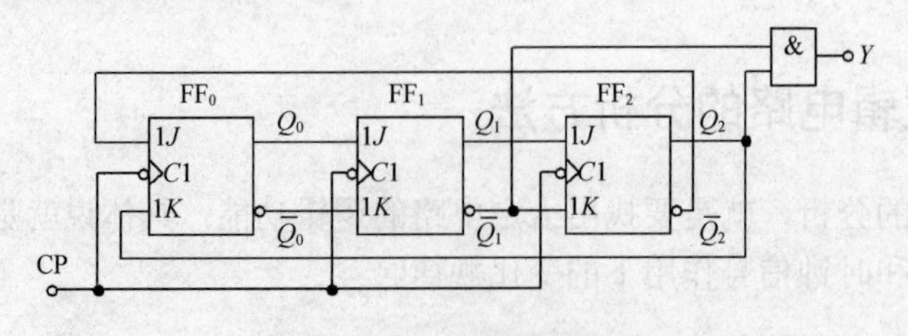


图 5.2 例 5.1 的时序电路

**解：**

(1) 写方程式。

① 时钟方程为

$$CP_2 = CP_1 = CP_0 = CP \tag{5.4}$$

由图 5.2 可知，时序电路是一个同步时序电路。对于同步时序电路，因为各个触发器的时钟信号相同，时钟方程可以省略不写。

② 输出方程为

$$Y = \bar{Q}_1^n Q_2^n \tag{5.5}$$

由输出方程可知，图 5.2 所示时序电路的输出仅与电路现态有关，是一个比较简单的穆尔型时序电路。

③ 驱动方程为

$$\begin{cases} J_2 = Q_1^n & K_2 = \bar{Q}_1^n \\ J_1 = Q_0^n & K_1 = \bar{Q}_0^n \\ J_0 = \bar{Q}_2^n & K_0 = Q_2^n \end{cases} \tag{5.6}$$

(2) 求状态方程。

JK 触发器的特性方程为

$$Q^{n+1} = J\bar{Q}^n + \bar{K}Q^n \tag{5.7}$$

把式(5.6)分别代入式(5.7)，可得电路的状态方程为

$$\begin{cases} Q_2^{n+1} = J_2\bar{Q}_2^n + \bar{K}_2Q_2^n = Q_1^n\bar{Q}_2^n + Q_1^nQ_2^n = Q_1^n \\ Q_1^{n+1} = J_1\bar{Q}_1^n + \bar{K}_1Q_1^n = Q_0^n\bar{Q}_1^n + Q_0^nQ_1^n = Q_0^n \\ Q_0^{n+1} = J_0\bar{Q}_0^n + \bar{K}_0Q_0^n = \bar{Q}_2^n\bar{Q}_0^n + \bar{Q}_2^nQ_0^n = \bar{Q}_2^n \end{cases} \tag{5.8}$$

(3) 计算。

依次假设电路的现态 $Q_2^nQ_1^nQ_0^n$，代入状态方程式(5.8)和输出方程式(5.5)，通过计算求出相应的次态和输出，计算结果如表 5.1 所示。此表即为电路的状态表。

**表 5.1　例 5.1 的状态表**

| 现　态 | | | 次　态 | | | 输　出 |
|---|---|---|---|---|---|---|
| $Q_2^n$ | $Q_1^n$ | $Q_0^n$ | $Q_2^{n+1}$ | $Q_1^{n+1}$ | $Q_0^{n+1}$ | Y |
| 0 | 0 | 0 | 0 | 0 | 1 | 0 |
| 0 | 0 | 1 | 0 | 1 | 1 | 0 |
| 0 | 1 | 0 | 1 | 0 | 1 | 0 |
| 0 | 1 | 1 | 1 | 1 | 1 | 0 |
| 1 | 0 | 0 | 0 | 0 | 0 | 1 |
| 1 | 0 | 1 | 0 | 1 | 0 | 1 |
| 1 | 1 | 0 | 1 | 0 | 0 | 0 |
| 1 | 1 | 1 | 1 | 1 | 0 | 0 |

(4) 画出状态图、时序图。

根据状态表可以分别画出电路的状态图和时序图，如图 5.3 和图 5.4 所示。

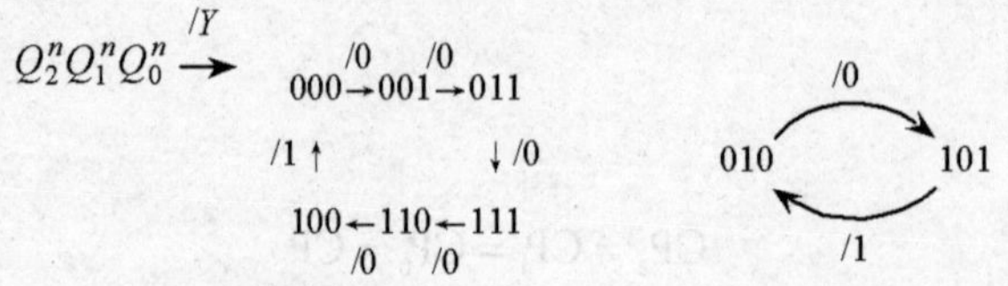

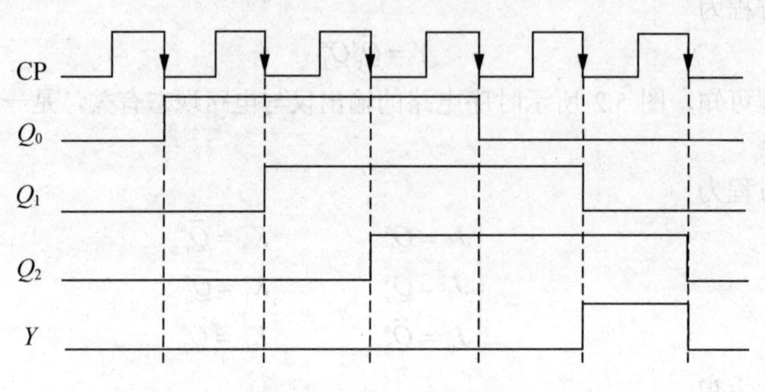


图 5.3 例 5.1 的状态图



图 5.4 例 5.1 的时序图

为便于用实验观察的方法检查时序电路的逻辑功能，还可以将状态表的内容画成时间波形的形式。在时钟脉冲序列作用下，电路状态、输出状态随时间变化的波形图称为时序图。

(5) 电路功能。

有效循环的六个状态在时钟脉冲 CP 的作用下，按循环码规律变化，即

$$000→001→011→111→110→100→000→\cdots$$

所以可以将此电路看作是一个三位循环码的发生器。当来第 6 个脉冲时，输出 $Y$=1，发生器又重新回到 000 状态。

【例 5.2】 根据图 5.5 所示时序电路，画出其状态图、时序图，并分析其逻辑功能。

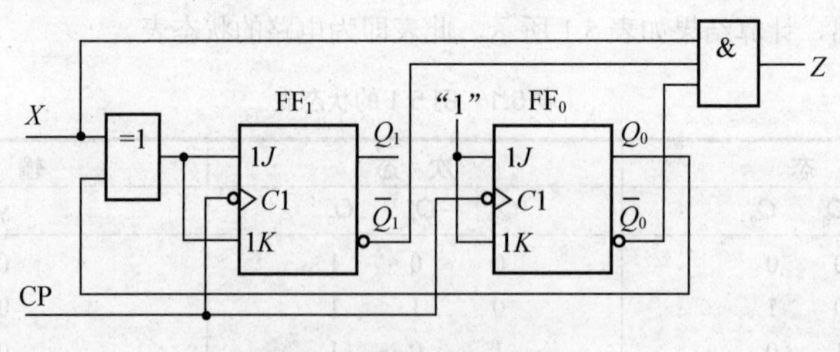


图 5.5 例 5.2 的时序电路

**解：**

(1) 写方程式。

① 时钟方程。

因为图 5.5 所示电路是同步时序电路，时钟方程可以省略不写。

② 输出方程为

$$Z = X\overline{Q}_1^n\overline{Q}_0^n \tag{5.9}$$

由输出方程可知，图 5.5 所示时序电路的输出不仅与电路现态有关，还和电路的输入有关，是一个米利型时序电路。

③ 驱动方程为

$$\begin{cases} J_0 = K_0 = 1 \\ J_1 = K_1 = X \oplus Q_0^n \end{cases} \tag{5.10}$$

(2) 求状态方程。

JK 触发器的特性方程为

$$Q^{n+1} = J\overline{Q}^n + \overline{K}Q^n \tag{5.11}$$

把式(5.10)分别代入式(5.11)，可得电路的状态方程为

$$\begin{cases} Q_1^{n+1} = J_1\overline{Q}_1^n + \overline{K}_1 Q_1^n = (X \oplus Q_0^n)\overline{Q}_1^n + \overline{X \oplus Q_0^n} Q_1^n = X \oplus Q_0^n \oplus Q_1^n \\ Q_0^{n+1} = J_0\overline{Q}_0^n + \overline{K}_0 Q_0^n = \overline{Q}_0^n \end{cases} \tag{5.12}$$

(3) 计算。

依次假设电路的现态 $Q_1^nQ_0^n$，代入状态方程式(5.12)和输出方程式(5.9)，通过计算求出相应的次态和输出，计算结果如表 5.2 所示。此表即为电路的状态表。

表 5.2 例 5.2 的状态表

| 输 入 | 现 态 | | 次 态 | | 输 出 |
|---|---|---|---|---|---|
| $X$ | $Q_1^n$ | $Q_0^n$ | $Q_1^{n+1}$ | $Q_0^{n+1}$ | $Z$ |
| 0 | 0 | 0 | 0 | 1 | 0 |
| 0 | 0 | 1 | 1 | 0 | 0 |
| 0 | 1 | 0 | 1 | 1 | 0 |
| 0 | 1 | 1 | 0 | 0 | 0 |
| 1 | 0 | 0 | 1 | 1 | 1 |
| 1 | 0 | 1 | 0 | 0 | 0 |
| 1 | 1 | 0 | 0 | 1 | 0 |
| 1 | 1 | 1 | 1 | 0 | 0 |

(4) 画出状态图、时序图。

电路的状态图和时序图分别如图 5.6 和图 5.7 所示。

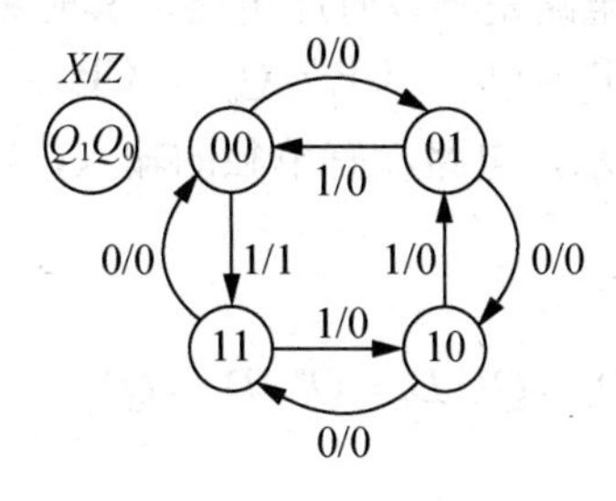


图 5.6 例 5.2 的状态图

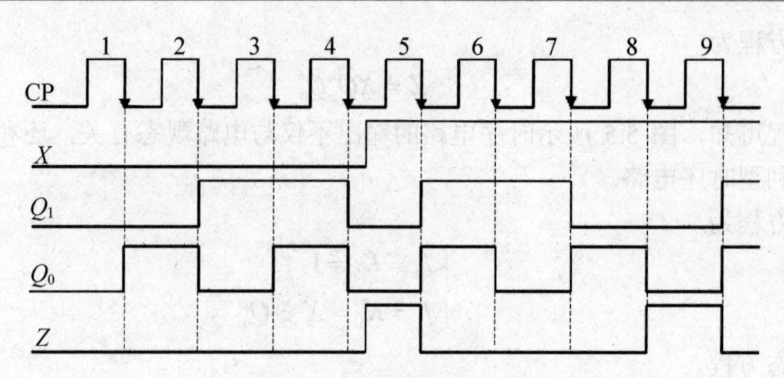


图 5.7　例 5.2 的时序图

(5) 电路功能。

由状态图可以看出，当外部输入 $X$=0 时，在时钟脉冲 CP 的作用下，电路的四个状态按递增规律循环变化，即

$$00 \to 01 \to 10 \to 11 \to 00 \to \cdots$$

实现了模 4 加法计数器的功能。

当 $X$=1 时，在时钟脉冲 CP 的作用下，电路的四个状态按递减规律循环变化，即

$$00 \to 11 \to 10 \to 01 \to 00 \to \cdots$$

实现了模 4 减法计数器的功能。

所以，该电路是一个同步模 4 可逆计数器。$X$ 为加/减控制信号，$Z$ 为借位输出。

**【例 5.3】** 根据图 5.8 所示时序电路，画出其状态图、时序图，并分析其逻辑功能。

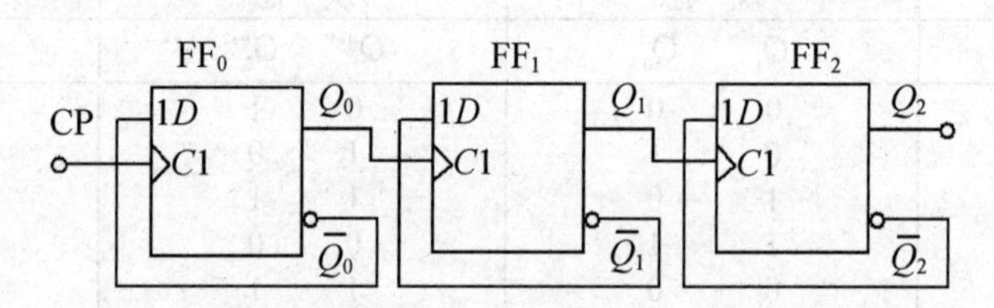


图 5.8　例 5.3 的时序电路

**解：**

(1) 写方程式。

① 时钟方程。图 5.8 所示电路是异步时序电路，其时钟方程为

$$\mathrm{CP}_2 = Q_1 \quad \mathrm{CP}_1 = Q_0 \quad \mathrm{CP}_0 = \mathrm{CP} \tag{5.13}$$

② 输出方程。如图 5.8 所示，电路没有单独的输入，电路的状态直接作为输出，为穆尔型时序电路。

③ 驱动方程为

$$D_2 = \overline{Q}_2^n \quad D_1 = \overline{Q}_1^n \quad D_0 = \overline{Q}_0^n \tag{5.14}$$

(2) 求状态方程。

D 触发器的特性方程为

$$Q^{n+1} = D \tag{5.15}$$

把式(5.14)分别代入式(5.15)，可得电路的状态方程为

$$\begin{cases} Q_2^{n+1} = D_2 = \bar{Q}_2^n & Q_1\text{上升沿时刻有效} \\ Q_1^{n+1} = D_1 = \bar{Q}_1^n & Q_0\text{上升沿时刻有效} \\ Q_0^{n+1} = D_0 = \bar{Q}_0^n & \text{CP上升沿时刻有效} \end{cases} \tag{5.16}$$

(3) 计算。

次态的计算结果如表 5.3 所示。

表 5.3 例 5.3 的状态表

| 现态 | | | 次态 | | | 注 |
|---|---|---|---|---|---|---|
| $Q_2^n$ | $Q_1^n$ | $Q_0^n$ | $Q_2^{n+1}$ | $Q_1^{n+1}$ | $Q_0^{n+1}$ | 时钟条件 |
| 0 | 0 | 0 | 1 | 1 | 1 | $CP_2CP_1CP_0$ |
| 0 | 0 | 1 | 0 | 0 | 0 | $CP_0$ |
| 0 | 1 | 0 | 0 | 0 | 1 | $CP_1CP_0$ |
| 0 | 1 | 1 | 0 | 1 | 0 | $CP_0$ |
| 1 | 0 | 0 | 0 | 1 | 1 | $CP_2CP_1CP_0$ |
| 1 | 0 | 1 | 1 | 0 | 0 | $CP_0$ |
| 1 | 1 | 0 | 1 | 0 | 1 | $CP_1CP_0$ |
| 1 | 1 | 1 | 1 | 1 | 0 | $CP_0$ |

(4) 画出状态图、时序图。

状态图和时序图分别如图 5.9 和图 5.10 所示。

$Q_2^nQ_1^nQ_0^n \rightarrow$

000←001←010←011

↓ ↑

111→110→101→100

图 5.9 例 5.3 的状态图

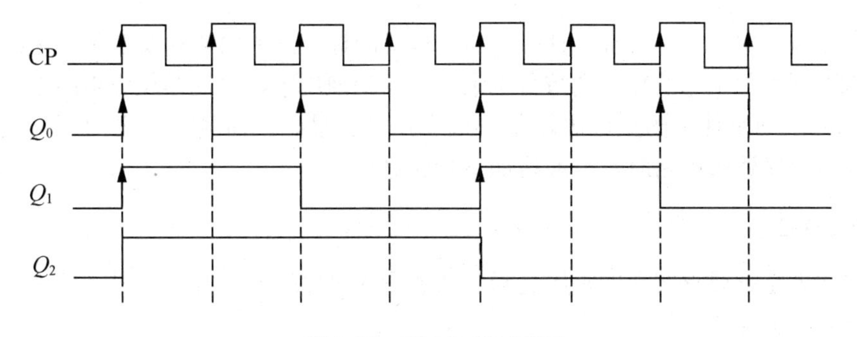


图 5.10 例 5.3 的时序图

(5) 电路功能。

由状态图可以看出，在时钟脉冲 CP 的作用下，电路的八个状态按二进制递减规律循环

变化，即

$$000\rightarrow111\rightarrow110\rightarrow101\rightarrow100\rightarrow011\rightarrow010\rightarrow001\rightarrow000\rightarrow\cdots$$

此电路具有递减计数功能，是一个三位二进制异步减法计数器。

### 3. 几个基本概念

本节根据以上三个例题，阐述了时序逻辑电路的分析方法，在此补充说明几个概念。

1) 有效状态

在时序逻辑电路中，凡是用到了的状态，都称为有效状态。例如，例 5.1 中的 000、001、011、111、110、100 这六个状态就称为此电路的有效状态。

2) 无效状态

在时序逻辑电路中，凡是没有被用到的状态，都称为无效状态。例如，例 5.1 中的 010、101 这两个状态就称为此电路的无效状态。

3) 有效循环与无效循环

在时序逻辑电路中，凡是由有效状态组成的循环就称为有效循环；类似的，由无效状态组成的循环就称为无效循环。

4) 能自启动与不能自启动

由以上可以看出，实现电路正常的功能应该是在有效循环内进行循环，否则就是非正常工作状态。有时，由于某种原因，电路进入无效状态，而此时电路是否能在时钟脉冲的输入下自动转入有效循环则取决于电路的状态转换。若此时电路在有限个脉冲的输入下自动进入有效循环，进行正常工作，则称此电路能自启动；若此时电路在有限个脉冲的输入下不能进入有效循环，而是在无效状态之间形成了循环，即无效循环，则称此电路不能自启动。

图 5.2 所示的时序逻辑电路即存在无效状态 010、101，又形成了无效循环，如图 5.3(b) 所示，因此，该时序逻辑电路是一个不能自启动的时序逻辑电路。在这种电路中，一旦因为某种原因(如干扰等)使得电路进入无效循环，就回不到有效循环了。

## 5.1.3 时序逻辑电路的设计方法

在设计时序逻辑电路时，要根据给出的逻辑问题，求出实现这一逻辑功能的逻辑电路，所得到的结果应尽量简单。

当选用小规模集成电路进行设计时，电路最简的标准是所用的触发器和门电路的数目最少，而且触发器和门电路的输入端数目也最少。而当使用中、大规模集成电路进行设计时，电路最简的标准则是使用的集成电路数目最少，种类最少，而且互相之间的连线也最少。

设计同步时序逻辑电路时，一般按如下步骤进行。

### 1. 功能描述

功能描述就是把要求实现的时序逻辑状态表示为时序逻辑函数，可以用状态表的形式，也可以用状态图的形式，具体如下。

(1) 分析给定的逻辑问题，确定输入变量、输出变量以及电路的状态数。通常取原因(条件)为输入逻辑变量，取结果为输出逻辑变量。

(2) 定义输入、输出逻辑状态和每个电路状态的含义，并将电路状态顺序编号。

(3) 按照题意列出电路的状态表或画出电路的状态图。

这样，就把给定的逻辑问题抽象为一个时序逻辑函数了。

### 2．状态化简

1) 确定等价状态

原始状态图中，凡是在输入相同时，输出相同、要转换到的次态也相同的状态，都是等价状态。

2) 合并等价状态

对电路外部特性来说，等价状态是重复的，可以合并为一个。将多余的状态去掉，即可画出最简状态图。

### 3．状态分配

状态分配又称状态编码，具体做法如下。

1) 确定二进制代码位数

时序逻辑电路的状态是用触发器状态的不同组合来表示的。首先要确定触发器的数目 $n$。因为 $n$ 个触发器共有 $2^n$ 种状态组合，所以为获得时序电路所需的 $M$ 个状态，必须取

$$2^{n-1} \leqslant M \leqslant 2^n \tag{5.17}$$

2) 对电路状态进行编码

要给每个电路状态规定对应的触发器状态组合。每组触发器的状态组合都是一组二进制代码，因而状态分配也就是状态编码。在 $M < 2^n$ 的情况下，从 $2^n$ 种状态中取 $M$ 个状态的组合可以有多种不同的方案，而每个方案中 $M$ 个状态的排列顺序又有许多种。如果编码方案选择得当，设计结果可以很简单；相反，如果编码方案选得不好，设计出来的电路就会复杂得多，这里需要一定的技巧。

一般来说，为便于记忆和识别，选用的状态编码及其排列顺序都要遵循一定的规律。

3) 画出编码后的状态图

状态编码方案确定后，可根据状态编码排列顺序画出状态图。在状态图中，电路次态、输出与现态以及输入间的函数关系都被规定了，进而可以写出电路的状态方程、驱动方程和输出方程。

### 4．选择触发器，求时钟方程、输出方程和状态方程

1) 选择触发器

可供选择的触发器有 JK 触发器和 D 触发器，前者功能齐全、使用灵活；后者控制简单、设计容易，在中、大规模集成电路中应用广泛。触发器的个数和状态图中二进制代码的位数一致。

2) 求时钟方程

对于同步方案，设计非常简单，各个触发器的时钟信号都输入 CP 脉冲即可。

对于异步方案，设计比较复杂。比较直观方便的方法是先根据状态图画出时序图，然后从翻转要求出发，为触发器选择合适的时钟信号。选择规则：①要满足翻转要求，即在电路状态翻转时，凡是要翻转的触发器都能获得需要的时钟触发沿；②触发沿越少越好，即在满

足翻转要求的前提下，在一个状态循环周期中，对一个触发器来说，触发沿越少越好。

3) 求输出方程

从状态图中规定的输出与现态和输入的逻辑关系，可以利用公式化简或者卡诺图化简求出最简与或式。在化简的过程中，要注意无效或不会出现的状态应作为约束项来处理。

4) 求状态方程

(1) 采用同步方案时，根据状态图尽量利用约束项求出次态关于现态和输入的最简与或式。

(2) 采用异步方案时，若注意一些特殊的约束项的确认和处理，则可以得到更简单的状态方程。

① 约束项的确认。

电路无效状态对应的最小项可当成约束项处理，这和同步方案中的情况没有区别，而且对于各个触发器的次态函数都适用。

对于输入 CP 信号时，电路中不具备时钟条件的触发器，例如 $FF_i$ 的次态 $Q_i^{n+1}$ 来说，该时刻电路的现态所对应的最小项也可以当成约束项。因为不具备时钟条件，$FF_i$ 反正会保持原来状态不变，把这种最小项当成 0 还是 1 都无所谓。

② 约束项的应用。

在求状态方程时，要充分地利用约束项进行化简，尤其是在求某些时刻不具备时钟条件的触发器的次态方程时。这正是异步时序电路总是比同步时序电路简单的根本原因。

### 5. 求驱动方程

(1) 变换状态方程，使之具有和触发器特性方程相一致的表达式形式。

(2) 将状态方程与特性方程进行比较，按照变量相同、系数相等、两个方程必等的原则，求出驱动方程，即各个触发器同步输入端信号的逻辑表达式。

### 6. 画逻辑图

(1) 先画出触发器，并且按照先后顺序编号。

(2) 按照时钟方程、驱动方程和输出方程连线。有时还需要对驱动方程和输出方程做适当变换，以便利用规定或已有的门电路。

### 7. 检查设计的电路能否自启动

(1) 将电路无效状态依次代入状态方程进行计算，观察在输入 CP 信号操作下能否回到有效状态。如果无效状态形成了循环，则设计电路不能自启动，反之是能自启动的。注意，进行计算时所使用的应该是与特性方程做比较的状态方程，该方程就自身来说不一定是最简的。

(2) 若电路不能自启动，则应该采取措施予以解决。例如，修改设计重新进行状态分配，或利用触发器的异步输入端强行预置到有效状态等。

### 8. 设计例题

根据以上介绍的设计步骤和方法，下面通过几个例题进行具体说明。

【例 5.4】 设计一个按自然态序变化的七进制同步加法计数器，计数规则为逢七进一，产生一个进位输出。

**解：**

(1) 建立原始状态图。

根据题意，可以直接把按自然态序加法计数的 0～6 共七个状态分别用二进制来表示，可得其原始状态图如图 5.11 所示，该状态图已经是最简状态图，并且已经进行了状态分配。

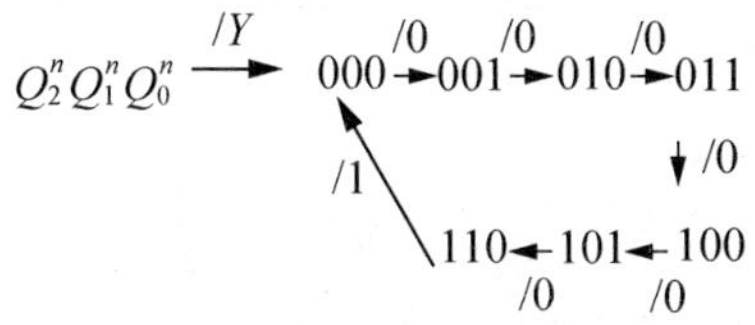

$Q_2^nQ_1^nQ_0^n \xrightarrow{/Y}$ 000 →/0→ 001 →/0→ 010 →/0→ 011 ↓/0 100 →/0→ 101 →/0→ 110 →/1→ 000

图 5.11　例 5.4 的原始状态图

(2) 选择触发器，求时钟方程、输出方程、状态方程、驱动方程。

① 选择触发器。因需用三位二进制代码，故选用三个 CP 下降沿触发的 JK 触发器，分别用 $FF_0$、$FF_1$、$FF_2$ 表示。

② 求时钟方程。由于要求采用同步方案，故时钟方程为

$$CP_0 = CP_1 = CP_2 = CP \tag{5.18}$$

CP 是整个要设计的时序电路的输入时钟脉冲。

③ 求输出方程。

确定约束项：从图 5.11 所示的状态图可以看出还有 111 状态没有出现，显然是不使用的无效状态，其对应的最小项 $Q_2^nQ_1^nQ_0^n$ 是约束项。

由图 5.11 所示的状态图给出的输出与现态之间的逻辑关系，可以直接画出输出信号 $Y$ 的卡诺图，如图 5.12 所示。

由图 5.12 所示 $Y$ 的卡诺图可得

$$Y = Q_1^nQ_2^n \tag{5.19}$$

④ 求状态方程。由图 5.11 所示的状态图可直接画出如图 5.13 所示的 $Q_2^{n+1}Q_1^{n+1}Q_0^{n+1}$ 次态的卡诺图。对其进行分解，分别得到各触发器次态的卡诺图如图 5.14 所示。

| $Q_0^n$ \ $Q_2^nQ_1^n$ | 00 | 01 | 11 | 10 |
|---|---|---|---|---|
| 0 | 0 | 0 | 1 | 0 |
| 1 | 0 | 0 | × | 0 |

图 5.12　例 5.4 的卡诺图

| $Q_0^n$ \ $Q_2^nQ_1^n$ | 00 | 01 | 11 | 10 |
|---|---|---|---|---|
| 0 | 001 | 011 | 000 | 101 |
| 1 | 010 | 100 | ××× | 110 |

图 5.13　$Q_2^{n+1}Q_1^{n+1}Q_0^{n+1}$ 次态的卡诺图

| $Q_0^n$ \ $Q_2^nQ_1^n$ | 00 | 01 | 11 | 10 |
|---|---|---|---|---|
| 0 | 1 | 1 | 0 | 1 |
| 1 | 0 | 0 | × | 0 |

(a) $Q_0^{n+1}$ 的卡诺图

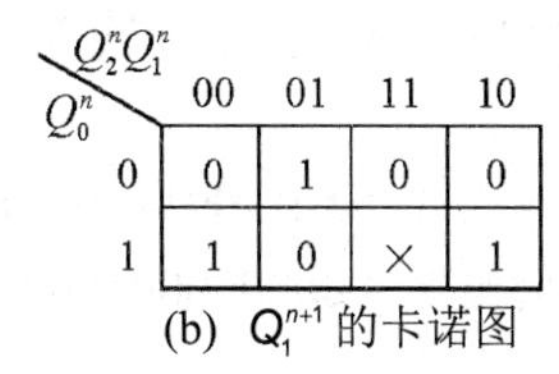


(b) $Q_1^{n+1}$ 的卡诺图

| $Q_0^n$ \ $Q_2^nQ_1^n$ | 00 | 01 | 11 | 10 |
|---|---|---|---|---|
| 0 | 0 | 0 | 0 | 1 |
| 1 | 0 | 1 | × | 1 |

(c) $Q_2^{n+1}$ 的卡诺图

图 5.14　各触发器次态的卡诺图

根据图 5.14 所示的各触发器次态的卡诺图容易得到各触发器的状态方程为

$$\begin{cases} Q_0^{n+1} = \bar{Q}_2^n\bar{Q}_0^n + \bar{Q}_1^n\bar{Q}_0^n \\ \qquad\ = \overline{Q_2^n Q_1^n}\bar{Q}_0^n + \bar{1}Q_0^n \\ Q_1^{n+1} = Q_0^n\bar{Q}_1^n + \bar{Q}_2^n\bar{Q}_0^n Q_1^n \\ Q_2^{n+1} = Q_1^n Q_0^n\bar{Q}_2^n + \bar{Q}_1^n Q_2^n \end{cases} \tag{5.20}$$

(3) 求驱动方程。

JK 触发器的特性方程为

$$Q^{n+1} = J\bar{Q}^n + \bar{K}Q^n \tag{5.21}$$

比较式(5.20)和式(5.21)，得到驱动方程为

$$\begin{cases} J_0 = \overline{Q_2^n Q_1^n} \quad K_0 = 1 \\ J_1 = Q_0^n \quad K_1 = \overline{\bar{Q}_2^n\bar{Q}_0^n} \\ J_2 = Q_1^n Q_0^n \quad K_2 = Q_1^n \end{cases} \tag{5.22}$$

(4) 画逻辑图。

根据所选的触发器和时钟方程、输出方程和驱动方程，便可以画出如图 5.15 所示的逻辑图。

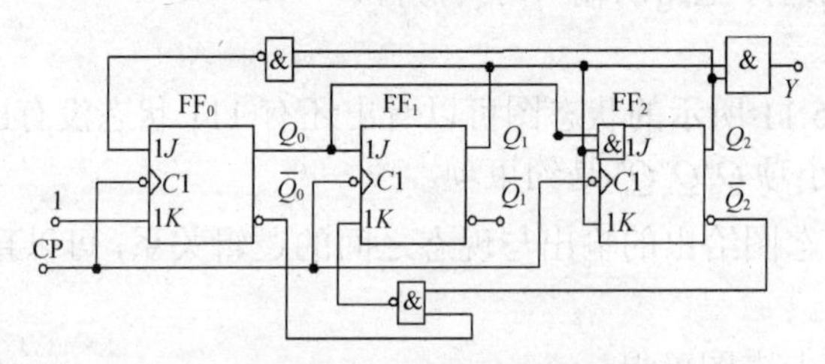


图 5.15　例 5.4 的逻辑图

(5) 检查电路能否自启动。

将无效状态 111 代入状态方程式(5.20)，计算可得

$$\begin{cases} Q_0^{n+1} = \overline{Q_2^n Q_1^n}\bar{Q}_0^n + \bar{1}Q_0^n = 0 \\ Q_1^{n+1} = Q_0^n\bar{Q}_1^n + \bar{Q}_2^n\bar{Q}_0^n Q_1^n = 0 \\ Q_2^{n+1} = Q_1^n Q_0^n\bar{Q}_2^n + \bar{Q}_1^n Q_2^n = 0 \end{cases} \tag{5.23}$$

可见 111 的次态为有效状态 000，因此所设计的电路能够自启动。

图 5.15 所示是穆尔型的时序电路，因为其输出 $Y = Q_1^n Q_2^n$，仅取决于电路的现态。

**【例 5.5】** 设计一个串行数据检测电路，当连续输入三个或三个以上的 1 时，电路的输出为 1，其他情况下输出为 0。例如：

输入 $X$　101100111011110

输出 $Y$　000000001000110

**解：**

(1) 进行逻辑抽象，建立原始状态图。

检测电路的输入信号是串行数据，输出信号是检测结果，从起始状态出发，要记录连续

输入三个和三个以上 1 的情况，大体上应设置四个内部状态，即取 $M$=4。

现在用 $X$ 和 $Y$ 分别表示输入数据和输出信号，用 $S_0$ 表示起始状态，用 $S_1$、$S_2$、$S_3$ 表示连续输入一个 1、两个 1、三个 1 和三个以上 1 时电路的状态。

根据题意，建立如图 5.16 所示的原始状态图。设电路开始处于初始状态 $S_0$。第一次输入 1 时，由状态 $S_0$ 转入状态 $S_1$，并输出 0；若继续输入 1，由状态 $S_1$ 转入状态 $S_2$，并输出 0；如果仍接着输入 1，由状态 $S_2$ 转入状态 $S_3$，并输出 1；此后若继续输入 1，电路仍停留在状态 $S_3$，并输出 1。而当电路无论处在什么状态时，只要输入 0，都应回到初始状态 $S_0$，并输出 0，以便重新检测。

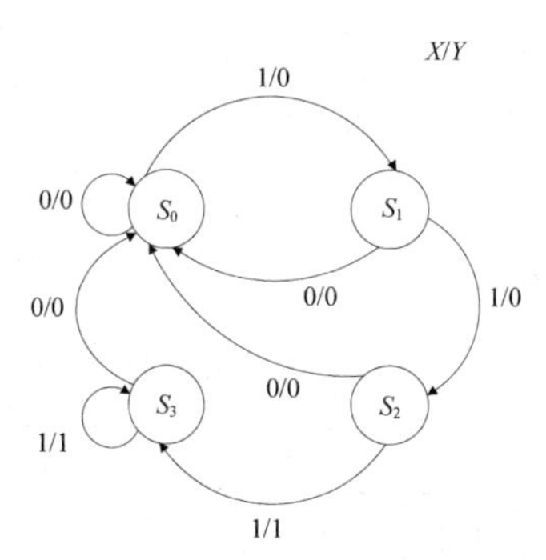


图 5.16　例 5.5 的原始状态图

(2)　进行状态化简。

在图 5.16 所示的原始状态图中，状态 $S_2$ 和 $S_3$ 等价。因为它们在输入为 1 时输出都为 1，且都转换到次态 $S_3$；在输入为 0 时输出都为 0，且都转换到次态 $S_0$。所以它们可以合并为一个状态，合并后的状态用 $S_2$ 表示。化简后的最简状态图如图 5.17 所示。

(3)　状态分配。

因为状态数 $M$=3，触发器的数目取 $n$=2，状态编码为

$$S_0=00 \qquad S_1=01 \qquad S_2=10$$

则编码后的二进制状态图如图 5.18 所示。

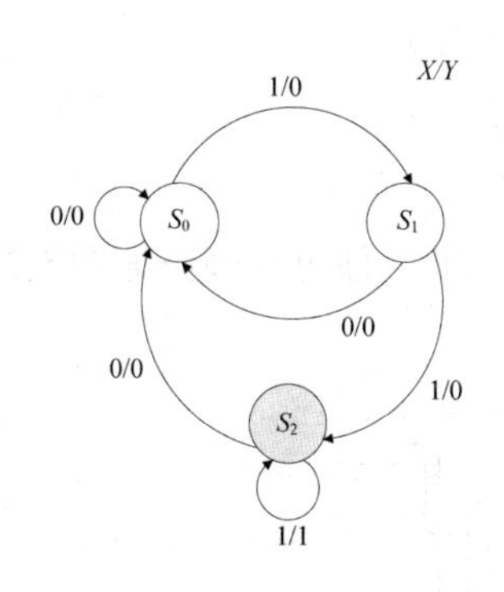


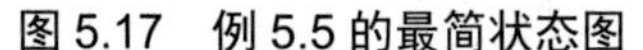

图 5.17　例 5.5 的最简状态图

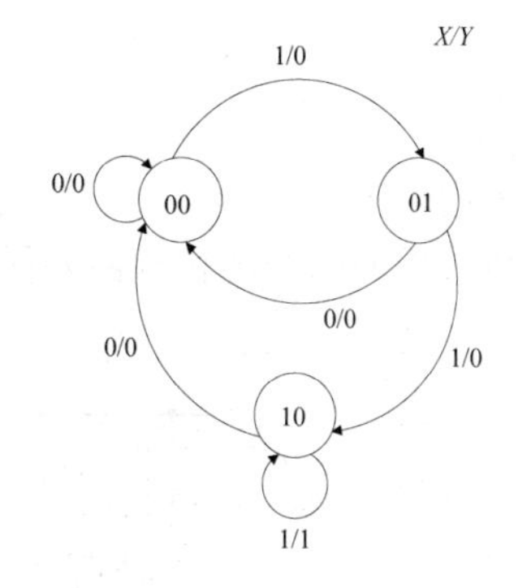


图 5.18　例 5.5 的二进制状态图

(4)　选择触发器，求时钟方程、输出方程和状态方程。

①　选用两个 CP 下降沿触发的 JK 触发器，分别用 $FF_0$、$FF_1$ 表示。

②　采用同步方案，即时钟方程为

$$CP_0 = CP_1 = CP \tag{5.24}$$

③ 求输出方程。图 5.19 是根据图 5.18 画出的输出信号 $Y$ 的卡诺图，可得输出方程为

$$Y = XQ_1^n \tag{5.25}$$

④ 求状态方程。根据图 5.18 所示的状态图，可画出如图 5.20 所示的电路次态卡诺图。图 5.21 所示的是触发器的次态卡诺图。由图 5.21 可得电路状态方程为

$$\begin{cases} Q_1^{n+1} = XQ_0^n\bar{Q}_1^n + XQ_1^n \\ Q_0^{n+1} = X\bar{Q}_1^n\bar{Q}_0^n \end{cases} \tag{5.26}$$

| $X$ \ $Q_1^nQ_0^n$ | 00 | 01 | 11 | 10 |
|---|---|---|---|---|
| 0 | 0 | 0 | × | 0 |
| 1 | 0 | 0 | × | 1 |

图 5.19 Y 的卡诺图

| $X$ \ $Q_1^nQ_0^n$ | 00 | 01 | 11 | 10 |
|---|---|---|---|---|
| 0 | 00 | 00 | ×× | 00 |
| 1 | 01 | 10 | ×× | 10 |

图 5.20 电路次态卡诺图

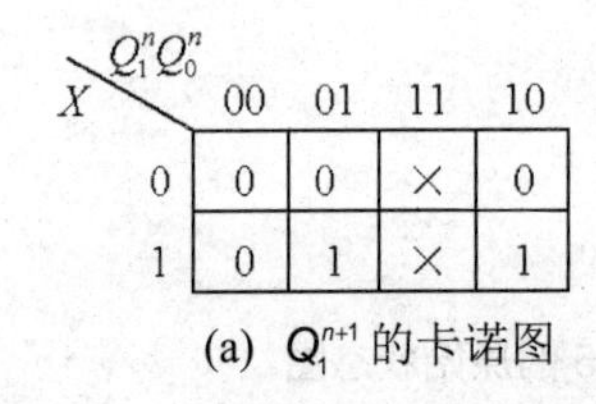

| $X$ \ $Q_1^nQ_0^n$ | 00 | 01 | 11 | 10 |
|---|---|---|---|---|
| 0 | 0 | 0 | × | 0 |
| 1 | 0 | 1 | × | 1 |

(a) $Q_1^{n+1}$ 的卡诺图

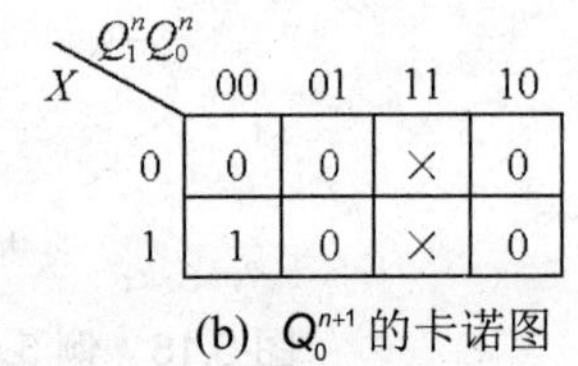

| $X$ \ $Q_1^nQ_0^n$ | 00 | 01 | 11 | 10 |
|---|---|---|---|---|
| 0 | 0 | 0 | × | 0 |
| 1 | 1 | 0 | × | 0 |

(b) $Q_0^{n+1}$ 的卡诺图

图 5.21 触发器的次态卡诺图

(5) 求驱动方程。

将状态方程与 JK 触发器的特性方程进行比较(注意要将状态方程变成与 JK 触发器的特性方程一致的形式)，即

$$\begin{cases} Q_1^{n+1} = XQ_0^n\bar{Q}_1^n + XQ_1^n \\ Q_0^{n+1} = X\bar{Q}_1^n\bar{Q}_0^n + 0 \cdot Q_0^n \\ Q^{n+1} = J\bar{Q}^n + \bar{K}Q \end{cases} \tag{5.27}$$

可得驱动方程为

$$\begin{cases} J_1 = XQ_0^n \qquad K_1 = \bar{X} \\ J_0 = X\bar{Q}_1^n \qquad K_0 = 1 \end{cases} \tag{5.28}$$

(6) 画逻辑图。

根据所选用的触发器和时钟方程、驱动方程和输出方程，便可以画出如图 5.22 所示的逻辑图。

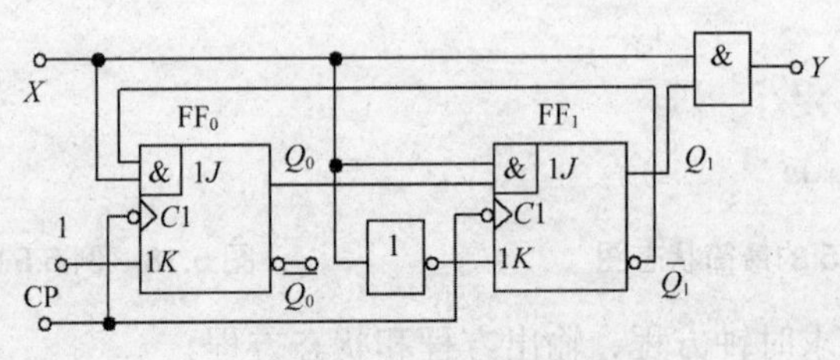


图 5.22 例 5.5 的逻辑图

(7) 检查电路能否自启动。

将无效状态 11 代入输出方程式(5.25)和状态方程式(5.26)，计算结果如下：

$$00 \xleftarrow{0/0} 11 \xrightarrow{1/1} 01$$

可见，设计的电路能够自启动。

**【例 5.6】** 设计一个异步时序电路，要求其状态图如图 5.23 所示。

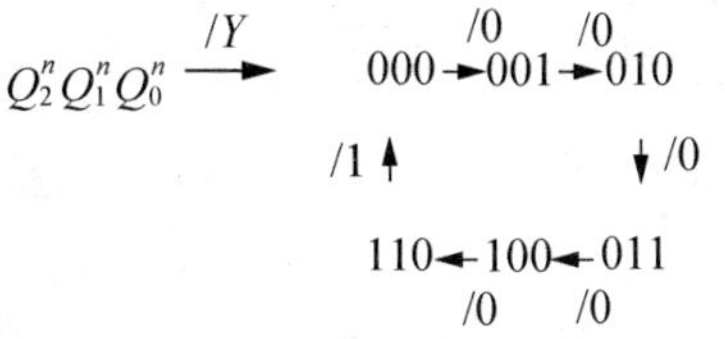

$Q_2^n Q_1^n Q_0^n \xrightarrow{/Y}$

$$\begin{array}{ccccc} 000 & \xrightarrow{/0} & 001 & \xrightarrow{/0} & 010 \\ \uparrow /1 & & & & \downarrow /0 \\ 110 & \xleftarrow{/0} & 100 & \xleftarrow{/0} & 011 \end{array}$$

图 5.23 例 5.6 的状态图

**解：**

(1) 选触发器，求时钟方程、输出方程和状态方程。

① 选触发器。选用三个 CP 上升沿触发的 D 触发器，分别用 $FF_0$、$FF_1$、$FF_2$ 表示。

② 采用异步方案，根据图 5.23 所示的状态图先画出时序图，如图 5.24 所示，然后根据翻转要求选择合适的时钟信号。选择时钟脉冲的一个基本原则是：在满足翻转要求的条件下，触发沿越少越好。

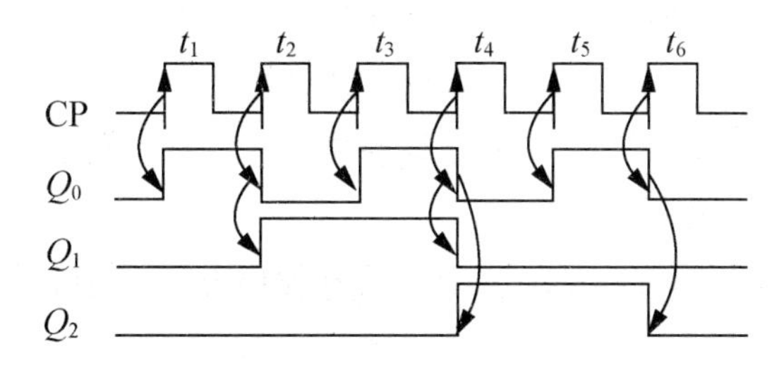


图 5.24 例 5.6 的时序图

由图 5.24 可知，$FF_0$ 在每输入一个 CP 上升沿时其状态翻转一次，$CP_0$ 只能选 CP。$FF_1$ 在 $t_2$、$t_4$ 时刻状态发生翻转，$CP_1$ 可选 $\overline{Q}_0$。$FF_2$ 在 $t_4$、$t_6$ 时刻状态发生翻转，$CP_2$ 可选 $\overline{Q}_0$。因此，时钟方程为

$$\begin{cases} CP_0 = CP \\ CP_1 = \overline{Q}_0 \\ CP_2 = \overline{Q}_0 \end{cases} \tag{5.29}$$

③ 求输出方程。图 5.25 是根据图 5.23 画出的输出信号 $Y$ 的卡诺图，可得输出方程为

$$Y = Q_2^n Q_0^n \tag{5.30}$$

④ 求状态方程。根据图 5.23 所示的状态图，可画出如图 5.26 所示的电路次态卡诺图。图 5.27 所示的是触发器的次态卡诺图(注：从图 5.26 转换到图 5.27 时，要把没有时钟信号的次态也作为任意项处理，以利于状态方程的化简)。由图 5.27 可得电路状态方程为

$$
\begin{cases}
Q_2^{n+1} = Q_1^n \\
Q_1^{n+1} = \overline{Q}_2^n \overline{Q}_1^n \\
Q_0^{n+1} = \overline{Q}_0^n
\end{cases}
\tag{5.31}
$$

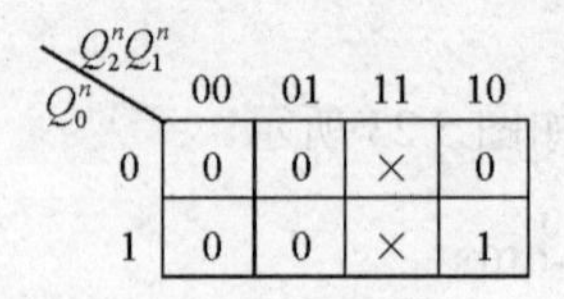


图 5.25　Y 的卡诺图

| $Q_0^n$ \ $Q_2^nQ_1^n$ | 00 | 01 | 11 | 10 |
|---|---|---|---|---|
| 0 | 001 | 011 | ××× | 101 |
| 1 | 010 | 100 | ××× | 000 |

图 5.26　电路次态卡诺图

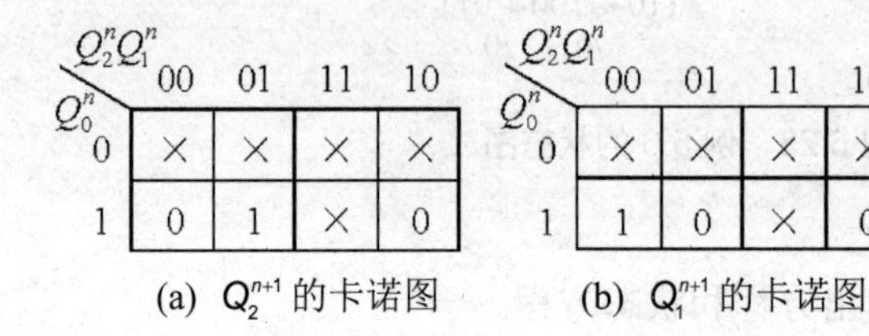


图 5.27　触发器的次态卡诺图

(2)　求驱动方程。

将状态方程与 D 触发器的特性方程 $Q^{n+1} = D$ 进行比较，可得驱动方程为

$$
\begin{cases}
D_0 = \overline{Q}_0^n \\
D_1 = \overline{Q}_2^n \overline{Q}_1^n \\
D_2 = Q_1^n
\end{cases}
\tag{5.32}
$$

(3)　画逻辑图。

根据所选用的触发器和时钟方程、驱动方程和输出方程，便可以画出如图 5.28 所示的逻辑图。

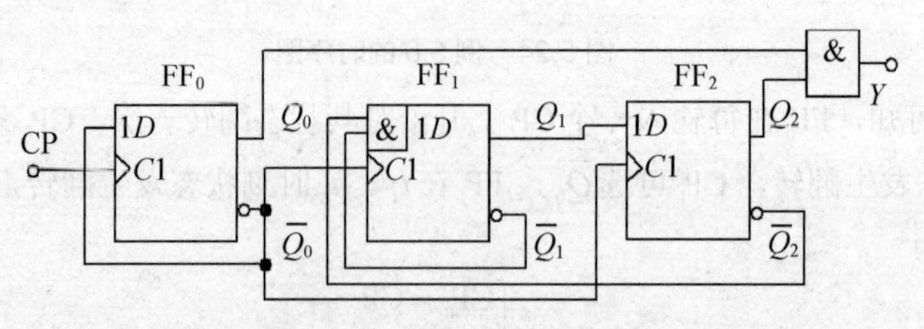


图 5.28　例 5.6 的逻辑图

(4)　检查电路能否自启动。

将无效状态 110、111 代入输出方程式(5.30)和状态方程式(5.31)，计算结果如下：

$$110 \xrightarrow{/0} 111 \xrightarrow{/1} 100$$

可见，设计的电路能够自启动。

# 5.2 计 数 器

## 5.2.1 计数器的特点和分类

### 1. 计数器的特点

在数字电路中，能够记忆输入脉冲个数的电路称为计数器。计数器是一个周期性的时序电路，其状态图有一个闭合环，闭合环循环一次所需要的时钟脉冲的个数称为计数器的模值 $M$。由 $n$ 个触发器构成的计数器，其模值 $M$ 一般应满足 $2^{n-1} < M \leqslant 2^n$。

计数器除了用于直接对时钟脉冲个数进行计数外，还可以用于定时器、分频器、程序控制器、信号发生器等多种数字设备中，有时甚至可以把它当作通用部件来实现时序电路的设计。因此，计数器几乎成为现代数字系统中不可缺少的组成部分。

### 2. 计数器的分类

计数器的种类繁多，可以从不同的角度来分类。

1) 按触发方式分类

计数器按触发方式可以分为同步计数器和异步计数器两种。

同步计数器采用统一的时钟，当计数脉冲来临时，要更新状态的触发器都是同时翻转的。从电路结构上看，计数器中各个时钟触发器的时钟信号都是输入计数脉冲。

异步计数器没有采用统一的时钟，当计数脉冲来临时，要更新状态的触发器有的先翻转有的后翻转，不会同时翻转。从电路结构上看，计数器中有的触发器的时钟是计数脉冲，有的触发器的时钟则是其他触发器的输出。

2) 按计数进制分类

计数器按计数进制可以分为二进制计数器、十进制计数器、十六进制计数器等。以 $N$ 进制为计数规律的计数器称为 $N$ 进制计数器。

3) 按计数容量分类

计数容量是指计数过程中所经历有效状态的个数，又称为计数器的模或计数长度。二进制计数器按照二进制规律计数，如果计数器中有 $n$ 个触发器，而这 $n$ 个触发器之间是以 2 为基数进行计数的，则此计数器的容量 $N = 2^n$，此计数器既可以叫二进制计数器，也可以叫 $2^n$ 计数器，只是它们是从不同的角度来命名计数器的。

4) 按计数增减趋势分类

计数器按计数增减趋势可以分为加法计数器、减法计数器和可逆计数器。随着计数脉冲不断输入计数器，进行递增计数的称为加法计数器，进行递减计数的称为减法计数器，可增可减计数的称为可逆计数器。

每输入一个计数脉冲，加法计数器都在原来的计数基础上加 1，随计数脉冲按自然态序一直递增，直到计数器达到设定的最大值，此时产生一个进位输出。当再输入一个计数脉冲时，计数器由最大值跳转到 0，又从 0 开始进行递增计数，同时，比此计数器高一位的计数器因有进位输入而加 1 计数。

减法计数器的计数过程与加法计数器的过程相反，每输入一个计数脉冲，减法计数器在原来的计数基础上进行减1运算，依次递减到0为止，产生借位输出。当再输入一个计数脉冲时，计数器变为最大值，同时比它高一位的计数器因有借位输入而减1计数。

可逆计数器是在加减控制信号的作用下，既可进行加法计数，也可进行减法计数。值得注意的是，可逆计数器不可以同时既作加法计数器又作减法计数器使用。

另外，如果计数器的计数顺序不采用自然态序，就无“加”、“减”之分类。

## 5.2.2　二进制计数器

### 1．二进制同步计数器

1)　二进制同步加法计数器

下面以三位二进制同步加法计数器为例，说明二进制同步加法计数器的构成方法和连接规律。

(1)　结构示意框图与状态图。图5.29所示是三位二进制同步加法计数器的结构示意框图。CP是输入计数脉冲，每来一个CP脉冲，计数器就加1，当计数器计数到最大值时再来一个CP脉冲，计数器归零的同时给高位进位，图中的输出信号 *C*(手册中用CO，这里简化用 *C* 表示)为进位信号。

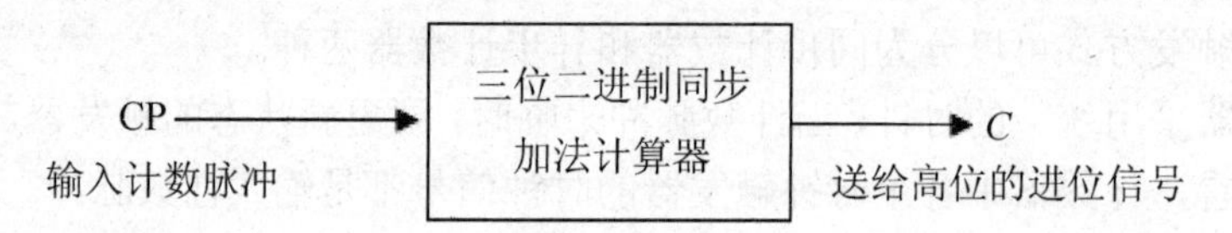


图5.29　三位二进制同步加法计数器的结构示意框图

根据二进制递增计数的规律，可画出如图5.30所示的三位二进制加法计数器的状态图。

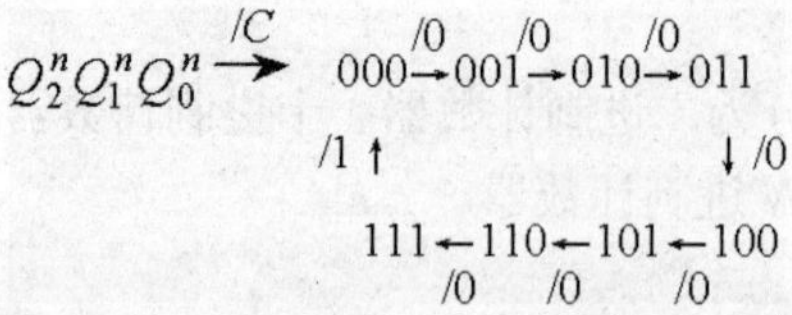

$$Q_2^n Q_1^n Q_0^n \xrightarrow{/C} \quad 000 \xrightarrow{/0} 001 \xrightarrow{/0} 010 \xrightarrow{/0} 011$$

/1 ↑　　　　　　　　↓ /0

$$111 \xleftarrow{/0} 110 \xleftarrow{/0} 101 \xleftarrow{/0} 100$$

图5.30　三位二进制同步加法计数器的状态图

(2)　选择触发器，求时钟方程、输出方程和驱动方程。

①　选择触发器。选用三个CP下降沿触发的JK触发器，分别用 $FF_0$、$FF_1$、$FF_2$ 表示。

②　求时钟方程。要构成同步计数器，显然各个触发器的时钟信号都应使用输入计数脉冲，即

$$CP_0 = CP_1 = CP_2 = CP \tag{5.33}$$

③　求输出方程。由图5.30所示的状态图可直接得到

$$C = Q_2^n Q_1^n Q_0^n \tag{5.34}$$

④　求驱动方程。根据图5.30所示的状态图，可画出如图5.31所示的计数器的时序图，可根据时序图的特点直接确定驱动方程。

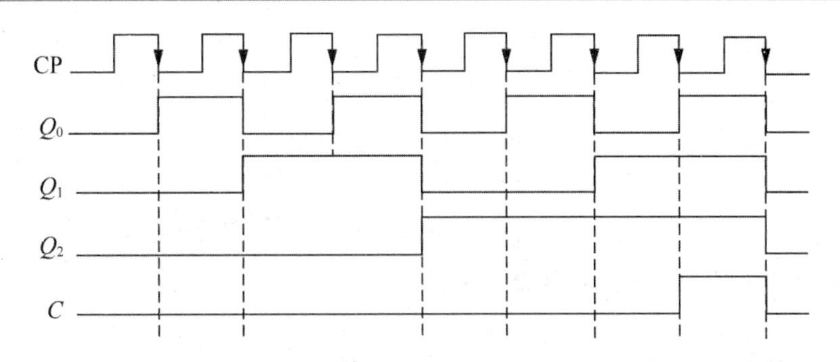


图 5.31　三位二进制同步加法计数器的时序图

通过分析时序图，可以发现三个触发器的状态翻转都有一定的规律，即 $FF_0$ 的状态在每来一个 CP 时钟脉冲触发沿时都会翻转一次；$FF_1$ 的状态在 $Q_0=1$ 时，当下一个 CP 触发沿到来时翻转；$FF_2$ 的状态在 $Q_1Q_0=1$ 时，当下一个 CP 触发沿到来时翻转。

结合 T 触发器的特点，即当 $T=1$ 时，每来一个时钟脉冲触发沿，触发器状态翻转一次。因此，将 JK 触发器 $FF_0$ 转换成 T 触发器，即可以满足翻转要求，即

$$J_0 = K_0 = 1 \tag{5.35}$$

同理，将 $FF_1$ 在 $Q_0=1$ 时作为 T 触发器来使用，即可以满足翻转要求，即

$$J_1 = K_1 = Q_0^n \tag{5.36}$$

同理，将 $FF_2$ 在 $Q_1Q_0=1$ 时作为 T 触发器来使用，即可以满足翻转要求，即

$$J_2 = K_2 = Q_1^n Q_0^n \tag{5.37}$$

由此，可以求出驱动方程，需要注意的是这种方法并没有由求状态方程来获取驱动方程，值得参考。

(3)　画逻辑图。根据所选用的触发器和时钟方程式(5.33)、输出方程式(5.34)和驱动方程式(5.35)～式(5.37)，即可画出如图 5.32 所示的逻辑图。

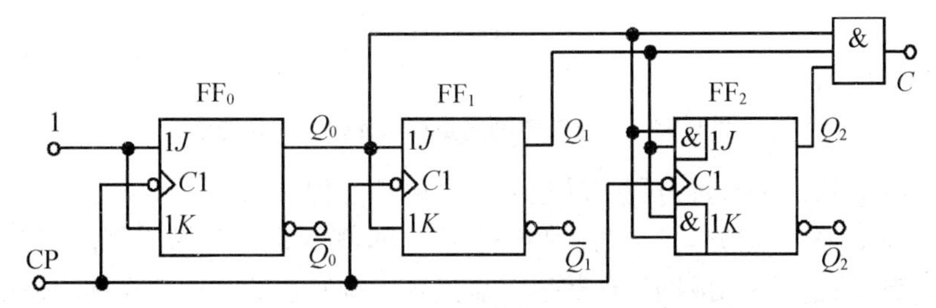


图 5.32　三位二进制同步加法计算器的逻辑图

(4)　二进制同步加法计算器级联间连接规律。由图 5.32 所示的逻辑图可知，图中的 JK 触发器都已经转换成 T 触发器，则其驱动方程可改写成

$$\begin{cases} T_0 = J_0 = K_0 = 1 \\ T_1 = J_1 = K_1 = Q_0^n \\ T_2 = J_2 = K_2 = Q_1^n Q_0^n \end{cases} \tag{5.38}$$

由此可推论得到 $n$ 位二进制同步加法计算器的驱动方程为

$$\begin{cases} T_0 = J_0 = K_0 = 1 \\ T_1 = J_1 = K_1 = Q_0^n \\ T_2 = J_2 = K_2 = Q_1^n Q_0^n \\ \cdots \\ T_{n-1} = J_{n-1} = K_{n-1} = Q_{n-2}^n Q_{n-3}^n \cdots Q_1^n Q_0^n \end{cases} \tag{5.39}$$

同理，$n$ 位二进制同步加法计算器的输出方程为

$$C = Q_{n-1}^n Q_{n-2}^n \cdots Q_1^n Q_0^n \tag{5.40}$$

2) 二进制同步减法计数器

下面以三位二进制同步减法计数器为例，说明二进制同步减法计数器的构成方法和连接规律。

(1) 结构示意框图与状态图。图 5.33 所示是三位二进制同步减法计数器的结构示意框图。CP 是输入计数脉冲，每来一个 CP 脉冲，计数器就减 1，当计数器减到 000 状态时再来一个 CP 脉冲，计数器要向高位借位，即输出一个给高位的借位信号 $B$(手册中用 BO，这里简化用 $B$ 表示)，同时回到最大值 111 状态。

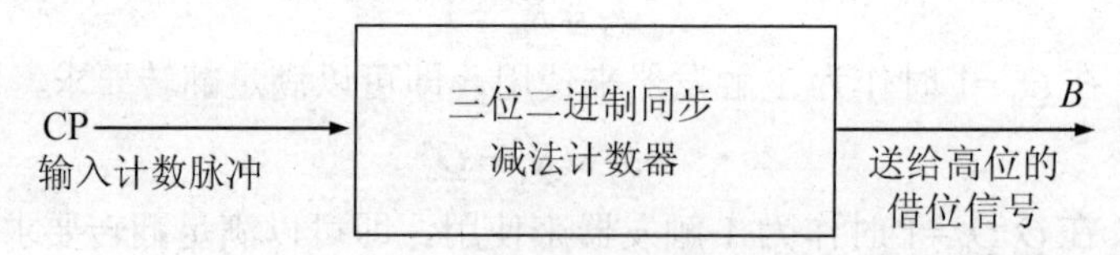


图 5.33 三位二进制同步减法计数器的结构示意框图

根据二进制递减计数的规律，可画出如图 5.34 所示的三位二进制减法计数器的状态图。

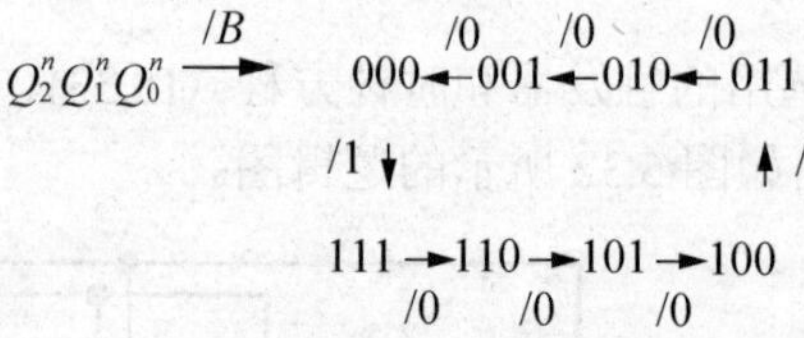

$Q_2^n Q_1^n Q_0^n$ →/B 000 ←/0 001 ←/0 010 ←/0 011

000 ↓/1 111；100 ↑/0 011

111 →/0 110 →/0 101 →/0 100

图 5.34 三位二进制同步减法计数器的状态图

(2) 选择触发器，求时钟方程、输出方程和驱动方程。

① 选择触发器。选用三个 CP 下降沿触发的 JK 触发器，分别用 $FF_0$、$FF_1$、$FF_2$ 表示。

② 求时钟方程。要构成同步计数器，显然各个触发器的时钟信号都应使用输入计数脉冲，即

$$CP_0 = CP_1 = CP_2 = CP \tag{5.41}$$

③ 求输出方程。由图 5.34 所示的状态图可直接得到

$$B = \overline{Q}_2^n \overline{Q}_1^n \overline{Q}_0^n \tag{5.42}$$

④ 求驱动方程。根据图 5.34 所示的状态图，可画出如图 5.35 所示的计数器的时序图，可根据时序图的特点直接确定驱动方程。

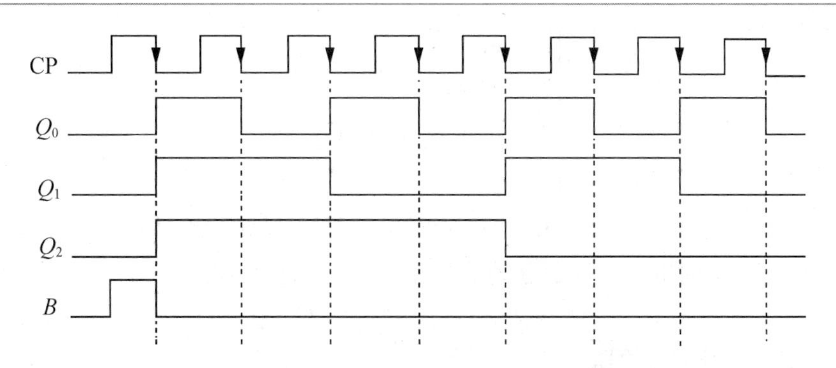


图 5.35　三位二进制同步减法计数器的时序图

通过分析时序图，可以发现三个触发器的状态翻转都有一定的规律，即 $FF_0$ 的状态在每来一个 CP 时钟脉冲触发沿时都会翻转一次；$FF_1$ 的状态在 $Q_0$=0 时，当下一个 CP 触发沿到来时翻转；$FF_2$ 的状态在 $Q_1Q_0$=0 时，当下一个 CP 触发沿到来时翻转。

结合 T 触发器的特点，即当 $T$=1 时，每来一个时钟脉冲触发沿，触发器状态翻转一次。因此，将 JK 触发器 $FF_0$ 转换成 T 触发器，即可以满足翻转要求，即

$$J_0 = K_0 = 1 \tag{5.43}$$

同理，将 $FF_1$ 在 $\overline{Q}_0$=1 时作为 T 触发器来使用，即可以满足翻转要求，即

$$J_1 = K_1 = \overline{Q}_0^n \tag{5.44}$$

同理，将 $FF_2$ 在 $\overline{Q}_1\overline{Q}_0$=1 时作为 T 触发器来使用，即可以满足翻转要求，即

$$J_2 = K_2 = \overline{Q}_1^n \cdot \overline{Q}_0^n \tag{5.45}$$

(3)　画逻辑图。根据所选用的触发器和时钟方程式(5.41)、输出方程式(5.42)和驱动方程式(5.43)～式(5.45)，即可画出如图 5.36 所示的逻辑图。

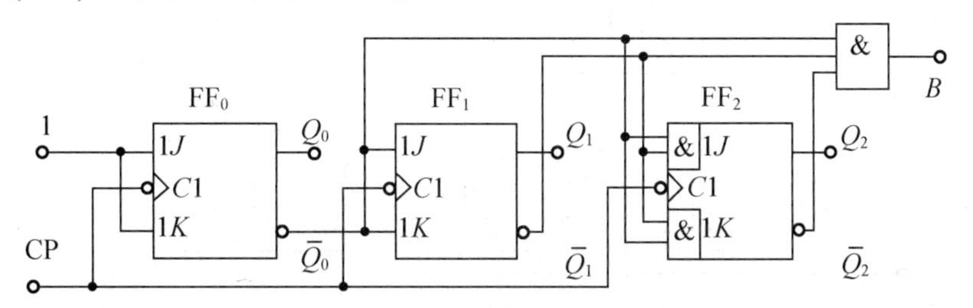


图 5.36　三位二进制同步减法计数器的逻辑图

(4)　二进制同步减法计数器级联间连接规律。由图 5.36 所示的逻辑图可知，图中的 JK 触发器都已经转换成 T 触发器，则其驱动方程可改写成

$$\begin{cases} T_0 = J_0 = K_0 = 1 \\ T_1 = J_1 = K_1 = \overline{Q}_0^n \\ T_2 = J_2 = K_2 = \overline{Q}_1^n \cdot \overline{Q}_0^n \end{cases} \tag{5.46}$$

由此可推论得到 $n$ 位二进制同步减法计数器的驱动方程为

$$\begin{cases} T_0 = J_0 = K_0 = 1 \\ T_1 = J_1 = K_1 = \overline{Q}_0^n \\ T_2 = J_2 = K_2 = \overline{Q}_1^n \cdot \overline{Q}_0^n \\ \cdots \\ T_{n-1} = J_{n-1} = K_{n-1} = \overline{Q}_{n-2}^n \cdot \overline{Q}_{n-3}^n \cdots \overline{Q}_1^n \cdot \overline{Q}_0^n \end{cases} \tag{5.47}$$

同理，$n$ 位二进制同步减法计数器的输出方程为

$$B = \overline{Q}_{n-1}^n \cdot \overline{Q}_{n-2}^n \cdot \overline{Q}_{n-3}^n \cdot \cdots \cdot \overline{Q}_1^n \cdot \overline{Q}_0^n \tag{5.48}$$

3) 二进制同步可逆计数器

在加减控制信号的管理下，把二进制同步加法计数器和减法计数器组合起来，便可获得二进制同步可逆计数器。

若用 $\overline{U}/D$ 表示加减控制信号，且 $\overline{U}/D$=0 时作加计数，$\overline{U}/D$=1 时作减计数，则把二进制同步加法计数器的驱动方程式(5.38)和 $\overline{\overline{U}/D}$ 相与，把减法计数器的驱动方程式(5.46)和 $\overline{U}/D$ 相与，再把二者相加，便可得到三位二进制同步可逆计数器的驱动方程为

$$\begin{cases} J_0 = K_0 = 1 \\ J_1 = K_1 = \overline{\overline{U}/D} \cdot Q_0^n + \overline{U}/D \cdot \overline{Q}_0^n \\ J_2 = K_2 = \overline{\overline{U}/D} \cdot Q_1^n Q_0^n + \overline{U}/D \cdot \overline{Q}_1^n \overline{Q}_0^n \end{cases} \tag{5.49}$$

同理，可得到输出方程为

$$C/B = \overline{\overline{U}/D} \cdot Q_0^n Q_1^n Q_2^n + \overline{U}/D \cdot \overline{Q}_0^n \overline{Q}_1^n \overline{Q}_2^n \tag{5.50}$$

根据驱动方程和输出方程可画出三位二进制同步可逆计数器的逻辑图，如图 5.37 所示。

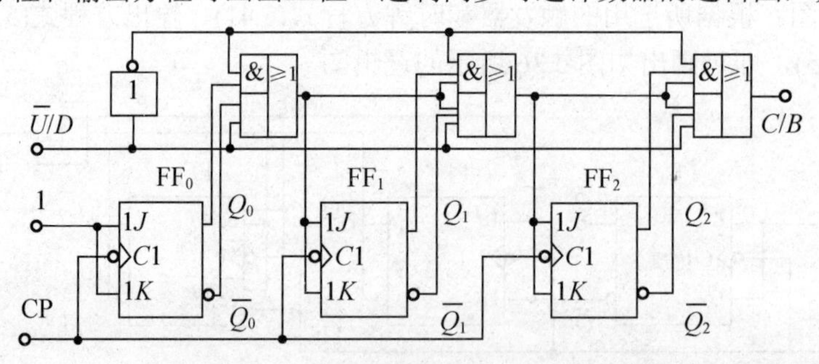


图 5.37 三位二进制同步可逆计数器的逻辑图

4) 集成二进制同步计数器

常用的集成二进制同步计数器有加法计数器和可逆计数器两种类型，它们都采用 8421 编码。

(1) 集成四位二进制同步加法计数器。就基本工作原理而言，集成四位二进制同步加法计数器与前面介绍的三位二进制同步加法计数器并无区别，只是为了使用和扩展功能方便，在制作集成电路时增加了一些辅助功能。现以比较典型的芯片 74161 为例来说明。

集成计数器 74161 的引脚图和逻辑功能图如图 5.38 所示。其中，CP 是输入计数脉冲，也就是加到各个触发器的时钟信号端的时钟脉冲；$\overline{\text{CR}}$ 是清零端；$\overline{\text{LD}}$ 是置数控制端；$\text{CT}_\text{P}$ 和 $\text{CT}_\text{T}$ 是两个计数器工作状态控制端；$D_0 \sim D_3$ 是并行数据输入端；CO 是进位信号输出端；$Q_0 \sim$

$Q_3$是计数器状态输出端。

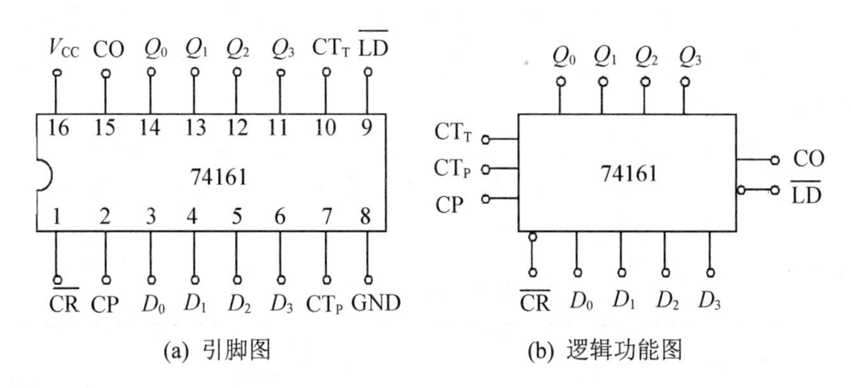


图 5.38 74161 的引脚图和逻辑功能图

表 5.4 所示是 74161 的状态表。

表 5.4 74161 的状态表

| 输入 | | | | | | | | | 输出 | | | | | 工作状态 |
|---|---|---|---|---|---|---|---|---|---|---|---|---|---|---|
| $\overline{CR}$ | $\overline{LD}$ | $CT_P$ | $CT_T$ | CP | $D_0$ | $D_1$ | $D_2$ | $D_3$ | $Q_0^{n+1}$ | $Q_1^{n+1}$ | $Q_2^{n+1}$ | $Q_3^{n+1}$ | CO | |
| 0 | × | × | × | × | × | × | × | × | 0 | 0 | 0 | 0 | 0 | 清零 |
| 1 | 0 | × | × | ↑ | $d_0$ | $d_1$ | $d_2$ | $d_3$ | $d_0$ | $d_1$ | $d_2$ | $d_3$ | | 置数 $CO = CT_T \cdot Q_3^n Q_2^n Q_1^n Q_0^n$ |
| 1 | 1 | 1 | 1 | ↑ | × | × | × | × | 计数 | | | | | $CO = Q_3^n Q_2^n Q_1^n Q_0^n$ |
| 1 | 1 | 0 | × | × | × | × | × | × | 保持 | | | | | $CO = CT_T \cdot Q_3^n Q_2^n Q_1^n Q_0^n$ |
| 1 | 1 | × | 0 | × | × | × | × | × | 保持 | | | | 0 | |

由表 5.4 所示状态表可以清楚地看出，集成四位二进制同步加法计数器 74161 具有下列功能。

① 异步清零功能。

当$\overline{CR}=0$时，所有触发器将同时被清零，而且清零操作不受其他输入端的影响，包括计数脉冲。故$\overline{CR}$为异步清零控制端，且低电平有效。

② 同步并行置数功能。

当$\overline{CR}=1$、$\overline{LD}=0$时，电路工作在置数状态。$\overline{LD}$为置数控制端，低电平有效，优先权低于$\overline{CR}$，只有在$\overline{CR}$无效的情况下才起作用。而且当置数控制端有效时，必须有计数脉冲的输入才能把数据$D_0$～$D_3$送到计数器输出端，故$\overline{LD}$又称同步置数控制端。

③ 保持功能。

当$\overline{CR}=1$、$\overline{LD}=1$而$CT_T \cdot CT_P = 0$时，计数器将保持原来状态不变。对于进位输出信号有两种情况，如果$CT_T=0$，那么$CO=0$；如果$CT_T=1$，则$CO = Q_3^n Q_2^n Q_1^n Q_0^n$。

④　二进制同步加法计数功能。

当$\overline{CR}=\overline{LD}=CT_T=CT_P=1$时，计数器对 CP 信号按照 8421 编码进行加法计数。

综上所述，表 5.4 反映了 74161 是一个具有异步清零、同步置数、可保持状态不变的四位二进制同步加法计数器。

集成计数器 74LS161 的逻辑功能、计数工作原理和引脚排列与 74161 都相同；而 74163 和 74LS163 除了采用同步清零方式外，其逻辑功能、计数工作原理和引脚排列也与 74161 没有区别，表 5.5 所示为其状态表。

表 5.5　74163 的状态表

| 输　入 | | | | | | | | | 输　出 | | | | | 工作状态 |
|---|---|---|---|---|---|---|---|---|---|---|---|---|---|---|
| $\overline{CR}$ | $\overline{LD}$ | $CT_P$ | $CT_T$ | CP | $D_0$ | $D_1$ | $D_2$ | $D_3$ | $Q_0^{n+1}$ | $Q_1^{n+1}$ | $Q_2^{n+1}$ | $Q_3^{n+1}$ | CO | |
| 0 | × | × | × | ↑ | × | × | × | × | 0 | 0 | 0 | 0 | 0 | 清零 |
| 1 | 0 | × | × | ↑ | $d_0$ | $d_1$ | $d_2$ | $d_3$ | $d_0$ | $d_1$ | $d_2$ | $d_3$ | | 置数 $CO=CT_T\cdot Q_3^nQ_2^nQ_1^nQ_0^n$ |
| 1 | 1 | 1 | 1 | ↑ | × | × | × | × | 计数 | | | | | $CO=Q_3^nQ_2^nQ_1^nQ_0^n$ |
| 1 | 1 | 0 | × | × | × | × | × | × | 保持 | | | | | $CO=CT_T\cdot Q_3^nQ_2^nQ_1^nQ_0^n$ |
| 1 | 1 | × | 0 | × | × | × | × | × | 保持 | | | | 0 | |

(2)　集成四位二进制同步可逆计数器。集成四位二进制同步可逆计数器有单时钟和双时钟两种类型，前者用的是 T 触发器，后者用的是 T′ 触发器。它们的工作原理和构成方法与前面介绍的单时钟没有什么不同，这里以比较典型的 74191(单时钟)、74193(双时钟)为例做简单说明。

①　四位单时钟同步二进制可逆计数器 74191。

a. 74191 的引脚图与逻辑功能图如图 5.39 所示。

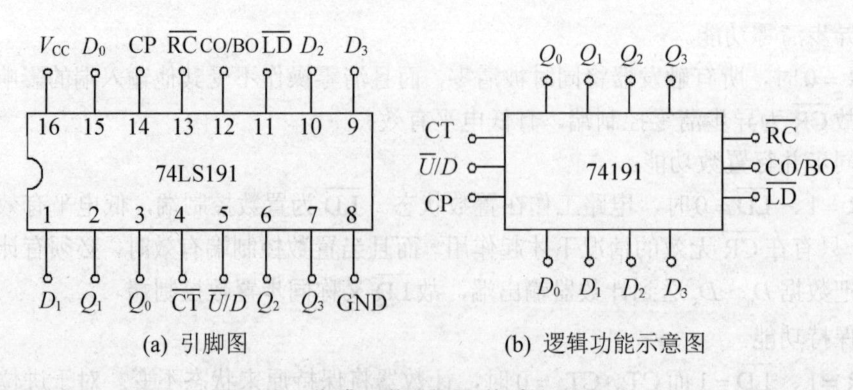


图 5.39　集成可逆计数器(单时钟)74191

b. 74191 的状态表如表 5.6 所示，表中给出了控制端不同的组合下电路的逻辑功能。

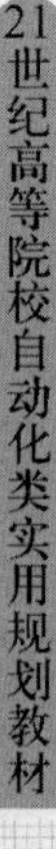

表 5.6　74191 的状态表

| 输　入 | | | | | | | | 输　出 | | | | 工作状态 |
|---|---|---|---|---|---|---|---|---|---|---|---|---|
| $\overline{\mathrm{LD}}$ | $\overline{\mathrm{CT}}$ | $\overline{U}/D$ | CP | $D_0$ | $D_1$ | $D_2$ | $D_3$ | $Q_0^{n+1}$ | $Q_1^{n+1}$ | $Q_2^{n+1}$ | $Q_3^{n+1}$ | |
| 0 | × | × | × | $d_0$ | $d_1$ | $d_2$ | $d_3$ | $d_0$ | $d_1$ | $d_2$ | $d_3$ | 并行异步置数 |
| 1 | 0 | 0 | ↑ | × | × | × | × | 加法计数 | | | | $\mathrm{CO/BO}=Q_3^nQ_2^nQ_1^nQ_0^n$ |
| 1 | 0 | 1 | ↑ | × | × | × | × | 减法保持 | | | | $\mathrm{CO/BO}=\overline{Q}_3^n\overline{Q}_2^n\overline{Q}_1^n\overline{Q}_0^n$ |
| 1 | 1 | × | × | × | × | × | × | 保持 | | | | |

结合表 5.6 与图 5.39 可知，74191 的具体功能如下。

当$\overline{\mathrm{LD}}=0$时，电路工作在置数状态，外部数据$d_3d_2d_1d_0$从数据输入端$D_3D_2D_1D_0$并行地送入到$Q_3Q_2Q_1Q_0$端。$\overline{\mathrm{LD}}$为置数控制端，低电平有效，此时时钟信号是否有计数脉冲输入不影响置数，故此为异步置数控制端。

当$\overline{\mathrm{LD}}=1$而$\overline{\mathrm{CT}}=1$时，电路处于保持状态，即无法对计数脉冲进行计数，计数器保持原状态，包括计数器的所有输出状态都不改变。

当$\overline{\mathrm{LD}}=1$、$\overline{\mathrm{CT}}=0$而$\overline{U}/D=0$时，电路工作在加法计数状态，$\mathrm{CO/BO}$作为进位输出端。此时电路的工作状态与 74161 的计数状态一样，电路从 0000 状态开始连续输入 16 个计数脉冲时，电路将从 1111 状态返回 0000 状态，$\mathrm{CO/BO}$端从高电平跳变至低电平，可以利用$\mathrm{CO/BO}$端输出的高电平或者下降沿作为进位输出信号。

当$\overline{\mathrm{LD}}=1$、$\overline{\mathrm{CT}}=0$而$\overline{U}/D=1$时，电路工作在减法计数状态，$\mathrm{CO/BO}$作为借位输出端。可以利用$\mathrm{CO/BO}$端输出的高电平或者下降沿作为借位输出信号。

与 74191 功能和引脚排列完全相同的还有 74LS191。此外，集成单时钟四位二进制同步可逆计数器还有 74LS169、74S169 和 CC4516 等。

②　四位双时钟同步二进制可逆计数器 74193。

74193 的引脚图与逻辑功能图如图 5.40 所示。

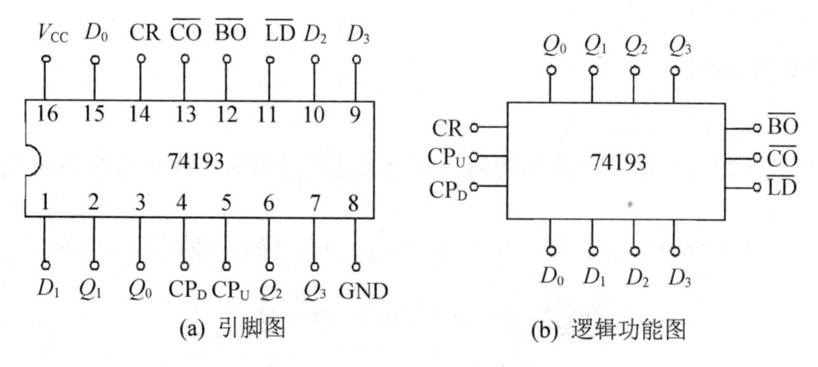


(a) 引脚图　　　　(b) 逻辑功能图

图 5.40　74193 的引脚图和逻辑功能图

在图 5.40 中，$Q_0$～$Q_3$是计数器状态输出端；$D_0$～$D_3$是并行数据输入端；$\mathrm{CP_U}$是加法计数脉冲，$\mathrm{CP_D}$是减法计数脉冲；CR 是异步清零端，高电平有效；$\overline{\mathrm{CO}}$是进行加法计数时的进位输出端；$\overline{\mathrm{BO}}$是进行减法计数时的借位输出端。

74193 的状态表如表 5.7 所示，状态表具体反映了 74193 的功能，具体如下。

表 5.7　74193 的状态表

| 输入 | | | | | | | | 输出 | | | | 工作状态 |
|---|---|---|---|---|---|---|---|---|---|---|---|---|
| CR | $\overline{LD}$ | $CP_U$ | $CP_D$ | $D_0$ | $D_1$ | $D_2$ | $D_3$ | $Q_0^{n+1}$ | $Q_1^{n+1}$ | $Q_2^{n+1}$ | $Q_3^{n+1}$ | |
| 1 | × | × | × | × | × | × | × | 0 | 0 | 0 | 0 | 异步清零 |
| 0 | 0 | × | × | $d_0$ | $d_1$ | $d_2$ | $d_3$ | $d_0$ | $d_1$ | $d_2$ | $d_3$ | 异步置数 |
| 0 | 1 | ↑ | 1 | × | × | × | × | 加法计数 | | | | $\overline{CO}=\overline{\overline{CP_U}\cdot Q_3^n Q_2^n Q_1^n Q_0^n}$ |
| 0 | 1 | 1 | ↑ | × | × | × | × | 减法计数 | | | | $\overline{BO}=\overline{\overline{CP_D}\cdot \overline{Q_3^n}\,\overline{Q_2^n}\,\overline{Q_1^n}\,\overline{Q_0^n}}$ |
| 0 | 1 | 1 | 1 | × | × | × | × | 保持 | | | | $\overline{BO}=\overline{CO}=1$ |

当 $CR=1$ 时，计数器清零，即 $Q_3Q_2Q_1Q_0=0000$。CR 为高电平有效的异步清零端。

当 $CR=0$、$\overline{LD}=0$ 时，电路工作在置数状态，外部数据 $d_3d_2d_1d_0$ 从数据输入端 $D_3D_2D_1D_0$ 并行地送入到 $Q_3Q_2Q_1Q_0$ 端。$\overline{LD}$ 为低电平有效的异步置数控制端。

当 $CR=0$、$\overline{LD}=1$ 时，电路的清零端和置数端均无效，此时计数器可实现计数。当加法计数脉冲和减法计数脉冲输入端均无计数脉冲输入(即 $CP_U=CP_D=1$)时，计数器处于保持状态，进位输出端和借位输出端均为 1。当有加法计数脉冲输入而无减法计数脉冲输入(即 $CP_U=1$)时，计数器实现加法计数；当有减法计数脉冲输入而无加法计数脉冲输入(即 $CP_U=1$)时，计数器实现减法计数，按照四位二进制递减方式循环。

74191 与 74193 都是四位二进制可逆计数器，前者为单时钟，实现加减法是通过一个控制端来实现的，也就是脉冲没有加减法的区分；而后者是通过脉冲来区分的，脉冲从加法计数脉冲输入端输入时实现加法计数，从减法计数脉冲输入端输入时则实现减法计数。两个计数器功能相同，但是实现方式不一样，可以根据具体的情况来进行选择。与 74193 功能和引出端排列完全相同的还有 74LS193。

### 2. 二进制异步计数器

1)　二进制异步加法计数器

下面以三位二进制异步加法计数器为例，说明二进制异步加法计数器的构成方法和连接规律。

(1) 状态图。图 5.41 所示是按照三位二进制加法计数器的计数规律画出的状态图。

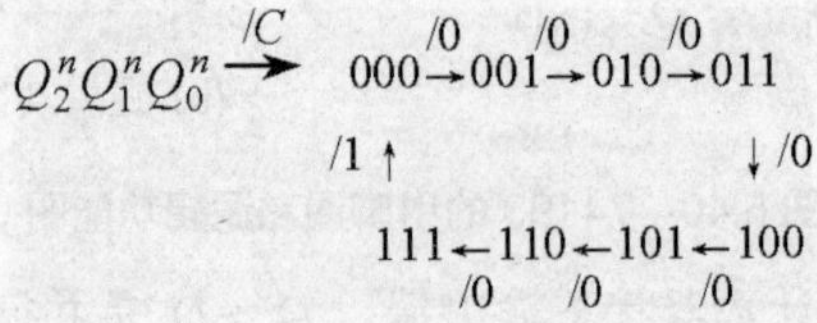

$$Q_2^nQ_1^nQ_0^n \xrightarrow{/C} 000 \xrightarrow{/0} 001 \xrightarrow{/0} 010 \xrightarrow{/0} 011$$

$$/1\uparrow \qquad\qquad\qquad \downarrow/0$$

$$111 \xleftarrow[/0]{} 110 \xleftarrow[/0]{} 101 \xleftarrow[/0]{} 100$$

图 5.41　三位二进制加法计数器的状态图

(2) 选择触发器，求时钟方程、输出方程和驱动方程。

① 选择触发器。选用三个 CP 下降沿触发的 JK 触发器，分别用 $FF_0$、$FF_1$、$FF_2$ 表示。

② 求时钟方程。根据图 5.41 所示的状态图可画出如图 5.42 所示的时序图。

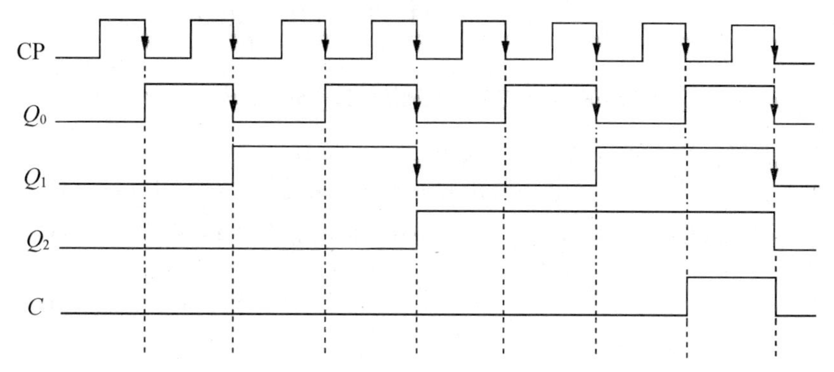


图 5.42　三位二进制加法计数器的时序图

由图 5.42 可知，$FF_0$ 每输入一个时钟脉冲翻转一次，$FF_1$ 在 $Q_0$ 由 1 变 0 时翻转，$FF_2$ 在 $Q_1$ 由 1 变 0 时翻转。因此时钟方程为

$$\begin{cases} CP_0 = CP \\ CP_1 = Q_0 \\ CP_2 = Q_1 \end{cases} \tag{5.51}$$

③ 求输出方程。根据图 5.41 所示的状态图，可以直接得到输出方程为

$$C = Q_2^n Q_1^n Q_0^n \tag{5.52}$$

④ 求状态方程。三个 JK 触发器都是在需要翻转时就有下降沿，不需要翻转时没有下降沿，所以三个触发器都应接成 T′型。因此，只要取 $J = K = 1$ 即可，即驱动方程为

$$\begin{cases} J_0 = K_0 = 1 \\ J_1 = K_1 = 1 \\ J_2 = K_2 = 1 \end{cases} \tag{5.53}$$

(3) 画逻辑图。根据所选的触发器和时钟方程式(5.51)、输出方程式(5.52)及驱动方程式(5.53)，即可画出如图 5.43 所示的逻辑图。

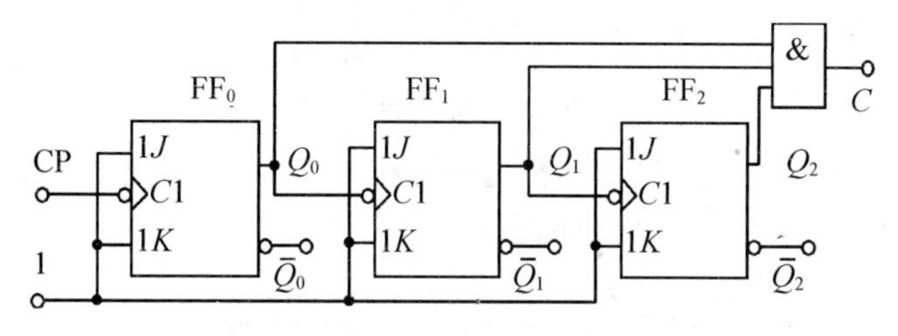


图 5.43　三位二进制异步加法计数器的逻辑图

2)　二进制异步减法计数器

下面仍然以三位二进制异步减法计数器为例进行说明。

(1) 状态图。图 5.44 所示是按照三位二进制减法计数器的计数规律画出的状态图。

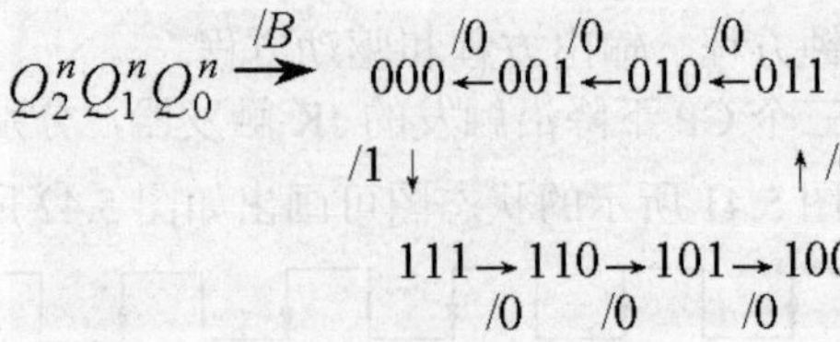

$$
\begin{array}{l}
Q_2^nQ_1^nQ_0^n \xrightarrow{/B} \quad 000 \xleftarrow{/0} 001 \xleftarrow{/0} 010 \xleftarrow{/0} 011 \\
\qquad\qquad\quad /1 \downarrow \qquad\qquad\qquad\qquad \uparrow /0 \\
\qquad\qquad\quad 111 \xrightarrow[/0]{} 110 \xrightarrow[/0]{} 101 \xrightarrow[/0]{} 100
\end{array}
$$

图 5.44 三位二进制减法计数器的状态图

(2) 选择触发器，求时钟方程、输出方程和驱动方程。

① 选择触发器。选用三个 CP 下降沿触发的 JK 触发器，分别用 $FF_0$、$FF_1$、$FF_2$ 表示。

② 求时钟方程。根据图 5.44 所示的状态图可画出如图 5.45 所示的时序图。

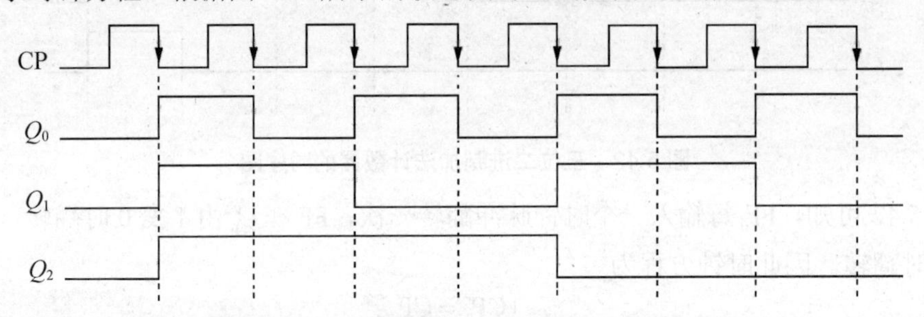


图 5.45 三位二进制减法计数器的时序图

由图 5.45 可知，$FF_0$ 每输入一个时钟脉冲翻转一次，$FF_1$ 在 $Q_0$ 由 0 变 1 时翻转，$FF_2$ 在 $Q_1$ 由 0 变 1 时翻转。因此时钟方程为

$$
\begin{cases}
CP_0 = CP \\
CP_1 = \overline{Q}_0 \\
CP_2 = \overline{Q}_1
\end{cases}
\tag{5.54}
$$

③ 求输出方程。根据图 5.44 所示的状态图，可以直接得到输出方程为

$$
B = \overline{Q}_2^n \cdot \overline{Q}_1^n \cdot \overline{Q}_0^n \tag{5.55}
$$

④ 求状态方程。三个 JK 触发器都是在需要翻转时就有下降沿，不需要翻转时没有下降沿，所以三个触发器都应接成 T′型。因此，只要取 $J = K = 1$ 即可，即驱动方程为

$$
\begin{cases}
J_0 = K_0 = 1 \\
J_1 = K_1 = 1 \\
J_2 = K_2 = 1
\end{cases}
\tag{5.56}
$$

(3) 画逻辑图。根据所选的触发器和时钟方程式(5.54)、输出方程式(5.55)及驱动方程式(5.56)，即可画出如图 5.46 所示的逻辑图。

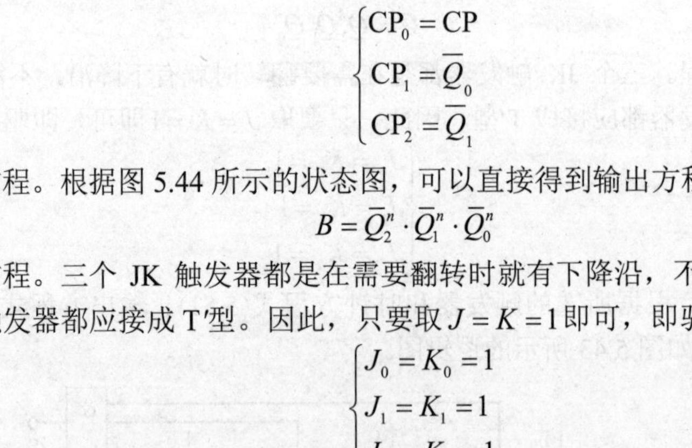

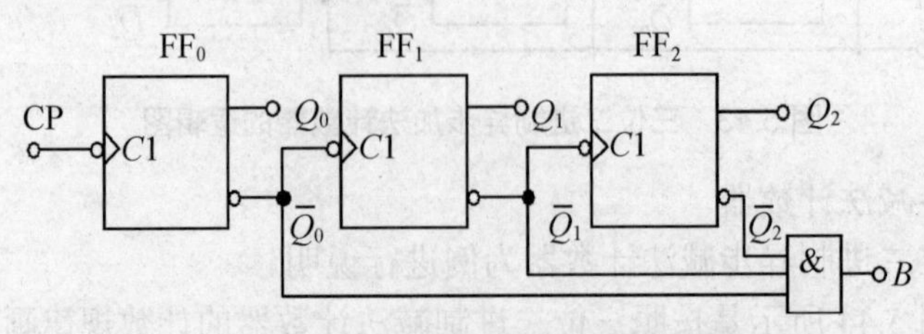


图 5.46 三位二进制异步减法计数器的逻辑图

至此，可以把二进制异步加法计数器和减法计数器级间连接规律归纳起来，得到如表5.8所示的二进制异步计数器级间连接规律。

表5.8 二进制异步计数器级间连接规律

| 连接规律 | T′触发器的触发沿 | |
|---|---|---|
| | 上升沿 | 下降沿 |
| 加法计数 | $CP_i = \overline{Q}_{i-1}$ | $CP_i = Q_{i-1}$ |
| 减法计数 | $CP_i = Q_{i-1}$ | $CP_i = \overline{Q}_{i-1}$ |

关于二进制异步计数器中进位信号 $C$ 和借位信号 $B$ 的说明：在二进制计数器中，$C = Q_2^n Q_1^n Q_0^n$，$B = \overline{Q}_2^n \cdot \overline{Q}_1^n \cdot \overline{Q}_0^n$，作为异步计数器并不需要实现这样的表达式，进位或借位信号可以直接取自 $FF_2$ 的输出 $Q_2$ 或 $\overline{Q}_2$，但是作为进位和借位信号指示，其物理意义则直观明确，和状态图关系紧密，所以在三位二进制异步计数器的求解过程中，仍然作为一步求解输出方程来处理，在逻辑图中也画出了 $C$ 或 $B$ 的逻辑，而这一点在实际应用中可以省略。

3) 集成二进制异步计数器

集成二进制异步计数器只有按照8421编码进行加法计数的电路，规格品种不少，现以比较典型的芯片74197、74LS197为例简单说明。

(1) 74197、74LS197的引脚图和逻辑功能图。

图5.47所示是集成四位二进制异步加法计数器74197、74LS197的引脚图和逻辑功能图。其中，$\overline{CR}$ 是异步清零端；$CT/\overline{LD}$ 是计数和置数控制端；$CP_0$ 是触发器 $FF_0$ 的时钟输入端；$CP_1$ 是 $FF_1$ 的时钟输入端；$D_0$～$D_3$ 是并行数据输入端；而 $Q_0$～$Q_3$ 则是计数器状态输出端。

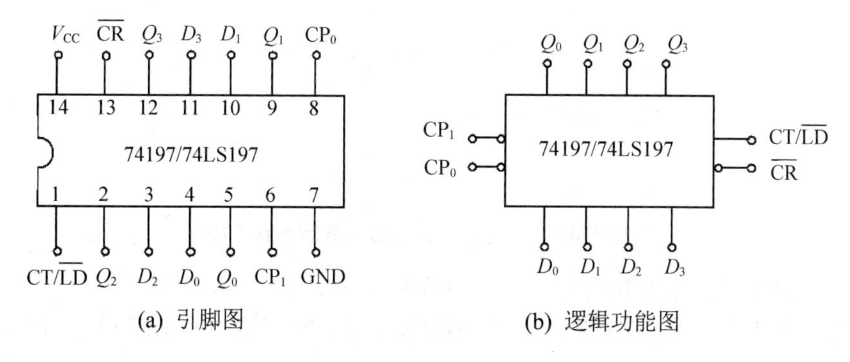


(a) 引脚图　　(b) 逻辑功能图

图5.47 74197、74LS197的引脚图和逻辑功能图

(2) 74197、74LS197的状态表如表5.9所示。

表5.9 74197、74LS197的状态表

| 输入 | | | | | | | 输出 | | | | 工作状态 |
|---|---|---|---|---|---|---|---|---|---|---|---|
| $\overline{CR}$ | $CT/\overline{LD}$ | CP | $D_0$ | $D_1$ | $D_2$ | $D_3$ | $Q_0^{n+1}$ | $Q_1^{n+1}$ | $Q_2^{n+1}$ | $Q_3^{n+1}$ | |
| 0 | × | × | × | × | × | × | 0 | 0 | 0 | 0 | 清零 |
| 1 | 0 | × | $d_0$ | $d_1$ | $d_2$ | $d_3$ | $d_0$ | $d_1$ | $d_2$ | $d_3$ | 置数 |
| 1 | 1 | ↓ | × | × | × | × | 计数 | | | | $CP_0 = CP$　$CP_1 = Q_0$ |

表 5.9 所示状态表说明 74197、74LS197 具有下列功能。

① 清零功能。当 $\overline{CR}=0$ 时，计数器异步清零。

② 置数功能。当 $\overline{CR}=1$、$CT/\overline{LD}=0$ 时，计数器异步置数。

③ 四位二进制异步加法计数器功能。当 $\overline{CR}=1$、$CT/\overline{LD}=1$ 时，计数器计数。若将输入时钟脉冲 CP 加在 $CP_0$ 端、把 $Q_0$ 与 $CP_1$ 连接起来，则构成四位二进制即十六进制异步加法计数器；若将 CP 加在 $CP_1$ 端，则计数器中 $FF_1$、$FF_2$、$FF_3$ 构成三位二进制即八进制计数器，$FF_0$ 不工作；如果只将 CP 加在 $CP_0$ 端，$CP_1$ 接 0 或 1，那么只有 $FF_0$ 工作，$FF_1$、$FF_2$、$FF_3$ 不工作，则形成一位二进制即二进制计数器。因此，74197、74LS197 也叫做二—八—十六进制计数器。

目前，常见的异步二进制加法计数器产品还有四位计数器，如 74LS293、74LS393、74HC393 等)、七位计数器(如 CC4024 等)、12 位计数器(如 CC4040 等)和 14 位计数器(如 CC4060 等)几种类型。

## 5.2.3 十进制计数器

十进制计数器一般是按照 8421BCD 码进行计数的，分为十进制同步计数器和十进制异步计数器。

### 1. 十进制同步计数器

1) 十进制同步加法计数器

(1) 状态图。图 5.48 所示是按照 8421BCD 码进行递增计数的十进制同步加法计数器的状态图。

$$Q_3^nQ_2^nQ_1^nQ_0^n \xrightarrow{/C}$$

$$\begin{array}{ccccccccc} & 0000 & \xrightarrow{/0} & 0001 & \xrightarrow{/0} & 0010 & \xrightarrow{/0} & 0011 & \xrightarrow{/0} & 0100 \\ /1 & \uparrow & & & & & & & & \downarrow & /0 \\ & 1001 & \xleftarrow[/0]{} & 1000 & \xleftarrow[/0]{} & 0111 & \xleftarrow[/0]{} & 0110 & \xleftarrow[/0]{} & 0101 \end{array}$$

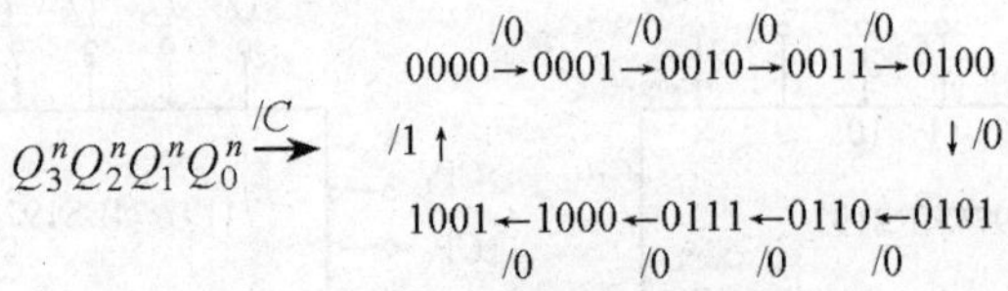

图 5.48 十进制同步加法计数器的状态图

(2) 选择触发器，求时钟方程、输出方程和状态方程。

① 选择触发器。选用四个 CP 下降沿触发的 JK 触发器，分别用 $FF_0$、$FF_1$、$FF_2$、$FF_3$ 表示。

② 求时钟方程。因为采用同步电路，时钟方程为

$$CP_0 = CP_1 = CP_2 = CP_3 = CP \tag{5.57}$$

③ 求输出方程。根据图 5.48 所示的状态图，可画出如图 5.49 所示的 $C$ 的卡诺图。注意，无效状态所对应的最小项可当成约束项，即 1010～1111 可作为约束项。由图 5.49 所示的卡诺图可得到输出方程为

$$C = Q_3^nQ_0^n \tag{5.58}$$

| $Q_1^nQ_0^n$ \ $Q_3^nQ_2^n$ | 00 | 01 | 11 | 10 |
|---|---|---|---|---|
| 00 | 0 | 0 | × | 0 |
| 01 | 0 | 0 | × | 1 |
| 11 | 0 | 0 | × | × |
| 10 | 0 | 0 | × | × |

图 5.49　*C* 的卡诺图

④　求状态方程。先根据图 5.48 所示的状态图画出计数器次态 $Q_3^{n+1}Q_2^{n+1}Q_1^{n+1}Q_0^{n+1}$ 的卡诺图，如图 5.50 所示。再分解画出每一个触发器次态的卡诺图，如图 5.51 所示。

| $Q_1^nQ_0^n$ \ $Q_3^nQ_2^n$ | 00 | 01 | 11 | 10 |
|---|---|---|---|---|
| 00 | 0001 | 0101 | ×××× | 1001 |
| 01 | 0010 | 0110 | ×××× | 0000 |
| 11 | 0100 | 1000 | ×××× | ×××× |
| 10 | 0011 | 0111 | ×××× | ×××× |

图 5.50　十进制同步加法计数器次态 $Q_3^{n+1}Q_2^{n+1}Q_1^{n+1}Q_0^{n+1}$ 的卡诺图

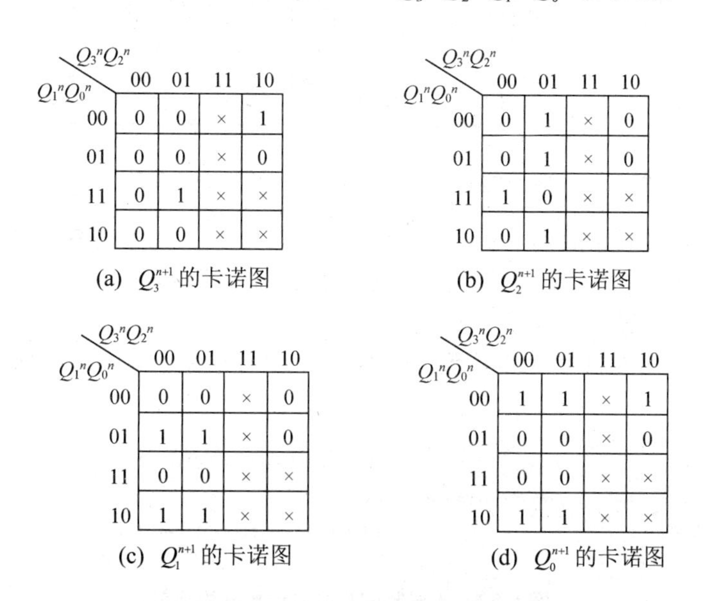

| $Q_1^nQ_0^n$ \ $Q_3^nQ_2^n$ | 00 | 01 | 11 | 10 |
|---|---|---|---|---|
| 00 | 0 | 0 | × | 1 |
| 01 | 0 | 0 | × | 0 |
| 11 | 0 | 1 | × | × |
| 10 | 0 | 0 | × | × |

(a)　$Q_3^{n+1}$ 的卡诺图

| $Q_1^nQ_0^n$ \ $Q_3^nQ_2^n$ | 00 | 01 | 11 | 10 |
|---|---|---|---|---|
| 00 | 0 | 1 | × | 0 |
| 01 | 0 | 1 | × | 0 |
| 11 | 1 | 0 | × | × |
| 10 | 0 | 1 | × | × |

(b)　$Q_2^{n+1}$ 的卡诺图

| $Q_1^nQ_0^n$ \ $Q_3^nQ_2^n$ | 00 | 01 | 11 | 10 |
|---|---|---|---|---|
| 00 | 0 | 0 | × | 0 |
| 01 | 1 | 1 | × | 0 |
| 11 | 0 | 0 | × | × |
| 10 | 1 | 1 | × | × |

(c)　$Q_1^{n+1}$ 的卡诺图

| $Q_1^nQ_0^n$ \ $Q_3^nQ_2^n$ | 00 | 01 | 11 | 10 |
|---|---|---|---|---|
| 00 | 1 | 1 | × | 1 |
| 01 | 0 | 0 | × | 0 |
| 11 | 0 | 0 | × | × |
| 10 | 1 | 1 | × | × |

(d)　$Q_0^{n+1}$ 的卡诺图

图 5.51　十进制同步加法计数器各触发器次态的卡诺图

由图 5.51 所示 $Q_3^{n+1}Q_2^{n+1}Q_1^{n+1}Q_0^{n+1}$ 的卡诺图，可得状态方程为

$$\begin{cases} Q_0^{n+1} = \bar{Q}_0^n \\ Q_1^{n+1} = \bar{Q}_3^n\bar{Q}_1^nQ_0^n + Q_1^n\bar{Q}_0^n \\ Q_2^{n+1} = \bar{Q}_2^nQ_1^nQ_0^n + Q_2^n\bar{Q}_1^n + Q_2^n\bar{Q}_0^n \\ Q_3^{n+1} = Q_2^nQ_1^nQ_0^n + Q_3^n\bar{Q}_0^n \end{cases} \tag{5.59}$$

(3)　求驱动方程。JK 触发器的特性方程为

$$Q^{n+1} = J\bar{Q}^n + \bar{K}Q^n \tag{5.60}$$

① 变换状态方程的形式。变换式(5.59)，使之与式(5.60)的形式一致，得到

$$\begin{cases} Q_0^{n+1} = \overline{Q}_0^n = 1 \cdot \overline{Q}_0^n + \overline{1} \cdot Q_0^n \\ Q_1^{n+1} = \overline{Q}_3^n Q_0^n \cdot \overline{Q}_1^n + \overline{Q}_0^n \cdot Q_1^n \\ Q_2^{n+1} = Q_1^n Q_0^n \cdot \overline{Q}_2^n + \overline{Q_1^n Q_0^n} \cdot Q_2^n \\ Q_3^{n+1} = Q_2^n Q_1^n Q_0^n \cdot \overline{Q}_3^n + \overline{Q}_0^n \cdot Q_3^n \end{cases} \tag{5.61}$$

② 写驱动方程。比较式(5.60)和式(5.61)，可写出驱动方程为

$$\begin{cases} J_0 = K_0 = 1 \\ J_1 = \overline{Q}_3^n Q_0^n \quad K_1 = Q_0^n \\ J_2 = K_2 = Q_1^n Q_0^n \\ J_3 = Q_2^n Q_1^n Q_0^n \quad K_3 = Q_0^n \end{cases} \tag{5.62}$$

(4) 画逻辑图。根据 JK 触发器和时钟方程式(5.57)、输出方程式(5.58)、驱动方程式(5.62)，可以画出十进制同步加法计数器的逻辑图，如图 5.52 所示。

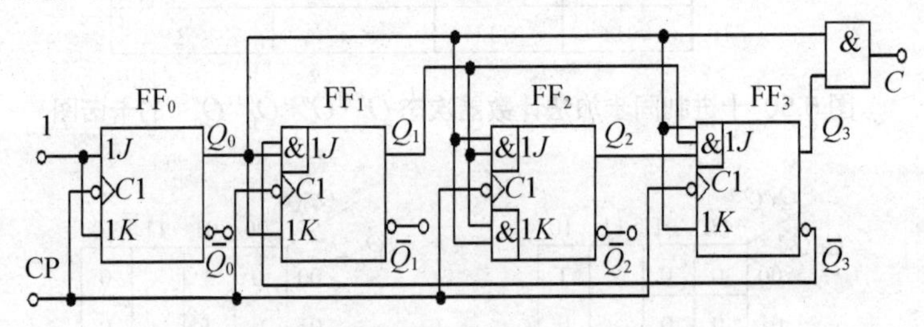


图 5.52 十进制同步加法计数器的逻辑图

(5) 检查电路能否自启动。将无效状态 1010～1111 分别代入状态方程式(5.61)进行计算，可以验证在 CP 脉冲作用下无效状态都能回到有效状态，因此电路能够自启动。

2) 十进制同步减法计数器

(1) 状态图。图 5.53 所示是按照 8421BCD 码进行递减计数的十进制同步减法计数器的状态图。

$$Q_3^nQ_2^nQ_1^nQ_0^n \xrightarrow{/B}$$

| | | | | | | | | |
|---|---|---|---|---|---|---|---|---|
| 0000 | ←/0 | 0001 | ←/0 | 0010 | ←/0 | 0011 | ←/0 | 0100 |
| /1 ↓ | | | | | | | | ↑ /0 |
| 1001 | →/0 | 1000 | →/0 | 0111 | →/0 | 0110 | →/0 | 0101 |

图 5.53 十进制同步减法计数器的状态图

(2) 选择触发器，求时钟方程、输出方程、状态方程和驱动方程。

选用四个 CP 下降沿触发的 JK 触发器，分别用 $FF_0$、$FF_1$、$FF_2$、$FF_3$ 表示。

按照十进制同步加法计数器中的分析方法，同样可以得到以下方程。

① 时钟方程为

$$CP_0 = CP_1 = CP_2 = CP_3 = CP \tag{5.63}$$

② 输出方程为

$$B = \overline{Q}_3^n \overline{Q}_2^n \overline{Q}_1^n \overline{Q}_0^n \tag{5.64}$$

③　状态方程为

$$\begin{cases}Q_0^{n+1}=\bar{Q}_0^n=1\cdot\bar{Q}_0^n+\bar{1}\cdot Q_0^n\\ Q_1^{n+1}=Q_2^n\bar{Q}_1^n\bar{Q}_0^n+Q_3^n\bar{Q}_1^n\bar{Q}_0^n+Q_1^nQ_0^n\\ \qquad\ \ =\overline{\bar{Q}_2^n\bar{Q}_3^n}\bar{Q}_0^n\cdot\bar{Q}_1^n+Q_0^n\cdot Q_1^n\\ Q_2^{n+1}=Q_3^n\bar{Q}_2^nQ_0^n+Q_2^nQ_1^n+Q_2^nQ_0^n\\ \qquad\ \ =Q_3^nQ_0^n\cdot\bar{Q}_2^n+\overline{\bar{Q}_1^n\bar{Q}_0^n}\cdot Q_2^n\\ Q_3^{n+1}=\bar{Q}_2^n\bar{Q}_1^n\bar{Q}_0^n\cdot\bar{Q}_3^n+Q_0^n\cdot Q_3^n\end{cases}\tag{5.65}$$

④　驱动方程为

$$\begin{cases}J_0=K_0=1\\ J_1=\overline{\bar{Q}_3^n\bar{Q}_2^n}\bar{Q}_0^n\quad K_1=\bar{Q}_0^n\\ J_2=Q_3^n\bar{Q}_0^n\qquad K_2=\bar{Q}_1^n\bar{Q}_0^n\\ J_3=\bar{Q}_2^n\bar{Q}_1^n\bar{Q}_0^n\quad K_3=\bar{Q}_0^n\end{cases}\tag{5.66}$$

(3)　画逻辑图。根据 JK 触发器和式(5.63)、式(5.64)、式(5.65)，可以画出十进制同步减法计数器的逻辑图，如图 5.54 所示。

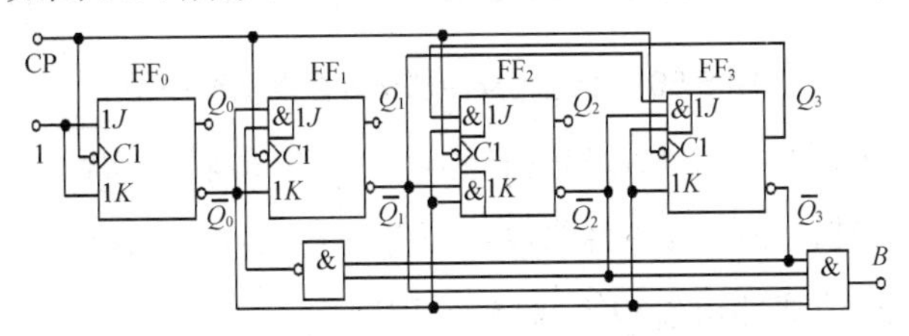


图 5.54　十进制同步减法计数器的逻辑图

(4)　检查电路能否自启动。将无效状态 1010～1111 分别代入状态方程式(5.65)进行计算，可以验证在 CP 脉冲作用下无效状态都能回到有效状态，电路能够自启动。

3)　十进制同步可逆计数器

把前面介绍的十进制加法计数器和十进制减法计数器用与或门组合起来，并用 $\overline{U}/D$ 作为加减控制信号，即可获得十进制同步可逆计数器。

4)　集成十进制同步计数器

集成十进制同步加法计数器 74160、74162 的引脚图和逻辑功能图与 74161、74163 相同，不同的是，74160 和 74162 是十进制同步加法计数器，而 74161 和 74163 是四位二进制(十六进制)同步加法计数器。此外，74160 和 74162 的区别是，74160 采用的是异步清零方式，而 74162 采用的是同步清零方式。

74190 是单时钟集成十进制同步可逆计数器，其引脚图和逻辑功能图与 74191 相同。

74192 是双时钟集成十进制同步可逆计数器，其引脚图和逻辑功能图与 74193 相同。

### 2．十进制异步计数器

1)　十进制异步加法计数器

(1)　状态图。图 5.55 所示是按照 8421BCD 码进行递加计数的十进制异步加法计数器的状态图。

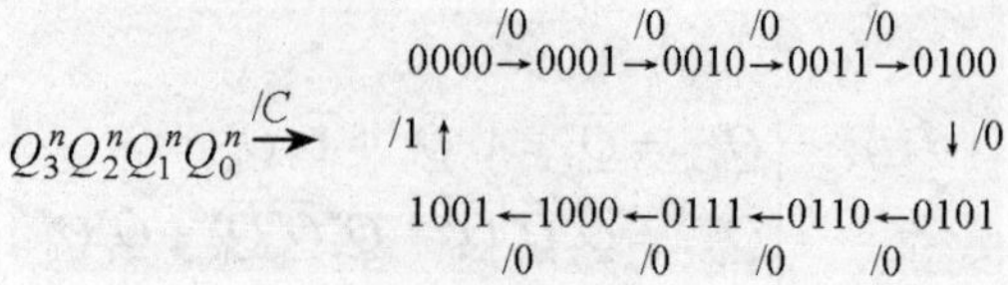

$$Q_3^nQ_2^nQ_1^nQ_0^n \xrightarrow{/C}$$

$$\begin{array}{ccccccccc} 0000 & \xrightarrow{/0} & 0001 & \xrightarrow{/0} & 0010 & \xrightarrow{/0} & 0011 & \xrightarrow{/0} & 0100 \\ /1\uparrow & & & & & & & & \downarrow/0 \\ 1001 & \xleftarrow{/0} & 1000 & \xleftarrow{/0} & 0111 & \xleftarrow{/0} & 0110 & \xleftarrow{/0} & 0101 \end{array}$$

图 5.55　十进制异步加法计数器的状态图

(2) 选择触发器，求时钟方程、输出方程和状态方程。

① 选择触发器。选用四个 CP 上升沿触发的 D 触发器，分别用 $FF_0$、$FF_1$、$FF_2$、$FF_3$ 表示。

② 求时钟方程。根据图 5.55 所示的状态图，可画出如图 5.56 所示的时序图。

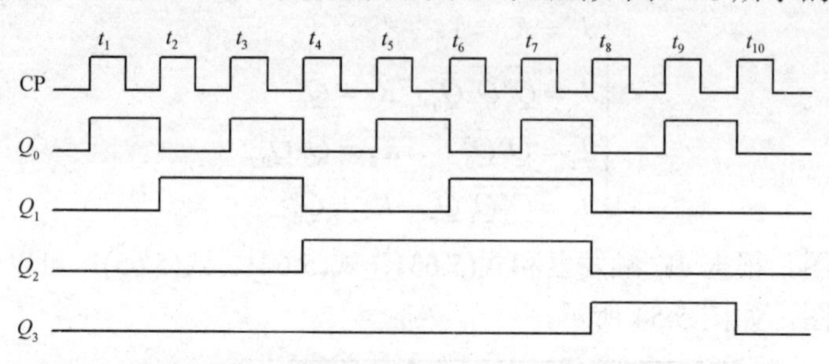


图 5.56　十进制异步加法计数器的时序图

根据图 5.56 所示的时序图可知，$FF_0$ 每输入一个 CP 翻转一次，时钟脉冲只能选 CP；$FF_1$ 在 $t_2$、$t_4$、$t_6$、$t_8$ 时刻翻转，时钟脉冲可选 $\overline{Q}_0$；$FF_2$ 在 $t_4$、$t_8$ 时刻翻转，时钟脉冲可选 $\overline{Q}_1$；$FF_3$ 在 $t_8$、$t_{10}$ 时刻翻转，时钟脉冲可选 $\overline{Q}_0$。时钟方程应为

$$\begin{cases} CP_0 = CP \\ CP_1 = \overline{Q}_0^n \\ CP_2 = \overline{Q}_1^n \\ CP_3 = \overline{Q}_0^n \end{cases} \tag{5.67}$$

③ 求输出方程。根据图 5.55 所示的状态图可画出输出 $C$ 的卡诺图，如图 5.57 所示。根据图 5.57 可得到输出方程最简表达式为

$$C = Q_3^n Q_0^n \tag{5.68}$$

| $Q_1^nQ_0^n$ \ $Q_3^nQ_2^n$ | 00 | 01 | 11 | 10 |
|---|---|---|---|---|
| 00 | 0 | 0 | × | 0 |
| 01 | 0 | 0 | × | 1 |
| 11 | 0 | 0 | × | × |
| 10 | 0 | 0 | × | × |

$C$ 的卡诺图

图 5.57　$C$ 的卡诺图

④ 求状态方程。根据图 5.55 所示的状态图，可分别画出各触发器次态的卡诺图，如图 5.58 所示。需要注意的是：当 CP 到来电路转换状态时，不具备时钟条件的触发器相应状态所对应的最小项应当成约束项处理。

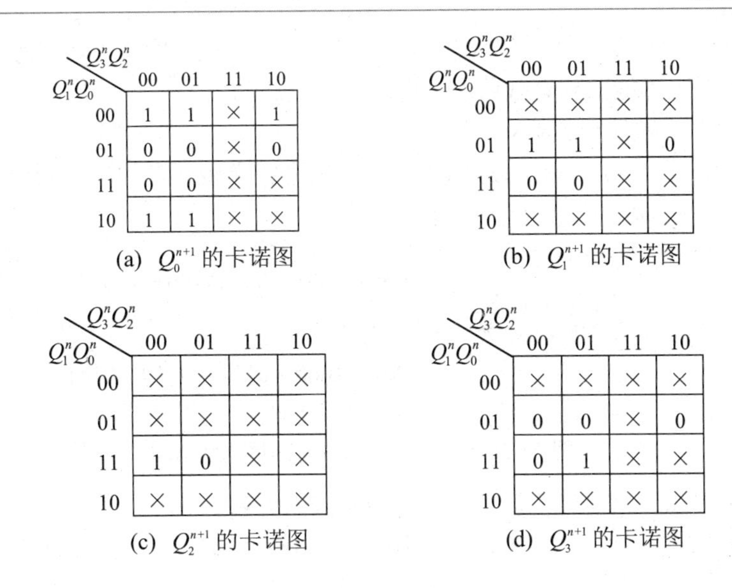

| $Q_1^nQ_0^n$ \ $Q_3^nQ_2^n$ | 00 | 01 | 11 | 10 |
|---|---|---|---|---|
| 00 | 1 | 1 | × | 1 |
| 01 | 0 | 0 | × | 0 |
| 11 | 0 | 0 | × | × |
| 10 | 1 | 1 | × | × |

(a) $Q_0^{n+1}$ 的卡诺图

| $Q_1^nQ_0^n$ \ $Q_3^nQ_2^n$ | 00 | 01 | 11 | 10 |
|---|---|---|---|---|
| 00 | × | × | × | × |
| 01 | 1 | 1 | × | 0 |
| 11 | 0 | 0 | × | × |
| 10 | × | × | × | × |

(b) $Q_1^{n+1}$ 的卡诺图

| $Q_1^nQ_0^n$ \ $Q_3^nQ_2^n$ | 00 | 01 | 11 | 10 |
|---|---|---|---|---|
| 00 | × | × | × | × |
| 01 | × | × | × | × |
| 11 | 1 | 0 | × | × |
| 10 | × | × | × | × |

(c) $Q_2^{n+1}$ 的卡诺图

| $Q_1^nQ_0^n$ \ $Q_3^nQ_2^n$ | 00 | 01 | 11 | 10 |
|---|---|---|---|---|
| 00 | × | × | × | × |
| 01 | 0 | 0 | × | 0 |
| 11 | 0 | 1 | × | × |
| 10 | × | × | × | × |

(d) $Q_3^{n+1}$ 的卡诺图

图 5.58　各触发器次态的卡诺图

写状态方程：由图 5.58 所示的卡诺图可写出各触发器次态的最简表达式，即状态方程为

$$\begin{cases} Q_0^{n+1}=\bar{Q}_0^n & \text{CP上升沿时刻有效} \\ Q_1^{n+1}=\bar{Q}_3^n\bar{Q}_1^n & \bar{Q}_0^n\text{上升沿时刻有效} \\ Q_2^{n+1}=\bar{Q}_2^n & \bar{Q}_1^n\text{上升沿时刻有效} \\ Q_3^{n+1}=Q_2^nQ_1^n & \bar{Q}_0^n\text{上升沿时刻有效} \end{cases} \tag{5.69}$$

(3)　求驱动方程。D 触发器的特性方程为

$$Q^{n+1}=D \tag{5.70}$$

比较式(5.69)和式(5.70)，可得驱动方程为

$$\begin{cases} D_0=\bar{Q}_0^n \\ D_1=\bar{Q}_3^n\bar{Q}_1^n \\ D_2=\bar{Q}_2^n \\ D_3=Q_2^nQ_1^n \end{cases} \tag{5.71}$$

(4)　画逻辑图。根据选择的触发器及式(5.67)、式(5.68)和式(5.71)，可画出如图 5.59 所示的逻辑图。

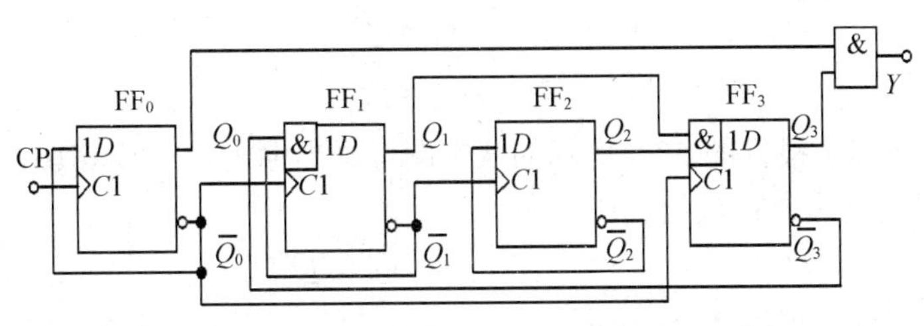


图 5.59　十进制异步加法计算器的逻辑图

(5) 检查能否自启动。将无效状态 1010～1111 分别代入状态方程进行计算，可以验证其在 CP 脉冲作用下都能回到有效状态，电路能够自启动。

2) 十进制异步减法计数器

(1) 状态图。图 5.60 所示是按照 8421BCD 码进行递减计数的十进制异步减法计数器的状态图。

$$
\begin{array}{c}
Q_3^nQ_2^nQ_1^nQ_0^n \xrightarrow{/B}
\end{array}
\quad
\begin{array}{ccccccccc}
0000 & \xleftarrow{/0} & 0001 & \xleftarrow{/0} & 0010 & \xleftarrow{/0} & 0011 & \xleftarrow{/0} & 0100 \\
/1\downarrow & & & & & & & & \uparrow/0 \\
1001 & \xrightarrow[/0]{} & 1000 & \xrightarrow[/0]{} & 0111 & \xrightarrow[/0]{} & 0110 & \xrightarrow[/0]{} & 0101
\end{array}
$$

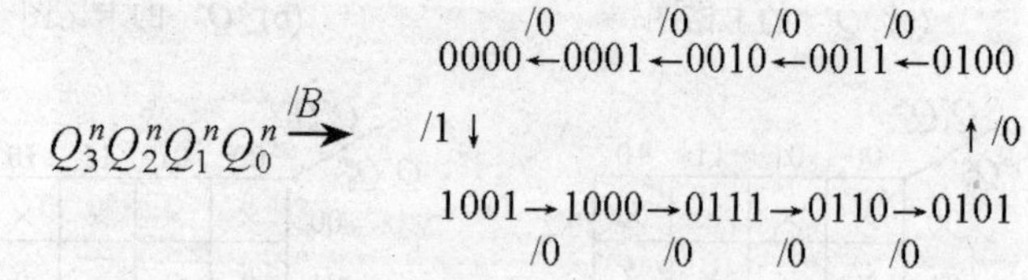

图 5.60 十进制异步减法计数器的状态图

(2) 选择触发器，求时钟方程、输出方程和状态方程。

① 选择触发器。选用四个 CP 上升沿触发的 JK 触发器，分别用 $FF_0$、$FF_1$、$FF_2$、$FF_3$ 表示。

② 求时钟方程。根据图 5.60 所示的状态图，可以画出如图 5.61 所示的时序图。

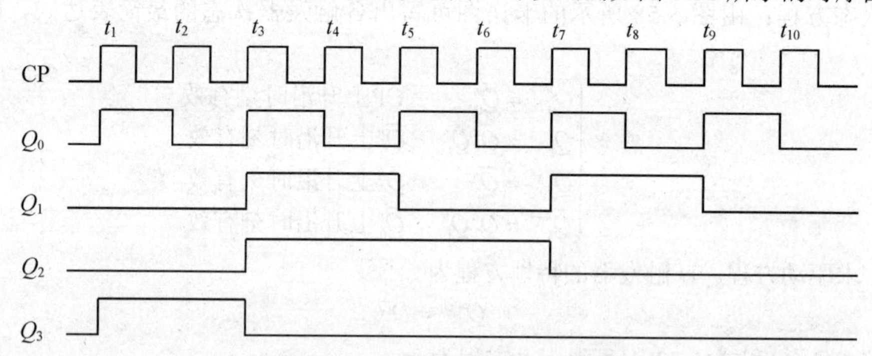


图 5.61 十进制异步减法计数器的时序图

根据图 5.61 所示的时序图可知，$FF_0$ 每输入一个 CP 翻转一次，时钟脉冲只能选 CP；$FF_1$ 在 $t_2$、$t_4$、$t_6$、$t_8$ 时刻翻转，时钟脉冲可选 $Q_0$；$FF_2$ 在 $t_4$、$t_8$ 时刻翻转，时钟脉冲可选 $Q_1$；$FF_3$ 在 $t_8$、$t_{10}$ 时刻翻转，时钟脉冲可选 $Q_0$。时钟方程应为

$$
\begin{cases}
CP_0 = CP \\
CP_1 = Q_0^n \\
CP_2 = Q_1^n \\
CP_3 = Q_0^n
\end{cases}
\tag{5.72}
$$

③ 求输出方程。根据图 5.60 所示的状态图可画出输出 $B$ 的卡诺图，如图 5.62 所示。根据图 5.62 可得到输出方程最简表达式为

$$
B = \overline{Q}_3^n\overline{Q}_2^n\overline{Q}_1^n\overline{Q}_0^n \tag{5.73}
$$

④ 求状态方程。根据图 5.60 所示的状态图，可分别画出各触发器次态的卡诺图，如图 5.63 所示。需要注意的是：当 CP 到来电路转换状态时，不具备时钟条件的触发器相应状态所对应的最小项应当成约束项处理。

| $Q_1^nQ_0^n$ \ $Q_3^nQ_2^n$ | 00 | 01 | 11 | 10 |
|---|---|---|---|---|
| 00 | 1 | 0 | × | 0 |
| 01 | 0 | 0 | × | 0 |
| 11 | 0 | 0 | × | × |
| 10 | 0 | 0 | × | × |

图 5.62　$B$ 的卡诺图

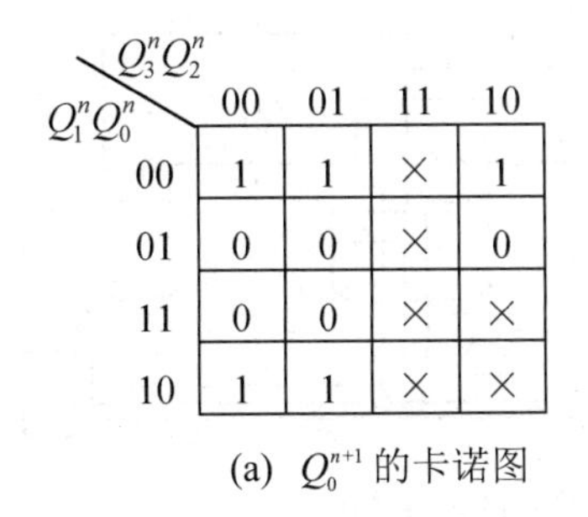

| $Q_1^nQ_0^n$ \ $Q_3^nQ_2^n$ | 00 | 01 | 11 | 10 |
|---|---|---|---|---|
| 00 | 1 | 1 | × | 1 |
| 01 | 0 | 0 | × | 0 |
| 11 | 0 | 0 | × | × |
| 10 | 1 | 1 | × | × |

(a)　$Q_0^{n+1}$ 的卡诺图

| $Q_1^nQ_0^n$ \ $Q_3^nQ_2^n$ | 00 | 01 | 11 | 10 |
|---|---|---|---|---|
| 00 | 0 | 1 | × | 1 |
| 01 | × | × | × | × |
| 11 | × | × | × | × |
| 10 | 0 | 0 | × | × |

(b)　$Q_1^{n+1}$ 的卡诺图

| $Q_1^nQ_0^n$ \ $Q_3^nQ_2^n$ | 00 | 01 | 11 | 10 |
|---|---|---|---|---|
| 00 | × | 0 | × | 1 |
| 01 | × | × | × | × |
| 11 | × | × | × | × |
| 10 | × | × | × | × |

(c)　$Q_2^{n+1}$ 的卡诺图

| $Q_1^nQ_0^n$ \ $Q_3^nQ_2^n$ | 00 | 01 | 11 | 10 |
|---|---|---|---|---|
| 00 | 1 | 0 | × | 0 |
| 01 | × | × | × | × |
| 11 | × | × | × | × |
| 10 | 0 | 0 | × | × |

(d)　$Q_3^{n+1}$ 的卡诺图

图 5.63　各触发器次态的卡诺图

写状态方程：由图 5.63 所示的卡诺图可写出各触发器次态的最简表达式，即状态方程为

$$\begin{cases} Q_0^{n+1} = \bar{Q}_0^n & \text{CP上升沿时刻有效} \\ Q_1^{n+1} = Q_3^n\bar{Q}_1^n + Q_2^n\bar{Q}_1^n & Q_0^n\text{上升沿时刻有效} \\ Q_2^{n+1} = \bar{Q}_2^n & Q_1^n\text{上升沿时刻有效} \\ Q_3^{n+1} = \bar{Q}_3^n\bar{Q}_2^n\bar{Q}_1^n & Q_0^n\text{上升沿时刻有效} \end{cases} \tag{5.74}$$

(3)　求驱动方程。JK 触发器的特性方程为

$$Q^{n+1} = J\bar{Q}^n + \bar{K}Q^n \tag{5.75}$$

变换式(5.74)的形式可得

$$\begin{cases} Q_0^{n+1} = 1\cdot\bar{Q}_0^n + \bar{1}\cdot Q_0^n & \text{CP上升沿时刻有效} \\ Q_1^{n+1} = (Q_3^n + Q_2^n)\cdot\bar{Q}_1^n + \bar{1}\cdot Q_1^n & Q_0^n\text{上升沿时刻有效} \\ Q_2^{n+1} = 1\cdot\bar{Q}_2^n + \bar{1}\cdot Q_2^n & Q_1^n\text{上升沿时刻有效} \\ Q_3^{n+1} = \bar{Q}_2^n\bar{Q}_1^n\cdot\bar{Q}_3^n + \bar{1}\cdot Q_3^n & Q_0^n\text{上升沿时刻有效} \end{cases} \tag{5.76}$$

比较式(5.75)和式(5.76)，可得驱动方程为

$$\begin{cases} J_0 = K_0 = 1 \\ J_1 = Q_3^n + Q_2^n \quad K_1 = 1 \\ J_2 = K_2 = 1 \\ J_3 = \overline{Q}_2^n \overline{Q}_1^n \quad K_3 = 1 \end{cases} \tag{5.77}$$

(4) 画逻辑图。根据选择的触发器及式(5.72)、式(5.73)和式(5.77)，可画出如图 5.64 所示的逻辑图。

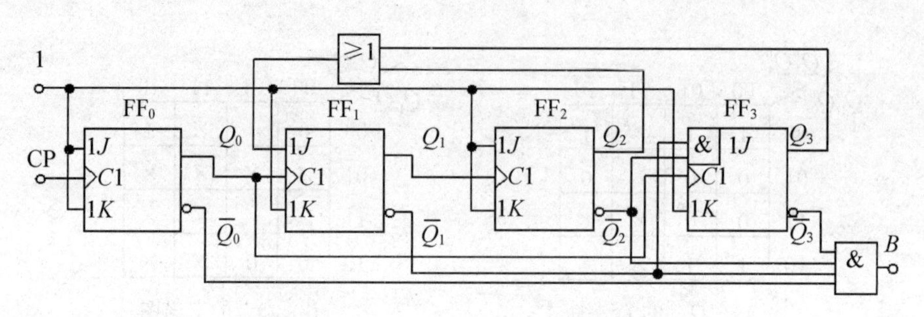


图 5.64　十进制异步减法计算器的逻辑图

(5) 检查能否自启动。将无效状态 1010～1111 分别代入状态方程进行计算，可以验证其在 CP 脉冲作用下都能回到有效状态，电路能够自启动。

3) 集成十进制异步计数器

集成十进制异步计数器常用的型号有 74196、74S196、74LS196、74290、74LS290 和 74LS90 等，它们都是按照 8421BCD 码进行加法计数的电路，下面以 74LS90 为例做简单说明。

(1) 74LS90 的引脚图和逻辑功能图如图 5.65 所示。

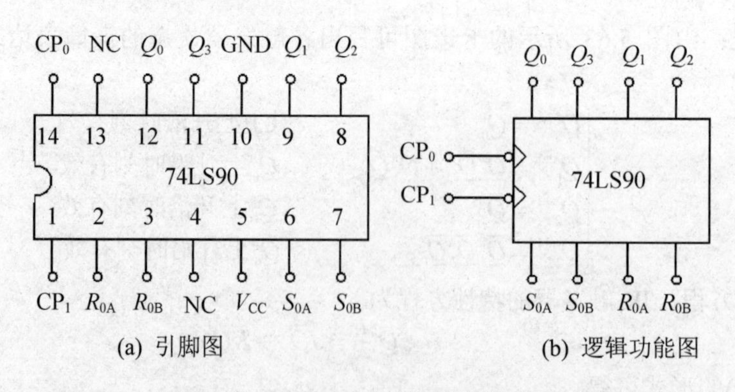


图 5.65　74LS90 的引脚图和逻辑功能图

(2) 74LS90 的状态表如表 5.10 所示。

表 5.10　74LS90 的状态表

| 输入 | | | | | | 输出 | | | | |
|---|---|---|---|---|---|---|---|---|---|---|
| $R_{0A}$ | $R_{0B}$ | $S_{0A}$ | $S_{0B}$ | $CP_0$ | $CP_1$ | $Q_0^{n+1}$ | $Q_1^{n+1}$ | $Q_2^{n+1}$ | $Q_3^{n+1}$ | |
| 1 | 1 | 0 | × | × | × | 0 | 0 | 0 | 0 | (清零) |
| 1 | 1 | × | 0 | × | × | 0 | 0 | 0 | 0 | (清零) |
| × | × | 1 | 1 | × | × | 1 | 0 | 0 | 1 | (置 9) |
| × | 0 | × | 0 | ↓ | 0 | 二进制计数 | | | | |
| × | 0 | 0 | × | 0 | ↓ | 五进制计数 | | | | |
| 0 | × | × | 0 | ↓ | $Q_0$ | 8421 码十进制计数 | | | | |
| 0 | × | 0 | × | $Q_1$ | ↓ | 5421 码十进制计数 | | | | |

由表 5.10 可知， 74LS90 的具体功能如下。

① 清零功能。当 $S_{0A} \cdot S_{0B} = 0$ 时，若 $R_{0A} \cdot R_{0B} = 1$，则计数器清零，与 CP 无关，即为异步清零。

② 置 9 功能。当 $S_{0A} \cdot S_{0B} = 1$ 时，计数器置“9”，即被置成 1001 状态。同样，这种置 9 也是通过触发器异步输入端进行的，与 CP 无关，属于异步置 9 控制端，并且其优先级别高于清零端。

③ 计数功能。74LS90 具有以下四种计数功能。

a. 将 CP 接在 $CP_0$，$CP_1 = 0$，那么计数器的 $FF_0$ 作为 T′ 触发器，构成一位二进制计数器(计数器的模 $M_1 = 2$)，也称为二分频，因为 $Q_0$ 变化的频率是 CP 的 1/2，$FF_1$、$FF_2$、$FF_3$ 不工作。

b. 将 CP 接在 $CP_1$， $CP_0 = 0$，那么 $FF_0$ 不工作，$FF_1$、$FF_2$、$FF_3$ 工作，且构成五进制异步计数器，也称为模 5($M_2 = 5$)计数器或五分频电路， $Q_3Q_2Q_1$ 按照 000→001→010→011→100→000→…的状态循环。

c. 将 CP 接在 $CP_0$ 端，且把 $Q_0$ 与 $CP_1$ 从外部连接起来，即 $CP_1 = Q_0$，则电路状态 $Q_3Q_2Q_1Q_0$ 按照 8421BCD 码进行异步加法计数。

d. 若按照 $CP_1 = CP$、$CP_0 = Q_1$ 连线，虽然电路仍然是十进制异步计数器，但是电路状态 $Q_0Q_3Q_2Q_1$ 是按照 5421BCD 码进行异步加法计数。

从上述四种情况可知，74LS90 计数器可以根据不同的需要连线，以实现不同的功能，具有很强的灵活性和实用性。

## 5.2.4　*N* 进制计数器

由前面介绍的集成计数器不难看出，集成计数器的模大多是二进制、十进制，但是在实际应用中需要很多其他进制的计数器。本节专门对任意进制计数器的实现方法作详细描述。

任意进制计数器即计数器的模为 *N*，常用的实现方法有两个：一是采用时钟触发器和门电路进行设计，该方法在时序逻辑电路的设计中已经作了详细介绍；二是利用集成计数器构成。由于集成计数器是厂家生产的定型产品，其函数关系已被固化在芯片中，状态分配即编码是不能更改的，而且多为纯自然编码态序编码，因此仅需利用清零端或置数端，让电路跳过某些状态而获得 *N* 进制计数器即可。

本节主要介绍第二种方法。该方法需利用市面上已有的计数器。假设现有计数器的模为 $M$，而需要利用此计数器来实现 $N$ 进制计数器，则实现方法具体又可以分成 $N<M$ 和 $N>M$ 两种情况。

1．$N<M$ 时的计数器设计

当 $N<M$ 时，一片 $M$ 进制的计数器就可以用来实现 $N$ 进制计数器，只要利用计数器的扩展端、清零端或者置数端把 $M$ 进制计数器中的 $M-N$ 个状态跳过即可。

在前面介绍的集成计数器中，清零、置数均采用同步方式的有 74LS163、74LS162；均采用异步方式的有 74LS193、74LS197、74LS192；清零采用异步方式、置数采用同步方式的有 74LS161、74LS160；有的只具有异步清零功能，如 CC4520、74LS190、74LS191；74LS90 则具有异步清零和异步置 9 功能。

1) 用同步清零端或置数端归零构成 $N$ 进制计数器

设计步骤具体如下。

(1) 写出状态 $S_{N-1}$ 的二进制代码。

(2) 求归零逻辑，即求同步清零端或置数端信号的逻辑表达式。

(3) 画连线图。

**【例 5.7】** 用 74LS163 来构成一个十二进制计数器。

**解：**

(1) 写出状态 $S_{N-1}$ 的二进制代码，有

$$S_{N-1}=S_{12-1}=S_{11}=1011$$

(2) 求归零逻辑，有

$$\overline{\mathrm{CR}}=\overline{\mathrm{LD}}=\overline{P}_{N-1}=\overline{P}_{11} \qquad P_{N-1}=P_{11}=Q_3^nQ_1^nQ_0^n \tag{5.78}$$

(3) 画连线图。

图 5.66(a)所示是用同步清零端 $\overline{\mathrm{CR}}$ 归零构成的十二进制同步加法计数器，$D_0\sim D_3$ 可随意处理，这里都接 0；图 5.66(b)所示是用同步置数端 $\overline{\mathrm{LD}}$ 归零构成的十二进制同步加法计数器，注意 $D_0\sim D_3$ 必须都要接 0。

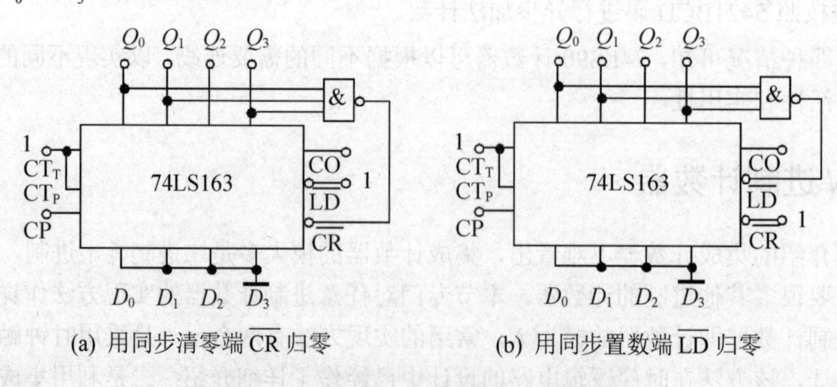


图 5.66　74LS163 构成的十二进制计数器

2) 用异步清零端或置数端归零构成 $N$ 进制计数器

设计步骤具体如下。

(1) 写出状态 $S_N$ 的二进制代码。

(2) 求归零逻辑，即求异步清零端或置数端信号的逻辑表达式。

(3) 画连线图。

**【例 5.8】** 用 74LS197 来构成一个十二进制计数器。

**解：**

(1) 写出状态 $S_N$ 的二进制代码，有

$$S_N = S_{12} = 1100$$

(2) 求归零逻辑，有

$$\overline{\mathrm{CR}} = \overline{\mathrm{CT}/\overline{\mathrm{LD}}} = \overline{P}_N = \overline{P}_{12} \quad P_N = P_{12} = Q_3^n Q_2^n \tag{5.79}$$

(3) 画连线图。

图 5.67(a)所示是用异步清零端 $\overline{\mathrm{CR}}$ 归零构成的十二进制异步加法计数器，图 5.67(b)所示是用异步置数端 $\mathrm{CT}/\overline{\mathrm{LD}}$ 归零构成的十二进制异步加法计数器。

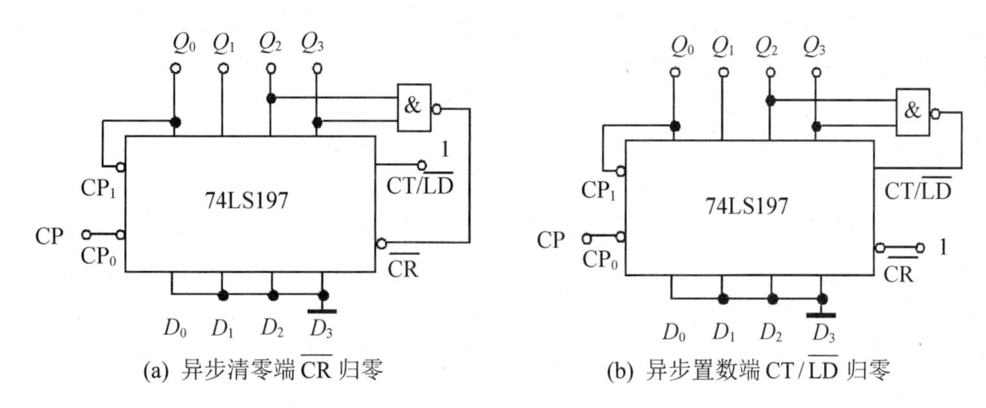

(a) 异步清零端 $\overline{\mathrm{CR}}$ 归零　　(b) 异步置数端 $\mathrm{CT}/\overline{\mathrm{LD}}$ 归零

图 5.67　74LS197 构成的十二进制计数器

**【例 5.9】** 用 74LS161 来构成一个十二进制计数器。

**解：**74LS161 是一个十六进制计数器，其清零采用的是异步方式，置数采用的是同步方式。

(1) 写出 $S_N$ 和 $S_{N-1}$ 的二进制代码，有

$$S_N = S_{12} = 1100$$
$$S_{N-1} = S_{12-1} = S_{11} = 1011$$

(2) 求归零逻辑，有

$$\overline{\mathrm{CR}} = \overline{Q_3^n Q_2^n} \tag{5.80}$$

$$\overline{\mathrm{LD}} = \overline{Q_3^n Q_1^n Q_0^n} \tag{5.81}$$

(3) 画连线图。

分别按式(5.80)和式(5.81)连线，可以得到如图 5.68 所示的电路图。图 5.68(a)所示是根据式(5.80)进行连线的，用异步清零端 $\overline{\mathrm{CR}}$ 归零构成的十二进制同步加法计算器；图 5.68(b)所示是根据式(5.81)进行连线的，用同步置数端 $\overline{\mathrm{LD}}$ 归零构成的十二进制同步加法计算器。

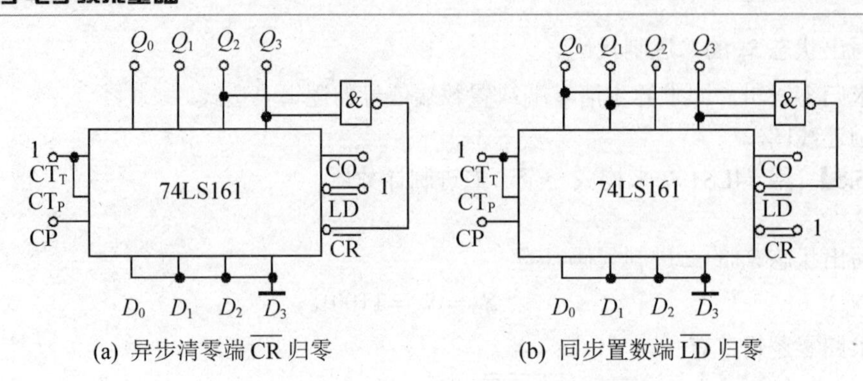


(a) 异步清零端 $\overline{\mathrm{CR}}$ 归零　　　　(b) 同步置数端 $\overline{\mathrm{LD}}$ 归零

图 5.68　74LS161 构成的十二进制计数器

### 2. $N>M$ 时的计数器设计

当 $N>M$ 时，必须用多片 $M$ 进制计数器组合起来，才能构成 $N$ 进制计数器。各片之间的连接方式可分为串行进位方式、并行进位方式、整体清零方式和整体置数方式几种。下面仅以两级之间的连接为例说明这四种连接方法的原理。

(1) 在串行进位方式中，以低位片的进位输出信号作为高位片的时钟输入信号。

(2) 在并行进位方式中，以低位片的进位输出信号作为高位片的工作状态控制信号(计数的使能信号)，两片的 CP 输入端同时接计数输入信号。

(3) 在整体清零方式中，首先将两片 $M$ 进制计数器按最简单的方式接成一个大于 $N$ 进制的计数器(例如 $M \cdot M$ 进制)，然后在计数器计为 $N$ 状态时译出异步清零信号 $\overline{\mathrm{CR}}=0$，将两片 $M$ 进制计数器同时清零。

(4) 整体置数方式的原理与单片集成芯片的置数法类似。首先需将两片 $M$ 进制计数器用最简单的连接方式接成一个大于 $N$ 进制的计数器(例如 $M \cdot M$ 进制)，然后在选定的某一状态下译出 $\overline{\mathrm{LD}}=0$ 信号，将两个 $M$ 进制计数器同时置入适当的数据，跳过多余的状态，获得 $N$ 进制计数器。采用这种接法要求已有的 $M$ 进制计数器本身必须具有置数功能。

对于进位方式的区分是根据高位片时钟输入信号的选择而定，整体清零、整体置数的区分是由状态归零时候所选择的控制端口所定。因此，在多个计数芯片设计中，亦有如下四种组合：①串行进位方式和整体清零方式的组合；②串行进位方式和整体置数方式的组合；③并行进位方式和整体清零方式的组合；④并行进位方式和整体置数方式的组合。

计数器芯片种类繁多，不同计数器芯片的控制端口不同以及控制端口的触发要求不同。这里讨论的内容主要针对同时具有清零和置数端口的芯片，其他只具有一种控制端口的芯片可以参考。

下面以符合以上讨论的、常用的芯片为例来说明设计方法和需要注意的问题。

**【例 5.10】** 用 74160 来构成一个 24 进制计数器。

**解：** 74160 是异步清零、同步置数式的十进制计数器，图 5.69 所示为其逻辑符号，状态表如表 5.11 所示。

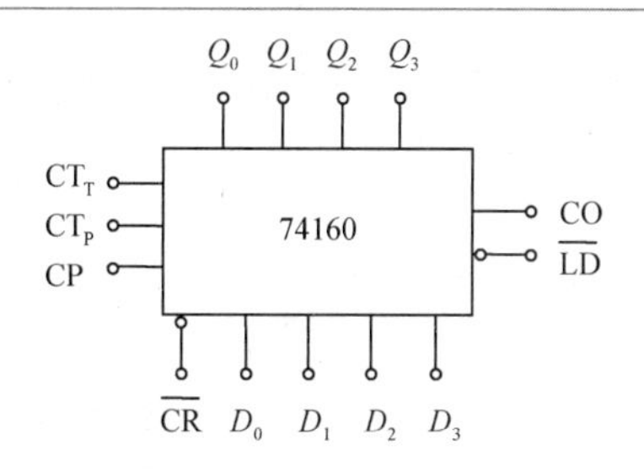


图 5.69　74160 的逻辑符号

表 5.11　74160 的状态表

| 输　入 | | | | | | | | 输　出 | | | | |
|---|---|---|---|---|---|---|---|---|---|---|---|---|
| $\overline{CR}$ | $\overline{LD}$ | $CT_P$ | $CT_T$ | $D_0$ | $D_1$ | $D_2$ | $D_3$ | $Q_0^{n+1}$ | $Q_1^{n+1}$ | $Q_2^{n+1}$ | $Q_3^{n+1}$ | CO |
| 0 | × | × | × | × | × | × | × | 0 | 0 | 0 | 0(清零) | 0 |
| 1 | 0 | × | × | $d_0$ | $d_1$ | $d_2$ | $d_3$ | $d_0$ | $d_1$ | $d_2$ | $d_3$(置数) | |
| 1 | 1 | 0 | × | × | × | × | × | 保持 | | | | |
| 1 | 1 | × | 0 | × | × | × | × | 保持 | | | | 0 |
| 1 | 1 | 1 | 1 | × | × | × | × | 计数 | | | | |

(1)　方法一：并行进位方式和整体清零方式组合。

24 进制计数器的设计使用两个 74160 芯片，一个芯片实现低位 0～9 计数，另一个芯片实现高位计数。因为 74160 亦为十进制计数芯片，所以低位片的 CO 端口输出进位信号作为高位片的工作状态控制信号(由低位的 CO 和高位的 $CT_P$、$CT_T$ 相连)，两片的 CP 输入端同时接时钟输入信号。整体清零时，因为异步清零，所以当计数到 24 即低位计到 0100 状态、高位计到 0010 状态时，用低位片的 $Q_2$ 和高位片的 $Q_1$ 获得整体清零信号 $\overline{CR}=0$。并行进位、整体清零 24 进制计数器设计如图 5.70 所示。

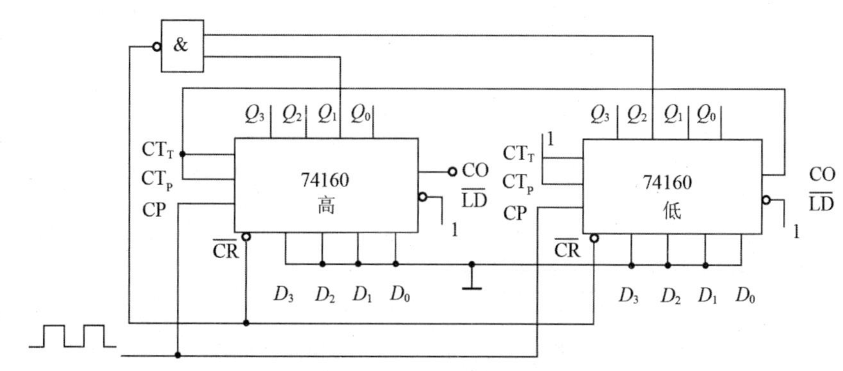


图 5.70　并行进位、整体清零 24 进制计数器

(2)　方法二：并行进位方式和整体置数方式组合。

24 进制计数器的设计使用两个 74160 芯片，一个芯片实现低位 0～9 计数，另一个芯片实现高位计数。因为 74160 亦为十进制计数芯片，所以低位片的 CO 端口输出进位信号作为高位片的工作状态控制信号(由低位的 CO 和高位的 $CT_P$、$CT_T$ 相连)，两片的 CP 输入端同时接计数输入信号。整体置数时，因为同步置数，所以当计数到 23 即低位计到 0011 状态、高位计到 0010 状态时，用低位片的 $Q_1$、$Q_0$ 和高位片的 $Q_1$ 获得整体置数信号 $\overline{LD}$=0。并行进位、整体置数 24 进制计数器设计如图 5.71 所示。

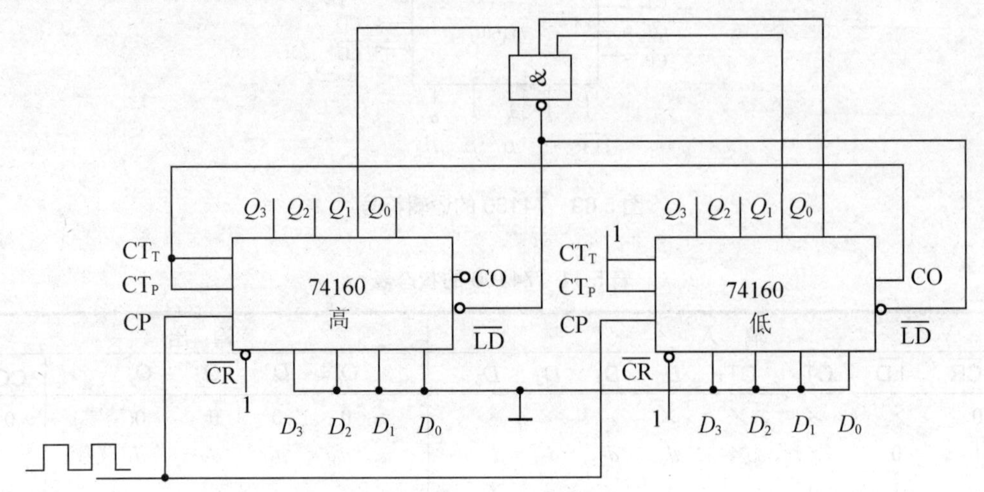


图 5.71　并行进位、整体置数 24 进制计数器

(3)　方法三：串行进位方式和整体清零方式的组合。

24 进制计数器的设计使用两个 74160 芯片，一个芯片实现低位 0～9 计数，另一个芯片实现高位计数。因为 74160 亦为十进制计数芯片，所以低位片的 CO 端口输出进位信号作为高位片的时钟输入信号，两片的 $CT_P$、$CT_T$ 同时接入高电平 1。整体清零时，因为异步清零，所以当计数到 24 即低位计到 0100 状态、高位计到 0010 状态时，用低位片的 $Q_2$ 和高位片的 $Q_1$ 获得整体清零信号 $\overline{CR}=0$。串行进位、整体清零 24 进制计数器设计如图 5.72 所示。

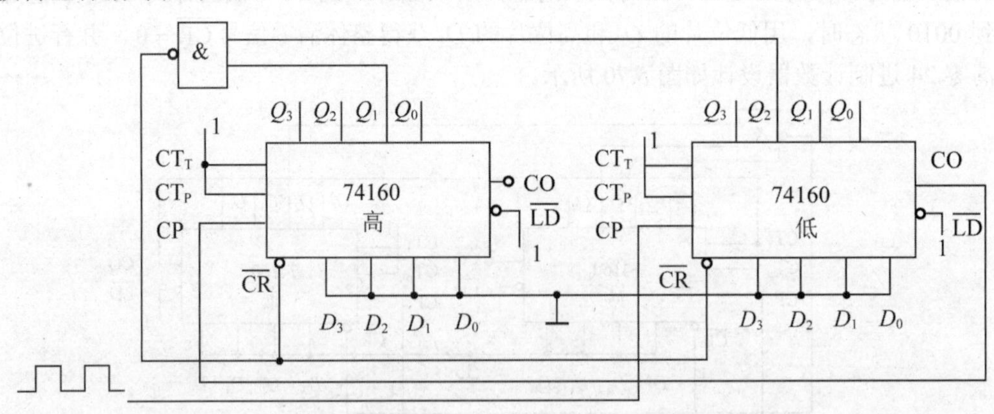


图 5.72　串行进位、整体清零 24 进制计数器

在多个计数芯片设计的四种组合方式中的串行进位方式和整体置数方式的组合，对于 74160 芯片不再适用。因为采用整体置数方式时的置数控制端口是同步置数，即使当计数到 23 即低位计到 0011 状态、高位计到 0010 状态时，可以用低位片的 $Q_2$、$Q_1$ 和高位片的 $Q_1$ 获得整体置数控制信号 $\overline{LD}$=0，但下一个时钟信号来时只有低位片可以获得触发时钟信号，高位片是由低位片计数到 9(1001)状态后才能由 CO 输出触发信号，所以只能使得低位片状态归零，高位片会保持原来状态。因此，这里要注意的问题是，在多个计数芯片设计中，串行

进位方式和整体置数方式的组合不适用于 74160 这样的同步置数的计数器。

**【例 5.11】** 用 74161 来构成一个 24 进制计数器。

**解：** 74161 是异步清零、同步置数式的十六进制计数器，其逻辑符号和图 5.69 一致，状态表和表 5.11 相同。

用 74161 来设计 24 进制计数器的方法和 74160 有很大不同，74161 不是十进制计数，因此先要将低位片设计成十进制计数，再考虑进位方式和整体归零方式的组合。

(1) 方法一：并行进位方式和整体置数方式的组合。

24 进制计数器的设计使用两个 74161 芯片，一个芯片实现低位 0～9 计数即十进制计数，另一个芯片实现高位计数。74161 为十六进制计数芯片，这里先用低位片的异步清零端设计 0～9 计数，由低位片的 $Q_3$ 和 $Q_1$ 与非来获得 $\overline{\mathrm{CR}}=0$ 信号控制实现。同时把低位片的 $Q_3$ 和 $Q_0$ 用一个与门和高位片的 $\mathrm{CT_P}$、$\mathrm{CT_T}$ 相连，实现每次计数到 9 时高位加 1。

整体归零只能采用整体置数方式实现。因为是同步置数，所以当计数到 23 即低位计数到 0011 状态、高位计数到 0010 状态时，用低位片的 $Q_1$、$Q_0$ 和高位片的 $Q_1$ 获得整体置数信号 $\overline{\mathrm{LD}}$=0。并行进位、整体置数 24 进制计数器设计如图 5.73 所示。

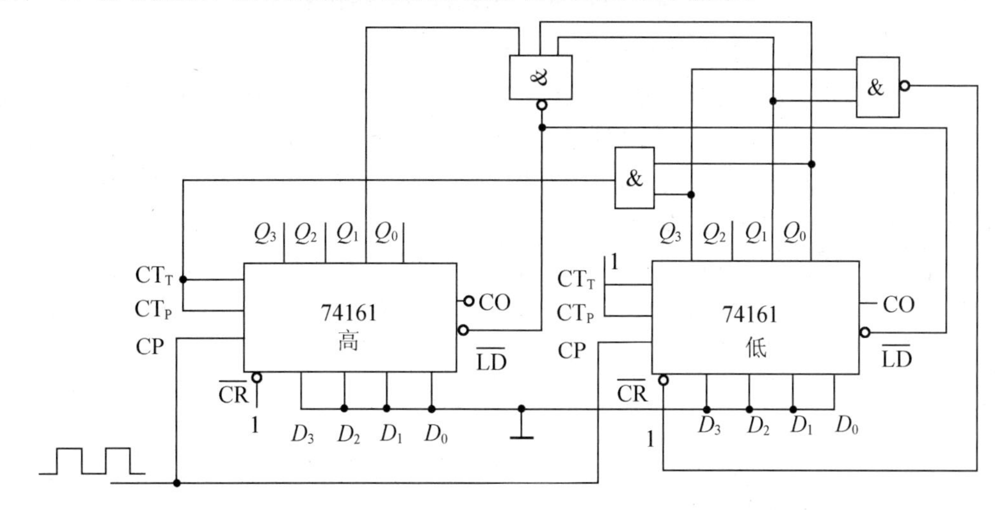


图 5.73 并行进位、整体置数 24 进制计数器

另外，在采用低位片的异步清零端设计 0～9 计数，由低位片的 $Q_3$ 和 $Q_1$ 与非来获得 $\overline{\mathrm{CR}}=0$ 信号控制实现时不能再采用串行进位、整体置数组合的原因是，即使当计数到 23 即低位计到 0011 状态、高位计到 0010 状态时，可以用低位片的 $Q_2$、$Q_1$ 和高位片的 $Q_1$ 获得整体置数控制信号 $\overline{\mathrm{LD}}$=0，但下一个时钟信号来时只有低位片可以获得触发时钟信号，高位片是由低位片计数到 9(1001)状态后才能由 $Q_3$ 和 $Q_1$ 相与输出触发信号，所以只能使得低位片状态归零，高位片会保持原来状态。因此，这里要注意的问题是，低位采用异步清零设计 0～9 计数时，串行进位方式和整体置数方式的组合不适用于 74161 这样的同步置数的计数器。

(2) 方法二：串行进位方式和整体清零方式的组合。

24 进制计数器的设计使用两个 74161 芯片，一个芯片实现低位 0～9 计数，另一个芯片实现高位计数。74161 为十六进制计数芯片，这里先用低位片的同步置数端设计 0～9 计数，由低位片的 $Q_3$ 和 $Q_0$ 与非来获得 $\overline{\mathrm{LD}}$=0 信号控制实现。同时把低位片的 $\overline{\mathrm{LD}}$ 端用一个反相器和高位片的 CP 相连(因为在获得 $\overline{LD}$ =0 信号时是 1 到 0 跳变，而 74161 触发是 0 到 1 上升沿触发)。

整体归零只能采用整体清零方式实现。因为是异步清零，所以当计数到 24 即低位计数到 0100 状态、高位计数到 0010 状态时，用低位片的 $Q_2$ 和高位片的 $Q_1$ 获得整体清零信号 $\overline{CR}=0$。串行进位、整体清零 24 进制计数器设计如图 5.74 所示。

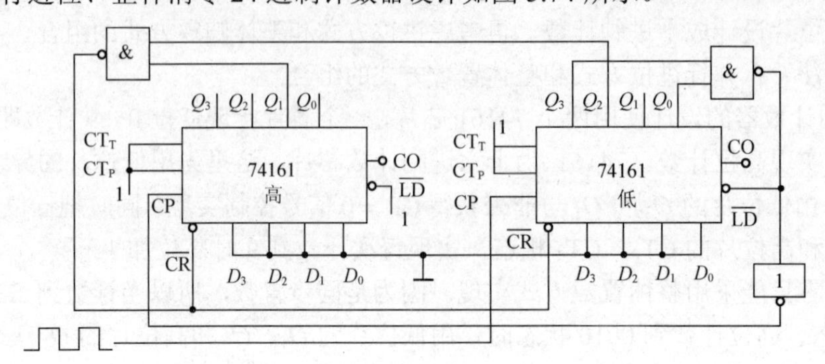


图 5.74　串行进位、整体清零 24 进制计数器

(3)　方法三：并行进位方式和整体清零方式的组合。

24 进制计数器的设计使用两个 74161 芯片，一个芯片实现低位 0～9 计数，另一个芯片实现高位计数。74161 为十六进制计数芯片，这里先用低位片的同步置数端设计 0～9 计数，由低位片的 $Q_3$ 和 $Q_0$ 与非来获得 $\overline{LD}$ =0 信号控制实现。同时把低位片的 $\overline{LD}$ 端用一个反相器和高位片的 $CT_P$、$CT_T$ 相连。

整体归零只能采用整体清零方式实现。因为是异步清零，所以当计数到 24 即低位计数到 0100 状态、高位计数到 0010 状态时，用低位片的 $Q_2$ 和高位片的 $Q_1$ 获得整体清零信号 $\overline{CR}=0$。并行进位、整体清零 24 进制计数器设计如图 5.75 所示。

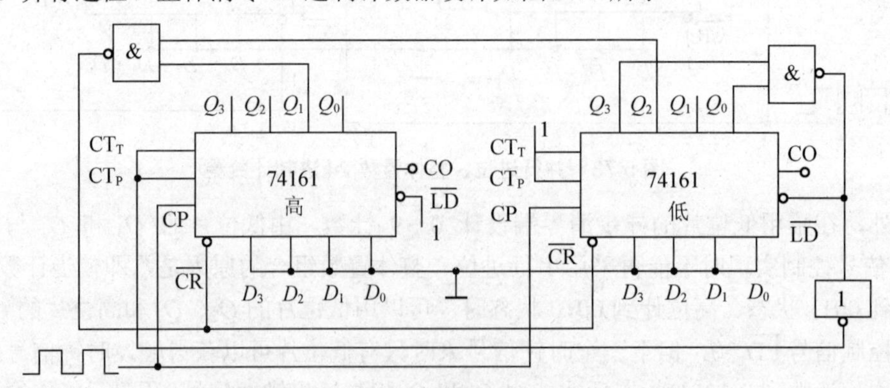


图 5.75　并行进位、整体清零 24 进制计数器

【例 5.12】　用 74163 来构成一个 24 进制计数器。

解：74163 是同步清零、同步置数式的十六进制计数器，其逻辑符号和图 5.69 一致，状态表和表 5.11 的区别只是其中的异步清零变成同步清零。

用 74163 来设计 24 进制计数器的方法和 74161 有很多相同之处，即可以先将低位片设计成十进制计数，再考虑进位方式和整体归零方式的组合。

(1) 方法一：并行进位方式和整体清零方式的组合。

24 进制计数器的设计使用两个 74163 芯片，一个芯片实现低位 0～9 计数，另一个芯片实现高位计数。74163 为十六进制计数芯片，这里先用低位片的同步置数端设计 0～9 计数，由低位片的 $Q_3$ 和 $Q_0$ 与非来获得 $\overline{LD}=0$ 信号控制实现。同时把低位片的 $\overline{LD}$ 端用一个反相器和高位片的 $CT_P$、$CT_T$ 相连。

整体归零只能采用整体清零方式实现。因为是同步清零，所以当计数到 23 即低位计数到 0011 状态、高位计数到 0010 状态时，用低位片的 $Q_1$、$Q_0$ 和高位片的 $Q_1$ 获得整体清零信号 $\overline{CR}=0$。并行进位、整体清零 24 进制计数器设计如图 5.76 所示。

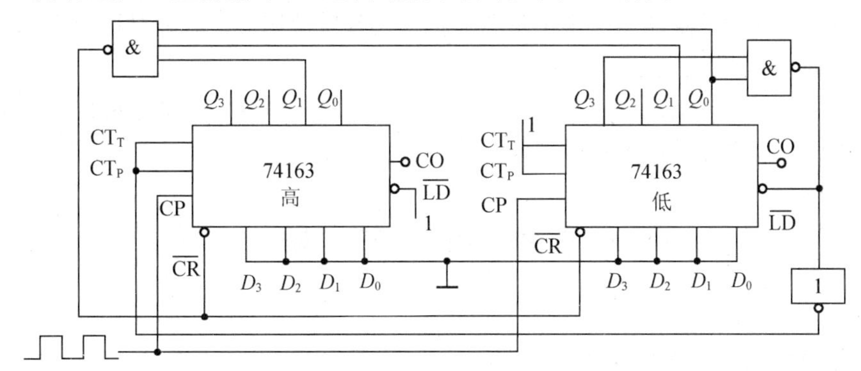


图 5.76　并行进位、整体清零 24 进制计数器

(2) 方法二：并行进位方式和整体置数方式的组合。

24 进制计数器的设计使用两个 74163 芯片，一个芯片实现低位 0～9 计数，另一个芯片实现高位计数。74163 为十六进制计数芯片，这里先用低位片的同步置数端设计 0～9 计数，由低位片的 $Q_3$ 和 $Q_0$ 与非来获得 $\overline{CR}=0$ 信号控制实现。同时把低位片的 $\overline{CR}$ 端用一个反相器和高位片的 $CT_P$、$CT_T$ 相连。

整体归零只能采用整体置数方式实现。因为是同步置数，所以当计数到 23 即低位计数到 0011 状态、高位计数到 0010 状态时，用低位片的 $Q_1$、$Q_0$ 和高位片的 $Q_1$ 获得整体置数信号 $\overline{LD}=0$。并行进位、整体置数 24 进制计数器设计如图 5.77 所示。

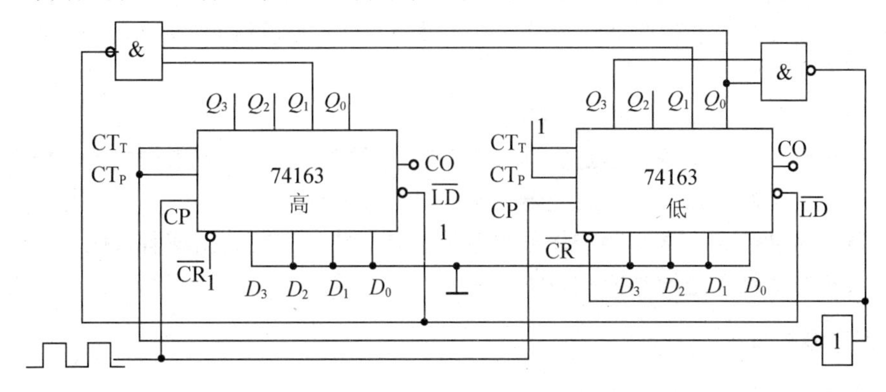


图 5.77　并行进位、整体置数 24 进制计数器

而 24 进制的串行进位方式则不适用于 74163，因为串行进位方式中，高位片的输入时钟是由低位的计数 9(1001)状态间接获得，而不论是整体清零还是整体置数，都是在高位计数到

0010 状态和低位计数到 0011 状态，此时只能让低位归零，高位没有办法获得触发时钟。因此，采用多个芯片设计计数器时，串行进位方式不适用于 74163 这样的同步清零、同步置数的计数器。

根据以上三个例题，可将多片集成计数芯片构成计数器时，各芯片之间(或称为各级之间)的连接的组合方式选择总结如下。

(1) 芯片的整体清零或整体置数方式可以任意选择。

(2) 对于芯片的控制端口，不论是清零端口还是置数端口，只要是异步操作方式的，既可以选择串行进位方式，也可以选择并行进位方式。

(3) 对于芯片的控制端口，不论是清零端口还是置数端口，只要是同步操作方式的，只能选择并行进位方式。

通过以上分析和总结，可以为 $N>M$ 时的计数器设计提供一个清晰的思路。另外，在此基础上可以进一步用计数器芯片扩展设计简单时钟电路。

## 5.3 寄 存 器

### 5.3.1 寄存器的特点和分类

#### 1. 寄存器的概念和主要特点

1) 寄存器的概念

(1) 寄存。寄存的问题在生活中随处可见，最常见的，人们去超市买东西，超市入口通常就会有一个寄存东西的柜子。在电子线路中，把数据或代码暂时存储起来的操作也称为寄存。

(2) 寄存器。具有寄存功能的电路称为寄存器。寄存器是一种最基本的时序逻辑电路，是存储数码的逻辑部件，必须具备接收和寄存数码的功能，一般来讲不对数据进行处理。采用任何一种类型的触发器均可以构成寄存器。每一个触发器存放一位二进制数或一个逻辑变量，由 $n$ 个触发器构成的寄存器可存放 $n$ 位二进制数或 $n$ 个逻辑变量的值。

2) 寄存器的特点

图 5.78 所示是 $n$ 位寄存器的结构示意图。

(1) 从电路组成看，寄存器是由具有存储功能的触发器组合起来构成的，使用的可以是基本触发器、同步触发器或边沿触发器，电路结构比较简单。

(2) 从基本功能看，寄存器的任务主要是暂时存储二进制数据或者代码，一般情况下不对存储内容进行处理，逻辑功能比较单一。

#### 2. 寄存器的分类

寄存器虽然简单，但也有很多种。

1) 按照功能分

按照功能的不同，寄存器可以分为基本寄存器和移位寄存器两种。

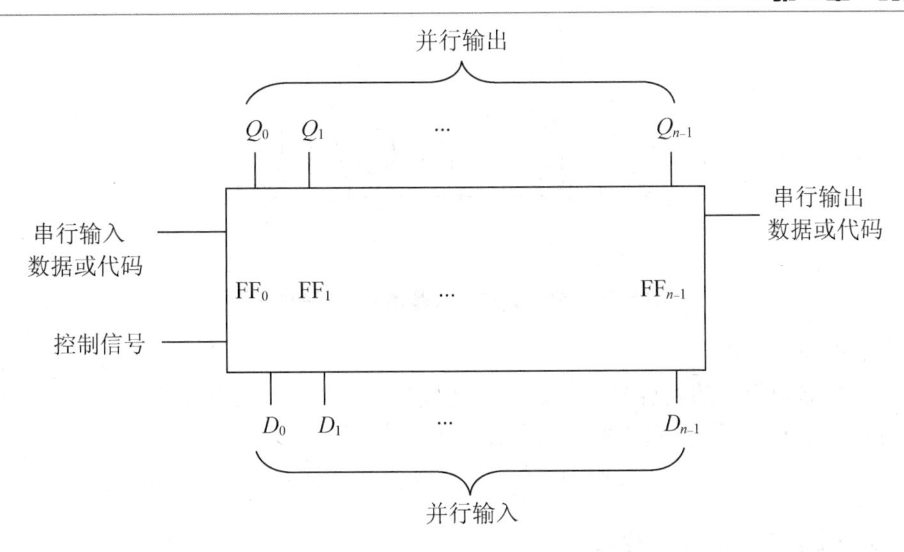


图 5.78　*n* 位寄存器的结构示意图

(1)　基本寄存器。基本寄存器只能将数据或代码并行送入寄存器中，需要时也可以并行输出。其存储单元可用基本触发器、同步触发器、主从触发器及边沿触发器来构成。

(2)　移位寄存器。移位寄存器是在基本寄存器的基础上增加了移位功能。根据移位方向可以分为左移单向移位寄存器、右移单向移位寄存器、双向移位寄存器。具体来说，存储在寄存器中的数据或代码，在移位脉冲的操作下，可以依次逐位右移或左移，而这些移位操作可以实现某些数据运算功能。如一个 $n$ 位的数据存储在寄存器中，当寄存器向左进行移位时，将使这个 $n$ 位数据中的每一位数据都向高位移动一位，而最低位以数据 0 填补，则得到的新数据相当于是原数据乘以 2，以此类推，移动两位相当于乘以 4，等等。

2)　按照使用的开关元件分

按照使用开关元件的不同，寄存器可以分为 TTL 寄存器和 CMOS 寄存器。它们都属于中规模集成电路。

3)　按照数据输入、输出方式分

按照数据输入、输出方式的不同，寄存器可以分为四种：并行输入—并行输出方式、并行输入—串行输出方式、串行输入—并行输出方式、串行输入—串行输出方式。

## 5.3.2　基本寄存器

一个触发器可以存储一位二进制代码或数据，因此，寄存 $n$ 位二进制代码或数据，需要 $n$ 个触发器。

### 1. 单拍工作方式基本寄存器

1)　电路组成

图 5.79 所示是四个边沿 D 触发器构成的单拍工作方式基本寄存器的逻辑图。$D_0 \sim D_3$ 是并行数码输入端，CP 是控制时钟脉冲端，$Q_0 \sim Q_3$ 是并行数码输出端。

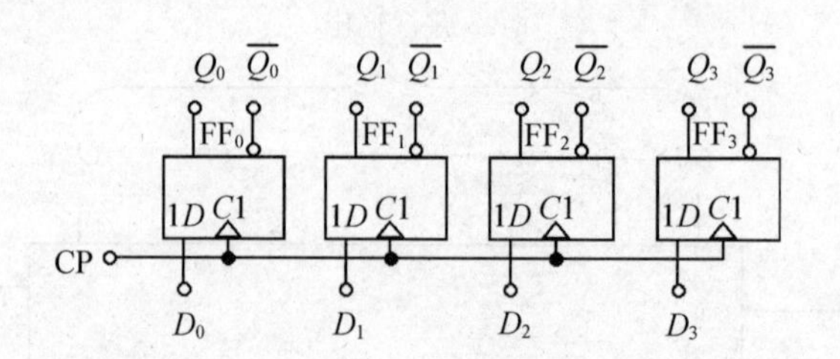


图 5.79 单拍工作方式基本寄存器的逻辑图

2) 工作原理

无论寄存器中原来的内容是什么，只要送数控制时钟脉冲 CP 上升沿到来，加在并行数据输入端的数据 $D_0 \sim D_3$ 就立即被送入寄存器中，即有

$$Q_3^{n+1}Q_2^{n+1}Q_1^{n+1}Q_0^{n+1} = D_3D_2D_1D_0 \qquad \text{CP 上升沿时刻有效} \qquad (5.82)$$

2．双拍工作方式基本寄存器

1) 电路组成

图 5.80 所示是四个边沿 D 触发器构成的双拍工作方式基本寄存器的逻辑图。

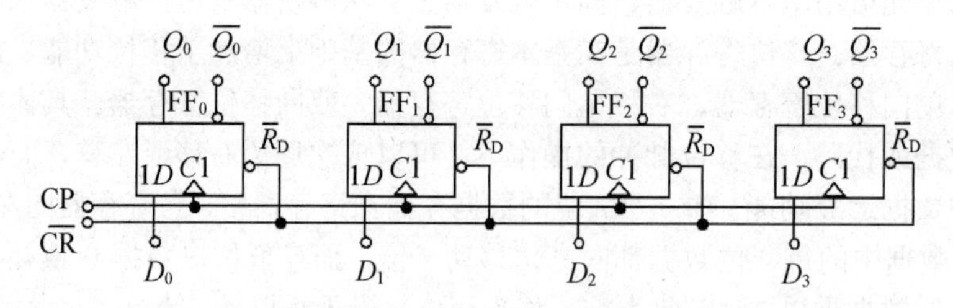


图 5.80 双拍工作方式基本寄存器的逻辑图

2) 工作原理

(1) 清零。当 $\overline{CR}=0$ 时，寄存器异步清零。无论寄存器中原来的内容是什么，只要 $\overline{CR}=0$，就立即通过异步输入端将四个边沿 D 触发器都复位到 0 状态，即有

$$Q_3^nQ_2^nQ_1^nQ_0^n = 0000 \qquad (5.83)$$

(2) 送数。当 $\overline{CR}=1$ 时，CP 上升沿送数。无论寄存器中原来的内容是什么，$\overline{CR}=1$ 时，只要送数控制时钟脉冲 CP 上升沿到来，加在并行数码输入端的数码 $D_0 \sim D_3$ 马上被送入寄存器中，即有

$$Q_3^{n+1}Q_2^{n+1}Q_1^{n+1}Q_0^{n+1} = D_3D_2D_1D_0 \qquad \text{CP 上升沿时刻有效} \qquad (5.84)$$

(3) 保持。在 $\overline{CR}=1$、CP 上升沿以外时间，寄存器内容将保持不变，即各个触发器的输出端 $Q$、$\overline{Q}$ 的状态都将保持不变。用边沿 D 触发器作寄存器时，其 $D$ 端具有很强的抗干扰能力。

## 5.3.3 移位寄存器

移位寄存器常按照在移位命令操作下移位情况的不同，分为单向移位寄存器和双向移位寄存器两大类。

### 1. 单向移位寄存器

1) 电路组成

图 5.79 所示是用边沿 D 触发器构成的基本的四位单向移位寄存器。从电路结构看，它有两个基本特征：一是由相同存储单元组成，存储单元个数就是移位寄存器的位数；二是各个存储单元共用一个时钟信号即移位操作命令，电路工作是同步的，属于同步时序电路。

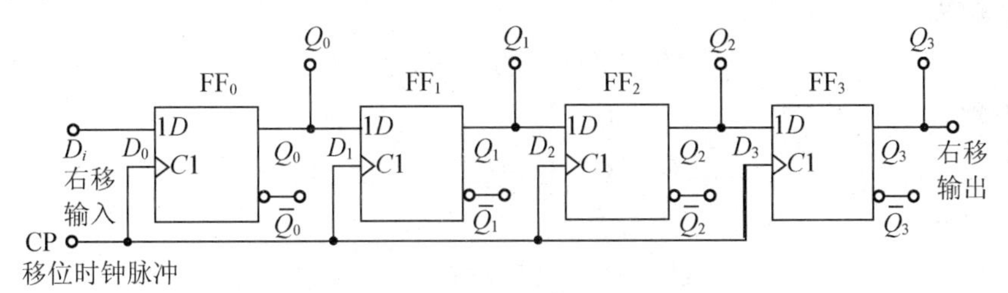


(a) 右移

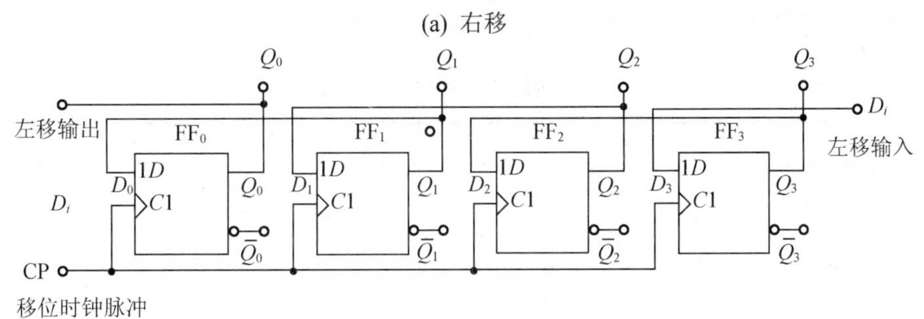


(b) 左移

图 5.81 基本的四位单向移位寄存器

2) 工作原理

(1) 右移移位寄存器的工作原理。在图 5.81(a)所示的右移移位寄存器中，假设各个触发器的起始状态均为 0，即 $Q_3^nQ_2^nQ_1^nQ_0^n=0000$，根据图 5.81(a)所示电路可得：

时钟方程为

$$CP_0=CP_1=CP_2=CP_3=CP \tag{5.85}$$

驱动方程为

$$D_0=D_i \quad D_1=Q_0^n \quad D_2=Q_1^n \quad D_3=Q_2^n \tag{5.86}$$

状态方程为

$$Q_0^{n+1}=D_i \quad Q_1^{n+1}=Q_0^n \quad Q_2^{n+1}=Q_1^n \quad Q_3^{n+1}=Q_2^n \tag{5.87}$$

根据状态方程和假设的起始状态可列出如表 5.12 所示的状态表。

表 5.12 四位右移移位寄存器的状态表

| 输入 | | 现态 | | | | 次态 | | | | 说明 |
|---|---|---|---|---|---|---|---|---|---|---|
| $D_i$ | CP | $Q_0^n$ | $Q_1^n$ | $Q_2^n$ | $Q_3^n$ | $Q_0^{n+1}$ | $Q_1^{n+1}$ | $Q_2^{n+1}$ | $Q_3^{n+1}$ | |
| 1 | ↑ | 0 | 0 | 0 | 0 | 1 | 0 | 0 | 0 | 连续输入四个 1 |
| 1 | ↑ | 1 | 0 | 0 | 0 | 1 | 1 | 0 | 0 | |
| 1 | ↑ | 1 | 1 | 0 | 0 | 1 | 1 | 1 | 0 | |
| 1 | ↑ | 1 | 1 | 1 | 0 | 1 | 1 | 1 | 1 | |

表 5.12 所示的状态表具体描述了右移移位过程。当连续输入四个 1 时，$D_i$ 经 $FF_0$ 在 CP 上升沿操作下，依次被移入寄存器中，经过四个 CP 脉冲，寄存器就变成全 1 状态，即四个 1 右移输入完毕。

(2) 左移移位寄存器的工作原理。在图 5.81(b)所示的左移移位寄存器中，假设各个触发器的起始状态均为 0，即 $Q_3^n Q_2^n Q_1^n Q_0^n = 0000$，根据图 5.81(b)所示电路可得：

时钟方程为

$$CP_0 = CP_1 = CP_2 = CP_3 = CP \tag{5.88}$$

驱动方程为

$$D_0 = Q_1^n \quad D_1 = Q_2^n \quad D_2 = Q_3^n \quad D_3 = Q_i \tag{5.89}$$

状态方程为

$$Q_0^{n+1} = Q_1^n \quad Q_1^{n+1} = Q_2^n \quad Q_2^{n+1} = Q_3^n \quad Q_3^{n+1} = Q_i \tag{5.90}$$

根据状态方程和假设的起始状态可列出如表 5.13 所示的状态表。

表 5.13　四位左移移位寄存器的状态表

| 输　入 | | 现　态 | | | | 次　态 | | | | 说　明 |
|---|---|---|---|---|---|---|---|---|---|---|
| $D_i$ | CP | $Q_0^n$ | $Q_1^n$ | $Q_2^n$ | $Q_3^n$ | $Q_0^{n+1}$ | $Q_1^{n+1}$ | $Q_2^{n+1}$ | $Q_3^{n+1}$ | |
| 1 | ↑ | 0 | 0 | 0 | 0 | 0 | 0 | 0 | 1 | 连续输入四个 1 |
| 1 | ↑ | 1 | 0 | 0 | 0 | 0 | 0 | 1 | 1 | |
| 1 | ↑ | 1 | 1 | 0 | 0 | 0 | 1 | 1 | 1 | |
| 1 | ↑ | 1 | 1 | 1 | 0 | 1 | 1 | 1 | 1 | |

表 5.13 所示的状态表具体描述了左移移位过程。当连续输入四个 1 时，$D_i$ 经 $FF_3$ 在 CP 上升沿操作下，依次被移入寄存器中，经过四个 CP 脉冲，寄存器就变成全 1 状态，即四个 1 左移输入完毕。

3) 主要特点

(1) 单向移位寄存器中的数码，在 CP 脉冲操作下，可以依次右移或左移。

(2) $n$ 位单向移位寄存器可以寄存 $n$ 位二进制代码。$n$ 个 CP 脉冲即可完成串行输入工作，此后可从 $Q_0 \sim Q_{n-1}$ 端获得并行的 $n$ 位二进制数码，再用 $n$ 个 CP 脉冲又可实现串行输出操作。

(3) 若串行输入端状态为 0，则 $n$ 个 CP 脉冲后，寄存器便被清零。

### 2. 双向移位寄存器

把左移移位寄存器和右移移位寄存器组合起来，加上移位方向控制信号，便可方便地构成双向移位寄存器。

1) 电路组成

图 5.82 所示是基本的四位双向移位寄存器。其中，$M$ 是移位方向控制端；$D_{SR}$ 是右移串行输入端；$D_{SL}$ 是左移串行输入端；$Q_0 \sim Q_3$ 是并行输出端，CP 是时钟脉冲，即移位操作信号。

2) 工作原理

图 5.82 中，四个与或门构成了四个二选一数据选择器，其输出就是送给相应边沿 D 触发器的同步输入端信号，$M$ 是选择控制端，由电路可得驱动方程为

$$\begin{cases} D_0 = \bar{M}D_{SR} + MQ_1^n \\ D_1 = \bar{M}Q_0^n + MQ_2^n \\ D_2 = \bar{M}Q_1^n + MQ_3^n \\ D_3 = \bar{M}Q_2^n + MD_{SL} \end{cases} \tag{5.91}$$

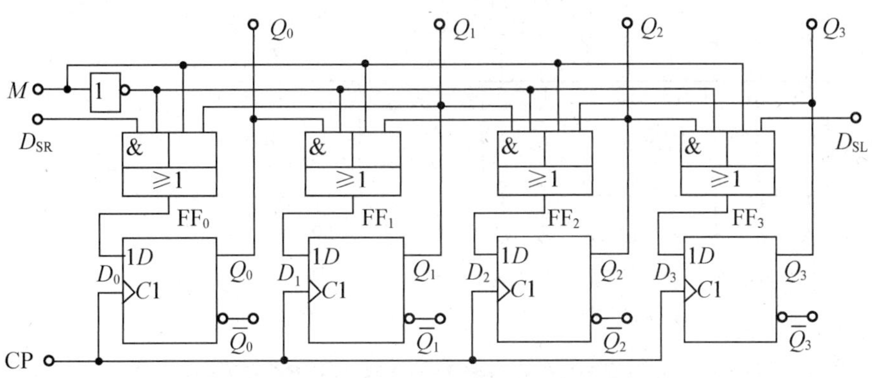


图 5.82　基本的四位双向移位寄存器

将式(5.91)代入 D 触发器的特性方程，可得状态方程为

$$\begin{cases} Q_0^{n+1} = \bar{M}D_{SR} + MQ_1^n \\ Q_1^{n+1} = \bar{M}Q_0^n + MQ_2^n \\ Q_2^{n+1} = \bar{M}Q_1^n + MQ_3^n \\ Q_3^{n+1} = \bar{M}Q_2^n + MD_{SL} \end{cases} \quad \text{CP 上升沿时刻有效} \tag{5.92}$$

(1)　当 $M$=0 时，有

$$\begin{cases} Q_0^{n+1} = D_{SR} \\ Q_1^{n+1} = Q_0^n \\ Q_2^{n+1} = Q_1^n \\ Q_3^{n+1} = Q_2^n \end{cases} \quad \text{CP 上升沿时刻有效} \tag{5.93}$$

此时，电路成为四位右移移位寄存器。

(2)　当 $M$=1 时，有

$$\begin{cases} Q_0^{n+1} = Q_1^n \\ Q_1^{n+1} = Q_2^n \\ Q_2^{n+1} = Q_3^n \\ Q_3^{n+1} = D_{SL} \end{cases} \quad \text{CP 上升沿时刻有效} \tag{5.94}$$

此时，电路成为四位左移移位寄存器。

### 3．集成移位寄存器

集成移位寄存器产品较多，现以比较典型的四位双向移位寄存器 74LS194 为例，做简单说明。

1) 四位双向移位寄存器 74LS194 的引脚图和逻辑功能图

图 5.83 所示是四位双向移位寄存器 74LS194 的引脚图和逻辑功能图。其中，$\overline{CR}$ 是清零端；$M_0$、$M_1$ 是工作状态控制端；$D_{SR}$ 和 $D_{SL}$ 分别是右移和左移串行数码输入端；$D_0 \sim D_3$ 是并行数码输入端；$Q_0 \sim Q_3$ 是并行数码输出端；CP 是时钟脉冲，即移位操作信号。

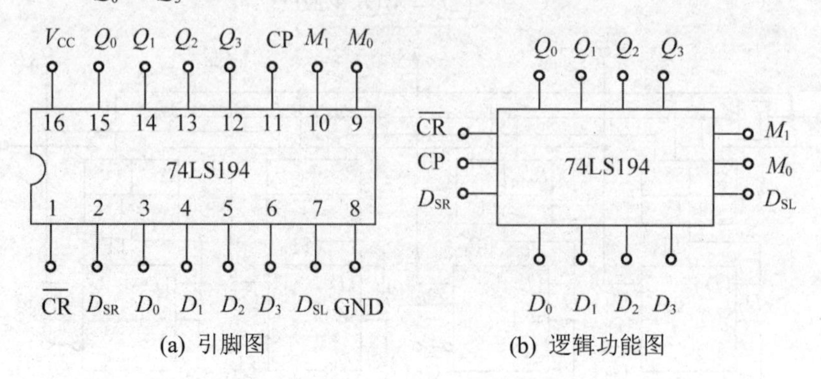


(a) 引脚图　　(b) 逻辑功能图

图 5.83 四位双向移位寄存器 74LS194 的引脚图和逻辑功能图

2) 逻辑功能

表 5.14 所示是 74LS194 的状态表，反映了四位双向移位寄存器 74LS194 具有如下逻辑功能。

表 5.14 74LS194 的状态表

| 输入 | | | | | | | | | | 输出 | | | | CO 工作状态 |
|---|---|---|---|---|---|---|---|---|---|---|---|---|---|---|
| $\overline{CR}$ | $M_1$ | $M_0$ | $D_{SR}$ | $D_{SL}$ | CP | $D_0$ | $D_1$ | $D_2$ | $D_3$ | $Q_0^{n+1}$ | $Q_1^{n+1}$ | $Q_2^{n+1}$ | $Q_3^{n+1}$ | |
| 0 | × | × | × | × | × | × | × | × | × | 0 | 0 | 0 | 0 | 清零 |
| 1 | × | × | × | × | 0 | × | × | × | × | $Q_0^n$ | $Q_1^n$ | $Q_2^n$ | $Q_3^n$ | 保持 |
| 1 | 1 | 1 | × | × | ↑ | $d_0$ | $d_1$ | $d_2$ | $d_3$ | $d_0$ | $d_1$ | $d_2$ | $d_3$ | 并行输入 |
| 1 | 0 | 1 | 1 | × | ↑ | × | × | × | × | 1 | $Q_0^n$ | $Q_1^n$ | $Q_2^n$ | 右移输入 1 |
| 1 | 0 | 1 | 0 | × | ↑ | × | × | × | × | 0 | $Q_0^n$ | $Q_1^n$ | $Q_2^n$ | 右移输入 0 |
| 1 | 1 | 0 | × | 1 | ↑ | × | × | × | × | $Q_1^n$ | $Q_2^n$ | $Q_3^n$ | 1 | 左移输入 1 |
| 1 | 1 | 0 | × | 0 | ↑ | × | × | × | × | $Q_1^n$ | $Q_2^n$ | $Q_3^n$ | 0 | 左移输入 0 |
| 1 | 0 | 0 | × | × | × | × | × | × | × | $Q_0^n$ | $Q_1^n$ | $Q_2^n$ | $Q_3^n$ | 保持 |

(1) 清零功能。当 $\overline{CR}$=0 时，双向移位寄存器异步清零。

(2) 保持功能。当 $\overline{CR}$=1 时，CP=0 或 $M_0 = M_1$=0，双向移位寄存器保持状态不变。

(3) 并行送数功能。当 $\overline{CR}$=1、$M_0 = M_1$=1 时，CP 上升沿可将加在并行输入端 $D_0 \sim D_3$ 上的数码 $d_0 \sim d_3$ 送入寄存器中。

(4) 右移串行送数功能。当 $\overline{CR}$=1、$M_0$=1、$M_1$=0 时，在 CP 上升沿的操作下，可依次把加在 $D_{SR}$ 端的数码从时钟触发器 $FF_0$ 串行送入寄存器中。

(5) 左移串行送数功能。当 $\overline{CR}$=1、$M_0$=0、$M_1$=1 时，在 CP 上升沿的操作下，可依次把加在 $D_{SL}$ 端的数码从时钟触发器 $FF_3$ 串行送入寄存器中。

## 5.3.4　移位寄存器计数器

如果把移位寄存器的输出以一定方式馈送到串行输入端，则可得到一些电路连接十分简单、编码别具特色、用途极为广泛的移位寄存器计数器。

### 1．环形计数器

1)　电路组成

取 $D_0 = Q_{n-1}^n$，即将 $FF_{n-1}$ 的输出 $Q_{n-1}$ 接到 $FF_0$ 的输入端 $D_0$。由于这样连接以后，触发器构成了环形，故名环形计数器，实际上它就是自循环的移位寄存器。图 5.84 所示是 $n$=4 的环形计数器。

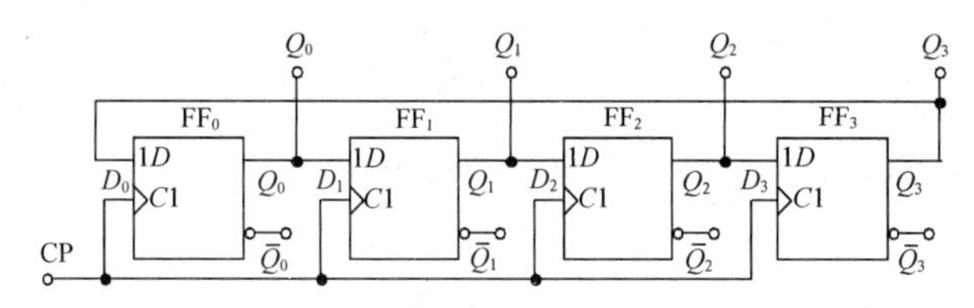


图 5.84　四位环形计数器

2)　工作原理

根据起始状态设置的不同，在输入计数脉冲 CP 的作用下，环形计数器的有效状态可以循环移位一个 1，也可以循环移位一个 0。即当连续输入 CP 脉冲时，环形计数器中各个触发器的 $Q$ 端或 $D$ 端将轮流地出现矩形脉冲。

**【例 5.13】** 图 5.85 所示是能自启动的四位环形计数器。由图可得驱动方程为

$$\begin{cases} D_0 = \overline{Q}_0^n \cdot \overline{Q}_1^n \cdot \overline{Q}_2^n \\ D_1 = Q_0^n \\ D_2 = Q_1^n \\ D_3 = Q_2^n \end{cases} \tag{5.95}$$

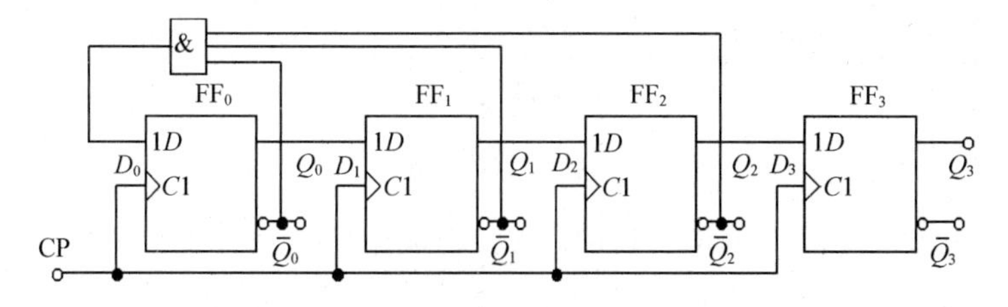


图 5.85　能自启动的四位环形计数器

代入 D 触发器的特性方程，可得状态方程为

$$\begin{cases} Q_0^{n+1} = \overline{Q}_0^n \cdot \overline{Q}_1^n \cdot \overline{Q}_2^n \\ Q_1^{n+1} = Q_0^n \\ Q_2^{n+1} = Q_1^n \\ Q_3^{n+1} = Q_2^n \end{cases} \tag{5.96}$$

依次设定现态，代入式(5.96)进行计算，可得能自启动的四位环形计数器的状态图如图 5.86 所示。

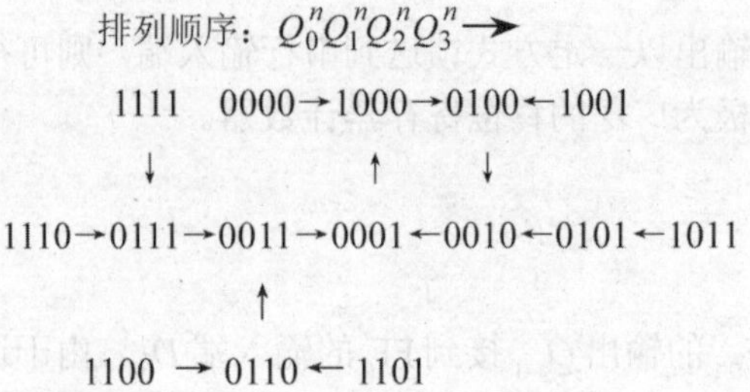

```
              排列顺序：Q0^n Q1^n Q2^n Q3^n →

            1111    0000→1000→0100←1001
              ↓              ↑       ↓
    1110→0111→0011→0001←0010←0101←1011
                   ↑
          1100 → 0110 ← 1101
```

图 5.86　能自启动的四位环形计数器的状态图

这种环形计数器的突出优点是，正常工作时所有触发器中只有一个是 1(或 0)状态，因此，可以直接利用各个触发器的 $Q$ 端作为电路的状态输出，不需要附加译码器。当连续输入 CP 脉冲时，各个触发器的 $Q$ 端或 $\overline{Q}$ 端将轮流地出现矩形脉冲，所以又常常把这种电路称为环形脉冲分配器。

其缺点是状态利用率低，计 $N$ 个数需要 $N$ 个触发器，使用触发器多。

## 2. 扭环形计数器

$n$ 位扭环形计数器的结构特点是

$$D_0 = \overline{Q}_{n-1}^n \tag{5.97}$$

图 5.87 所示是四位扭环形计数器的逻辑图及状态图。有八个有效状态、八个无效状态，不能自启动，工作时应预先将计数器置成 0000 状态。

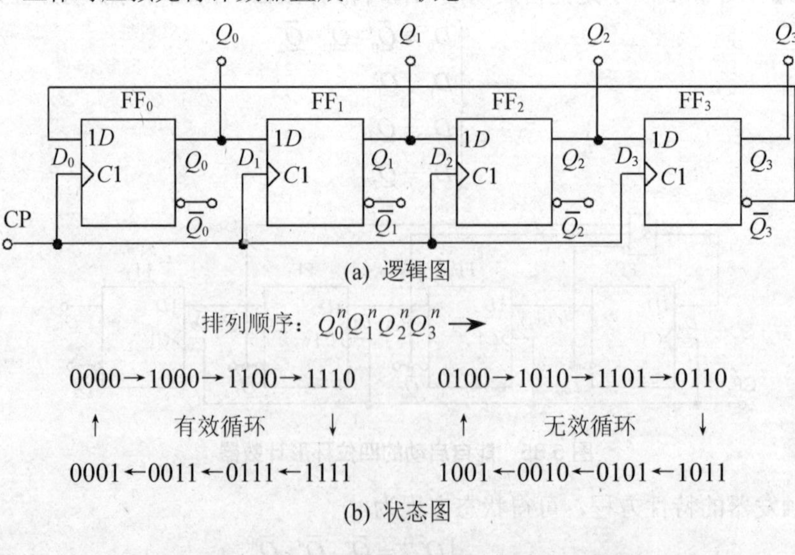


图 5.87　四位扭环形计数器的逻辑图及状态图

图 5.88 所示是能自启动的四位扭环形计数器的逻辑图及状态图。

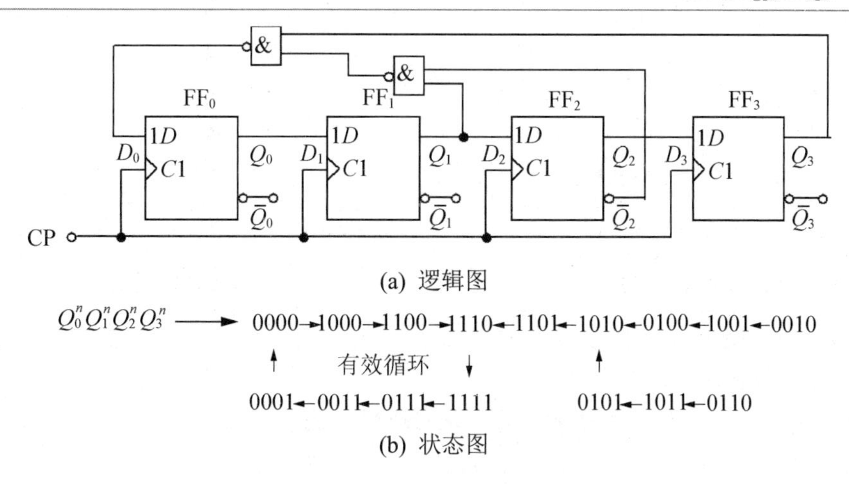


(a) 逻辑图

(b) 状态图

图 5.88　能自启动的四位扭环形计数器的逻辑图及状态图

扭环形计数器的特点是每次状态变化时仅有一个触发器翻转，因此译码时不存在竞争冒险，而且所有的译码门都只需要两个输入端。其缺点仍然是没有能够利用计数器的所有状态，在$n$位计数器中(当$n \geqslant 3$时)，有$2^n-2n$个状态没有利用。

# 本 章 小 结

(1) 时序逻辑电路的特点是：任一时刻电路的输出状态不仅取决于当时的输入信号，还与电路的原状态有关。因此，时序逻辑电路中必须含有存储器件。

(2) 描述时序逻辑电路逻辑功能的方法有状态表、状态图和时序图等。

(3) 时序逻辑电路的分析步骤一般为：逻辑图→时钟方程(异步)、驱动方程、输出方程→状态方程→状态表→状态图和时序图→逻辑功能。

(4) 时序逻辑电路的设计步骤一般为：设计要求→最简状态图→编码表→次态卡诺图→时钟方程、输出方程、状态方程、驱动方程→逻辑图。

(5) 计数器是一种简单而又最常用的时序逻辑器件。计数器不仅能用于统计输入脉冲的个数，还常用于分频、定时、产生节拍脉冲等。

(6) 用已有的$M$进制集成计数器产品可以构成$N$(任意)进制的计数器。

(7) 寄存器也是一种常用的时序逻辑器件。寄存器分为基本寄存器和移位寄存器两种。

# 习　　题

1. 图 5.89 所示是由触发器构成的时序逻辑电路，写出驱动方程、状态方程，并列出状态表或状态图，说出电路是几进制计数器。

2. 图 5.90 所示是由触发器构成的时序逻辑电路，写出驱动方程、状态方程，并列出状态表或状态图，说出电路是几进制计数器。

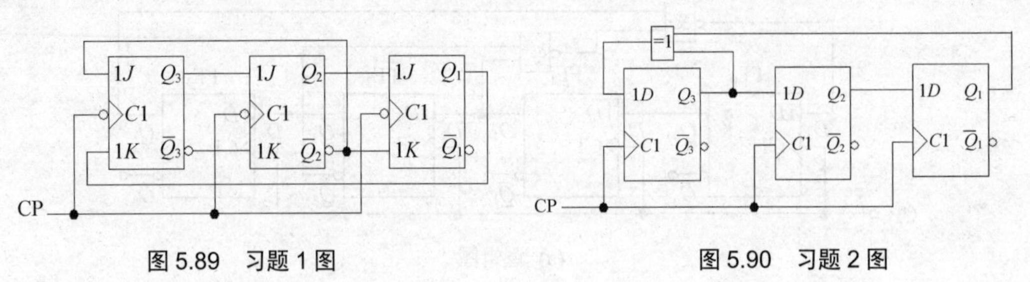

图 5.89　习题 1 图　　　　图 5.90　习题 2 图

3. 分析如图 5.91 所示的同步时序电路。

(1) 列出驱动方程、状态方程。

(2) 当 $X$ 输入“1”时，画出状态图，说明逻辑功能。

4. 分析如图 5.92 所示的时序逻辑电路。

(1) 列出驱动方程、状态方程。

(2) 画出状态图，说明该电路为同步电路还是异步电路。

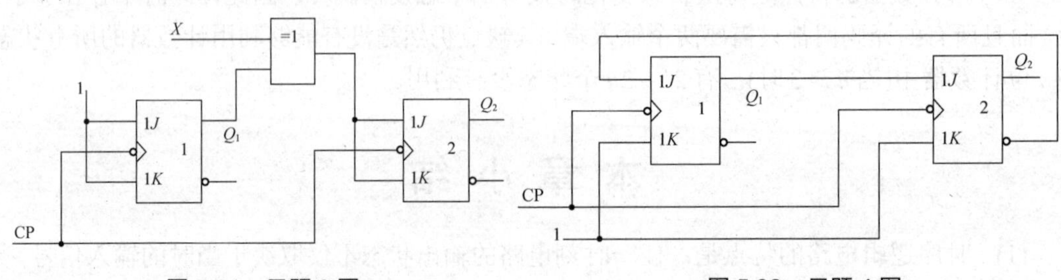

图 5.91　习题 3 图　　　　图 5.92　习题 4 图

5. 分析如图 5.93 所示的时序逻辑电路。

(1) 列出驱动方程、状态方程。

(2) 画出状态图(设初始状态为 000)，说明该电路为同步电路还是异步电路。

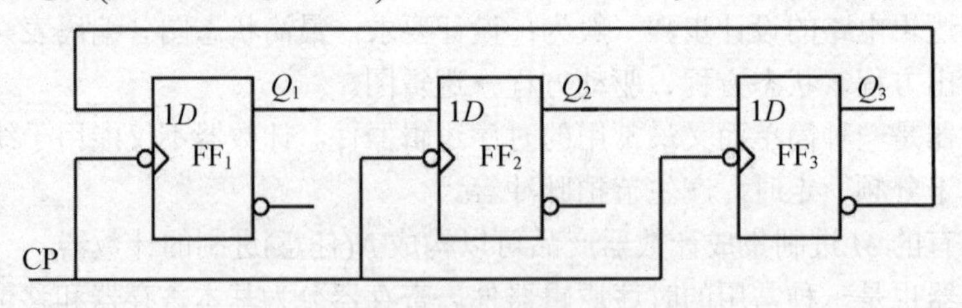

图 5.93　习题 5 图

6. 电路如图 5.94 所示。

(1) 令触发器的初始状态为 $Q_3Q_2Q_1$=001，请指出计数器的模，并画出状态图和电路工作的时序图。

(2) 若在使用过程中 $FF_2$ 损坏，想用一个负边沿 D 触发器代替，问电路应作如何修改，才能实现原电路的功能，并画出修改后的电路图(可只画修改部分的电路)。

7. 试用 JK 触发器设计一个时序逻辑电路，该时序逻辑电路的状态图如图 5.95 所示。

8. 用集成计数器芯片 74193 分别构成模 9 加法计数器和模 13 减法计数器。(74193 的逻辑功能图和状态表如图 5.40(b)和表 5.7 所示。)

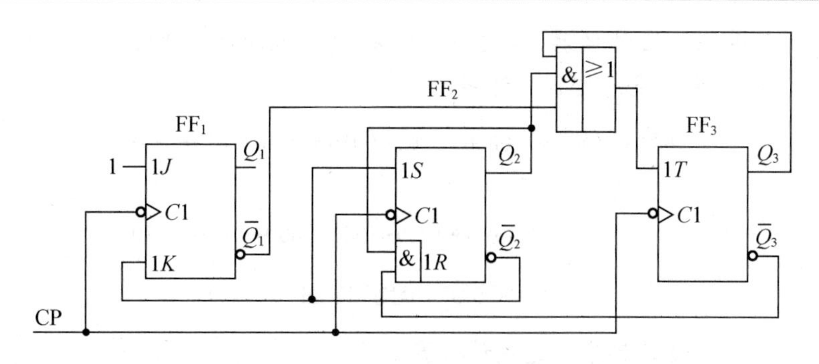


图 5.94　习题 6 图

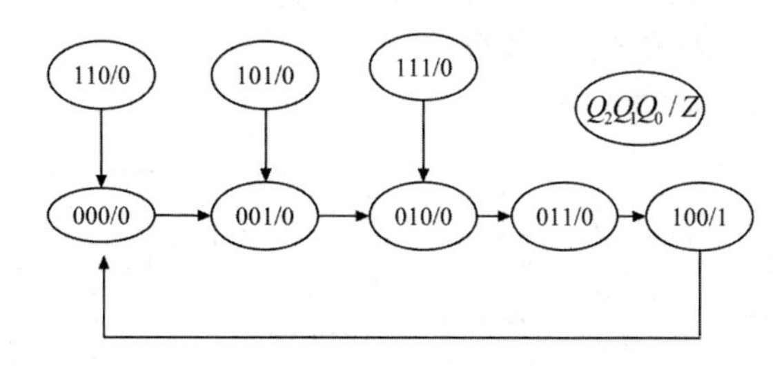


图 5.95　习题 7 图

9. 试用 JK 主从触发器设计同步七进制计数器。

10. 现有四位同步二进制加法计数器 74LS161，利用其构成十三进制计数器，可以用少量的门电路，写出解题过程并画出电路图。

11. 试分析图 5.96 中各电路的功能，画出状态图，说出其各是几进制计数器。

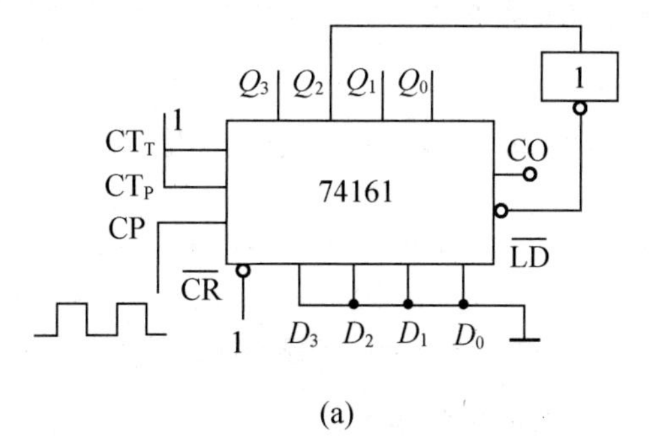


(a)

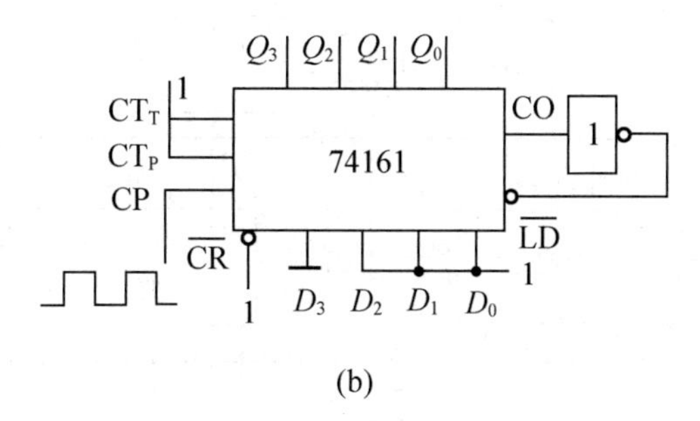


(b)

图 5.96　习题 11 图

12. 用四位二进制加法计数器 74LS161 构成十二进制计数器(用置数法)，其状态图如图 5.97 所示，写出必要的设计过程和连线图。

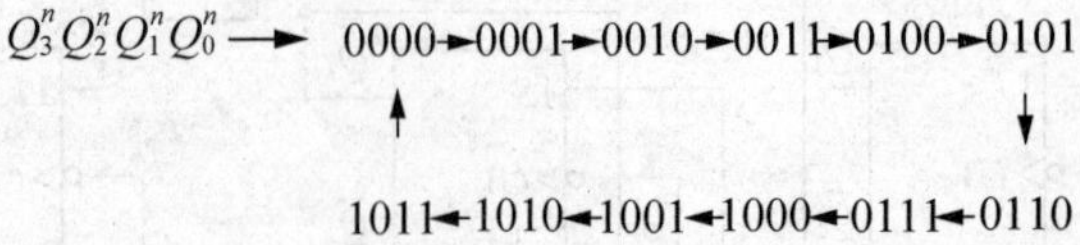

$Q_3^nQ_2^nQ_1^nQ_0^n$ → 0000→0001→0010→0011→0100→0101

1011←1010←1001←1000←0111←0110

图 5.97　习题 12 图

13. 试用 D 触发器设计异步七进制计数器。

14. 图 5.98(a)所示为触发器构成的电路，图 5.98(b)所示为对应的 $\overline{R}_D$、CP、$J$、$K$ 的波形，写出方程式，画出 $Q_0$、$Q_1$ 对应 CP 的波形。

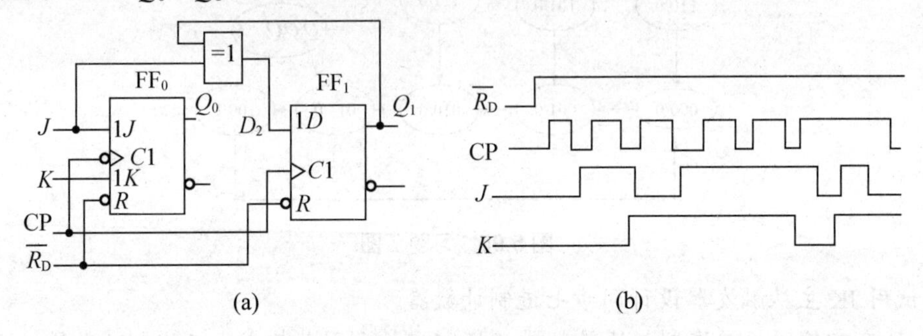


图 5.98　习题 14 图

15. 试用上升沿触发的 JK 触发器和与非门设计一个同步时序电路，写出状态方程，并变换为符合 JK 触发器特性方程的标准形式；写出驱动方程、输出方程，及需要几个 JK 触发器。状态图如图 5.99 所示。

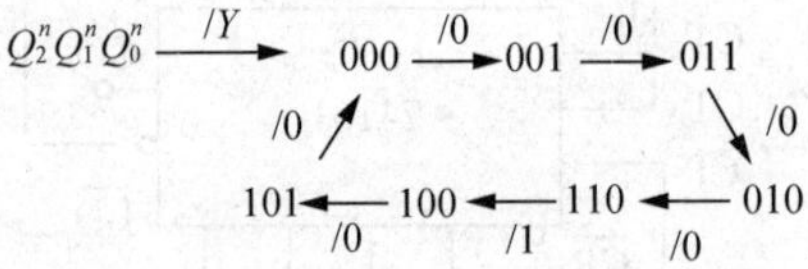

$Q_2^nQ_1^nQ_0^n$ /Y → 000 /0→ 001 /0→ 011 /0↘ 010 /0→ 110 /1→ 100 /0→ 101 /0↗ 000

图 5.99　习题 15 图

16. 试分析图 5.100 所示电路的逻辑功能。

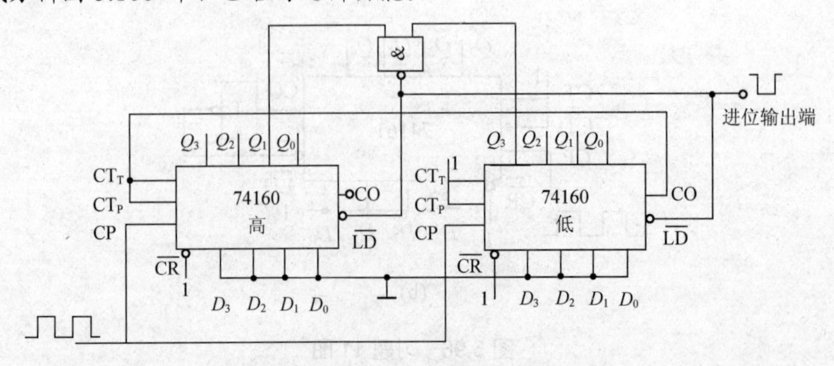


图 5.100　习题 16 图

17. 由两片74161(四位同步二进制加法计数器)组成的同步计数器如图5.101所示。试分析其分频比(即$Y$与CP之频率比)。当CP的频率为20kHz时，$Y$的频率为多少？

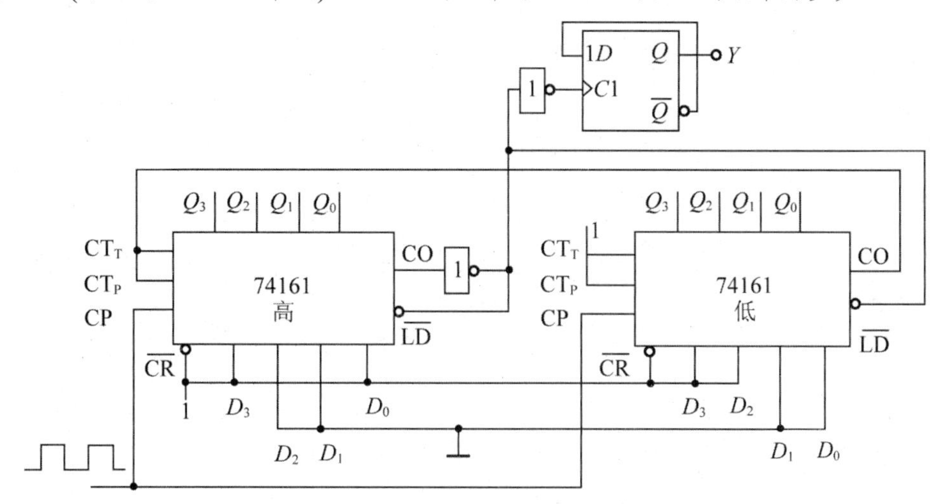


图5.101 习题17图

18. 在图5.102所示的电路中，已知寄存器的初始状态$Q_1Q_2Q_3$=111。试问下一个时钟作用后，寄存器所处的状态是什么？经过多少个CP脉冲作用后数据循环一次？并列出状态表。

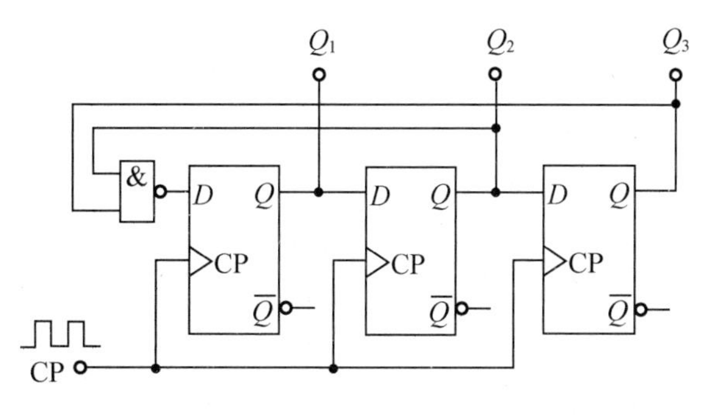


图5.102 习题18图

19. 用四位二进制计数器74LS161实现模12的计数分频器(要求：初始状态0000，利用同步置数法)。

20. 分析图5.103给出的时序电路，图中$A$为输入变量，画出电路的状态图，检查电路能否自启动，说明电路实现的功能。

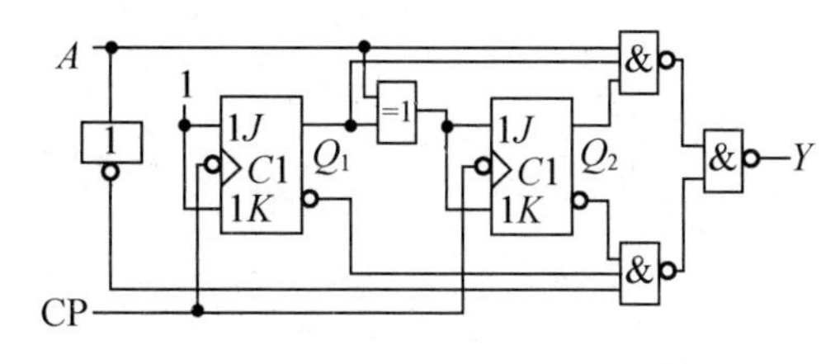


图5.103 习题20图

# 第6章

# 脉冲波形的产生与整形

【教学目标】

本章先简单介绍由集成逻辑门构成的脉冲单元电路，然后着重讲解集成定时器构成的具体电路。要求掌握555定时器的特性及其应用。

# 6.1 集成逻辑门构成的脉冲单元电路

## 6.1.1 自激多谐振荡器

习惯上，把矩形波振荡器称为多谐振荡器。多谐振荡器通常由门电路和基本的 RC 电路组成。多谐振荡器一旦振荡起来，电路没有稳态，只有两个暂稳态，它们作交替变化，输出矩形波脉冲信号，因此又被称为无稳态电路。

### 1. 用门电路构成的多谐振荡器

多谐振荡器常由 TTL 门电路和 CMOS 门电路构成。由于 TTL 门电路的速度比 CMOS 门电路的速度快，故 TTL 门电路适用于构成频率较高的多谐振荡器，而 CMOS 门电路适用于构成频率较低的多谐振荡器，这里先介绍 TTL 门电路构成的多谐振荡器。

由 TTL 门电路构成的多谐振荡器有两种形式：一是由奇数个非门构成的简单环形多谐振荡器；二是由非门和 RC 延迟电路构成的 RC 环形多谐振荡器。

(1) 简单环形多谐振荡器。把奇数个非门首尾相接成环状，就构成了简单环形多谐振荡器。图 6.1(a)所示为由三个非门构成的多谐振荡器。假定由于某种原因(如电源波动或外来干扰)，$u_{I1}$ 产生一个微小正跳变，则经过 $G_1$ 的传输时延 $t_{pd}$ 后，$u_{I2}$ 会产生一个更大幅度的负跳变；再经过 $G_2$ 的传输时延 $t_{pd}$ 后，$u_{I3}$ 将会产生一个更大幅度的正跳变；然后又经过 $G_3$ 的传输时延 $t_{pd}$ 后，在输出端 $u_O$ 产生一个更大幅度的负跳变，并反馈到 $G_1$ 的输入端。也就是说，自从 $u_{I1}(u_O)$产生正跳变起，经过 $3t_{pd}$ 的传输延迟时间后，$u_{I1}(u_O)$将产生一个更大幅度的负跳变。以此类推，再经过 $3t_{pd}$ 时间后，$u_{I1}(u_O)$又会产生一个正跳变，如此周而复始，便产生了自激振荡。

图 6.1(b)所示为图 6.1(a)电路的工作波形，不难得出其振荡周期 $T=6t_{pd}$。同理，由 $N$ 个($N$ 为不小于 3 的奇数)非门首尾依次相连构成的环形电路都能产生自激振荡，若忽略各个门之间传输时延 $t_{pd}$ 的差别，则其振荡周期为

$$T = 2Nt_{pd} \tag{6.1}$$

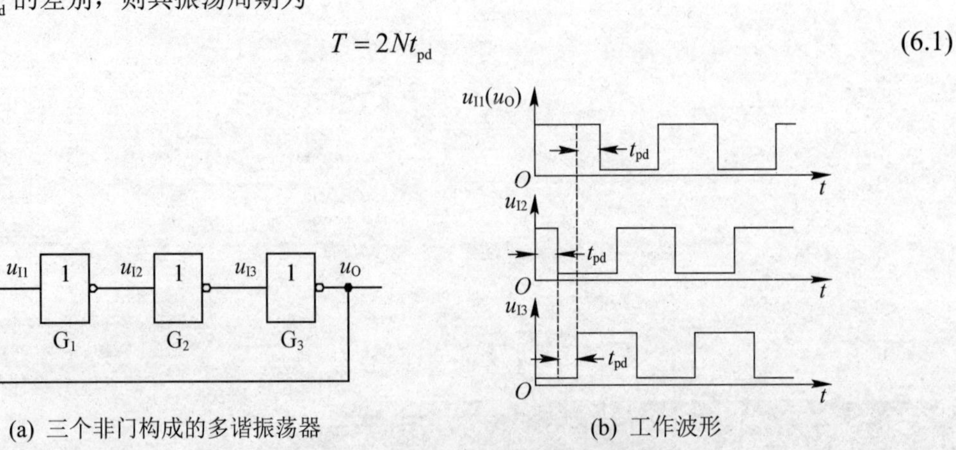


(a) 三个非门构成的多谐振荡器　　(b) 工作波形

图 6.1 由非门构成的简单环形多谐振荡器

简单环形多谐振荡器的振荡周期取决于 $t_{pd}$，此值较小且不可调，所以，产生的脉冲信号频率较高且无法控制，因而没有实用价值。改进方法是附加一个 RC 延迟电路，不仅可以降低振荡频率，还能通过参数 $R$、$C$ 控制振荡频率。

(2) RC 环形多谐振荡器。如图 6.2 所示，RC 环形多谐振荡器由三个非门($G_1$、$G_2$、$G_3$)、两个电阻($R$、$R_S$)和一个电容 $C$ 组成。电阻 $R_S$ 是非门 $G_3$ 的限流保护电阻，一般为 100Ω左右；$R$、$C$ 为定时器件，$R$ 的值要小于非门的关门电阻，一般在 700Ω以下，否则电路无法正常工作。由于 $R$、$C$ 的值较大，从 $u_2$ 到 $u_4$ 的传输时间大大增加，基本上由 $R$、$C$ 的参数决定，门延迟时间 $t_{pd}$ 可以忽略不计。

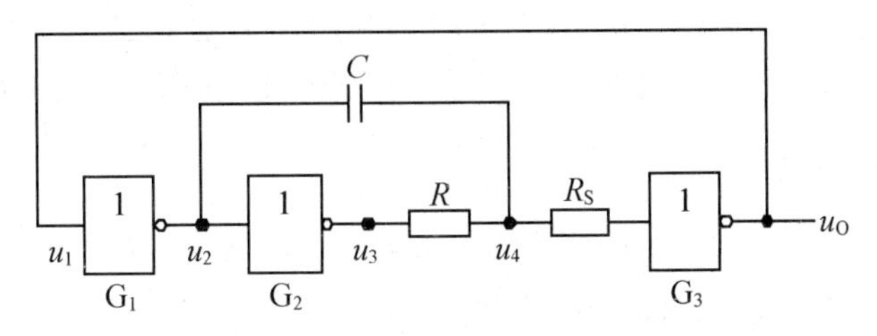


图 6.2　RC 环形多谐振荡器

① 工作原理。设电源刚接通时，电路输出端 $u_O$ 为高电平，由于此时电容器 $C$ 尚未充电，其两端电压为零，则 $u_2$、$u_4$ 为低电平。电路处于第 1 暂稳态。随着 $u_3$ 高电平通过电阻 $R$ 对电容 $C$ 充电，$u_4$ 电位逐渐升高。当 $u_4$ 超过 $G_3$ 的输入阈值电平 $U_{TH}$ 时，$G_3$ 翻转，$u_O=u_1$ 变为低电平，使 $G_1$ 也翻转，$u_2$ 变为高电平。由于电容电压不能突变，$u_4$ 也有一个正跳变，保持 $G_3$ 输出为低电平，此时电路进入第 2 暂稳态。随着 $u_2$ 高电平对电容 $C$ 并经电阻 $R$ 的反向充电，$u_4$ 电位逐渐下降，当 $u_4$ 低于 $U_{TH}$ 时，$G_3$ 再次翻转，电路又回到第 1 暂稳态。如此循环，形成连续振荡。电路各点的工作波形如图 6.3 所示。

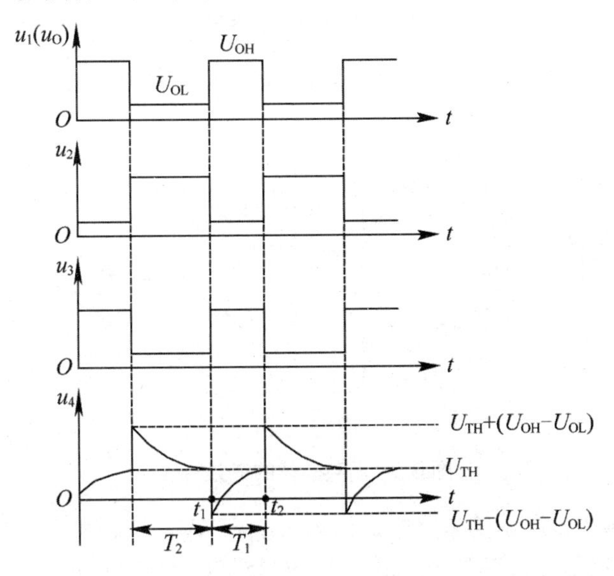


图 6.3　RC 环形多振荡器的工作波形

② 脉冲宽度 $T_1$ 及周期 $T$ 的估算。脉冲宽度分为充电时间($T_1$)和放电时间($T_2$)两部分，

根据 RC 电路的基本工作原理，利用三要素法，可以得到充电时间 $T_1$ 为

$$T_1 = \tau \ln \frac{u_4(\infty) - u_4(0_+)}{u_4(\infty) - u_4(t_1)} = RC \ln \frac{U_{OH} + U_{TH}}{U_{OH} - U_{TH}} \tag{6.2}$$

同理，求得放电时间 $T_2$ 为

$$T_2 = \tau \ln \frac{u_4(\infty) - u_4(0_+)}{u_4(\infty) - u_4(t_2)} = RC\ln \frac{U_{OL} - (U_{OH} + U_{TH})}{U_{OL} - U_{TH}} \tag{6.3}$$

式中，$\tau = RC$；$U_{OH}$ 和 $U_{OL}$ 分别为非门输出的高电平电压和低电平电压。设 $U_{OH}$=3V、$U_{OL}$=0.3V、$U_{TH}$=1.4V，故脉冲周期 $T$ 为

$$T = T_1 + T_2 \approx 1.0RC + 1.3RC \approx 2.3RC \tag{6.4}$$

从以上分析看出，要改变脉宽和周期，可以通过改变定时元件 $R$ 和 $C$ 来实现。

### 2. 石英晶体多谐振荡器

(1) 电路组成。石英晶体多谐振荡器如图 6.4 所示。图中，$R_1$、$R_2$ 保证 $G_1$、$G_2$ 正常工作，电容器 $C_1$、$C_2$ 起频率微调及耦合的作用。

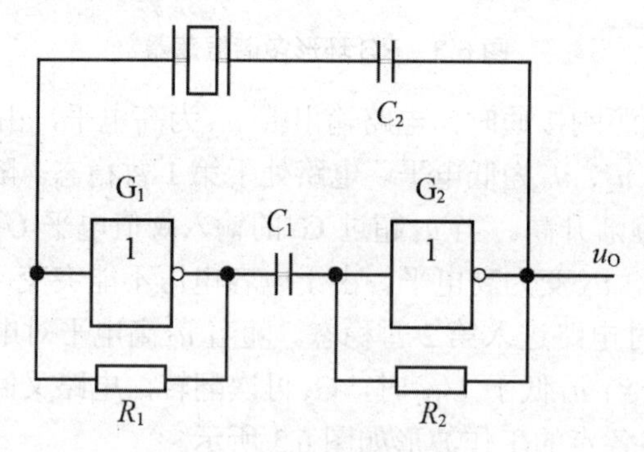


图 6.4　石英晶体多谐振荡器

(2) 石英晶体的选频特性。石英晶体具有很好的选频特性，如图 6.5 所示。

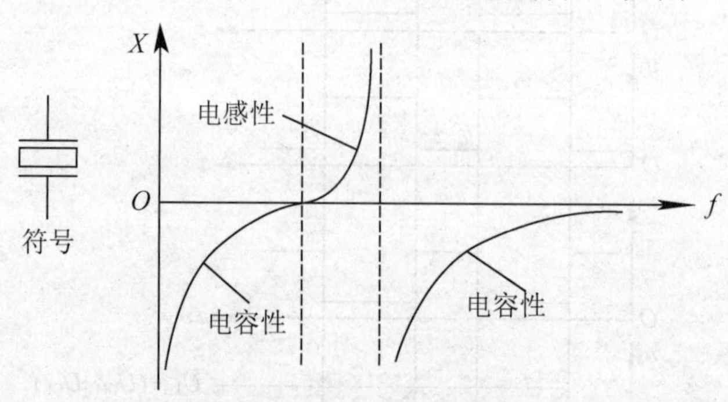


图 6.5　石英晶体的造频特性

**【例 6.1】** 在图 6.2 所示的电路中，已知 $U_{OH}$=3.6V，$U_{OL}$=0.3V，$U_{TH}$=1.4V，并且满足 $R_S$>>$R$，试写出该电路振荡周期的表达式。若 $R$=180Ω，$C$=3000pF，则该电路的振荡频率是多少？

**解：**根据公式可知，电路的振荡周期为

$$T = T_1 + T_2 \approx RC\left[\ln\frac{U_{OH}+U_{TH}}{U_{OH}-U_{TH}} + \ln\frac{U_{OL}-(U_{OH}-U_{TH})}{U_{OL}-U_{TH}}\right]$$

$$= RC\left(\ln\frac{3.6+1.4}{3.6-1.4} + \ln\frac{0.3-(3.6+1.4)}{0.3-1.4}\right) \tag{6.5}$$

$$= 2.27RC$$

将 $R$=180Ω、$C$=3000pF 代入，可得电路的振荡频率为

$$f = \frac{1}{T} = \frac{1}{180\times3000\times10^{-12}\times2.27}$$

$$\approx 815(\text{kHz})$$

## 6.1.2 单稳态触发器

单稳态触发器的特点是：没有外加触发信号的作用时，电路始终处于稳态；在外加触发信号的作用下，电路能从稳态翻转到暂稳态，经过一段时间后，又能自动返回原来所处的稳态。单稳态触发器属于脉冲整形电路，常用于脉冲波形的整形、定时和延时。

单稳态触发器可以由 TTL 或 CMOS 门电路与外接 RC 电路组成，也可以通过单片集成单稳态电路外接 RC 电路来实现，其中 RC 电路称为定时电路。根据 RC 电路的不同接法，可以将单稳态触发器分为微分型和积分型两种。

### 1. CMOS 门电路构成的微分型单稳态触发器

1) 电路的组成

CMOS 门电路构成的微分型单稳态触发器如图 6.6 所示。

2) 工作原理

在图 6.6 中，当电源接通后，在没有外来触发脉冲时($u_I$ 为高电平)，电路处于稳定状态：$u_{O1}= U_{OL}$，$u_O=U_{OH}$。为此，必须保证 $R_d>R_{ON}$(开门电阻)，$R<R_{OFF}$(关门电阻)。

根据图 6.7 所示的等效电路，非门 $G_2$ 的输入为

$$u_{I2} = \frac{R}{R+R_1}(U_{CC}-U_{BE}) \tag{6.6}$$

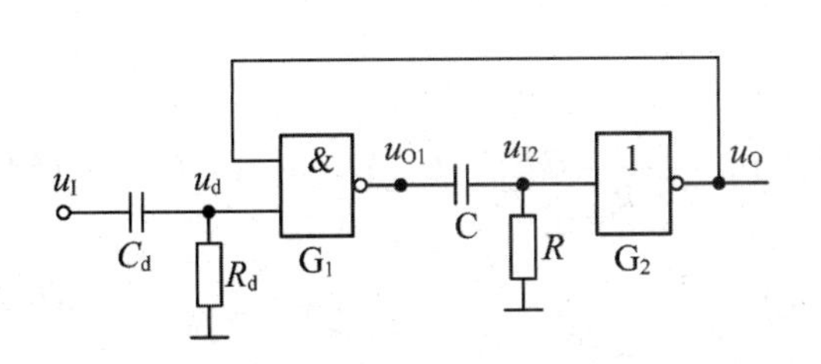


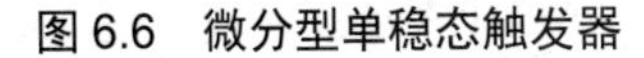
图 6.6 微分型单稳态触发器

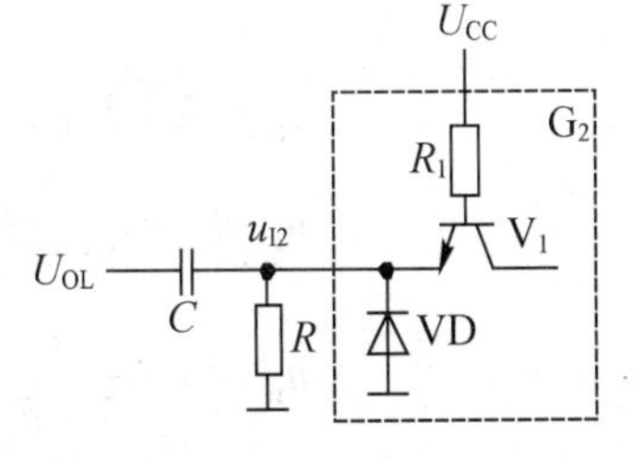


图 6.7 稳态时的部分电路

为了讨论方便，假定 $u_{I2} = U_{OL}$，则此时电容 $C$ 上没有电压。当 $u_I$ 端有负向脉冲输入时，由于电容上的电压不能突变，$u_d$ 将随 $u_I$ 产生幅度为$(U_{OH}-U_{OL})$的负跳变，使 $G_1$ 的输出 $u_{O1}$ 上跳到高电平 $U_{OH}$，如果不考虑 $G_1$ 的输出电阻，则 $u_{I2}$ 也会产生与 $u_{O1}$ 相等幅度的正跳变，从而使电路的输出 $u_O$ 变为低电平，并反馈到 $G_1$ 的输入端以维持这个新的状态。但这个状态是

不稳定的，因为 $G_1$ 的输出高电平将对电容 $C$ 充电。随着充电过程的进行，$u_{I2}$ 逐渐降低，当 $u_{I2}$ 降低到阈值电平 $U_{TH}$ 后，将引发如下正反馈过程：

$$u_{I2}\downarrow\rightarrow u_O\uparrow\rightarrow u_{O1}\downarrow$$

根据以上分析，画出电路各点的工作波形如图 6.8 所示。

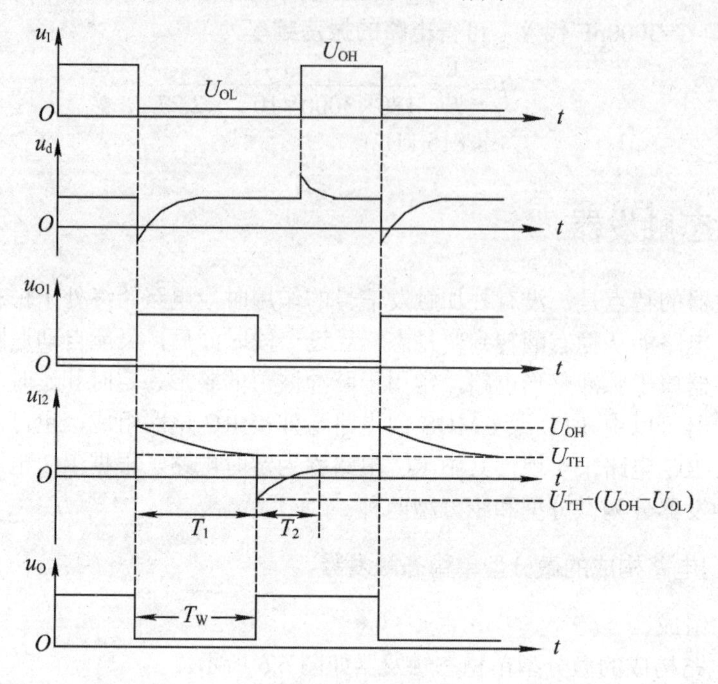


图 6.8　CMOS 微分型单稳态电路的工作波形

3)　主要参数的计算

通常用以下几个参数来定量地描述单稳态触发器的性能。

(1)　输出脉冲宽度 $T_w$。根据以上的分析，输出脉冲宽度 $T_w$ 就等于从电容 $C$ 开始充电到 $u_{I2}$ 降至阈值电平 $U_{TH}$ 的时间 $T_1$。在电容 $C$ 充电的等效电路中，$R_{OH}$ 是 $G_1$ 输出高电平时电路的输出电阻，当负载电流较大时，$R_{OH}\approx 100\Omega$，当负载电流较小时，$R_{OH}$ 可以忽略。对应于充电过程有

$$\tau_1=(R+R_{OH})C \tag{6.7}$$

$$u_{I2}(0_+)=\frac{R}{R+R_1}(U_{CC}-U_{BE})+\frac{R}{R+R_{OH}}(U_{OH}-U_{OL}) \tag{6.8}$$

$$u_{I2}(\infty)=\frac{R}{R+R_1}(U_{CC}-U_{BE}) \tag{6.9}$$

根据 RC 电路暂态响应公式有

$$T_w=T_1=(R+R_{OH})C\ln\frac{\dfrac{R}{R+R_{OH}}(U_{OL}-U_{OH})}{\dfrac{R}{R+R_1}(U_{CC}-U_{BE})-U_{TH}} \tag{6.10}$$

若$\frac{R}{R+R_1}(U_{CC}-U_{BE})=U_{OL}$，上式可化简为

$$T_w=(R+R_{OH})C\ln\frac{R(U_{OL}-U_{OH})}{(R+R_{OH})(U_{OL}-U_{TH})} \tag{6.11}$$

如果触发信号的脉冲宽度小于输出脉冲宽度，电路输入部分的 $R_dC_d$ 微分电路就可以省略掉。

(2)　输出脉冲幅度 $U_m$。输出脉冲幅度 $U_m$ 的计算公式为

$$U_m=U_{OH}-U_{OL} \tag{6.12}$$

(3)　恢复时间 $T_{re}$。在暂稳态结束后，电路还需要一端恢复时间 $T_{re}$，以便将电容在暂稳态期间所充的电荷释放掉，使电路恢复到初始的稳定状态，一般有

$$T_{re}\approx(3\sim5)(R+R_{OL})C$$

式中，$R_{OL}$ 是 $G_1$ 输出低电平时电路的输出电阻。

(4)　分辨时间 $T_d$。分辨时间 $T_d$ 是指在保证电路正常工作的前提下，两个相邻的触发脉冲之间所允许的最小时间间隔。显然，电路的分辨时间应为输出脉冲宽度和恢复时间之和，即

$$T_d=T_w+T_{re}$$

### 2. CMOS 门电路构成的积分型单稳态触发器

1)　电路组成

图 6.9 所示电路是用 CMOS 门电路和 RC 积分电路构成的 CMOS 或非门积分型单稳态触发器。

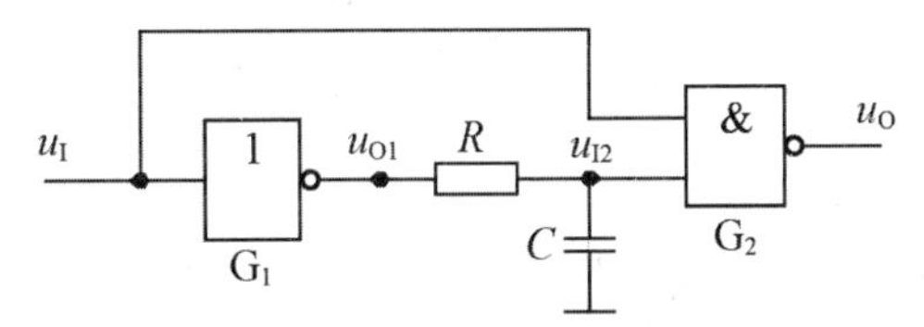


图 6.9　CMOS 或非门积分型单稳态触发器

对于 CMOS 门电路，通常可以近似地认为 $U_{OH}=U_{CC}$、$U_{OL}=0$，而且 $U_{TH}\approx U_{CC}/2$。在没有外来触发脉冲时($u_I$ 为低电平)，电路处于稳定状态：$u_{O1}=u_O=U_{OH}$，电容 C 上充有电压，即 $u_{I2}=U_{OH}$。

2)　工作原理

当有一个正向脉冲加到电路输入端时，$G_1$ 的输出 $u_{O1}$ 从高电平下跳到低电平 $U_{OL}$，由于电容上的电压不能突变，$u_{I2}$ 仍为高电平，从而使 $u_O$ 变为低电平，电路进入暂稳态。在暂稳态期间，电容 C 将通过 R 放电。随着放电过程的进行，$u_{I2}$ 的电压逐渐下降，当下降到阈值电平 $U_{TH}$ 时，$u_O$ 跳回到高电平；等到触发脉冲消失后($u_I$ 变为低电平)，$u_{O1}$ 也恢复为高电平，$u_O$ 保持高电平不变，同时 $u_{O1}$ 开始通过电阻 R 对电容 C 充电，一直到 $u_{I2}$ 的电压升高到高电平为止，电路又恢复到初始的稳定状态。电路各点的工作波形如图 6.10 所示。

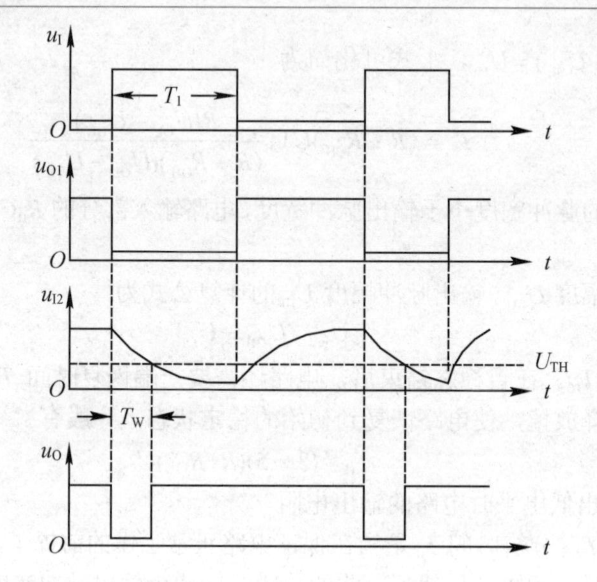


图 6.10 电路各点的工作波形

3) 主要参数的计算

(1) 脉冲宽度 $T_W$。输出脉冲的宽度 $T_W$ 等于从电容开始放电到 $u_{I2}$ 下降到阈值电平 $U_{TH}$ 所需要的时间，即 $\tau=(R+R_N)C$、$u_{I2}(0_+)=U_{CC}$、$u_{I2}(\infty)=0$。$R_N$ 是 $G_1$ 输出低电平时 N 沟道 MOS 管的导通电阻，当 $R_N<<R$ 时，$R_N$ 可忽略不计，则输出脉冲的宽度为

$$T_w = RC\ln\frac{0-U_{CC}}{0-U_{TH}} = RC\ln 2 = 0.69RC \tag{6.13}$$

输出脉冲的幅度为

$$U_m = U_{OH} - U_{OL} \approx U_{CC}$$

(2) 恢复时间 $T_{re}$。恢复时间 $T_{re}$ 等于 $u_{O1}$ 跳变到高电平后电容充电使 $u_{I2}$ 上升到高电平 $U_{OH}$ 所需要的时间，一般取电容充电时间常数的 3～5 倍，则恢复时间为

$$T_{re} \approx (3\sim5)(R+R_p)C \tag{6.14}$$

其中，$R_P$ 是 $G_1$ 输出高电平时 P 沟道 MOS 管的导通电阻。

电路的分辨时间应为触发脉冲宽度和恢复时间之和，即

$$T_d = T_w + T_{re} \tag{6.15}$$

与微分型单稳态触发器相比，积分型单稳态触发器的抗干扰能力较强。因为数字电路中的干扰多为尖峰脉冲的形式(幅度较大而宽度极窄)，而当触发脉冲的宽度小于输出脉冲的宽度时，电路不会产生足够宽度的输出脉冲。从另一个角度来说，为了使积分型单稳态触发器正常工作，必须保证触发脉冲的宽度大于输出脉冲的宽度。另外，由于电路中不存在正反馈过程，所以使输出脉冲的上升沿波形较差，为此可以在电路的输出端再加一级非门以改善输出波形。

### 3. 单稳态触发器的应用

单稳态触发器可用于脉冲信号的定时(即产生一定宽度的矩形脉冲波)、整形(即把不规则

的波形转换成宽度、幅度都相等的脉冲)、延时(即将输入信号延迟一定的时间之后输出)。

1)　定时

由于单稳态触发器能产生一定宽度 $T_w$ 的矩形脉冲，利用它可定时开、闭门电路，也可定时控制某电路的动作。如图 6.11 所示，$u_{I1}$ 只有在矩形波 $u_{I3}$ 存在的时间 $T_w$ 内才能通过。

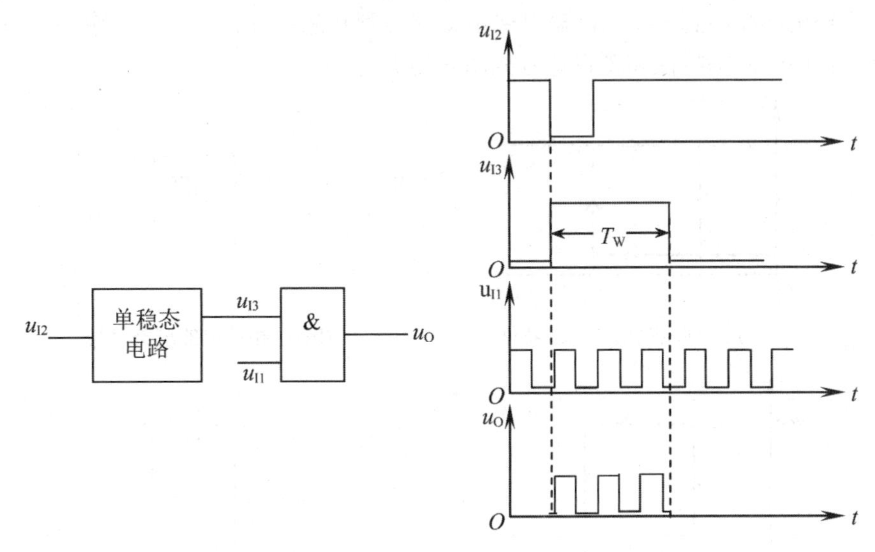


图 6.11　单稳态触发器的定时作用

2)　整形

假设有一列不规则的脉冲信号，将这一列信号直接加至单稳态触发器的触发输入端，在其输出端就可以得到一组定宽、定幅较规则的矩形脉冲信号，如图 6.12 所示。

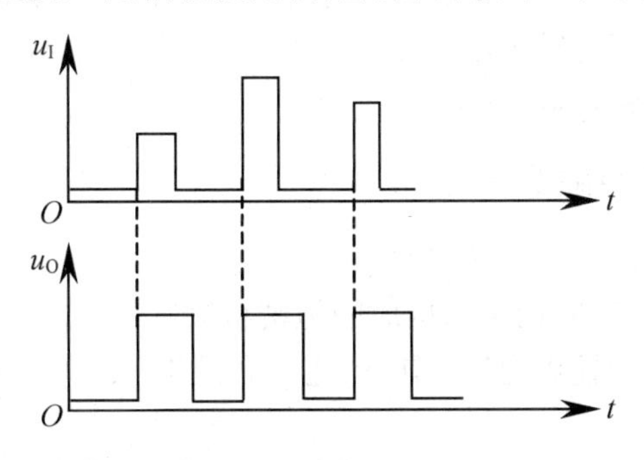


图 6.12　单稳态触发器的整形作用

3)　延时

单稳态触发器在输入信号 $u_I$ 触发下，输出 $u_O$ 产生一个比 $u_I$ 延迟 $T_w$ 的脉冲波，这个延时作用可被适当地应用于信号传输的时间配合上。

## 6.1.3　施密特触发器

施密特触发器是一种双稳态触发电路，输出有两个稳定的状态，但与一般触发器不同的是，施密特触发器属于电平触发，对于正向增加和减小的输入信号，电路有不同的阈值电压

$U_{T+}$和 $U_{T-}$，也就是引起输出电平两次翻转(1→0 和 0→1)的输入电压不同，具有如图 6.13(a)和图 6.13(c)所示的滞后电压传输特性，此特性又称回差特性。所以，凡输出和输入信号电压具有滞后电压传输特性的电路均称为施密特触发器。施密特触发器有同相输出和反相输出两种类型。同相输出的施密特触发器是当输入信号正向增加到 $U_{T+}$时，输出由 0 态翻转到 1 态，而当输入信号正向减小到 $U_{T-}$时，输出由 1 态翻转到 0 态；反相输出只是输出状态转换时与上述相反。它们的回差特性和逻辑符号如图 6.13 所示。

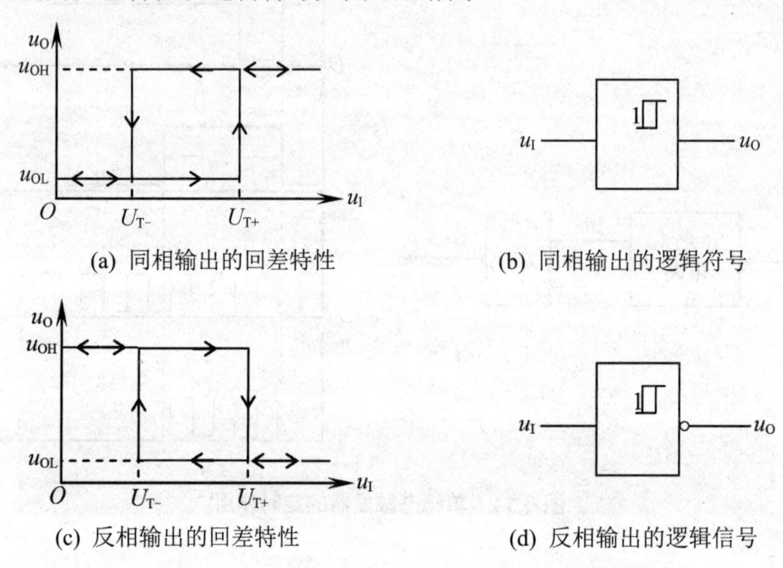


图 6.13　施密特触发器的回差特性和逻辑符号

施密特触发器具有很强的抗干扰性，广泛用于波形的变换与整形。门电路、555 定时器、运算放大器等均可构成施密特触发器，此外还有集成化的施密特触发器。下面介绍由门电路构成的同相输出的施密特触发器。

### 1. 门电路构成的施密特触发器

1)　电路组成

图 6.14 所示电路是由 TTL 门电路构成的施密特触发器。图中，VD 为电压偏移二极管，$R_1$、$R_2$ 为分压电阻，电路的输出通过电阻 $R_2$ 进行正反馈。

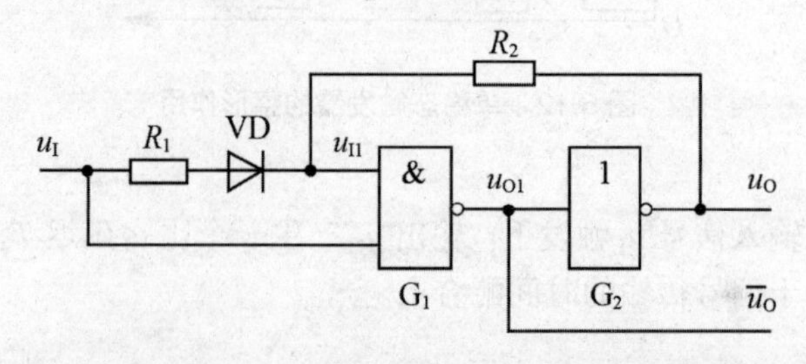


图 6.14　由 TTL 门电路构成的施密特触发器

2)　工作原理

假设在接通电源后，电路输入为低电平 $u_I$=$U_{OL}$，则电路处于如下状态：$u_{O1}$=$U_{OH}$，$u_O$=$U_{OL}$。如果不考虑 $G_1$ 的输入电流，$u_{I1}$ 的电压为

$$u_{I1}=\frac{(u_I-U_D-U_{OL})R_2}{R_1+R_2}+U_{OL}$$
$$=\frac{(u_I-U_D)R_2}{R_1+R_2}+\frac{U_{OL}R_1}{R_1+R_2}\approx\frac{(u_I-U_D)R_2}{R_1+R_2} \tag{6.16}$$

式中，$U_D$为二极管的导通压降。当$u_I$上升到门电路的阈值电压$U_{TH}$时，由于$u_{I1}$的电压还低于$U_{TH}$，电路仍然保持这个状态不变；随着$u_I$的继续升高，当$u_{I1}$也上升到$U_{TH}$时，电路将产生如下正反馈过程：

$$u_I\uparrow\rightarrow u_{I1}\rightarrow\uparrow u_{O1}\rightarrow\downarrow\rightarrow u_O\uparrow$$

结果使电路的状态迅速翻转为：$u_{O1}=U_{OL}$，$u_O=U_{OH}$。这是电路的另一个稳定状态。那么这一时刻的输入电压$u_I$就是电路的正向阈值电压$U_{T+}$，将$u_I=U_{T+}$、$u_{I1}=U_{TH}$代入式(6.16)可得

$$U_{T+}=U_D+(1+R_1/R_2)U_{TH} \tag{6.17}$$

当$u_I$从$U_{T+}$再升高时，电路的状态不会发生改变。

当$u_I$从高电平下降时，只要下降到$u_I=U_{TH}$，由于电路中的正反馈作用，电路状态立刻发生翻转，回到初始的稳定状态。可见，电路的负向阈值电压 $U_{T-}=U_{TH}$。所以该电路的回差电压为

$$\Delta U_T=U_{T+}-U_{T-}=U_D+R_1/R_2U_{TH} \tag{6.18}$$

因此，通过改变电阻$R_1$和$R_2$的比值，即可以调整回差电压。

### 2. 施密特触发器的应用

施密特触发器的应用十分广泛，不仅可以应用于波形的变换、整形、展宽，还可应用于鉴别脉冲幅度、构成多谐振荡器或单稳态触发器等。

1) 波形的变换

施密特触发器能够将变化平缓的信号波形变换为较理想的矩形脉冲信号波形，即可将正弦波或三角波变换成矩形波。图 6.15 所示为将输入的正弦波转换为矩形波，其输出脉宽 $T_w$ 可由回差电压$\Delta U_T$调节。

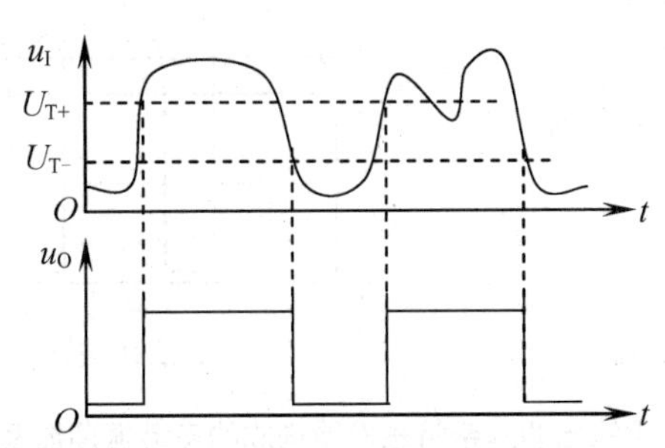


**图 6.15 施密特触发器的波形变换作用**

2) 波形的整形

在数字系统中，矩形脉冲信号经过传输之后往往会发生失真现象或带有干扰信号。利用施密特触发器可以有效地将波形整形和去除干扰信号(要求回差电压$\Delta U_T$ 大于干扰信号的幅度)，如图 6.16 所示。

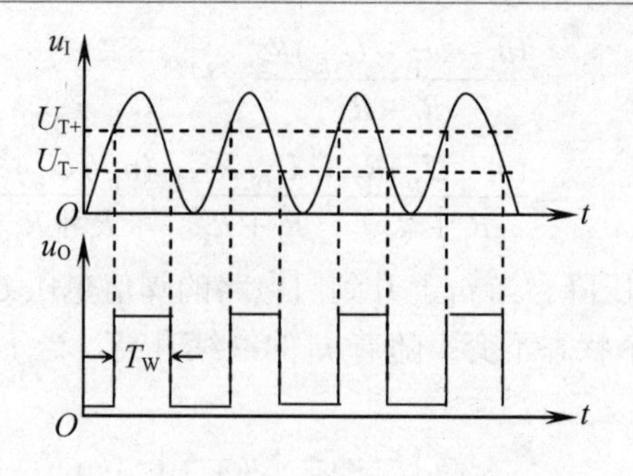


图 6.16　施密特触发器的波形整形作用

3)　鉴别脉冲幅度

如果有一串幅度不相等的脉冲信号，要剔除其中幅度不够大的脉冲，可利用施密特触发器构成脉冲幅度鉴别器，以鉴别幅度大于 $U_{T+}$的脉冲信号，如图 6.17 所示。

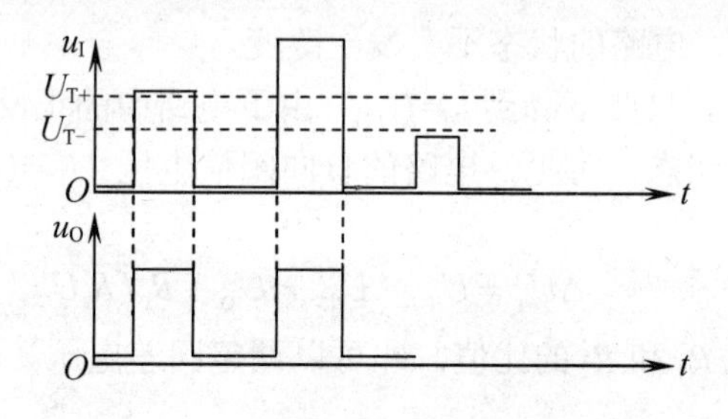


图 6.17　施密特触发器的鉴幅作用

4)　构成多谐振荡器

施密特触发器的特点是电压传输具有滞后特性。如果能使它的输入电压在 $U_{T+}$与 $U_{T-}$之间不停地往复变化，在输出端即可得到矩形脉冲，因此，利用施密特触发器外接 RC 电路就可以构成多谐振荡器，电路如图 6.18(a)所示。

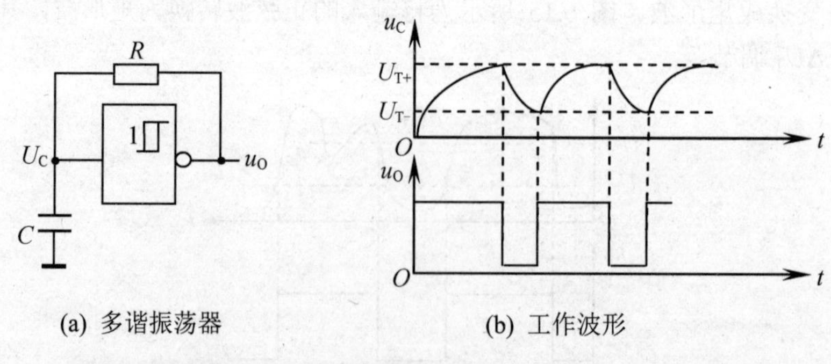


(a) 多谐振荡器　　(b) 工作波形

图 6.18　反相输出的施密特触发器构成的多谐振荡器及其工作波形

工作过程如下：接通电源后，电容 $C$ 上的电压为 0，输出 $u_O$ 为高电平，$u_O$ 的高电平通过电阻 $R$ 对 $C$ 充电，使 $u_C$ 上升，当 $u_C$ 到达 $U_{T+}$时，触发器翻转，输出 $u_O$ 由高电平变为低电平。然后 $C$ 经 $R$ 到 $u_O$ 放电，使 $u_C$ 下降，当 $u_C$ 下降到 $U_{T-}$时，电路又发生翻转，输出 $u_O$ 变为高电平，$u_O$ 再次通过 $R$ 对 $C$ 充电，如此反复，形成振荡。工作波形如图 6.18(b)所示。

**【例 6.2】** 在图 6.18(a)中，已知加在触发器上的直流电压 $V_{DD}$=10V，$U_{T+}$=6V，$U_{T-}$=3V，

$C$=0.01μF，$R$=5kΩ。试计算其输出电压 $u_O$ 的振荡周期。

**解：**根据图 6.18(b)所示的波形图，设电容 $C$ 的充电时间为 $T_{w1}$、放电时间为 $T_{w2}$，则振荡周期 $T$ 为

$$T = T_{w1} + T_{w2} = RC\ln\frac{V_{DD} - U_{T-}}{V_{DD} - U_{T+}} + RC\ln\frac{U_{T+}}{U_{T-}}$$

$$= 5\times10^3 \times 0.01\times10^{-6} \times \left(\ln\frac{10-3}{10-6} + \ln\frac{6}{3}\right) = 6.26\times10^{-5}\,(\text{s})$$

# 6.2　555 定时器及其应用

定时器是大多数数字系统的重要部件之一。555 定时器不但本身可以组成定时电路，而且只要外接少量的阻容元件，就可以很方便地构成多谐振荡器、单稳态触发器以及施密特触发器等脉冲的产生与整形电路。555 集成定时器按内部器件类型可分为双极型(TTL 型)和单极型(CMOS 型)。TTL 型产品型号的最后 3 位数码是 555 或 558，CMOS 型产品型号的最后 4 位数码是 7555 或 7558，它们的逻辑功能和外部引脚完全相同。555 芯片和 7555 芯片是单定时器，558 芯片和 7558 芯片是双定时器。

## 6.2.1　555 定时器的组成与功能

图 6.19(a)所示电路中，比较器 $C_1$ 的输入端 $U_6$(接引脚 6)称为阈值输入端，手册上用 TH 标注；比较器 $C_2$ 的输入端 $U_2$(接引脚 2)称触发输入端，手册上用 $\overline{\text{TR}}$ 标注。$C_1$ 和 $C_2$ 的参考电压(电压比较的基准)$U_{R1}$ 和 $U_{R2}$ 由电源 $U_{CC}$ 经三个 5kΩ 的电阻分压给出。当控制电压输入端 $U_{CO}$ 悬空时，$U_{R1} = \frac{2}{3}U_{CC}$，$U_{R2} = \frac{1}{3}U_{CC}$，若 $U_{CO}$ 外接固定电压，则 $U_{R1} = U_{CO}$、$U_{R2} = \frac{1}{2}U_{CO}$。$R_D$ 为异步置 0 端，只要在 $R_D$ 端加入低电平，则基本 RS 触发器就置 0，平时 $R_D$ 处于高电平。555 定时器的引脚图如图 6.19(b)所示。

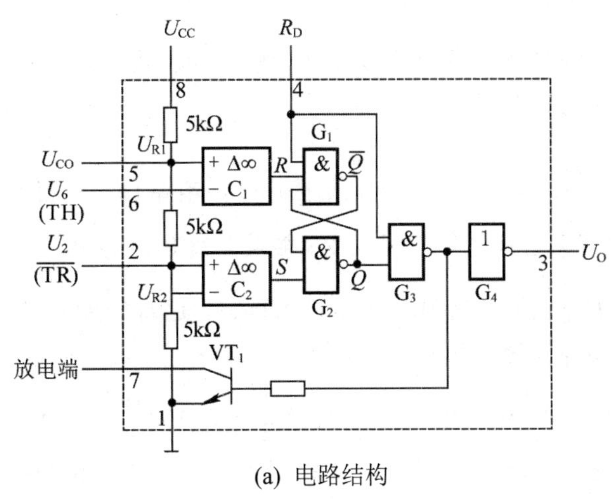


(a) 电路结构



(b) 引脚图

图 6.19　555 定时器

定时器的主要功能取决于两个比较器输出对 RS 触发器和放电管 $VT_1$ 状态的控制。

当$U_6 > \frac{2}{3}U_{CC}$、$U_2 > \frac{1}{3}U_{CC}$时，比较器 $C_1$ 输出为 0，$C_2$ 输出为 1，基本 RS 触发器被置 0，$VT_1$ 导通，$U_O$ 输出低电平。

当$U_6 < \frac{2}{3}U_{CC}$、$U_2 < \frac{1}{3}U_{CC}$时，$C_1$ 输出为 1，$C_2$ 输出为 0，基本 RS 触发器被置 1，$VT_1$ 截止，$U_O$ 输出高电平。

当$U_6 < \frac{2}{3}U_{CC}$、$U_2 > \frac{1}{3}U_{CC}$时，$C_1$ 和 $C_2$ 输出均为 1，则基本 RS 触发器的状态保持不变，因而 $VT_1$ 和 $U_O$ 的输出状态也维持不变。

555 定时器的特征表如表 6.1 所示。

表 6.1　555 定时器的特性表

| 阈值输入 TH⑥ | | 触发输入 $\overline{TR}$② | | 直接复位 $R_D$④ | 输出 $U_O$③ | 放电管 $VT_1$⑦ |
|---|---|---|---|---|---|---|
| × | | × | | 0 | 0 | 导通 |
| $>\frac{2}{3}U_{CC}$ | 1 | $>\frac{1}{3}U_{CC}$ | 1 | 1 | 0 | 导通 |
| $<\frac{2}{3}U_{CC}$ | 0 | $<\frac{1}{3}U_{CC}$ | 0 | 1 | 1 | 截止 |
| $<\frac{2}{3}U_{CC}$ | 0 | $>\frac{1}{3}U_{CC}$ | 1 | 1 | 不变 | 不变 |
| $>\frac{2}{3}U_{CC}$ | 1 | $<\frac{1}{3}U_{CC}$ | 0 | 1 | 不允许 | |

## 6.2.2　555 定时器的典型应用

### 1. 单稳态触发器

1)　电路组成

用 555 定时器构成的具有微分环节的单稳态触发器如图 6.20(a)所示。其中 $R$ 和 $C$ 为定时元件，0.01μF 电容为滤波电容。

2)　工作原理

(1)　静止期：触发信号没有来到，$U_I$ 为高电平。电源刚接通时，电路有一个暂态过程，即电源通过电阻 $R$ 向电容 $C$ 充电，当 $U_C$ 上升到$\frac{2}{3}U_{CC}$时，RS 触发器置 0，$U_O$=0，$VT_1$ 导通，因此电容 $C$ 又通过导电管 $VT_1$ 迅速放电，直到 $U_C$=0，电路进入稳态。这时如果 $U_I$ 一直没有触发信号来到，电路就一直处于 $U_O$=0 的稳定状态。

(2)　暂稳态：外加触发信号 $U_I$ 的下降沿到达时，由于$U_2 < \frac{1}{3}U_{CC}$、$U_6(U_C) = 0$，RS 触发器置 1，$U_O$=1，$VT_1$ 截止，$U_{CC}$ 开始通过电阻 $R$ 向电容 $C$ 充电。随着电容 $C$ 充电的进行，$U_C$ 不断上升，趋向值 $U_C(\infty)=U_{CC}$。

$U_I$的触发负脉冲消失后，$U_2$回到高电平，在$U_2 > \frac{1}{3}U_{CC}$、$U_6 < \frac{2}{3}U_{CC}$期间，RS 触发器的状态保持不变，因此，$U_O$一直保持高电平不变，电路维持在暂稳态。但当电容 $C$ 上的电压上升到$U_6 \geqslant \frac{2}{3}U_{CC}$时，RS 触发器置 0，电路输出 $U_O$=0，$VT_1$导通，此时暂稳态便结束，电路将返回到初始的稳态。

(3) 恢复期：$VT_1$导通后，电容 $C$ 通过 $VT_1$迅速放电，使 $U_C \approx 0$，电路又恢复到稳态，第二个触发信号到来时，又重复上述过程。

输出电压 $U_O$和电容 $C$ 上的电压 $U_C$的工作波形如图 6.20(b)所示。

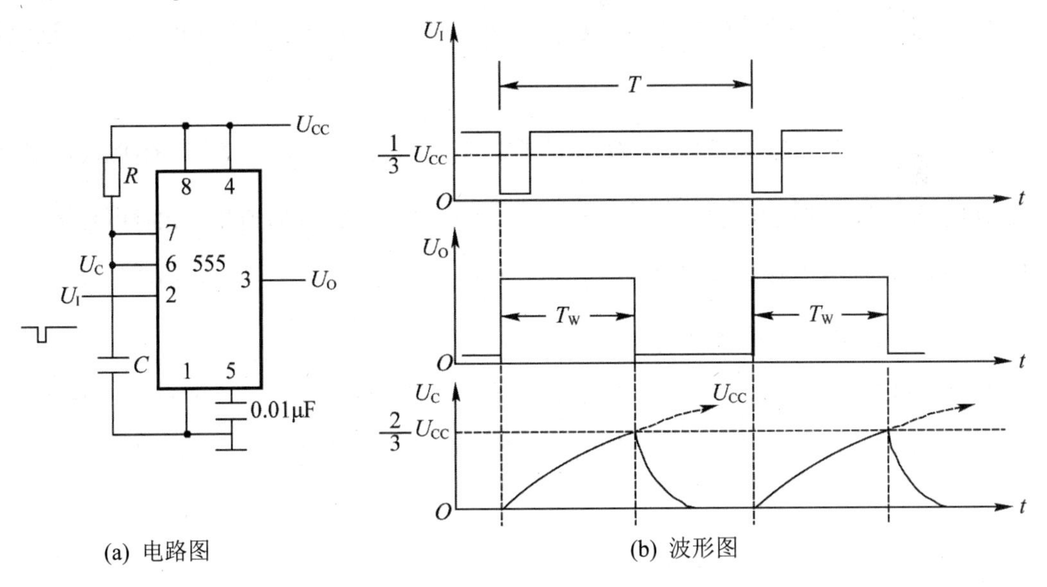


(a) 电路图 (b) 波形图

图 6.20 用 555 定时器构成的单稳态触发器

3) 输出脉冲宽度 $T_W$

输出脉冲宽度 $T_W$是暂稳态的停留时间，根据电容 $C$ 的充电过程可知

$$U_C(0^+) = 0$$

$$U_C(\infty) = U_{CC}$$

$$U_T = U_C(T_W) = \frac{2}{3}U_{CC}$$

$$\tau = RC$$

因而代入充电时间表达式可得

$$T_W = RC\ln\frac{U_C(\infty) - U_C(0^+)}{U_C(\infty) - U_T} = RC\ln 3 = 1.1RC \tag{6.19}$$

图 6.20(a)所示电路对输入触发脉冲的宽度有一定要求，它必须小于 $T_W$。若输入触发脉冲宽度大于 $T_W$，应在 $U_2$输入端加 $R_IC_I$微分电路。

4) 单稳态触发电路的用途

(1) 延时，将输入信号延迟一定时间(一般为脉宽 $T_W$)后输出。

(2) 定时，产生一定宽度的脉冲信号。

2. 多谐振荡器

1) 电路组成

用 555 定时器构成的多谐振荡器如图 6.21(a)所示。其中电容 $C$ 经 $R_2$、定时器的放电管 $VT_1$ 构成放电回路，而电容 $C$ 的充电回路则由 $R_1$ 和 $R_2$ 串联组成。为了提高定时器的比较电路参考电压的稳定性，通常在 5 脚与地之间接有 0.01μF 的滤波电容，以消除干扰。

2) 工作原理

多谐振荡器只有两个暂稳态。假设当电源接通后，电路处于某一暂稳态，电容 $C$ 上的电压 $U_C$ 为 0，$U_O$ 输出高电平，$VT_1$ 截止，电源 $U_{CC}$ 通过 $R_1$、$R_2$ 给电容 $C$ 充电。随着充电的进行，$U_C$ 逐渐增高，但只要 $\frac{1}{3}U_{CC}<U_C<\frac{2}{3}U_{CC}$，输出电压 $U_O$ 就一直保持高电平不变，这就是第一个暂稳态。

当电容 $C$ 上的电压 $U_C$ 略微超过 $\frac{2}{3}U_{CC}$ 时 $\left(\text{即}U_6\text{和}U_2\text{均大于等于}\frac{2}{3}U_{CC}\text{时}\right)$，RS 触发器置 0，使输出电压 $U_O$ 从原来的高电平翻转到低电平，即 $U_O$=0，$VT_1$ 导通饱和，此时电容 $C$ 通过 $R_2$ 和 $VT_1$ 放电。随着电容 $C$ 的放电，$U_C$ 下降，但只要 $\frac{2}{3}U_{CC}>U_C>\frac{1}{3}U_{CC}$，$U_O$ 就一直保持低电平不变，这就是第二个暂稳态。

当 $U_C$ 下降到略微低于 $\frac{1}{3}U_{CC}$ 时，RS 触发器置 1，电路输出又变为 $U_O$=1，$VT_1$ 截止，电容 $C$ 再次充电，又重复上述过程，电路输出便得到周期性的矩形脉冲。其工作波形如图 6.21(b)所示。

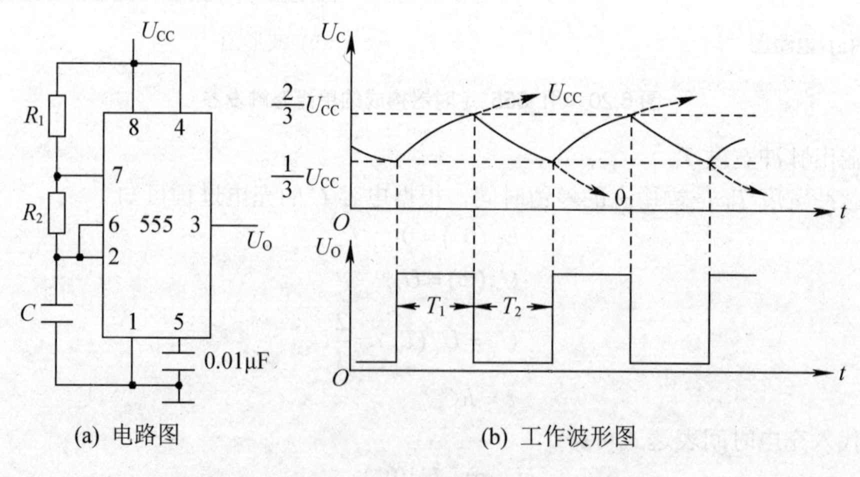


图 6.21 用 555 定时器构成的多谐振荡器

3) 振荡周期 $T$ 的计算

多谐振荡器的振荡周期为两个暂稳态的持续时间，$T=T_1+T_2$。由图 6.21(b)所示 $U_C$ 的波形可求得电容 $C$ 的充电时间 $T_1$ 和放电时间 $T_2$ 分别为

$$T_1=(R_1+R_2)C\ln\frac{U_{CC}-\frac{1}{3}U_{CC}}{U_{CC}-\frac{2}{3}U_{CC}}=(R_1+R_2)C\ln 2=0.7(R_1+R_2)C \tag{6.20}$$

$$T_2=R_2C\ln\frac{0-\frac{2}{3}U_{CC}}{0-\frac{1}{3}U_{CC}}=R_2C\ln 2=0.7R_2C \tag{6.21}$$

因此振荡周期为

$$T=T_1+T_2=0.7(R_1+2R_2)C \tag{6.22}$$

4)　占空比可调的多谐振荡器

由 555 定时器构成的占空比可调的多谐振荡器如图 6.22 所示。

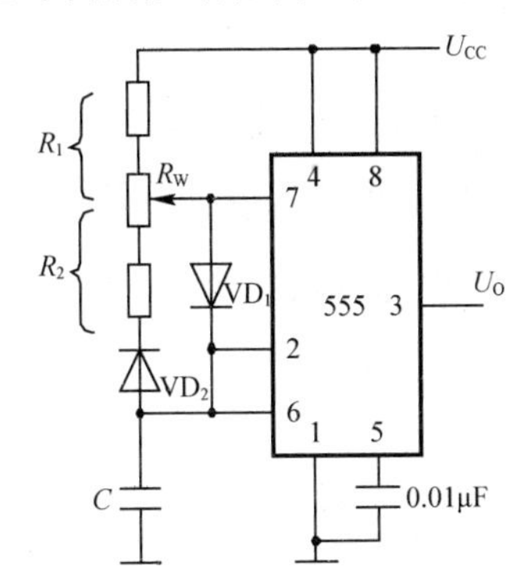


图 6.22　占空比可调的多谐振荡器

电路中，电容 $C$ 的充电路径为 $U_{CC}\rightarrow R_1\rightarrow VD_1\rightarrow C\rightarrow$地，因而 $T_1=0.7R_1C$。电容 $C$ 的放电路径为 $C\rightarrow VD_2\rightarrow R_2\rightarrow$放电管 $VD_1\rightarrow$地，因而 $T_2=0.7R_2C$。

振荡周期为

$$T=T_1+T_2=0.7(R_1+R_2)C \tag{6.23}$$

占空比为

$$D=\frac{T_1}{T}=\frac{R_1}{R_1+R_2} \tag{6.24}$$

5)　多谐振荡器应用举例

用两个多谐振荡器可以组成如图 6.23(a)所示的模拟声响发生器。适当选择定时元件，使振荡器 A 的振荡频率 $f_A$=1Hz，振荡器 B 的振荡频率 $f_B$=1kHz。由于低频振荡器 A 的输出接至高频振荡器 B 的复位端(4 脚)，当 $U_{O1}$ 输出高电平时，振荡器 B 才能振荡，当 $U_{O1}$ 输出低电平时，振荡器 B 被复位，停止振荡，因此使扬声器发出 1kHz 的间歇声响。其工作波形如图 6.23(b)所示。

### 3. 施密特触发器

1)　电路组成

将 555 定时器的第 2 脚和第 6 脚短接并作为信号输入端，则定时器就具有施密特触发器的功能，其电路图如图 6.24(a)所示。

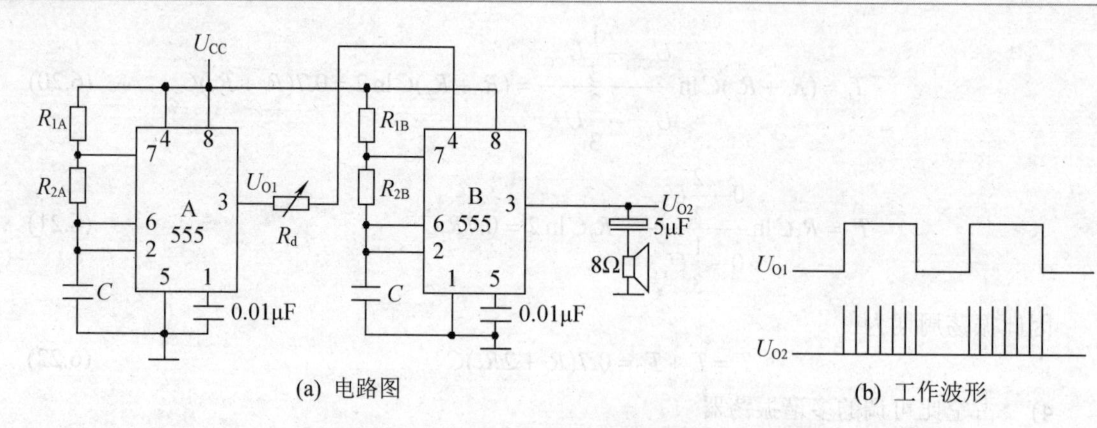


图 6.23　用 555 定时器构成的模拟声响发生器

2)　工作原理

图 6.24(a)中，$U_{6(TH)}$和$U_{2(\overline{TR})}$端直接连在一起作为触发电平输入端。若在输入端 $U_I$ 加三角波，则可在输出端得到如图 6.24(b)所示的矩形脉冲。其工作过程如下。

$U_I$从 0 开始升高，当$U_I<\frac{1}{3}U_{CC}$时，RS 触发器置 1，故 $U_O=U_{OH}$；当$\frac{1}{3}U_{CC}<U_I<\frac{2}{3}U_{CC}$时，触发器的 $RS$=11，故 $U_O=U_{OH}$ 保持不变；当$U_I\geqslant\frac{2}{3}U_{CC}$时，电路发生翻转，RS 触发器置 0，$U_O$从 $U_{OH}$ 变为 $U_{OL}$，此时相应的 $U_I$ 幅值$\left(\frac{2}{3}U_{CC}\right)$称为上触发电平 $U_+$。

当$U_I>\frac{2}{3}U_{CC}$时，$U_O=U_{OL}$不变；当 $U_I$ 下降，且$\frac{1}{3}U_{CC}<U_I<\frac{2}{3}U_{CC}$时，由于 RS 触发器的 $RS$=11，故 $U_O=U_{OL}$ 保持不变；只有当 $U_I$ 下降到小于等于$\frac{1}{3}U_{CC}$时，RS 触发器置 1，电路发生翻转，$U_O$从 $U_{OL}$ 变为 $U_{OH}$，此时相应的 $U_I$ 幅值$\left(\frac{1}{3}U_{CC}\right)$称为下触发电平 $U_-$。

从以上分析可以看出，在 $U_I$上升和下降时，电路输出电压 $U_O$ 翻转时所对应的输入电压值是不同的，一个为 $U_+$，另一个为 $U_-$。这是施密特电路所具有的滞后特性，称为回差。回差电压$\Delta U=U_+-U_-=\frac{1}{3}U_{CC}$。电路的电压传输特性如图 6.24(c)所示。改变电压控制端 $U_{CO}$(5 脚)的电压值便可改变回差电压，一般 $U_{CO}$ 越高，$\Delta U$ 越大，抗干扰能力越强，但灵敏度相应降低。

3)　施密特触发器的应用

施密特触发器应用很广，主要有以下几方面。

(1)　波形变换。可以将边沿变化缓慢的周期性信号变换成矩形脉冲。

(2)　脉冲整形。可以将不规则的电压波形整形为矩形波。若适当增大回差电压，可提高电路的抗干扰能力。

图 6.25(a)所示为顶部有干扰的输入信号，图 6.25(b)所示为回差电压较小的输出波形，图 6.25(c)所示为回差电压大于顶部干扰时的输出波形。

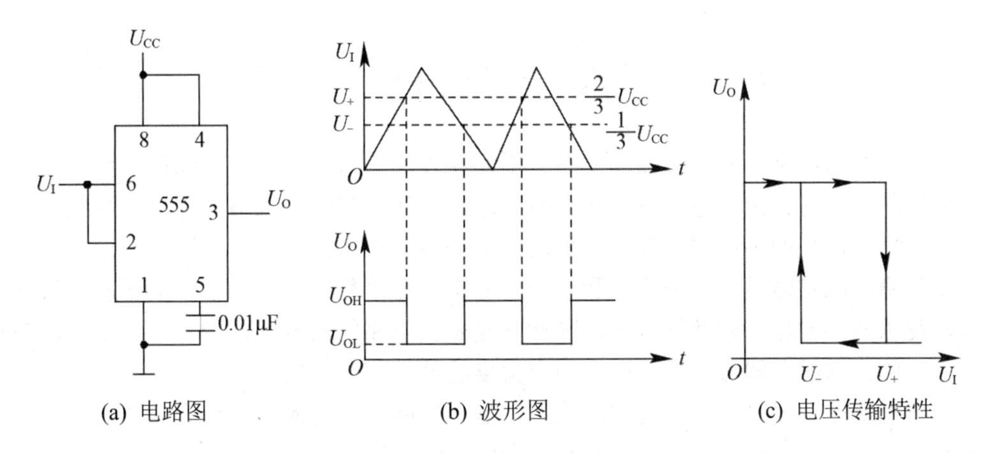


图 6.24　用 555 定时器构成的施密特触发器

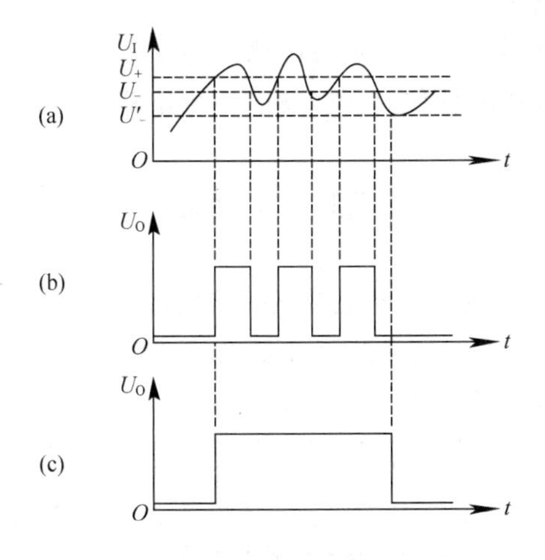


图 6.25　波形整形

(3) 脉冲鉴幅。图 6.26 所示是将一系列幅度不同的脉冲信号加到施密特触发器输入端的波形，只有那些幅度大于上触发电平 $U_+$的脉冲才在输出端产生输出信号。因此，通过这一方法可以选出幅度大于 $U_+$的脉冲，即对幅度进行鉴别。

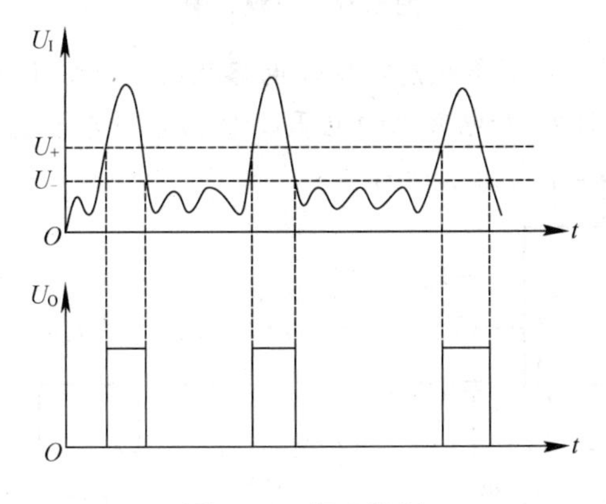


图 6.26　幅度鉴别

此外，施密特触发器还可以构成多谐振荡器等，是应用较广泛的脉冲电路。

## 本章小结

(1) 多谐振荡器是一种自激振荡电路，不需要外加输入信号，就可以自动地产生矩形脉冲。多谐振荡器没有稳定状态，只有两个暂稳态。工作不需要外加信号源，只需要电源。要想得到频率稳定性高的多谐振荡器，应采用石英晶体多谐振荡器。

(2) 单稳态触发器具有一个稳态和一个暂稳态。在单稳态触发器中，由稳态到暂稳态需要输入触发脉冲，暂稳态的持续时间即脉冲宽度是由电路的阻容元件 $R$、$C$ 决定的，与输入信号无关。单稳态触发器可以用于产生固定宽度的脉冲信号，用途很广。

(3) 施密特触发器具有两个稳定的状态，是一种能够把输入波形整形成为适合于数字电路需要的矩形脉冲的电路。而且由于其具有滞回特性，所以抗干扰能力也很强。施密特触发器在脉冲的产生和整形电路中应用很广。

(4) 555 定时器是一种用途很广的集成电路，除了能组成施密特触发器、单稳态触发器和多谐振荡器以外，还可以接成各种灵活多变的应用电路。

## 习题

1. 单稳态触发器有什么特点？它的主要用途有哪些？

2. 图 6.27 所示为 TTL 与非门构成的微分型单稳态电路，试对应输入波形，画出 $a$、$b$、$d$，$e$ 各点电压波形，并估算输出脉冲宽度 $T_W$。

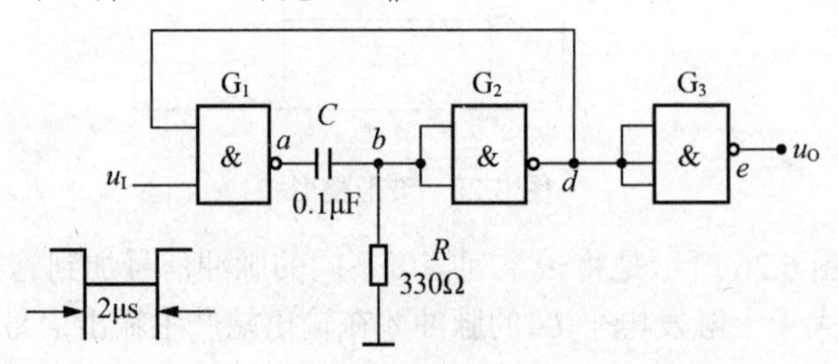


图 6.27 习题 2 图

3. 用集成芯片 555 所构成的单稳态触发器电路及输入波形 $V_I$ 如图 6.28(a)和图 6.28(b)所示，试画出对应的输出波形 $V_O$ 和电容上的电压波形 $V_C$，并求暂稳态宽度 $T_W$。

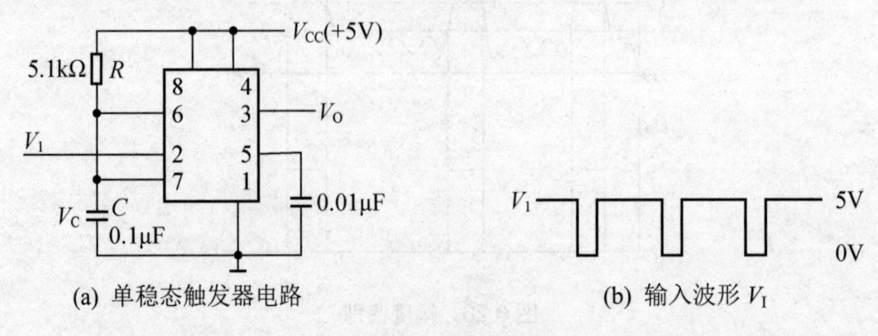


图 6.28 习题 3 图

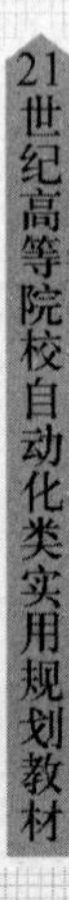

4. 用集成电路 555 定时器所构成的自激多谐振荡器电路如图 6.29 所示，试画出输出电压 $V_O$ 和电容 $C$ 两端的电压 $V_C$ 的工作波形，并求振荡频率。

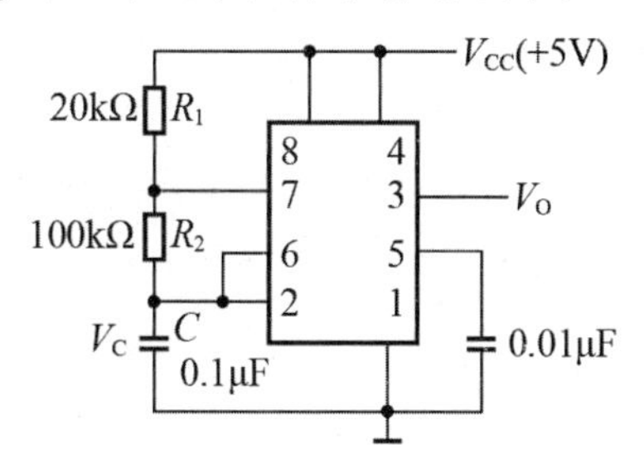


图 6.29　习题 4 图

5. 用 555 定时器设计一个自由多谐振荡器，要求振荡周期 $T$=1～10s，选择电阻、电容参数，并画出接线图。

6. 图 6.30 所示是一个防盗报警器电路，$A$、$B$ 两端被一个细导线连通，此细导线置于认为盗窃者必经之处，当盗窃者闯入将导线碰断后，扬声器即发出报警声。

(1) 试问 555 定时器应接成何种电路？

(2) 说明该报警器电路的工作原理。

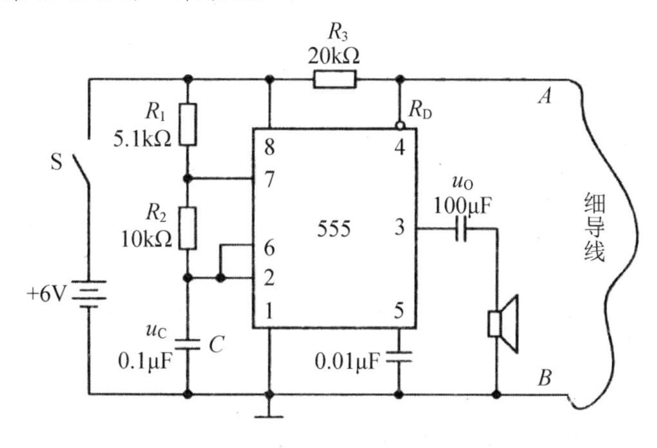


图 6.30　习题 6 图

# 第7章

# 数模与模数转换器

【教学目标】

本章主要介绍数模与模数转换的基本原理和几种常用的典型电路。要求掌握数模与模数转换的基本原理和应用。

# 7.1 概　述

一般来说，自然界中存在的物理量大都是连续变化的物理量，如温度、时间、角度、速度、流量和压力等。随着数字技术，特别是计算机技术的飞速发展与普及，在现代控制、通信及检测领域中，对信号的处理广泛采用了数字计算机技术。要使计算机或数字仪表能识别和处理这些信号，必须首先将这些模拟信号转换成数字信号；而经计算机分析、处理后输出的数字量往往也需要转换为相应的模拟信号才能为执行机构所接收。这样，就需要一种能在模拟信号与数字信号之间起桥梁作用的电路——模数转换电路和数模转换电路。将模拟信号转换为数字信号称为模数转换，用 A/D(Analog to Digital)表示；而将数字信号转换为模拟信号称为数模转换，用 D/A(Digital to Analog)表示。A/D 转换器和 D/A 转换器已经成为计算机系统中不可缺少的接口电路。

为了保证数据处理结果的准确性，A/D 转换器和 D/A 转换器必须有足够的转换精度。同时，为了适应快速过程的控制和检测的需要，A/D 转换器和 D/A 转换器还必须有足够快的转换速度。因此，转换精度和转换速度是衡量 A/D 转换器和 D/A 转换器性能优劣的主要指标。

# 7.2 D/A 转换器

## 7.2.1 D/A 转换器的基本原理

数字量是用数码按数位组合起来表示的，对于有权码，每位数码都有一定的权。为了将数字量转换成模拟量，必须将每一位的数码按其权的大小转换成相应的模拟量，然后将这些模拟量相加，即可得到与数字量成正比的总模拟量，从而实现了数模转换。这就是构成 D/A 转换器的基本思路。

图 7.1 所示是 D/A 转换器的输入、输出关系框图，$D_0$～$D_{n-1}$ 是输入的 $n$ 位二进制数，$v_O$ 是与输入二进制数成比例的输出电压。

图 7.2 所示是一个输入为三位二进制数的三位 D/A 转换器的转换特性，它具体而形象地反映了 D/A 转换器的基本功能。

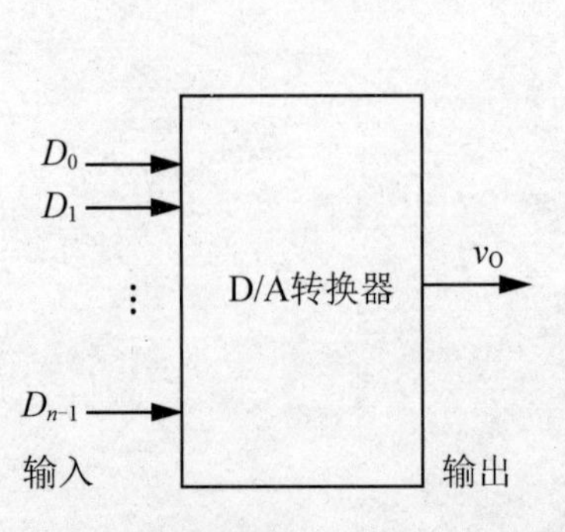

图 7.1　D/A 转换器的输入、输出关系框图

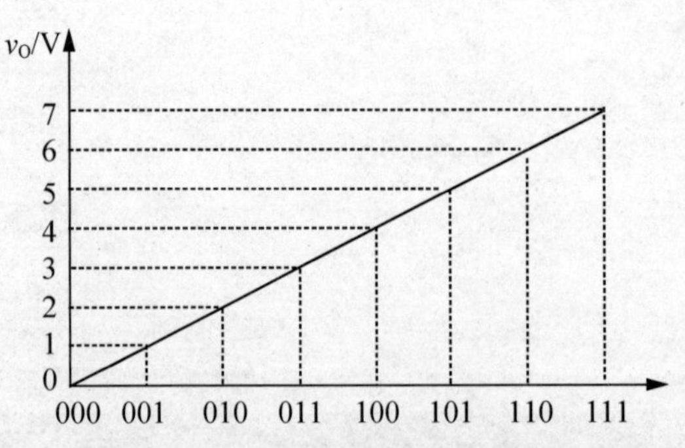

图 7.2　三位 D/A 转换器的转换特性

## 7.2.2 倒 T 形电阻网络 D/A 转换器

在单片集成 D/A 转换器中，使用最多的是倒 T 形电阻网络 D/A 转换器。

四位倒 T 形电阻网络 D/A 转换器的原理图如图 7.3 所示。$S_0$～$S_3$ 为模拟开关，$R$—$2R$ 电阻解码网络呈倒 T 形，运算放大器 A 构成求和电路。$S_i$ 由输入数码 $D_i$ 控制，当 $D_i$=1 时，$S_i$ 接运放反相输入端(“虚地”)，$I_i$ 流入求和电路；当 $D_i$=0 时，$S_i$ 将电阻 $2R$ 接地。

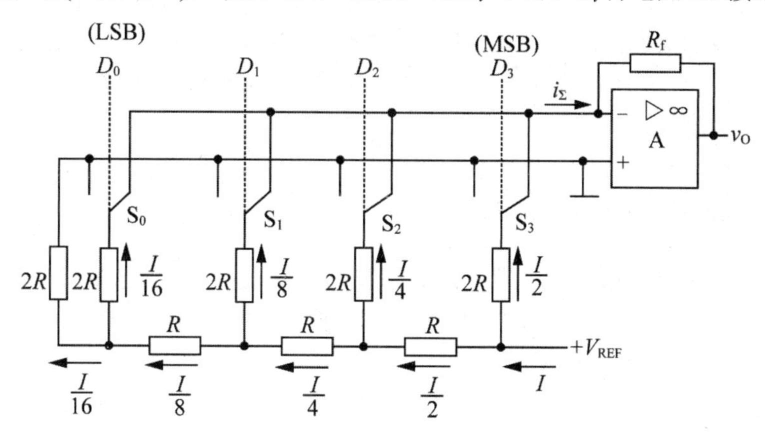


图 7.3　四位倒 T 形电阻网络 D/A 转换器原理图

无论模拟开关 $S_i$ 处于何种位置，与 $S_i$ 相连的 $2R$ 电阻均等效接“地”(地或虚地)。这样流经 $2R$ 电阻的电流与开关位置无关，为确定值。

分析 $R$—$2R$ 电阻解码网络不难发现，从每个接点向左看的二端网络等效电阻均为 $R$，流入每个 $2R$ 电阻的电流从高位到低位按 2 的整倍数递减。设由基准电压源提供的总电流为 $I(I=V_{REF}/R)$，则流过各开关支路(从右到左)的电流分别为 $I/2$、$I/4$、$I/8$ 和 $I/16$。

于是可得总电流为

$$\begin{aligned} i_\Sigma &= \frac{V_{REF}}{R}\left(\frac{D_0}{2^4}+\frac{D_1}{2^3}+\frac{D_2}{2^2}+\frac{D_3}{2^1}\right) \\ &= \frac{V_{REF}}{2^4 \times R}\sum_{i=0}^{3}(D_i \cdot 2^i) \end{aligned} \tag{7.1}$$

输出电压为

$$\begin{aligned} v_O &= -i_\Sigma R_f \\ &= -\frac{R_f}{R}\cdot\frac{V_{REF}}{2^4}\sum_{i=0}^{3}(D_i \cdot 2^i) \end{aligned} \tag{7.2}$$

将输入数字量扩展到 $n$ 位，可得 $n$ 位倒 T 形电阻网络 D/A 转换器输出模拟量与输入数字量之间的一般关系式为

$$v_O = -\frac{R_f}{R}\cdot\frac{V_{REF}}{2^n}\left[\sum_{i=0}^{n-1}(D_i \cdot 2^i)\right] \tag{7.3}$$

设 $K=\frac{R_f}{R}\cdot\frac{V_{REF}}{2^n}$，用 $N_B$ 表示上式括号中的 $n$ 位二进制数，则

$$v_O=-KN_B \tag{7.4}$$

要使 D/A 转换器具有较高的精度，对电路中的参数有以下要求。

(1) 基准电压稳定性好。

(2) 倒 T 形电阻网络中 $R$ 和 $2R$ 电阻的比值精度要高。

(3) 每个模拟开关的开关电压降要相等。为实现电流从高位到低位按 2 的整倍数递减，模拟开关的导通电阻也相应地按 2 的整倍数递增。

由于在倒 T 形电阻网络 D/A 转换器中，各支路电流直接流入运算放大器的输入端，它们之间不存在传输上的时间差。电路的这一特点不仅提高了转换速度，而且也减少了动态过程中输出端可能出现的尖脉冲。它是目前广泛使用的 D/A 转换器中速度较快的一种。常用的 CMOS 开关倒 T 形电阻网络 D/A 转换器的集成电路有 AD7520(10 位)、DAC1210(12 位)和 AK7546(16 位高精度)等。

## 7.2.3 权电流型 D/A 转换器

尽管倒 T 形电阻网络 D/A 转换器具有较高的转换速度，但由于电路中存在模拟开关电压降，当流过各支路的电流稍有变化时，就会产生转换误差。为进一步提高 D/A 转换器的转换精度，可采用权电流型 D/A 转换器。

### 1. 原理电路

权电流型 D/A 转换器的原理图如图 7.4 所示。图中接有一组恒流源，这组恒流源从高位到低位电流的大小依次为 $I/2$、$I/4$、$I/8$、$I/16$。

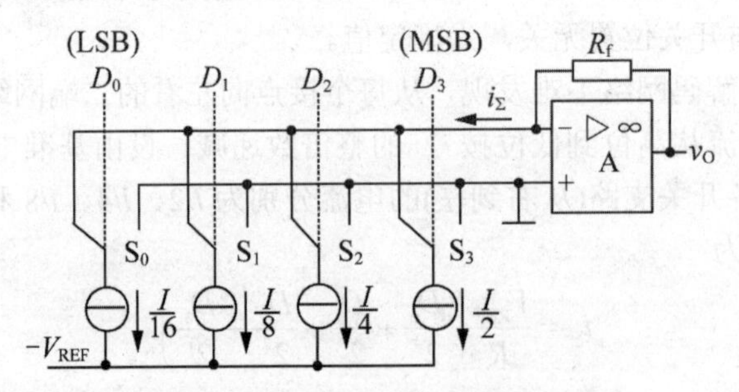


图 7.4 权电流型 D/A 转换器的原理图

当输入数字量的某一位代码 $D_i=1$ 时，开关 $S_i$ 接运算放大器的反相输入端，相应的权电流流入求和电路；当 $D_i=0$ 时，开关 $S_i$ 接地。分析该电路可得出输出 $v_O$ 为

$$
\begin{aligned}
v_O &= i_\Sigma R_f \\
&= R_f\left(\frac{I}{2}D_3+\frac{I}{4}D_2+\frac{I}{8}D_1+\frac{I}{16}D_0\right) \\
&= \frac{I}{2^4}\cdot R_f(D_3\cdot 2^3+D_2\cdot 2^2+D_1\cdot 2^1+D_0\cdot 2^0) \\
&= \frac{I}{2^4}\cdot R_f\sum_{i=0}^{3}D_i\cdot 2^i
\end{aligned}
\tag{7.5}
$$

采用了恒流源电路之后，各支路权电流的大小均不受开关导通电阻和压降的影响，这就降低了对开关电路的要求，提高了转换精度。

### 2．采用具有电流负反馈的 BJT 恒流源电路的权电流型 D/A 转换器

采用具有电流负反馈的 BJT 恒流源电路的权电流型 D/A 转换器如图 7.5 所示。为了消除因各 BJT 发射极电压 $V_{BE}$ 的不一致性对 D/A 转换器精度的影响，图中 $VT_3$～$VT_0$ 均采用了多发射极晶体管，其发射极个数是 8、4、2、1，即 $VT_3$～$VT_0$ 发射极面积之比为 8∶4∶2∶1。这样，在各 BJT 电流比值为 8∶4∶2∶1 的情况下，$VT_3$～$VT_0$ 的发射极电流密度相等，可使各发射结电压 $V_{BE}$ 相同。由于 $VT_3$～$VT_0$ 的基极电压相同，所以它们的发射极 $E_3$、$E_2$、$E_1$、$E_0$ 就为等电位点。在计算各支路电流时将它们等效连接后，可看出倒 T 形电阻网络与图 7.5 中工作状态完全相同，流入每个 2R 电阻的电流从高位到低位依次减少 1/2，各支路中电流分配比例满足 8∶4∶2∶1 的要求。

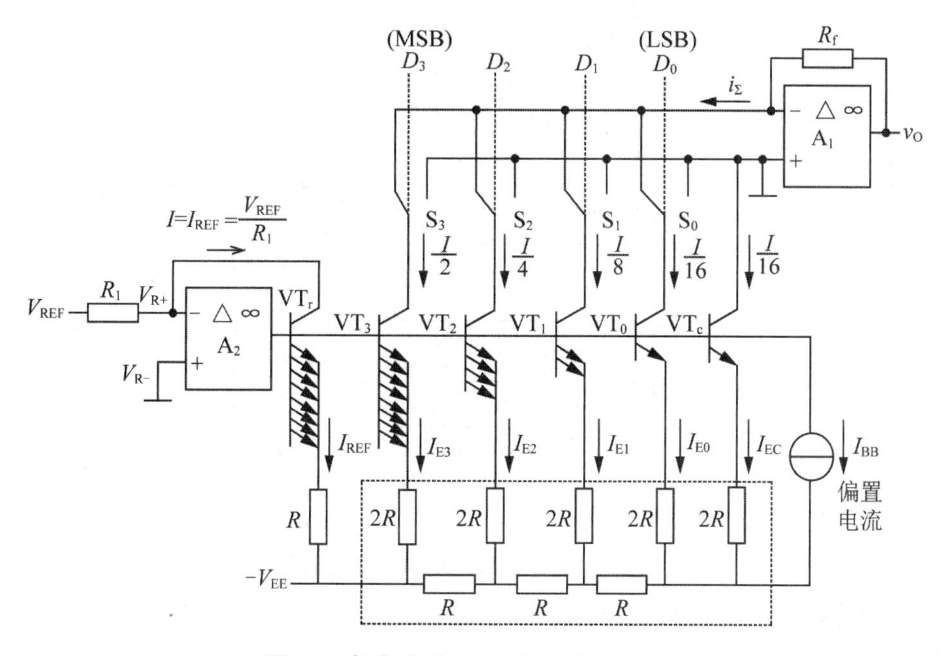


图 7.5　权电流型 D/A 转换器的实际电路

基准电流 $I_{REF}$ 产生电路由运算放大器 $A_2$、$R_1$、$VT_r$、$R$ 和 $-V_{EE}$ 组成，$A_2$ 和 $R_1$、$VT_r$ 的 CB 结组成电压并联负反馈电路，以稳定输出电压，即 $VT_r$ 的基极电压。电阻 $R$ 到 $-V_{EE}$ 为反馈电路的负载，由于电路处于深度负反馈，根据虚短的原理，其基准电流为

$$I_{REF}=\frac{V_{REF}}{R_1}=2I_{E3} \tag{7.6}$$

由倒 T 形电阻网络分析可知，$I_{E3}=I/2$，$I_{E2}=I/4$，$I_{E1}=I/8$，$I_{E0}=I/16$，于是可得输出电压为

$$\begin{aligned} v_O &= i_\Sigma R_f \\ &= \frac{R_f V_{REF}}{2^4 R_1}(D_3\cdot 2^3+D_2\cdot 2^2+D_1\cdot 2^1+D_0\cdot 2^0) \end{aligned} \tag{7.7}$$

可推得 $n$ 位倒 T 形权电流型 D/A 转换器的输出电压为

$$v_O=\frac{V_{REF}}{R_1}\cdot\frac{R_f}{2^n}\sum_{i=0}^{n-1}D_i\cdot 2^i \tag{7.8}$$

该电路的特点为，基准电流仅与基准电压 $V_{REF}$ 和电阻 $R_1$ 有关，而与 BJT、$R$、$2R$ 电阻

无关。这样，电路降低了对 BJT 参数及 $R$、$2R$ 取值的要求，对于集成化十分有利。

由于在这种权电流型 D/A 转换器中采用了高速电子开关，因此电路还具有较高的转换速度。采用这种权电流型 D/A 转换电路生产的单片集成 D/A 转换器有 AD1408、DAC0806、DAC0808 等。这些器件都采用双极型工艺制作，工作速度较高。

### 3. 权电流型 D/A 转换器应用举例

图 7.6 所示为权电流型 D/A 转换器 DAC0808 的电路结构框图，图中 $D_0$～$D_7$ 是八位数字量输入端；$I_O$ 是求和电流的输出端；$V_{REF+}$和 $V_{REF-}$接基准电流发生电路中运算放大器的反相输入端和同相输入端；COMP 供外接补偿电容之用；$V_{CC}$ 和 $V_{EE}$ 为正负电源输入端。

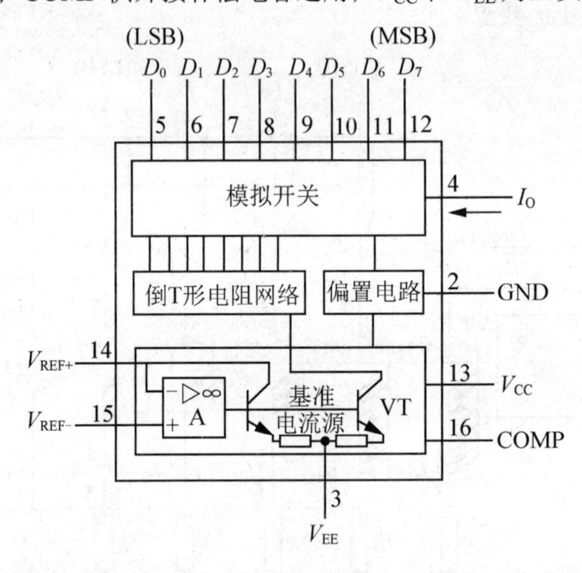


图 7.6　权电流型 D/A 转换器 DAC0808 的电路结构框图

用 DAC0808 这类 D/A 转换器构成应用电路时需要外接运算放大器和产生基准电流用的电阻 $R_1$，如图 7.7 所示。

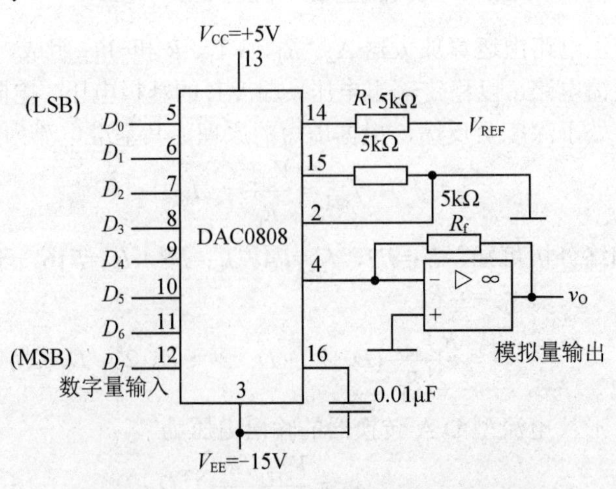


图 7.7　DAC0808 D/A 转换器的典型应用电路

在 $V_{REF}$=10V、$R_1$=5kΩ、$R_f$=5kΩ的情况下，根据式(7.8)可知，输出电压为

$$\begin{aligned} v_O &= \frac{R_f V_{REF}}{2^8 R_1}\sum_{i=0}^{7} D_i \cdot 2^i \\ &= \frac{10}{2^8}\sum_{i=0}^{7} D_i \cdot 2^i \end{aligned} \tag{7.9}$$

当输入的数字量在全 0 和全 1 之间变化时，输出模拟电压的变化范围为 0～9.96V。

### 7.2.4　D/A 转换器的主要技术指标

#### 1. 分辨率

D/A 转换器的分辨率是输出所有不连续台阶数量的倒数，而输出的不连续台阶数量和输入数字量的位数有关。例如，对于四位 D/A 转换器，其输出有 $2^4-1$ 个台阶，所以分辨率为 $1/(2^4-1)=1/15$，若用百分比表示则为(1/15)×100%=6.67%。对于 $n$ 位 D/A 转换器，其输出则有 $2^n-1$ 个台阶，所以分辨率为 $1/(2^n-1)$。因为分辨率与 D/A 转换器的输入数字量的位数成固定关系，所以有时人们也常把 D/A 转换器的输入数字量的位数称为分辨率。

#### 2. 精度

D/A 转换器的实际输出与理想输出之间的误差就是精度，可以用转换器最大输出电压或满尺度的百分比表示。例如，如果转换器的满尺度输出电压为 10V，而误差为±0.1%，那么最大误差是(10V)×(0.001)=10mV。一般情况下，精度不大于最小数字量的±1/2。对于八位 D/A 转换器，其最小数字量占全部数字量的 0.39%，所以精度近似为±0.2%。

#### 3. 线性度

线性度误差是 D/A 转换器输出与理想输出直线之间的偏差。一个特殊的情况就是当所有数字量为 0 时，输出不是 0，则这个偏差称为零点偏移误差。

#### 4. 建立时间

建立时间是指 D/A 转换器完成一次转换需要的时间，就是从数字量加到 D/A 转换器的输入端到输出稳定的模拟量需要的时间。建立时间一般由手册给出。

## 7.3　A/D 转换器

### 7.3.1　A/D 转换的一般步骤和取样定理

A/D 转换器的功能是将输入的模拟电压转换为输出的数字信号，即将模拟量转换成与其成比例的数字量，如图 7.8 所示。一个完整的 A/D 转换过程必须包括取样、保持、量化、编码四部分。在具体实施时，常把这四个步骤合并进行。例如，取样和保持是利用同一电路连续完成的；量化和编码是在转换过程中同步实现的，而且所用的时间又是保持的一部分。

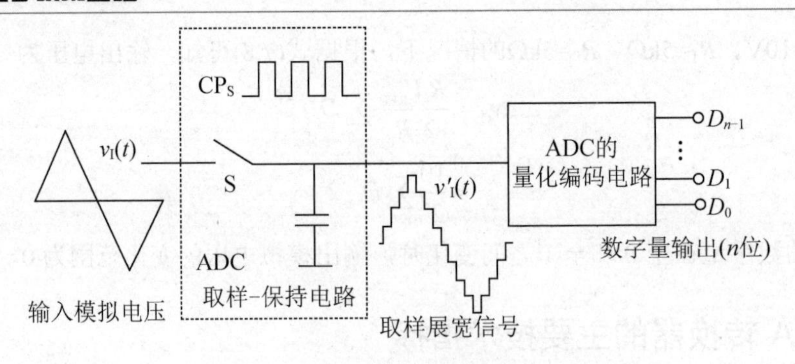


图 7.8　模拟量到数字量的转换过程

1. 取样定理

如图 7.9 所示为某一输入模拟信号经取样后得出的波形。为了保证能从取样信号中将原信号恢复，必须满足条件

$$f_s \geqslant 2f_{i\max} \tag{7.10}$$

式中，$f_s$为取样频率，$f_{i\max}$为输入信号 $v_I$ 的最高频率分量的频率。这一关系称为取样定理。

A/D 转换器工作时的取样频率必须满足式(7.10)。取样频率越高，留给每次进行转换的时间就越短，这就要求 A/D 转换器必须具有更高的工作速度。因此，取样频率通常取 $f_s$=(3～5)$f_{i\max}$ 已能满足要求。有关取样定理的证明将在数字信号处理课程中讲解。

在满足取样定理的条件下，可以用一个低通滤波器将信号 $v_s$ 还原为 $v_I$，这个低通滤波器的电压传输系数$|A(f)|$在低于 $f_{i\max}$ 的范围内应保持不变，而在 $f_s$–$f_{i\max}$ 以前应迅速下降为零，如图 7.10 所示。因此，取样定理规定了 A/D 转换器的频率下限。

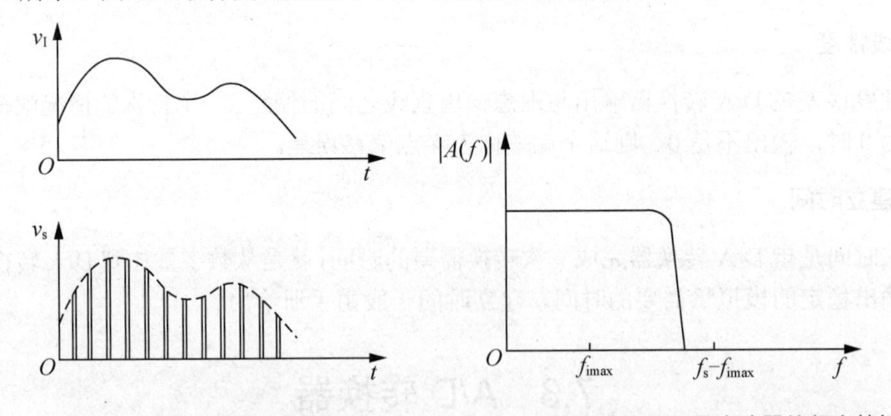


图 7.9　对输入模拟信号的取样　　图 7.10　还原取样信号所用滤波器的频率特性

因为每次把取样电压转换为相应的数字量都需要一定的时间，所以在每次取样以后，必须把取样电压保持一段时间。可见，进行 A/D 转换时所用的输入电压实际上是每次取样结束时的 $v_I$ 值。

2. 量化和编码

为了使取样得到的离散的模拟量与 $n$ 位二进制码的 $2^n$ 个数字量一一对应，还必须将取样后离散的模拟量归并到 $2^n$ 个离散电平中的某一个电平上，这样的一个过程称为量化。量化后的值再按数制要求进行编码，以作为转换完成后输出的数字代码。量化和编码是所有 A/D 转换器不可缺少的核心部分之一。

数字信号具有在时间上离散和幅度上断续变化的特点。这就是说，在进行 A/D 转换时，任何一个被取样的模拟量只能表示成某个规定最小数量单位的整数倍，所取的最小数量单位称为量化单位，用$\varDelta$表示。若数字信号最低有效位用 LSB 表示，1LSB 所代表的数量大小就等于$\varDelta$，即模拟量量化后的一个最小分度值。把量化的结果用二进制码，或是其他数制的代码表示出来，称为编码。这些代码就是 A/D 转换的结果。

既然模拟电压是连续的，那么它就不一定是$\varDelta$的整数倍，在数值上只能取接近的整数倍，因而量化过程不可避免地会引入误差，这种误差称为量化误差。将模拟电压信号划分为不同的量化等级时通常有以下两种方法，如图 7.11 所示，它们的量化误差相差较大。

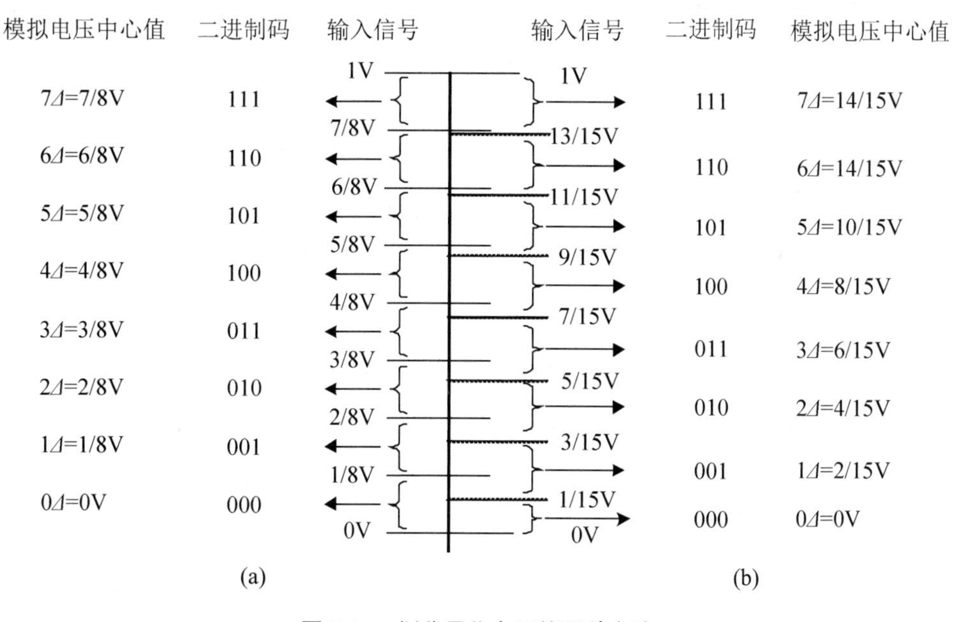


图 7.11　划分量化电平的两种方法

图 7.11(a)所示的量化结果误差较大。例如，把 0～1V 的模拟电压转换成三位二进制代码，取最小量化单位$\varDelta=\frac{1}{8}\text{V}$，并规定凡模拟量数值在 0～$\frac{1}{8}\text{V}$之间时，都用$0\varDelta$来替代，用二进制数 000 来表示；凡模拟量数值在$\frac{1}{8}$～$\frac{2}{8}\text{V}$之间时，都用$1\varDelta$代替，用二进制数 001 表示；等等。这种量化方法带来的最大量化误差可能达到$\varDelta$，即$\frac{1}{8}\text{V}$。若用 $n$ 位二进制数编码，则所带来的最大量化误差为$\frac{1}{2^n}\text{V}$。

为了减小量化误差，通常采用图 7.11(b)所示的改进方法来划分量化电平。在划分量化电平时，基本上是取第一种方法$\varDelta$的 1/2，在此取量化单位$\varDelta=\frac{2}{15}\text{V}$。将输出代码 000 对应的模拟电压范围定为 0～$\frac{1}{15}\text{V}$，即 0～$\frac{1}{2}\varDelta$；将输出代码 001 对应的模拟电压范围定为$\frac{1}{15}\text{V}$～

$\frac{3}{15}$V，对应模拟电压中心值为$1\Delta=\frac{2}{15}$V；依此类推。这种量化方法的量化误差可减小到$\frac{1}{2}\Delta$，即$\frac{1}{15}$V。这是因为在划分各个量化等级时，除第一级$\left(0\sim\frac{1}{15}\text{V}\right)$外，每个二进制代码所代表的模拟电压值都归并到它的量化等级所对应的模拟电压的中间值，所以最大量化误差自然不会超过$\frac{1}{2}\Delta$。

## 7.3.2 取样-保持电路

### 1. 电路组成及工作原理

取样-保持电路的基本形式如图 7.12 所示。

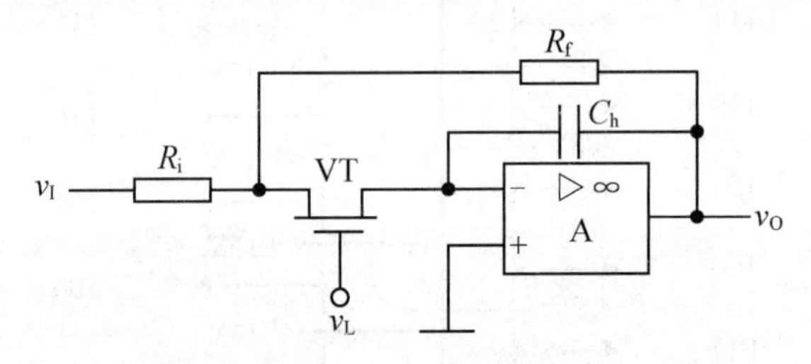


图 7.12 取样-保持电路的基本形式

图中，N 沟道 MOS 管 VT 用作取样开关，当控制信号 $v_L$ 为高电平时，VT 导通，输入信号 $v_I$ 经电阻 $R_i$ 和 VT 向电容 $C_h$ 充电。若取 $R_i=R_f$，则充电结束后，$v_O=-v_I=v_C$。

当控制信号 $v_L$ 返回低电平时，VT 截止。由于 $C_h$ 无放电回路，所以 $v_O$ 的数值被保存了下来。

该电路的缺点是，取样过程中需要通过 $R_i$ 和 VT 向 $C_h$ 充电，所以使取样速度受到了限制。同时，$R_i$ 的数值又不允许取得很小，否则会进一步降低取样电路的输入电阻。

### 2. 改进电路及其工作原理

图 7.13 所示为单片集成取样-保持电路 LE198 的电路原理图及逻辑符号，它是一个经过改进的取样-保持电路。图中，$A_1$、$A_2$ 是两个运算放大器，S 是电子开关，L 是开关的驱动电路，当逻辑输入 $v_L$ 为 1，即 $v_L$ 为高电平时，S 闭合；当 $v_L$ 为 0，即低电平时，S 断开。

当 S 闭合时，$A_1$、$A_2$ 均工作在单位增益的电压跟随器状态，所以 $v_O=v'_O=v_I$。如果将电容 $C_h$ 接到 $R_2$ 的引出端和地之间，则电容上的电压也等于 $v_I$。当 $v_L$ 返回低电平以后，虽然 S 断开了，但由于 $C_h$ 上的电压不变，所以输出电压 $v_O$ 的数值得以保持下来。

在 S 再次闭合以前的这段时间里，如果 $v_I$ 发生变化，$v'_O$ 可能变化非常大，甚至会超过开关电路所能承受的电压，因此需要增加 $VD_1$ 和 $VD_2$ 构成保护电路。当 $v'_O$ 比 $v_O$ 所保持的电压高(或低)一个二极管的压降时，$VD_1$(或 $VD_2$)导通，从而将 $v'_O$ 限制在 $v_I+v_D$ 以内。而在开关 S 闭合的情况下，$v'_O$ 和 $v_O$ 相等，故 $VD_1$ 和 $VD_2$ 均不导通，保护电路不起作用。

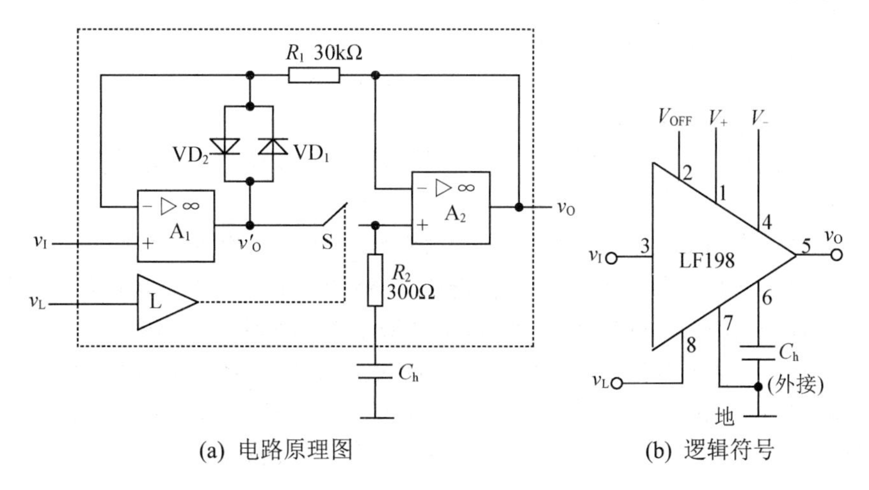


(a) 电路原理图　　(b) 逻辑符号

图 7.13　单片集成取样-保持电路 LE198 的电路原理图及逻辑符号

## 7.3.3　并行比较型 A/D 转换器

三位并行比较型 A/D 转换器如图 7.14 所示，它由电压比较器、寄存器和代码转换器三部分组成。

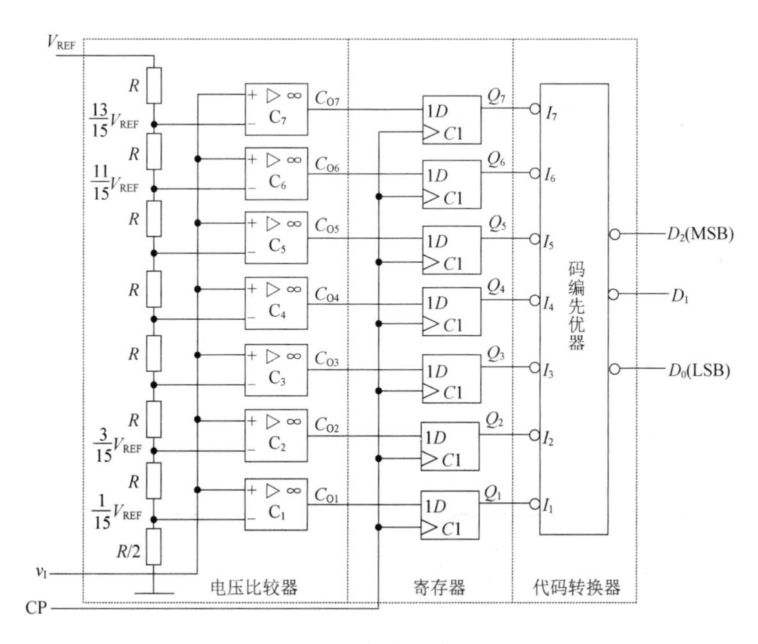


图 7.14　三位并行比较型 A/D 转换器

电压比较器中量化电平的划分采用图 7.11(b)所示的方式，用电阻链把参考电压 $V_{REF}$ 分压，得到从 $\frac{1}{15}V_{REF}$ 到 $\frac{13}{15}V_{REF}$ 之间的七个比较电平，量化单位 $\varDelta=\frac{2}{15}V_{REF}$。然后，把这七个比较电平分别接到七个比较器 $C_1$～$C_7$ 的输入端作为比较基准。同时将输入的模拟电压加到每个比较器的另一个输入端上，与这七个比较基准进行比较。

单片集成并行比较型 A/D 转换器的产品较多，如 ADI 公司的 AD9012(TTL 工艺，八位)、AD9002(ECL 工艺，八位)、AD9020(TTL 工艺，十位)等。

并行比较型 A/D 转换器具有如下特点。

(1) 由于转换是并行的，其转换时间只受比较器、触发器和编码电路延迟时间限制，因此转换速度最快。

(2) 随着分辨率的提高，元件数目要按几何级数增加。一个 $n$ 位转换器，所用的比较器个数为 $2^n-1$，如八位的并行 A/D 转换器就需要 $2^8-1=255$ 个比较器。由于位数越多，电路越复杂，因此制成分辨率较高的集成并行比较型 A/D 转换器是比较困难的。

(3) 使用这种含有寄存器的并行比较型 A/D 转换电路时，可以不用附加取样-保持电路，因为比较器和寄存器这两部分也兼有取样-保持功能。这也是该电路的一个优点。

三位并行比较型 A/D 转换器输入与输出转换关系对照表如表 7.1 所示。

表 7.1　三位并行比较型 A/D 转换器输入与输出转换关系对照表

| 输入模拟电压 $v_I$ | 寄存器状态(代码转换器输入) | | | | | | | 数字量输出(代码转换器输出) | | |
|---|---|---|---|---|---|---|---|---|---|---|
| | $Q_7$ | $Q_6$ | $Q_5$ | $Q_4$ | $Q_3$ | $Q_2$ | $Q_1$ | $D_2$ | $D_1$ | $D_0$ |
| $\left(0\sim\frac{1}{15}\right)V_{REF}$ | 0 | 0 | 0 | 0 | 0 | 0 | 0 | 0 | 0 | 0 |
| $\left(\frac{1}{15}\sim\frac{3}{15}\right)V_{REF}$ | 0 | 0 | 0 | 0 | 0 | 0 | 1 | 0 | 0 | 1 |
| $\left(\frac{3}{15}\sim\frac{5}{15}\right)V_{REF}$ | 0 | 0 | 0 | 0 | 0 | 1 | 1 | 0 | 1 | 0 |
| $\left(\frac{5}{15}\sim\frac{7}{15}\right)V_{REF}$ | 0 | 0 | 0 | 0 | 1 | 1 | 1 | 0 | 1 | 1 |
| $\left(\frac{7}{15}\sim\frac{9}{15}\right)V_{REF}$ | 0 | 0 | 0 | 1 | 1 | 1 | 1 | 1 | 0 | 0 |
| $\left(\frac{9}{15}\sim\frac{11}{15}\right)V_{REF}$ | 0 | 0 | 1 | 1 | 1 | 1 | 1 | 1 | 0 | 1 |
| $\left(\frac{11}{15}\sim\frac{13}{15}\right)V_{REF}$ | 0 | 1 | 1 | 1 | 1 | 1 | 1 | 1 | 1 | 0 |
| $\left(\frac{13}{15}\sim 1\right)V_{REF}$ | 1 | 1 | 1 | 1 | 1 | 1 | 1 | 1 | 1 | 1 |

## 7.3.4 逐次比较型 A/D 转换器

逐次比较的转换过程与用天平称物重非常相似。按照天平称重的思路，逐次比较型 A/D 转换器就是将输入模拟信号与不同的参考电压做多次比较，使转换所得的数字量在数值上逐次逼近输入模拟量的对应值。

四位逐次比较型 A/D 转换器的逻辑电路如图 7.15 所示。

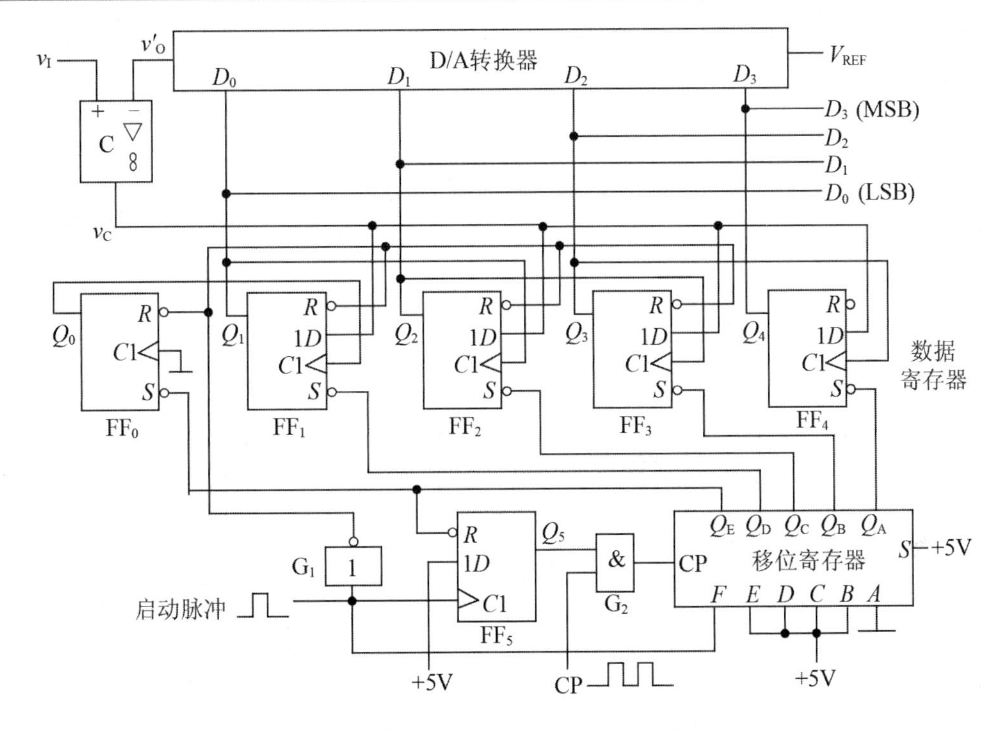


图 7.15　四位逐次比较型 A/D 转换器的逻辑电路

图 7.15 中五位移位寄存器可进行并入/并出或串入/串出操作，其输入端 $F$ 为并行置数使能端，高电平有效；输入端 $S$ 为高位串行数据输入端。数据寄存器由 D 边沿触发器组成，数字量从 $Q_4$～$Q_1$ 输出。

电路工作过程如下：当启动脉冲上升沿到达后，$FF_0$～$FF_4$ 被清零，$Q_5$ 置 1，$Q_5$ 的高电平开启与门 $G_2$，时钟脉冲 CP 进入移位寄存器。在第一个 CP 脉冲作用下，由于移位寄存器的置数使能端 $F$ 由 0 变 1，并行输入数据 $ABCDE$ 置入，$Q_AQ_BQ_CQ_DQ_E$=01111，$Q_A$ 的低电平使数据寄存器的最高位($Q_4$)置 1，即 $Q_4Q_3Q_2Q_1$=1000。D/A 转换器将数字量 1000 转换为模拟电压 $v'_O$，送入比较器 C 与输入模拟电压 $v_I$ 比较，若 $v_I>v'_O$，则比较器 C 输出 $v_C$ 为 1，否则为 0。比较结果送 $D_4$～$D_1$。

第二个 CP 脉冲到来后，移位寄存器的串行输入端 $S$ 为高电平，$Q_A$ 由 0 变 1，同时最高位 $Q_A$ 的 0 移至次高位 $Q_B$。于是数据寄存器的 $Q_3$ 由 0 变 1，这个正跳变作为有效触发信号加到 $FF_4$ 的 CP 端，使 $v_C$ 的电平得以在 $Q_4$ 保存下来。此时，由于其他触发器无正跳变触发脉冲，$v_C$ 的信号对它们不起作用。$Q_3$ 变 1 后，建立了新的 D/A 转换器的数据，输入电压再与其输出电压 $v'_O$ 进行比较，比较结果在第三个时钟脉冲作用下存于 $Q_3$……如此进行，直到 $Q_E$ 由 1 变 0 时，使触发器 $FF_0$ 的输出端 $Q_0$ 产生由 0 到 1 的正跳变，作为触发器 $FF_1$ 的 CP 脉冲，使上一次 A/D 转换后的 $v_C$ 电平保存于 $Q_1$。同时使 $Q_5$ 由 1 变 0 后将 $G_2$ 封锁，一次 A/D 转换过程结束。于是电路的输出端 $D_3D_2D_1D_0$ 得到与输入电压 $v_I$ 成正比的数字量。

由以上分析可见，逐次比较型 A/D 转换器完成一次转换所需时间与其位数和时钟脉冲频率有关，位数越少，时钟频率越高，转换所需时间越短。这种 A/D 转换器具有转换速度快、精度高的特点。

常用的集成逐次比较型 A/D 转换器有 ADC0808/0809 系列(八位)、AD575(十位)、AD574A(12 位)等。

逐次比较型 A/D 转换器和下面将要介绍的双积分型 A/D 转换器都是大量使用的 A/D 转换器，现在介绍 ADI 公司生产的一种逐次比较型集成 A/D 转换器 ADC0809。ADC0809 由八路模拟开关、地址锁存与译码器、比较器、D/A 转换器、寄存器、控制电路和三态输出锁存器等组成。ADC0809 逻辑框图如图 7.16 所示。

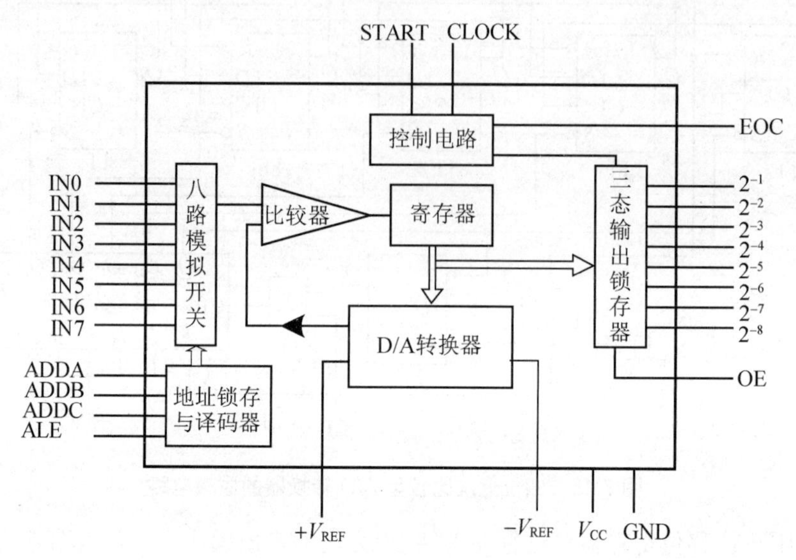


图 7.16　ADC0809 逻辑框图

ADC0809 采用双列直插式封装，共有 28 条引脚，现分四组简述如下。

### 1. 模拟信号输入 IN0～IN7

IN0～IN7 为八路模拟电压输入线，加在模拟开关上，工作时采用时间分割的方式，轮流进行 A/D 转换。

### 2. 地址输入和控制线

地址输入和控制线共四条，其中 ADDA、ADDB 和 ADDC 为地址输入线(Address)，用于选择 IN0～IN7 上哪一路模拟电压送给比较器进行 A/D 转换。ALE 为地址锁存允许输入线，高电平有效。当 ALE 线为高电平时，ADDA、ADDB 和 ADDC 三条地址线上的地址信号得以锁存，经译码器控制八路模拟开关工作。

### 3. 数字量输出及控制线

数字量输出及控制线共 11 条，其中 START 为“启动脉冲”输入线，该线的正脉冲由 CPU 送来，宽度应大于 100ns，上升沿将寄存器清零，下降沿启动 A/D 转换器工作。EOC 为转换结束输出线，该线高电平表示 A/D 转换已结束，数字量已锁入“三态输出锁存器”。$2^{-1}$～$2^{-8}$ 为数字量输出线，$2^{-1}$ 为最高位。OE 为“输出允许”端，高电平时可输出转换后的数字量。

4. 电源线及其他

电源线及其他共五条，其中 CLOCK 为时钟输入线，用于为 ADC0809 提供逐次比较所需的 640kHz 时钟脉冲。$V_{CC}$ 为+5V 电源输入线，GND 为地线。$+V_{REF}$ 和$-V_{REF}$ 为参考电压输入线，用于给 D/A 转换器供给标准电压。$+V_{REF}$ 常和 $V_{CC}$ 相连，$-V_{REF}$ 常接地。

## 7.3.5 双积分型 A/D 转换器

双积分型 A/D 转换器是一种间接 A/D 转换器。它的基本原理是，对输入模拟电压和参考电压分别进行两次积分，将输入电压平均值变换成与之成正比的时间间隔，然后利用时钟脉冲和计数器测出此时间间隔，进而得到相应的数字量输出。由于该转换电路是对输入电压的平均值进行转换，所以它具有很强的抗工频干扰能力，在数字测量中得到广泛应用。

图 7.17 所示为双积分型转换器的原理电路，它由积分器(由集成运放 A 组成)、过零比较器(C)、时钟脉冲控制门(G)和定时器/计数器($FF_0$～$FF_n$)等几部分组成。

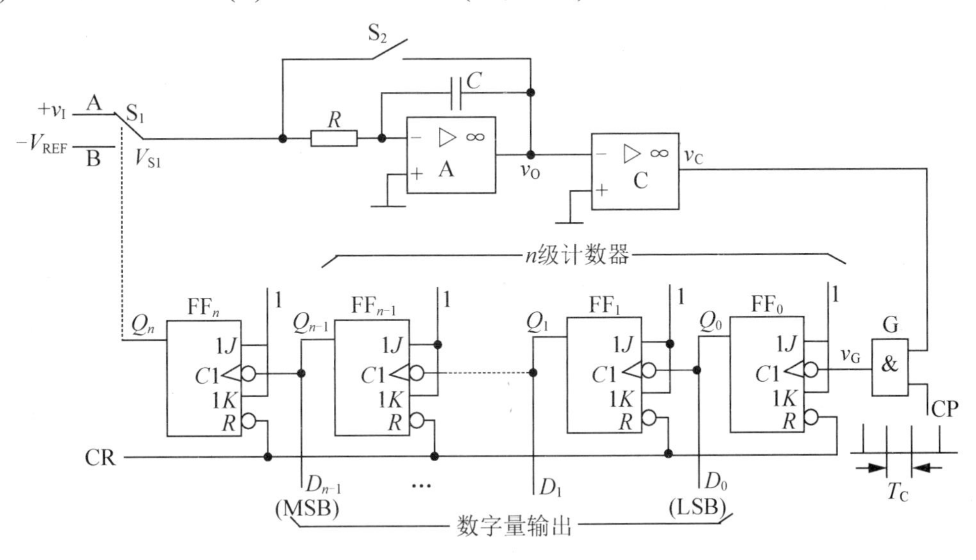


图 7.17 双积分型 A/D 转换器的原理电路

(1) 积分器：积分器是转换器的核心部分，它的输入端所接开关 $S_1$ 由定时信号 $Q_n$ 控制。当 $Q_n$ 为不同电平时，极性相反的输入电压 $v_I$ 和参考电压 $V_{REF}$ 将分别加到积分器的输入端，进行两次方向相反的积分，积分时间常数 $\tau=RC$。

(2) 过零比较器：过零比较器用来确定积分器输出电压 $v_O$ 的过零时刻。当 $v_O \geqslant 0$ 时，比较器输出 $v_C$ 为低电平；当 $v_O<0$ 时，$v_C$ 为高电平。比较器的输出信号接至时钟脉冲控制门(G)作为关门和开门信号。

(3) 计数器和定时器：计数器和定时器由 $n$+1 个接成计数型的触发器 $FF_0$～$FF_n$ 串联组成。触发器 $FF_0$～$FF_{n-1}$ 组成 $n$ 级计数器，对输入时钟脉冲 CP 计数，以便把与输入电压平均值成正比的时间间隔转变成数字信号输出。当计数到 $2^n$ 个时钟脉冲时，$FF_0$～$FF_{n-1}$ 均回到 0 状态，而 $FF_n$ 反转为 1 状态，$Q_n$=1，开关 $S_1$ 从位置 A 转接到位置 B。

(4) 时钟脉冲控制门：时钟脉冲源标准周期 $T_C$ 作为测量时间间隔的标准时间。当 $v_C$=1

时，与门打开，时钟脉冲通过与门加到触发器 $FF_0$ 的输入端。

下面以输入正极性的直流电压 $v_I$ 为例，说明电路将模拟电压转换为数字量的基本原理。电路工作过程分为以下几个阶段进行，各点工作波形如图 7.18 所示。

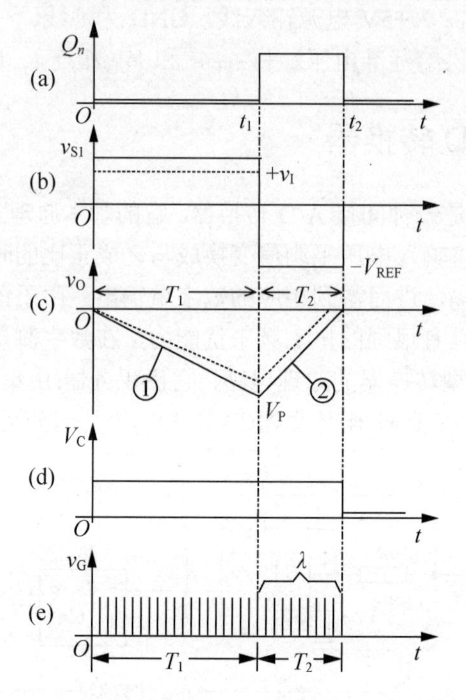


图 7.18　双积分型 A/D 转换器各点工作波形

### 1. 准备阶段

首先控制电路提供 CR 信号使计数器清零，同时使开关 $S_2$ 闭合，待积分电容放电完毕，再使 $S_2$ 断开。

### 2. 第一次积分阶段

在转换过程开始时($t$=0)，开关 $S_1$ 与 A 端接通，正的输入电压 $v_I$ 加到积分器的输入端。积分器从 0V 开始对 $v_I$ 积分，有

$$v_O = -\frac{1}{\tau}\int_0^t v_I \mathrm{d}t \tag{7.11}$$

由于 $v_O$<0V，过零比较器输出端 $v_C$ 为高电平，时钟脉冲控制门 G 被打开。于是，计数器在 CP 作用下从 0 开始计数。经过 $2^n$ 个时钟脉冲后，触发器 $FF_0$～$FF_{n-1}$ 都翻转到 0 态，而 $Q_n$=1，开关 $S_1$ 由 A 端转到 B 端，第一次积分结束。第一次积分时间为

$$t=T_1=2^n T_C \tag{7.12}$$

在第一次积分结束时，积分器的输出电压 $V_P$ 为

$$V_P = -\frac{T_1}{\tau}V_I = -\frac{2^n T_C}{\tau}V_I \tag{7.13}$$

### 3. 第二次积分阶段

当 $t=t_1$ 时，$S_1$ 转接到 B 端，具有与 $v_I$ 相反极性的基准电压$-V_{REF}$加到积分器的输入端；积分器开始向反向进行第二次积分；当 $t=t_2$ 时，积分器输出电压 $v_O$>0V，比较器输出 $v_C=0$，时钟脉冲控制门 G 被关闭，计数停止。在此阶段结束时，$v_O$ 的表达式可写为

$$v_O(t_2)=V_P-\frac{1}{\tau}\int_{t_1}^{t_2}(-V_{REF})\mathrm{d}t=0 \tag{7.14}$$

设 $T_2=t_2-t_1$，于是有

$$\frac{V_{REF}T_2}{\tau}=\frac{2^nT_C}{\tau}V_I \tag{7.15}$$

$$T_2=\frac{2^nT_C}{V_{REF}}V_I \tag{7.16}$$

可见，$T_2$ 与 $V_I$ 成正比，$T_2$ 就是双积分型 A/D 转换过程的中间变量。

设在此期间计数器所累计的时钟脉冲个数为λ，则

$$T_2=\lambda T_C \tag{7.17}$$

$$\lambda=\frac{T_2}{T_C}=\frac{2^n}{V_{REF}}V_I \tag{7.18}$$

式(7.18)表明，在计数器中所计得的数$\lambda(\lambda=Q_{n-1}\cdots Q_1Q_0)$与在取样时间 $T_1$ 内输入电压的平均值 $V_I$ 成正比。只要 $V_I<V_{REF}$，转换器就能将输入电压转换为数字量，并能从计数器读取转换结果。如果取 $V_{REF}=2^nV$，则$\lambda=V_I$，计数器所计的数在数值上就等于被测电压。

由于双积分型 A/D 转换器在 $T_1$ 时间内取样的是输入电压的平均值，因此具有很强的抗工频干扰能力。尤其对周期等于 $T_1$ 或几分之一 $T_1$ 的对称干扰(所谓对称干扰是指整个周期内平均值为零的干扰)，从理论上来说，有无穷大的抑制能力。即使当工频干扰幅度大于被测直流信号，使输入信号正负变化时，仍有良好的抑制能力。在工业系统中经常碰到的是工频(50Hz)或工频的倍频干扰，故通常选定取样时间 $T_1$ 总是等于工频电源周期的倍数，如 20ms 或 40ms 等。另一方面，由于在转换过程中，前后两次积分所采用的是同一积分器，因此，在两次积分期间(一般在几十至数百毫秒之间)，$R$、$C$ 和脉冲源等元器件参数的变化对转换精度的影响均可以忽略。

最后必须指出，在第二次积分阶段结束后，控制电路又使开关 $S_2$ 闭合，电容 $C$ 放电，积分器回零。电路再次进入准备阶段，等待下一次转换开始。

集成双积分型 A/D 转换器的品种有很多，大致分成二进制输出和 BCD 输出两大类，图 7.19 所示为 BCD 码双积分型 A/D 转换器的框图，它是一种$3\frac{1}{2}$位 BCD 码 A/D 转换器。这一芯片输出数码的最高位(千位)仅为 0 或 1，其余 3 位均由 0～9 组成，故称为$3\frac{1}{2}$位。它显示的数值范围为 0000～1999。同类产品有 ICL7107、ICL7109、5G14433 等。双积分型 A/D 转换器一般外接配套的 LED 显示器件或 LCD 显示器件，可以将模拟电压 $v_I$ 用数字量直接显示出来。

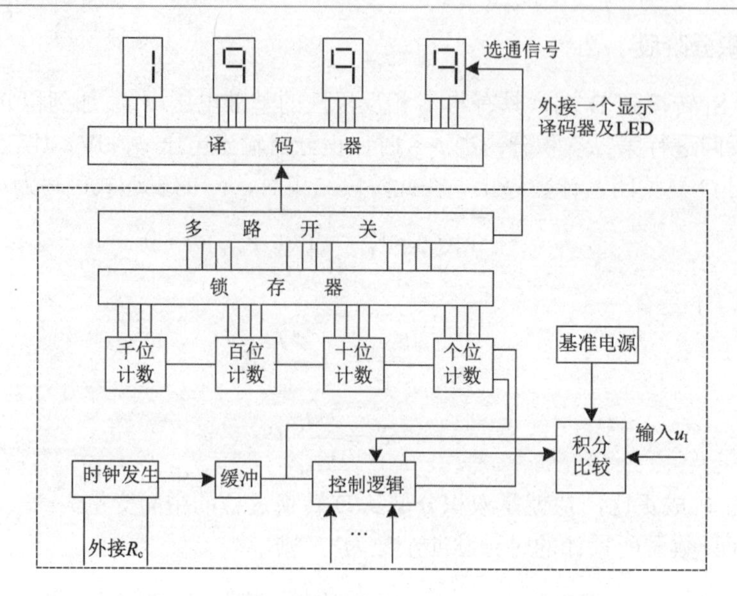


图 7.19 BCD 码双积分型 A/D 转换器的框图

为了减少输出线，译码显示部分采用动态扫描的方式，按着时间顺序依次驱动显示器件，利用位选通信号及人眼的视觉暂留效应，就可将模拟量对应的数字量显示出来。

这种双积分型 A/D 转换器的优点是利用较少的元器件就可以实现较高的精度$\left(\text{如}3\frac{1}{2}\text{位折合11位二进制}\right)$；一般输入都是直流或缓变化的直流量，抗干扰性能很强。它广泛用于各种数字测量仪表、工业控制柜面板表，汽车仪表等方面。

## 7.3.6 A/D 转换器的主要技术指标

### 1. 转换精度

单片集成 A/D 转换器的转换精度是用分辨率和转换误差来描述的。

1) 分辨率

分辨率说明 A/D 转换器对输入信号的分辨能力。A/D 转换器的分辨率以输出二进制(或十进制)数的位数表示。从理论上讲，$n$ 位输出的 A/D 转换器能区分 $2^n$ 个不同等级的输入模拟电压，能区分输入电压的最小值为满量程输入的 $1/2^n$。在最大输入电压一定时，输出位数越多，量化单位越小，分辨率越高。例如，A/D 转换器输出为八位二进制数，输入信号最大值为 5V，那么这个转换器应能区分输入信号的最小电压为 19.53mV。

2) 转换误差

转换误差表示 A/D 转换器实际输出的数字量和理论上的输出数字量之间的差别，常用最低有效位的倍数表示。例如，给出相对误差≤±LSB/2，这就表明实际输出的数字量和理论上应得到的输出数字量之间的误差小于最低位的半个字。

### 2. 转换时间

转换时间指 A/D 转换器从转换控制信号到来开始，到输出端得到稳定的数字信号所经过的时间。

不同类型的 A/D 转换器的转换速度相差甚远。其中并行比较型 A/D 转换器的转换速度最高，八位二进制输出的单片集成 A/D 转换器的转换时间可达 50ns 以内；逐次比较型 A/D 转换器次之，它们的转换时间多数在 10～50μs 之间，也有达几百纳秒的；间接 A/D 转换器的速度最慢，如双积分型 A/D 转换器的转换时间大都在几十毫秒至几百毫秒之间。在实际应用中，应从系统数据总的位数、精度要求、输入模拟信号的范围及输入信号极性等方面综合考虑 A/D 转换器的选用。

**【例 7.1】** 某信号采集系统要求用一片 A/D 转换集成芯片在 1s(秒)内对 16 个热电偶的输出电压分时进行 A/D 转换。已知热电偶输出电压范围为 0～0.025V(对应于 0～450℃温度范围)，需要分辨的温度为 0.1℃，试问应选择多少位的 A/D 转换器，其转换时间为多少？

**解：** 对于 0～450℃温度范围，信号电压范围为 0～0.025V，分辨的温度为 0.1℃，这相当于 $\frac{0.1}{450}=\frac{1}{4500}$ 的分辨率。12 位 A/D 转换器的分辨率为 $\frac{1}{2^{12}}=\frac{1}{4096}$，所以必须选用 13 位的 A/D 转换器。

系统的取样速率为每秒 16 次，取样时间为 62.5ms。对于这样慢的取样，任何一个 A/D 转换器都可以达到。可选用带有取样-保持(S/H)的逐次比较型 A/D 转换器或不带 S/H 的双积分型 A/D 转换器均可。

## 本章小结

(1) A/D 转换器和 D/A 转换器是现代数字系统的重要部件，应用日益广泛。

(2) 倒 T 型电阻网络 D/A 转换器具有如下特点：电阻网络阻值仅有两种，即 $R$ 和 $2R$；各 $2R$ 支路电流 $I_i$ 与相应的 $D_i$ 数码状态无关，是一定值；由于支路电流流向运放反相端时不存在传输时间，因而具有较高的转换速度。

(3) 在权电流型 D/A 转换器中，恒流源电路和高速模拟开关的运用使其具有精度高、转换快的优点，双极型单片集成 D/A 转换器多采用此种类型的电路。

(4) 不同的 A/D 转换方式具有各自的特点，在要求转换速度高的场合，选用并行比较型 A/D 转换器；在要求精度高的情况下，可采用双积分型 A/D 转换器，当然也可选择高分辨率的其他形式的 A/D 转换器，但会增加成本。由于逐次比较型 A/D 转换器在一定程度上兼有以上两种转换器的优点，因此得到普遍应用。

(5) A/D 转换器和 D/A 转换器的主要技术参数是转换精度和转换速度，在与系统连接后，转换器的这两项指标决定了系统的精度与速度。目前，A/D 转换器与 D/A 转换器的发展趋势是高速度、高分辨率及易于与微型计算机接口，以满足各个应用领域对信号处理的要求。

## 习　题

1. 常见的 D/A 转换器有哪几种？其各自的特点是什么？

2. 已知 D/A 转换器的最小分辨电压 $V_{LSB}$=4mV，最大满刻度输出电压 $V_{Om}$=10V，求该转换器输入二进制数字量的位数。

3. 在十位二进制数 D/A 转换器中，已知其最大满刻度输出模拟电压 $V_{Om}$=5V，求最小分辨电压 $V_{LSB}$ 和分辨率。

4. 已知一个八位的倒 T 型电阻网络 D/A 转换器，设 $U_R = +5V$，$R_f = 3R$，试求 $d_7$～$d_0$ 分别为 11111111、11000000、00000001 时的输出电压 $u_O$。

5. $n$ 位权电阻型 D/A 转换器如图 7.20 所示。

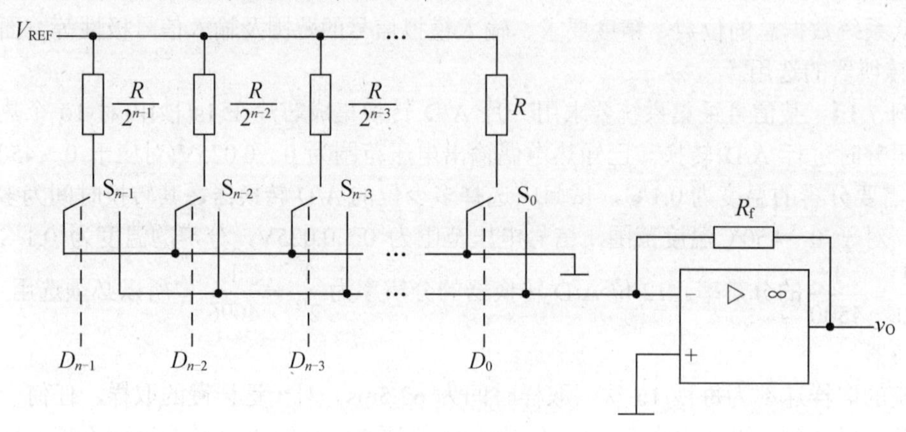


图 7.20　习题 5 图

(1) 试推导输出电压 $v_O$ 与输入数字量之间的关系式。

(2) 如 $n$=8，$V_{REF}$=−10V，当 $R_f$=1/8$R$ 时，如输入数码为 20H，试求输出电压值。

6. 在 A/D 转换过程中，取样–保持电路的作用是什么？量化有哪两种方法？它们各自产生的量化误差是多少？应该怎样理解编码的含义，试举例说明。

7. 在四位逐次比较型 A/D 转换器中，D/A 转换器的基准电压 $U_R = 10V$，输入的模拟电压 $v_I = 6.92V$，试说明逐次比较的过程，并求出最后的转换结果。

8. 在双积分型 A/D 转换器中，输入电压 $v_I$ 和参考电压 $V_{REF}$ 在极性和数值上应满足什么关系？如果 $|v_I|>|V_{REF}|$，电路能完成模数转换吗？为什么？

9. 在应用 A/D 转换器进行模数转换的过程中应注意哪些主要问题？如某人用满度为 10V 的八位 A/D 转换器对输入信号为 0.5V 的电压进行模数转换，你认为这样使用正确吗？为什么？

# 第 8 章

# 半导体存储器与可编程逻辑器件

【教学目标】

本章系统地介绍各种半导体存储器的工作原理和使用方法以及 PROM、PLA、PAL、GAL、FPGA 和 CPLD 等各种类型可编程逻辑器件的结构和应用。要求了解半导体存储器的功能及分类，了解它们在数字系统中的作用；了解只读存储器(ROM)、随机存储器(RAM)的组成及工作原理，了解可编程器件的内部结构和工作原理；掌握存储容量的扩展方法及用存储器实现组合逻辑功能的方法，掌握低密度可编程逻辑器件的简单应用。

# 8.1 半导体存储器

半导体存储器(Semiconductor Memory)是一种能大量储存二进制信息的半导体器件。

根据信息存取方式的不同，半导体存储器可以分为随机存取存储器(Random Access Memory，RAM)、顺序存取存储器(Sequential Access Memory，SAM)和只读存储器(Read-Only Memory，ROM)三大类。RAM 能够随机读写，可以随时读出任何一个 RAM 单元存储的信息或向任何一个 RAM 单元写入(存储)新的信息。SAM 只能够按照顺序写入或读出信息。RAM 和 SAM 统称为读写存储器，其基本特点是能读能写，但断电后会丢失信息。ROM 在正常工作时，只能读出信息而不能写入信息，且断电后信息不会丢失。RAM、SAM 和 ROM 的不同特点，使得它们有了不同的应用领域。RAM 常用于需要经常随机修改存储单元内容的场合，如在计算机中用作数据存储器；SAM 常用于需要顺序读写存储内容的场合，如在 CPU 中用作堆栈(Stack)，以保存程序断点和寄存器内容；ROM 则用于工作时不需要修改存储内容、断电后不能丢失信息的场合，如在计算机中用作程序存储器和常数表存储器。

半导体存储器的详细分类如图 8.1 所示。其中，固定 ROM 的内容完全由生产厂家决定，用户无法通过编程更改其内容；PROM 为用户可一次性编程的可编程只读存储器(Programmable ROM)；EPROM 为用户可多次编程的可(紫外线)擦除可编程只读存储器(Erasable PROM)，也经常缩写为 UVPROM(Ultraviolet Erasable PROM)；$E^2$PROM 为用户可多次编程的可电擦除的可编程只读存储器(Electrically Erasable PROM)；Flash Memory 为兼有 EPROM 和 $E^2$PROM 优点的快闪存储器(简称闪存)，电擦除，可编程，速度快，编程速度比 EPROM 快 1 个数量级，比 $E^2$PROM 快 3 个数量级，是近 20 年来 ROM 家族中的新品；FIFO 为先入先出存储器(First-In First-Out Memory)，它按照写入的顺序读出信息；FILO 为先入后出存储器(First-In Last-Out Memory)，它按照写入的逆序读出信息；SRAM 为静态随机存取存储器(Static RAM)，以双稳态触发器存储信息；DRAM 为动态随机存取存储器(Dynamic RAM)，以 MOS 管栅、源极间寄生电容存储信息，因电容器存在放电现象，DRAM 必须每隔一定时间(1～2ms)重新写入存储的信息，这个过程称为刷新(Refresh)。双极型电路无 DRAM。

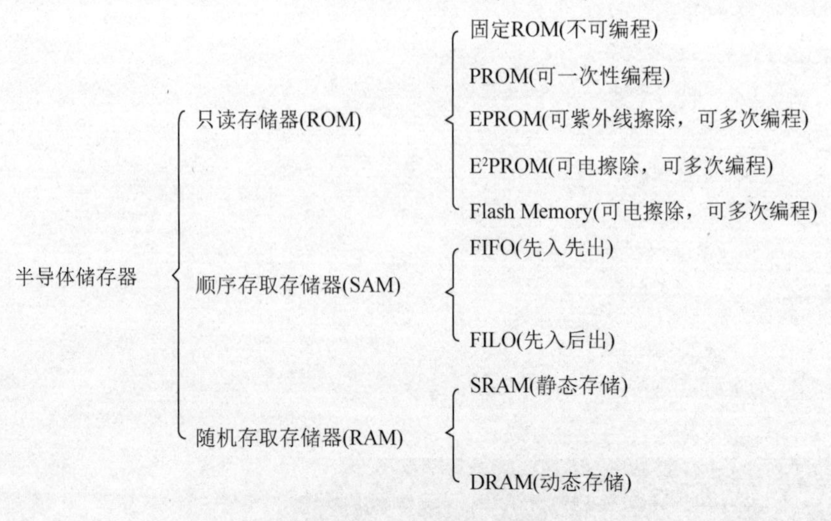


图 8.1 半导体存储器的详细分类

### 8.1.1　只读存储器

只读存储器(ROM)所存数据一般是装入整机前事先写好的，整机工作过程中只能读出，而不像随机存取存储器那样能快速地、方便地加以改写。ROM 所存数据稳定，断电后所存数据也不会改变；其结构较简单，读出较方便，因而常用于存储各种固定程序和数据。除少数品种的只读存储器(如字符发生器)可以通用之外，不同用户所需只读存储器的内容不同。为便于使用和大批量生产，进一步发展了可编程只读存储器(PROM)、可擦除可编程只读存储器(EPROM)、可电擦除可编程只读存储器(EEPROM)和快闪存储器(Flash Memory)。

#### 1. ROM 的结构示意图

1)　基本结构示意图

图 8.2 所示为 ROM 的基本结构示意图。图中，$A_0, A_1, \cdots, A_{n-1}$ 是输入的 $n$ 位地址，$A_{n-1}$ 是最高位，$A_0$ 是最低位；$D_0, D_1, \cdots, D_{b-1}$ 是输入的 $b$ 位数据，$D_{b-1}$ 是最高位，$D_0$ 是最低位。

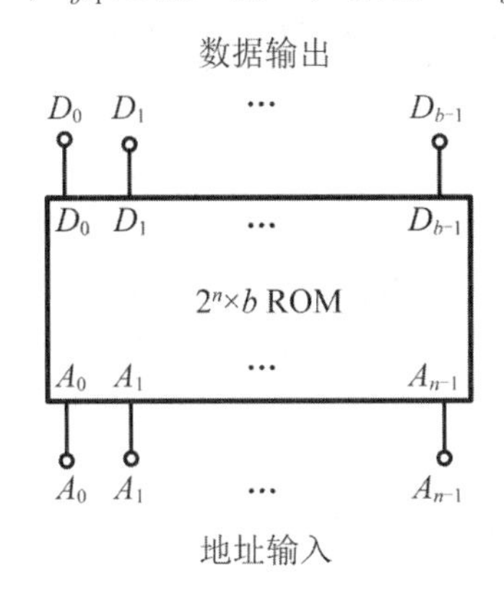


图 8.2　ROM 的基本结构示意图

2)　内部结构示意图

图 8.3 所示为 ROM 的内部结构示意图。存储矩阵是存放信息的主体，它由 $2^n$ 个存储单元排列组成。每个存储单元存放一位二值代码(0 或 1)，若干个存储单元组成一个“字”(也称一个信息单元)。地址译码器有 $n$ 条地址输入线 $A_0$～$A_{n-1}$、$2^n$ 条译码输出线 $W_0$～$W_{2^n-1}$，每一条译码输出线 $W_i$ 称为“字线”，它与存储矩阵中的一个“字”相对应。因此，每当给定一组输入地址时，译码器只有一条输出字线 $W_i$ 被选中，该字线可以在存储矩阵中找到一个相应的“字”，并将字中的 $b$ 位信息 $D_{b-1}$～$D_0$ 送至输出缓冲器。读出 $D_{b-1}$～$D_0$ 的每条数据输出线 $D_i$ 也称为“位线”，每个字中信息的位数称为“字长”。ROM 存储量=字线数×位线数=$2^n \times b$ (位)。输出缓冲器是 ROM 的数据读出电路，通常用三态门构成，它不仅可以实现对输出数据的三态控制，以便与系统总线连接，还可以提高存储器的带负载能力。

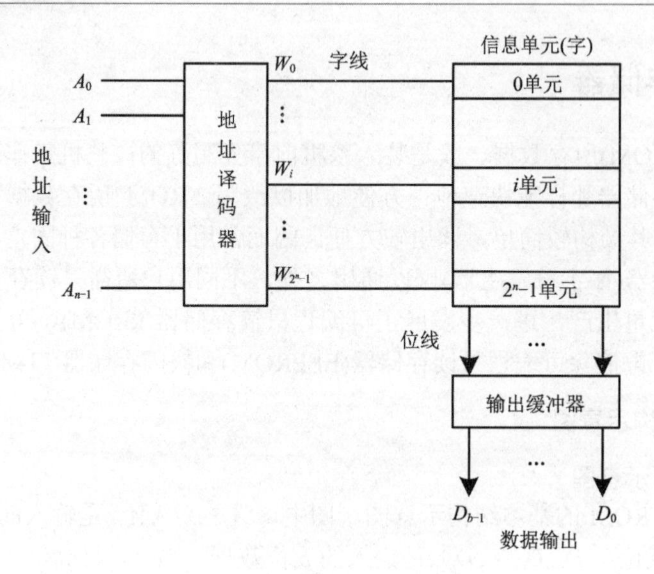


图 8.3　ROM 的内部结构示意图

3)　逻辑结构示意图

(1)　中、大规模集成电路中逻辑图简化画法的约定。在绘制中、大规模集成电路的逻辑图时，为方便起见常采用图 8.4 所示的简化画法。图 8.4(a)所示为一个多输入端与门，竖线为一组输入信号，用与横线相交叉的点的状态表示相应输入信号是否接到了该门的输入端上。交叉点上画小圆点者表示连上了且为硬连接，不能通过编程改变；交叉点上画“×”表示编程连接，可以通过编程将其断开；交叉点上既无小圆点也无“×”表示断开。图 8.4(b)所示为多输入端或门，交叉点状态的约定和多输入端与门相同。图 8.4(c)所示为同相输出、反相输出和具有互补输出的各种缓冲器的画法。

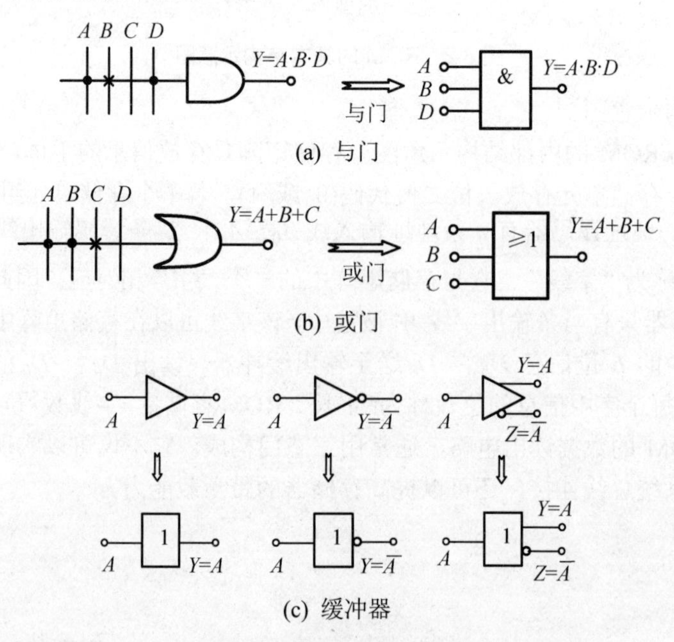


图 8.4　门电路的简化画法

(2) ROM 的逻辑结构示意图。如果把 $A_0, A_1, \cdots, A_{n-1}$ 看成是 $n$ 个输入变量，把 $D_0, D_1, \cdots, D_{b-1}$ 看成是 $b$ 个输出信号(函数)，那么可以画出图 8.5 所示的 ROM 的逻辑结构示意图。

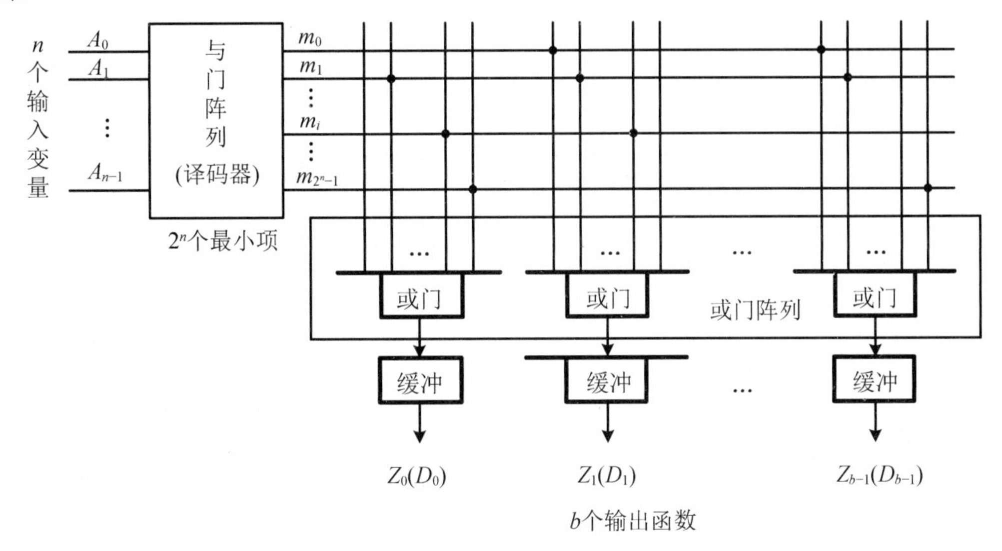


图 8.5　ROM 的逻辑结构示意图

图 8.5 所示结构图中，与门阵列里有 $2^n$ 个与门，它们组成了一个 $n$ 位二进制译码器，其输出是 $n$ 个输入变量 $A_0$～$A_n$ 的 $n$ 个最小项。或门阵列中有 $b$ 个或门，每一个或门的输出就是由输入变量的若干个最小项构成的一个逻辑函数。由 ROM 的逻辑结构示意图可知，它实现的都是输出函数的标准与或表达式。根据图 8.5 所示电路中标有连接点的情况，可写出：

$$Z_0 = m_1 + m_i + m_{2^n-1}$$

$$Z_1 = m_0 + m_1 + m_i$$

$$Z_{b-1} = m_0 + m_1 + m_{2^n-1}$$

因此，ROM 虽然有只读存储器之名，但实际上它是一种大规模集成的组合逻辑电路。

### 2. ROM 的基本工作原理

1)　电路组成

图 8.6 所示为用二极管与门和或门构成的最简单的只读存储器，输入地址码是 $A_1A_0$，输出数据是 $D_3D_2D_1D_0$。输出缓冲器用的是三态门，它有两个作用，一是提高只读存储器的带负载能力；二是可以实现对输出端状态的控制，以便于和系统总线连接。

在图 8.6(a)中，二极管门电路都排成矩阵形式，与门阵列中的四个与门的结构与图 8.6(b)所示的二极管与门习惯画法给出的形式没有区别；或门阵列中的四个或门的结构与图 8.6(c)所示电路是相同的。二极管或门阵列，又称为存储矩阵；二极管与门阵列，又称为地址译码器。根据 ROM 存储容量为字线数乘位线数的定义可知，图 8.6(a)所示的二极管 ROM 的存储容量为 4×4=16 位。

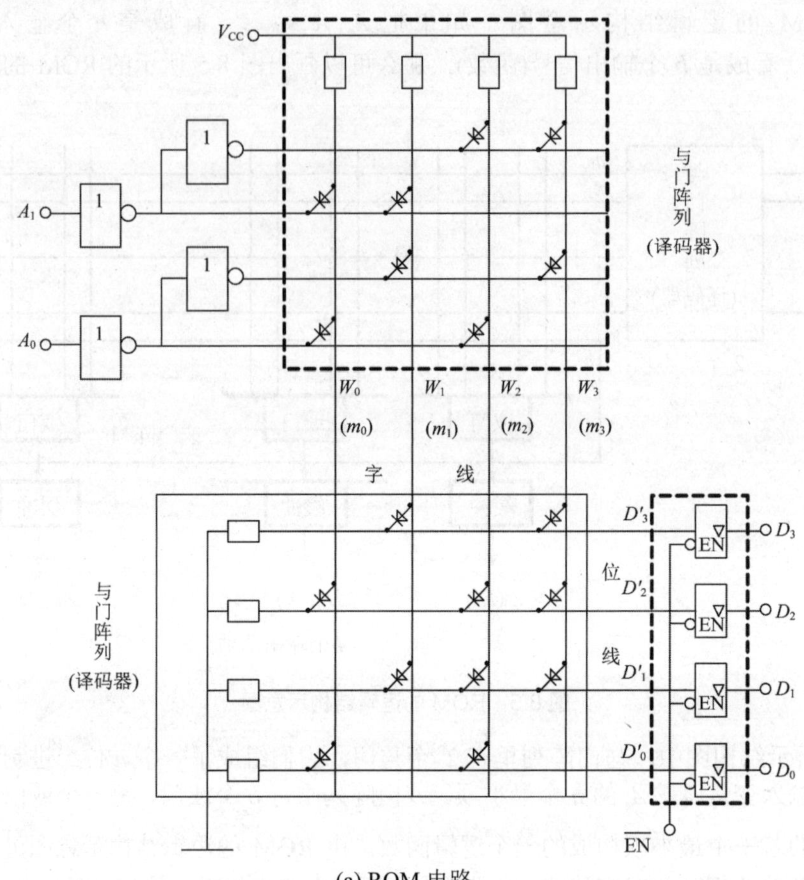

(a) ROM 电路

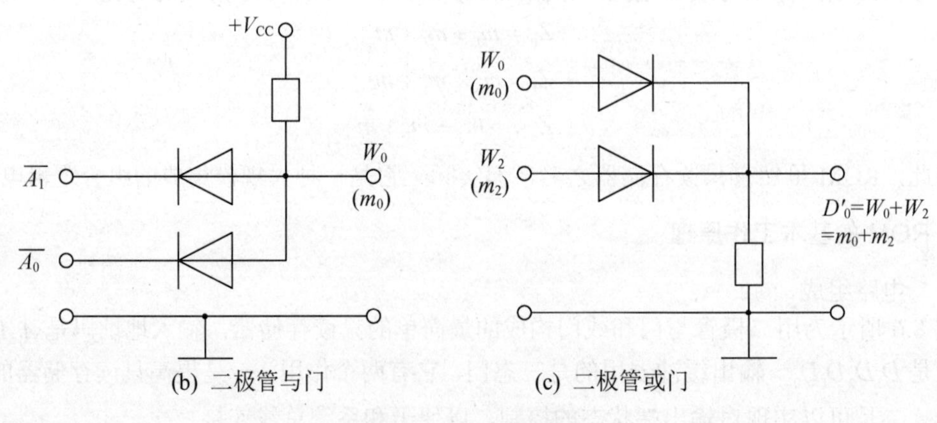


(b) 二极管与门　　　(c) 二极管或门

图 8.6　二极管 ROM

2)　工作原理

(1)　输出信号的逻辑表达式。由图 8.6(a)所示电路可得

$$W_0 = m_0 = \overline{A_1}\,\overline{A_0} \qquad W_1 = m_1 = \overline{A_1}A_0$$

$$W_2 = m_2 = A_1\overline{A_0} \qquad W_3 = m_3 = A_1A_0$$

$$D_0 = W_0 + W_2 = m_0 + m_2 = \overline{A_1}\,\overline{A_0} + A_1\overline{A_0} = \overline{A_0}$$

$$D_1 = W_1 + W_2 + W_3 = m_1 + m_2 + m_3 = \overline{A_1}A_0 + A_1\overline{A_0} + A_1A_0 = A_0 + A_1$$

$$D_2 = W_0 + W_2 + W_3 = m_0 + m_2 + m_3 = \overline{A_1}\ \overline{A_0} + A_1\overline{A_0} + A_1A_0 = \overline{A_0} + A_1$$

$$D_3 = W_1 + W_3 = m_1 + m_3 = \overline{A_1}A_0 + A_1A_0 = A_0$$

(2) 输出信号的真值表。根据上述表达式，可列出如表 8.1 所示的真值表。

表 8.1　ROM 输出信号的真值表

| $A_1$ | $A_0$ | $D_3$ | $D_2$ | $D_1$ | $D_0$ |
|---|---|---|---|---|---|
| 0 | 0 | 0 | 1 | 0 | 1 |
| 0 | 1 | 1 | 0 | 1 | 0 |
| 1 | 0 | 0 | 1 | 1 | 1 |
| 1 | 1 | 1 | 1 | 1 | 0 |

(3) 功能说明。真值表 8.1 的物理意义既可以从存储器和函数发生器的角度去理解说明，也可以从译码、编码的角度去认识。

① 从存储器的角度理解：$A_1A_0$ 是地址码，$D_3D_2D_1D_0$ 是数据。表 8.1 说明：00 地址中存放的数据是 0101；01 地址中存放的数据是 1010；10 地址中存放的数据是 0111；11 地址中存放的数据是 1110。

② 从函数发生器的角度理解：$A_1$、$A_0$ 是两个输入变量，$D_3$、$D_2$、$D_1$、$D_0$ 是四个输出函数。表 8.1 说明：当变量 $A_1A_0$ 取值为 00 时，函数 $D_3 = 0$、$D_2 = 1$、$D_1 = 0$、$D_0 = 1$。

③ 从译码、编码的角度理解：由与门阵列先对输入的二进制代码 $A_1A_0$ 进行译码，得到四个输出信号 $W_0$、$W_1$、$W_2$、$W_3$，再由或门对 $W_0$～$W_3$ 四个信号进行编码。从表 8.1 得知，$W_0$ 的编码是 0101，$W_1$ 的编码是 1010，$W_2$ 的编码是 0111，$W_3$ 的编码是 1110。

其实电路并没有变，都是图 8.6(a)给出的 ROM 电路，但是从不同角度去理解认识，物理意义差别很大，它涉及许多基本概念。

图 8.6(a)所示的 ROM 电路虽然十分简单，但通过对它的仔细分析，却生动具体地说明了只读存储器的基本工作原理。需要说明，实际使用的大多是 MOS 管 ROM，即用 MOS 管构成的 ROM，当然也可以用双极型三极管构成 ROM，它们的工作原理与二极管 ROM 是相似的。

### 3. ROM 容量扩展

1) 常用的集成 ROM

(1) 常用集成 ROM 的型号。常用 EPROM 的型号有 2764、27128、27256 和 27512 等，图 8.7 所示为 27128 和 27256 的引脚图。

(2) 输出使能端 $\overline{\mathrm{OE}}$ 和片选端 $\overline{\mathrm{CS}}$ 的作用。

① $\overline{\mathrm{OE}}$：输出使能端，用来决定是否将 ROM 的输出送到总线上去，当 $\overline{\mathrm{OE}} = 0$ 时输出被使能；$\overline{\mathrm{OE}} = 1$ 时输出被禁止，ROM 输出端为高阻态。

② $\overline{\mathrm{CS}}$：片选端，用来决定 ROM 输出能否工作，当 $\overline{\mathrm{CS}} = 0$ 时 ROM 输出使能，否则将被禁止；当 $\overline{\mathrm{CS}} = 1$ 时，ROM 停止工作，输出为高组态(无论 $\overline{\mathrm{OE}}$ 为何值)。

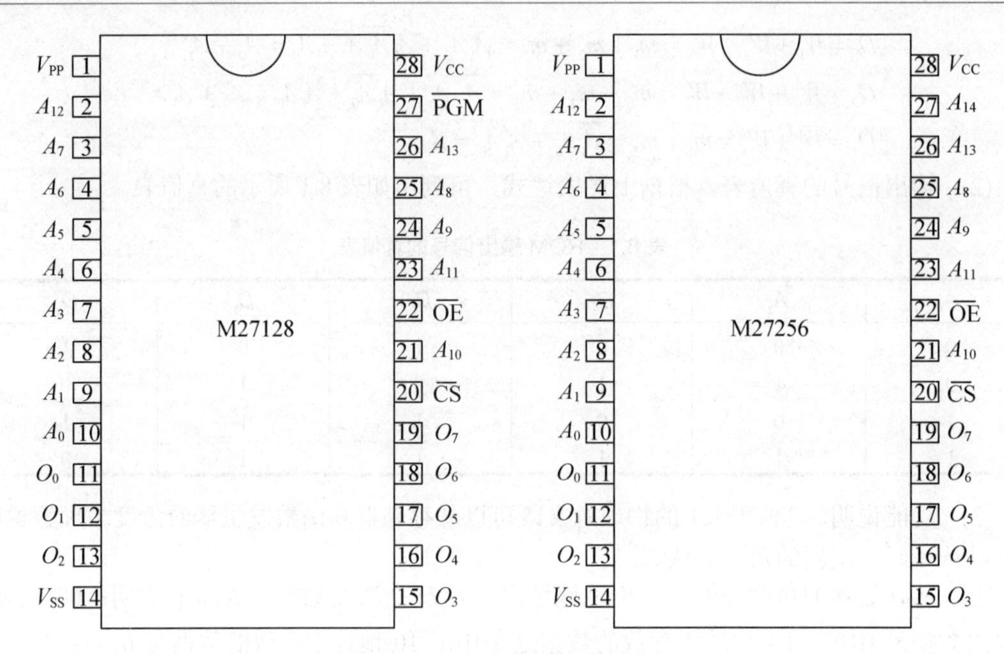


图 8.7 直插式 EPROM 的引脚图

ROM 输出能否被使能取决于 $\overline{P}=\overline{\mathrm{CS}}+\overline{\mathrm{OE}}$，当 $\overline{P}=0$，即 $\overline{\mathrm{CS}}+\overline{\mathrm{OE}}=0$ 时，ROM 输出被使能；否则被禁止，ROM 输出为高阻态。另外，当 $\overline{\mathrm{CS}}=1$ 时，还会停止对 ROM 内部的译码器等电路供电，使其功耗降低到 ROM 工作时的 10%以下。由于在大部分有多个 ROM 芯片的系统中，同一时刻只会选中一个芯片，因此会使系统中的 ROM 芯片的总功耗大大减小。另外，片选信号 $\overline{\mathrm{CS}}$ 也为 ROM 容量的扩展带来了方便。

2) ROM 容量的扩展

在实际工作中，常常需要应用大容量的 ROM(EPROM)，当已有芯片的容量不够时，可以用扩展容量的方法解决。

(1) 字长的扩展(位扩展)。假设现有型号的 EPROM 输出为 8 位，若要扩展成 16 位，则只需将两个 8 位输出芯片的地址线和控制线都分别并联起来，而输出一个作为高 8 位，另一个作为低 8 位即可。图 8.8 所示为将两片 27256 扩展成 32k×16 位 EPROM 的连线图。

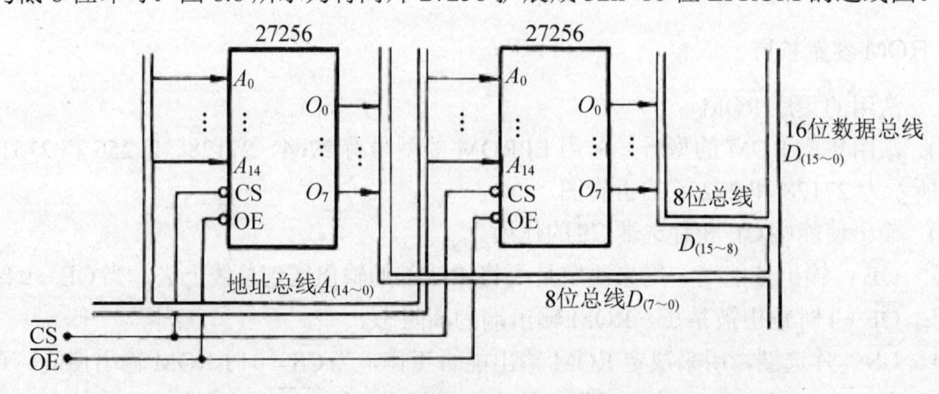


图 8.8 将两片 27256 扩展成 32k×16 位 EPROM 的连线图

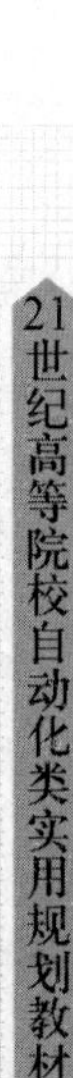

(2) 字数扩展(地址码扩展，即字扩展)。把各个芯片的输出数据线和输入地址线都对应地并联起来，而用高位地址的译码输出作为各芯片的片选信号 $\overline{CS}$，即可组成总容量等于各芯片容量之和的存储体。图 8.9 所示为将四片 27256 扩展成 4×32k×8 位存储体的简化电路连线图。

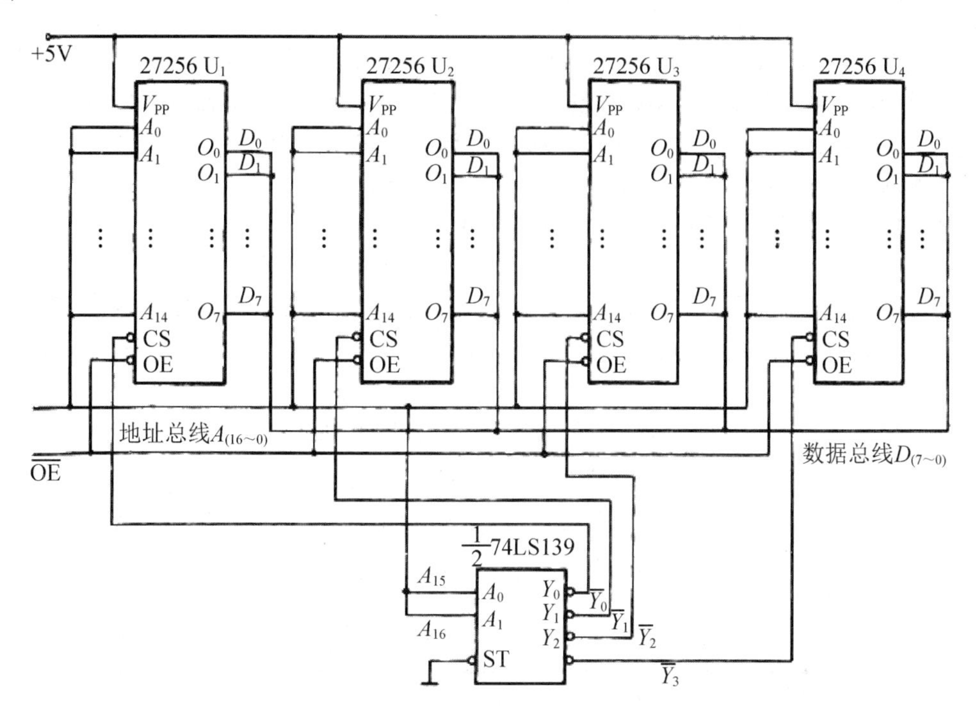


图 8.9　4×32k×8 位存储体的简化电路连线图

在图 8.9 所示电路中，地址码 $A_0 \sim A_{14}$ 接到各个芯片的地址输入端，高位地址 $A_{15}$、$A_{16}$ 作为 2 线—4 线译码器 $\frac{1}{2}$ 74LS139 的输入信号，经译码后产生的四个输出信号 $\overline{Y_0} \sim \overline{Y_3}$ 分别接到四个芯片的 $\overline{CS}$ 端，对它们进行片选，片选情况及相应芯片的地址区间如表 8.2 所示。

表 8.2　片选情况及相应芯片的地址区间

| 输　入 | | 输　出 | | | | 选中芯片 | 芯片地址区间 |
|---|---|---|---|---|---|---|---|
| $A_{16}$ | $A_{15}$ | $\overline{Y_0}$ | $\overline{Y_1}$ | $\overline{Y_2}$ | $\overline{Y_3}$ | | |
| 0 | 0 | 0 | 1 | 1 | 1 | $U_1$ | $00A_{14}A_{13}\cdots A_0$ |
| 0 | 1 | 1 | 0 | 1 | 1 | $U_2$ | $01A_{14}A_{13}\cdots A_0$ |
| 1 | 0 | 1 | 1 | 0 | 1 | $U_3$ | $10A_{14}A_{13}\cdots A_0$ |
| 1 | 1 | 1 | 1 | 1 | 0 | $U_4$ | $11A_{14}A_{13}\cdots A_0$ |

## 8.1.2 ROM 在组合逻辑设计中的应用

从 ROM 的逻辑结构示意图知道，只读存储器的基本部分是与门阵列和或门阵列，与门阵列实现对输入变量的译码，产生变量的全部最小项；或门阵列完成有关最小项的或运算，因此从原则上讲，利用 ROM 可实现逻辑函数。用 ROM 实现逻辑函数一般按以下步骤进行。

(1) 根据逻辑函数的输入、输出变量数，确定 ROM 容量，选择合适的 ROM。

(2) 写出逻辑函数的最小项表达式，画出 ROM 阵列图。

(3) 根据阵列图对 ROM 进行编程。

**【例 8.1】** 用 ROM 实现四位二进制码到格雷码的转换。

**解：**

(1) 输入是四位二进制码 $B_3 \sim B_0$，输出是四位格雷码，故选用容量为 24×4 位的 ROM。

(2) 列出四位二进制码转换为格雷码的真值表，如表 8.3 所示。由表可写出下列最小项表达式：

$$G_3 = \sum m(8,9,10,11,12,13,14,15)$$
$$G_2 = \sum m(4,5,6,7,8,9,10,11)$$
$$G_1 = \sum m(2,3,4,5,10,11,12,13)$$
$$G_0 = \sum m(1,2,5,6,9,10,13,14)$$

表 8.3 四位二进制码转换为格雷码的真值表

| 二进制数(存储地址) | | | | 格雷码(存放数据) | | | |
|---|---|---|---|---|---|---|---|
| $B_3$ | $B_2$ | $B_1$ | $B_0$ | $G_3$ | $G_2$ | $G_1$ | $G_0$ |
| 0 | 0 | 0 | 0 | 0 | 0 | 0 | 0 |
| 0 | 0 | 0 | 1 | 0 | 0 | 0 | 1 |
| 0 | 0 | 1 | 0 | 0 | 0 | 1 | 1 |
| 0 | 0 | 1 | 1 | 0 | 0 | 1 | 0 |
| 0 | 1 | 0 | 0 | 0 | 1 | 1 | 0 |
| 0 | 1 | 0 | 1 | 0 | 1 | 1 | 1 |
| 0 | 1 | 1 | 0 | 0 | 1 | 0 | 1 |
| 0 | 1 | 1 | 1 | 0 | 1 | 0 | 0 |
| 1 | 0 | 0 | 0 | 1 | 1 | 0 | 0 |
| 1 | 0 | 0 | 1 | 1 | 1 | 0 | 1 |
| 1 | 0 | 1 | 0 | 1 | 1 | 1 | 1 |
| 1 | 0 | 1 | 1 | 1 | 1 | 1 | 0 |
| 1 | 1 | 0 | 0 | 1 | 0 | 1 | 0 |
| 1 | 1 | 0 | 1 | 1 | 0 | 1 | 1 |
| 1 | 1 | 1 | 0 | 1 | 0 | 0 | 1 |
| 1 | 1 | 1 | 1 | 1 | 0 | 0 | 0 |

(3) 画 ROM 存储矩阵节点连接图，如图 8.10 所示。

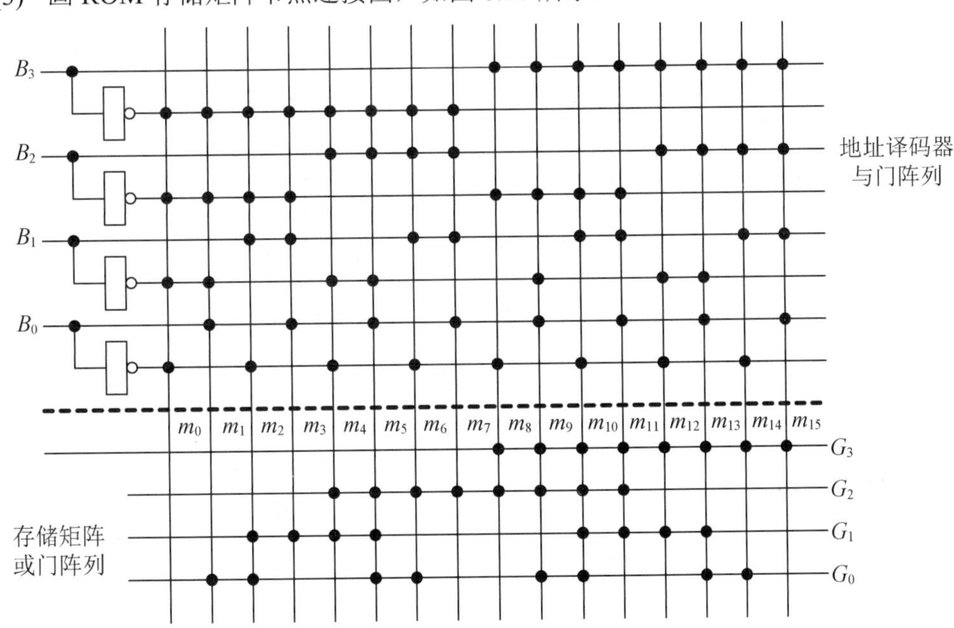


图 8.10　ROM 存储矩阵节点连接图

### 8.1.3　ROM 的编程及分类

ROM 的编程是指将信息存入 ROM 的过程。根据编程和擦除的方法不同，ROM 可分为掩模 ROM、可编程 ROM(PROM)和可擦除可编程 ROM(EPROM)三种类型。

#### 1. 掩膜 ROM

掩模 ROM 中存放的信息是由生产厂家采用掩模工艺专门为用户制作的，这种 ROM 出厂时其内部存储的信息就已经“固化”在里边了，所以也称固定 ROM。它在使用时只能读出，不能写入，因此通常只用来存放固定数据、固定程序和函数表等。

#### 2. 可编程 ROM

可编程 ROM(PROM)在出厂时，存储的内容为全“0”(或全“1”)，用户根据需要，可将某些单元改写为“1”(或“0”)。这种 ROM 采用烧断熔丝或击穿 PN 结的方法编程，由于熔丝烧断或 PN 结击穿后不能再恢复，因此 PROM 只能改写一次。

熔丝型 PROM 的存储矩阵中，每个存储单元都接有一个存储管，但每个存储管的一个电极都通过一根易熔的金属丝接到相应的位线上，如图 8.11 所示。用户对 PROM 的编程是逐字逐位进行的。首先通过字线和位线选择需要编程的存储单元，然后通过规定宽度和幅度的脉冲电流，将该存储管的熔丝熔断，这样就将该单元的内容改写了。

采用 PN 结击穿法的 PROM 的存储单元如图 8.12(a)所示，字线与位线相交处由两个肖特基二极管反向串联而成。正常工作时二极管不导通，字线和位线断开，相当于存储了“0”。若想将该单元改写为“1”，可使用恒流源产生约 100～150mA 的电流使 $VD_2$ 击穿短路，存储单元只剩下一个正向连接的二极管 $VD_1$，如图 8.12(b)所示，相当于该单元存储了“1”。

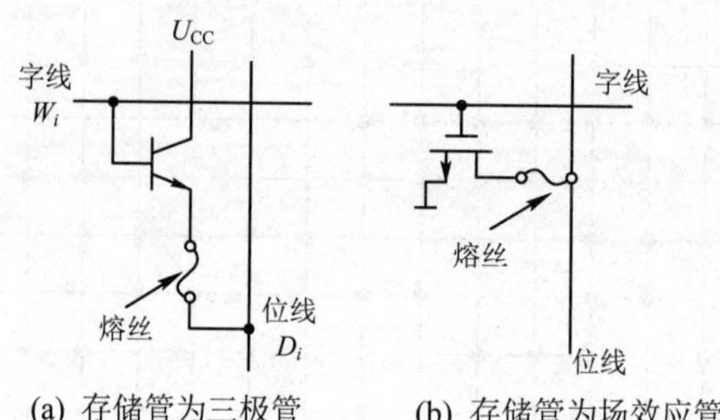


(a) 存储管为三极管　　(b) 存储管为场效应管

图 8.11　熔丝型 PROM 的存储单元

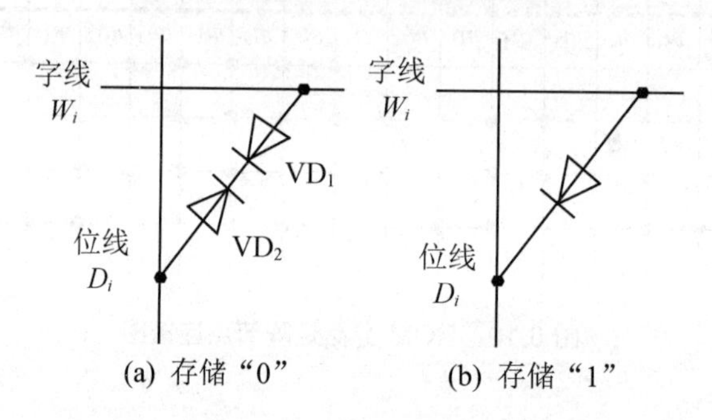


(a) 存储“0”　　(b) 存储“1”

图 8.12　PN 结击穿法 PROM 的存储单元

### 3. 可擦除可编程 ROM

可擦除可编程 ROM 利用特殊结构的浮栅 MOS 管进行编程，ROM 中存储的数据可以进行多次擦除和改写。

最早出现的是用紫外线照射擦除的 EPROM，不久又出现了用电信号可擦除的 $E^2$PROM，后来又研制成功的快闪存储器(Flash Memory)也是一种用电信号擦除的可编程 ROM。

1)　EPROM

EPROM 的存储单元采用浮栅雪崩注入 MOS(Floating-gate Avalanche-injuction Metal-Oxide-Semiconductor，FAMOS)管或叠栅注入 MOS(Stacked-gate Injuction Metal-Oxide-Semiconductor，SIMOS)管。图 8.13 所示为 SIMOS 管的结构示意图和符号，它是一个 N 沟道增强型的 MOS 管，有 $G_f$ 和 $G_c$ 两个栅极。$G_f$ 栅没有引出线，而是被包围在二氧化硅($S_iO_2$)中，称为浮栅；$G_c$ 为控制栅，它有引出线。若在漏极(D)加上约几十伏的脉冲电压，使得沟道中的电场足够强，则会造成雪崩，产生很多高能量的电子。此时若 $G_c$ 上加高压正脉冲，形成方向与沟道垂直的电场，便可以使沟道中的电子穿过氧化层注入 $G_f$，于是 $G_f$ 栅上积累了负电荷。由于 $G_f$ 栅周围都是绝缘的二氧化硅，泄漏电流很小，所以一旦电子注入浮栅之后，就能保存相当长时间(通常浮栅上的电荷 10 年损失约 30%)。

如果浮栅 $G_f$ 上积累了电子，则使该 MOS 管的开启电压变得很高。此时给控制栅(接在地址选择线上)加+5V 电压时，该 MOS 管仍不能导通，相当于存储了“0”；反之，若浮栅 $G_f$ 上没有积累电子，MOS 管的开启电压较低，因而当该管的控制栅被地址选中后，该管导通，相当于存储了“1”。可见，SIMOS 管是利用浮栅是否积累负电荷来表示信息的。这种 EPROM

出厂时为全“1”，即浮栅上无电子积累，用户可根据需要写“0”。

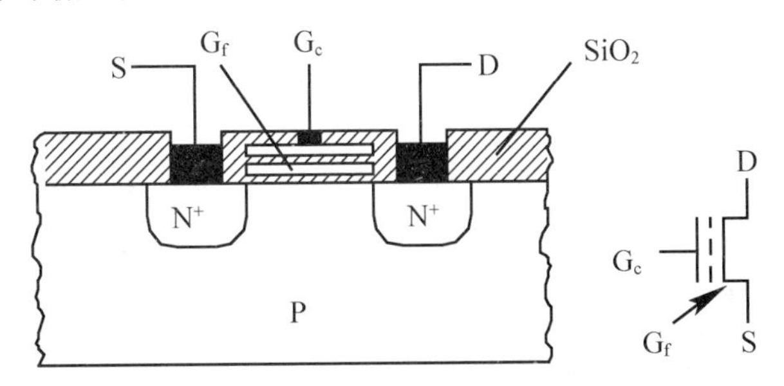


图 8.13　SIMOS 管的结构示意图和符号

擦除EPROM的方法是将器件放在紫外线下照射约20分钟，浮栅中的电子获得足够能量，从而穿过氧化层回到衬底中，这样可以使浮栅上的电子消失，MOS 管便回到了未编程时的状态，从而将编程信息全部擦去，相当于存储了全“1”。对 EPROM 的编程是在编程器上进行的，编程器通常与微机联用。

2)　$E^2PROM$

$E^2PROM$ 的存储单元如图 8.14 所示，图中 $VT_2$ 是选通管，$VT_1$ 是另一种叠栅 MOS 管，称为浮栅隧道氧化层 MOS(Floating-gate Tunnel Oxide MOS，Flotox)管，其结构和符号如图 8.15 所示。Flotox 管也是一个 N 沟道增强型的 MOS 管，与 SIMOS 管相似，它也有两个栅极——控制栅 $G_c$ 和浮栅 $G_f$，不同的是 Flotox 管的浮栅与漏极区($N^+$)之间有一小块面积极薄的二氧化硅绝缘层(厚度在 $2\times10^{-8}$m 以下)的区域，称为隧道区。当隧道区的电场强度大到一定程度($>10^7$V/cm)时，漏区和浮栅之间出现导电隧道，电子可以双向通过，形成电流。这种现象称为隧道效应。

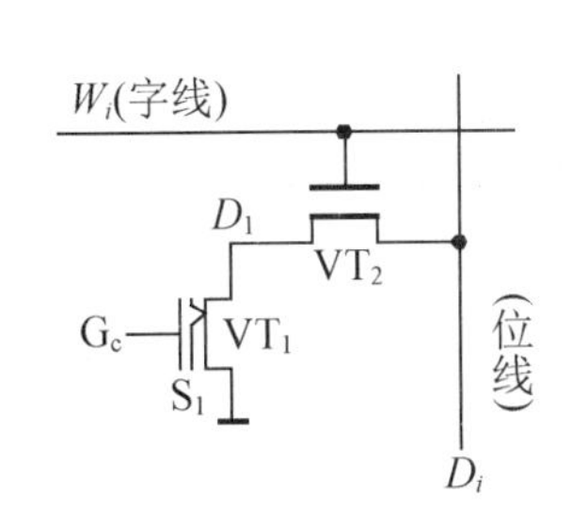


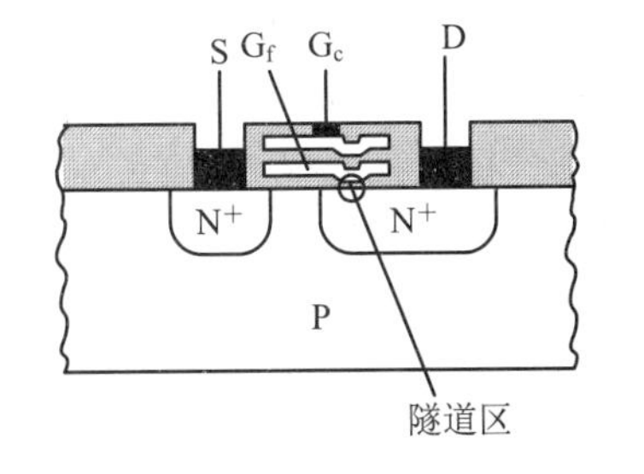


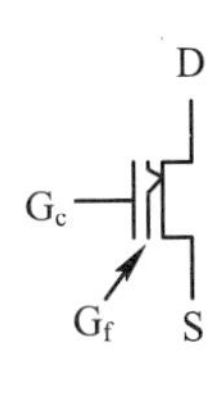


图 8.14　$E^2PROM$ 的存储单元

图 8.15　Flotox 管的结构和符号

在图 8.14 所示电路中，若使 $W_i$=1，$D_i$ 接地，则 $VT_2$ 导通，$VT_1$ 漏极($D_1$)接近地电位。此时若在 $VT_1$ 的控制栅 $G_c$ 上加 21V 正脉冲，通过隧道效应，电子由衬底注入到浮栅 $G_f$，脉冲过后，控制栅加+3V 电压，由于 $VT_1$ 浮栅上积存了负电荷，因此 $VT_1$ 截止，在位线 $D_i$ 读出高电平“1”；若 $VT_1$ 的控制栅接地，$W_i$=1，$D_i$ 上加 21V 正脉冲，使 $VT_1$ 的漏极获得约 +20V 的高电压，则浮栅上的电子通过隧道返回衬底，脉冲过后，正常工作时 $VT_1$ 导通，在位线上则读出“0”。可见，Flotox 管是利用隧道效应使浮栅俘获电子的。$E^2PROM$ 的编程和擦除都是通过在漏极和控制栅上加一定幅度和极性的电脉冲实现的，虽然已改用电压信号擦除了，但 $E^2PROM$ 仍然只能工作在它的读出状态，作 ROM 使用。

3) 快闪存储器

快闪存储器(Flash Memory)是新一代电信号擦除的可编程 ROM。它既吸收了 EPROM 结构简单、编程可靠的优点，又保留了 $E^2PROM$ 用隧道效应擦除快捷的特性，而且集成度可以做得很高。

图 8.16(a)所示为快闪存储器采用的叠栅 MOS 管示意图。其结构与 EPROM 中的 SIMOS 管相似，两者区别在于浮栅与衬底间氧化层的厚度不同。在 EPROM 中氧化层的厚度一般为 30～40nm，在快闪存储器中仅为 10～15nm，而且浮栅和源区重叠的部分是源区的横向扩散形成的，面积极小，因而浮栅—源区之间的电容很小，当 $G_c$ 和 S 之间加电压时，大部分电压将降在浮栅—源区之间的电容上。快闪存储器的存储单元就是用这样一只单管组成的，如图 8.16(b)所示。

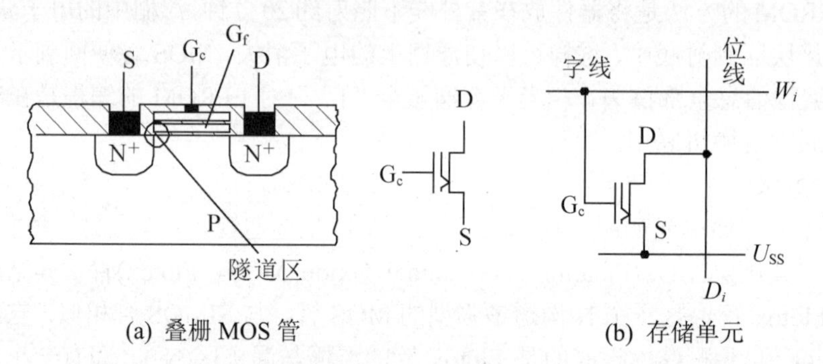


(a) 叠栅 MOS 管 (b) 存储单元

图 8.16 快闪存储器

快闪存储器的写入方法和 EPROM 相同，即利用雪崩注入的方法使浮栅充电。

在读出状态下，字线加上+5V，若浮栅上没有电荷，则叠栅 MOS 管导通，位线输出低电平；如果浮栅上充有电荷，则叠栅 MOS 管截止，位线输出高电平。

擦除方法是利用隧道效应进行的，类似于 $E^2PROM$ 写“0”时的操作。在擦除状态下，控制栅处于 0 电平，同时在源极加入幅度为 12V 左右、宽度为 100ms 的正脉冲，在浮栅和源区间极小的重叠部分产生隧道效应，使浮栅上的电荷经隧道释放。但由于片内所有叠栅 MOS 管的源极连在一起，所以擦除时是将全部存储单元同时擦除，这是快闪存储器不同于 $E^2PROM$ 的一个特点。

## 8.1.4 随机存取存储器

随机存取存储器(RAM)也称随机存储器或随机读/写存储器。RAM 工作时可以随时从任何一个指定的地址写入(存入)或读出(取出)信息。根据存储单元的工作原理不同，RAM 分为静态 RAM(SRAM)和动态 RAM(DRAM)。

### 1. SRAM

1) 基本结构

SRAM 主要由存储矩阵、地址译码器和读/写控制电路三部分组成，其基本结构如图 8.17 所示。

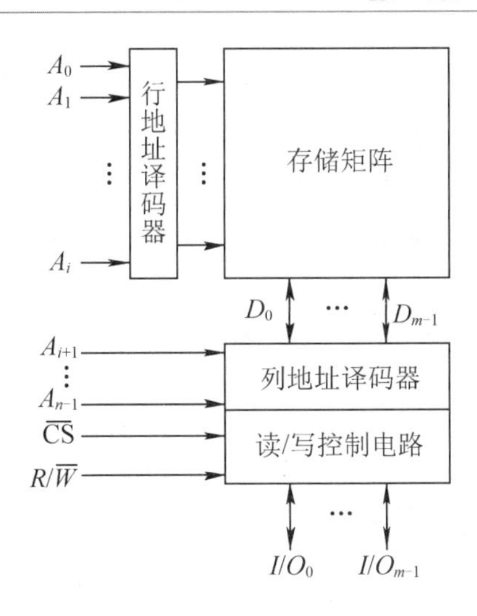


图 8.17　SRAM 的基本结构

存储矩阵由许多存储单元排列组成，每个存储单元能存放一位二值信息(0 或 1)，在译码器和读/写电路的控制下，进行读/写操作。

地址译码器一般都分成行地址译码器和列地址译码器两部分，行地址译码器将输入地址代码的若干位 $A_0$～ $A_i$ 译成某一条字线有效，从存储矩阵中选中一行存储单元；列地址译码器将输入地址代码的其余若干位($A_{i+1}$～$A_{n-1}$)译成某一根输出线有效，从字线选中的一行存储单元中再选一位(或 $n$ 位)，使这些被选中的单元与读/写控制电路和 $I/O$(输入/输出端)接通，以便对这些单元进行读/写操作。

读/写控制电路用于对电路的工作状态进行控制。$\overline{CS}$ 称为片选信号，当 $\overline{CS}=0$ 时，RAM 工作；$\overline{CS}=1$ 时，所有 $I/O$ 端均为高阻状态，不能对 RAM 进行读/写操作。$R/\overline{W}$ 称为读/写控制信号。当 $R/\overline{W}=1$ 时，执行读操作，将存储单元中的信息送到 $I/O$ 端上；当 $R/\overline{W}=0$ 时，执行写操作，加到 $I/O$ 端上的数据被写入存储单元中。

2)　SRAM 的存储单元

SRAM 的存储单元如图 8.18 所示。图 8.18(a)所示为由六个 NMOS 管($VT_1$～$VT_6$)组成的存储单元。$VT_1$、$VT_2$ 构成的反相器与 $VT_3$、$VT_4$ 构成的反相器交叉耦合组成一个 RS 触发器，可存储一位二进制信息。$Q$ 和 $\overline{Q}$ 是 RS 触发器的互补输出。$VT_5$、$VT_6$ 是行选通管，受行选线 $X$(相当于字线)控制，行选线 $X$ 为高电平时，$Q$ 和 $\overline{Q}$ 的存储信息分别送至位线 $D$ 和位线 $\overline{D}$ 。$VT_7$、$VT_8$ 是列选通管，受列选线 $Y$ 控制，列选线 $Y$ 为高电平时，位线 $D$ 和 $\overline{D}$ 上的信息被分别送至输入/输出线 $I/O$ 和 $\overline{I/O}$，从而使位线上的信息同外部数据线相通。

读出操作时，行选线 $X$ 和列选线 $Y$ 同时为“1”，则存储信息 $Q$ 和 $\overline{Q}$ 被读到 $I/O$ 线和 $\overline{I/O}$ 线上。写入信息时，$X$、$Y$ 线也必须都为“1”，同时要将写入的信息加在 $I/O$ 线上，经反相后 $\overline{I/O}$ 线上有其相反的信息，信息经 $VT_7$、$VT_8$ 和 $VT_5$、$VT_6$ 加到触发器的 $Q$ 端和 $\overline{Q}$ 端，也就是加在了 $VT_3$ 和 $VT_1$ 的栅极，从而使触发器触发，即信息被写入。

由于 CMOS 电路具有微功耗的特点，目前大容量的 SRAM 中几乎都采用 CMOS 存储单元，其电路如图 8.18(b)所示。CMOS 存储单元的结构形式和工作原理与图 8.18(a)相似，不同的是图 8.18(b)中，两个负载管 $VT_2$、$VT_4$ 改用了 P 沟道增强型 MOS 管，图中用栅极上的小

圆圈表示 $VT_2$、$VT_4$ 为 P 沟道 MOS 管，栅极上没有小圆圈的为 N 沟道 MOS 管。

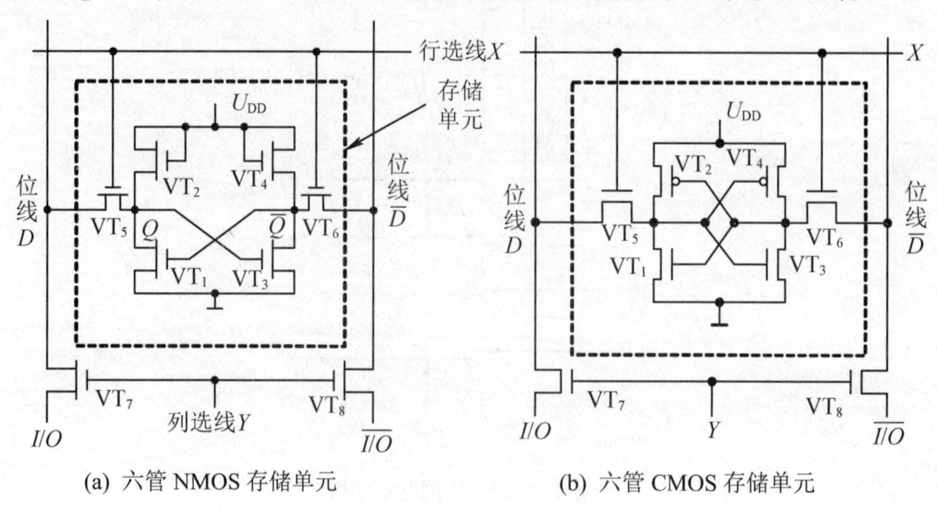


(a) 六管 NMOS 存储单元　　(b) 六管 CMOS 存储单元

图 8.18　SRAM 的存储单元

2. DRAM

DRAM 的存储矩阵由动态 MOS 存储单元组成。动态 MOS 存储单元利用 MOS 管的栅极电容来存储信息，但由于栅极电容的容量很小，而漏电流又不可能绝对等于 0，所以电荷保存的时间有限。为了避免存储信息的丢失，必须定时地给电容补充漏掉的电荷。通常把这种操作称为“刷新”或“再生”，因此 DRAM 内部要有刷新控制电路，其操作也比 SRAM 复杂。尽管如此，由于 DRAM 存储单元的结构能做得非常简单，使用元件少，功耗低，所以目前已成为大容量 RAM 的主流产品。

DMOS 存储单元有四管电路、三管电路和单管电路等。四管和三管电路比单管电路复杂，但外围电路简单，一般容量在 4Kb 以下的 RAM 多采用四管或三管电路。图 8.19(a)所示为四管动态 MOS 存储单元，图中，$VT_1$ 和 $VT_2$ 为两个 N 沟道增强型 MOS 管，它们的栅极和漏极交叉相连，信息以电荷的形式存储在电容 $C_1$ 和 $C_2$ 上，$VT_5$、$VT_6$ 是同一列中各单元公用的预充管，$\phi$ 是脉冲宽度为 1μs 而周期一般不大于 2ms 的预充电脉冲，$C_{O1}$、$C_{O2}$ 是位线上的分布电容，其容量比 $C_1$、$C_2$ 大得多。

若 $C_1$ 被充电到高电位，$C_2$ 上没有电荷，则 $VT_1$ 导通，$VT_2$ 截止，此时 $Q$=0、$\overline{Q}$=1，这一状态称为存储单元的“0”状态；反之，若 $C_2$ 被充电到高电位，$C_1$ 上没有电荷，则 $VT_2$ 导通，$VT_1$ 截止，$Q$=1、$\overline{Q}$=0，此时称为存储单元的“1”状态。当字选线 $X$ 为低电位时，门控管 $VT_3$、$VT_4$ 均截止。在 $C_1$ 和 $C_2$ 上的电荷泄漏掉之前，存储单元的状态维持不变，因此存储的信息被记忆。实际上，由于 $VT_3$、$VT_4$ 存在着泄漏电流，电容 $C_1$、$C_2$ 上存储的电荷将慢慢释放，因此每隔一定时间要对电容进行一次充电，即进行刷新。两次刷新的时间间隔一般不大于 20ms。

在读出信息之前，首先加预充电脉冲 $\phi$，预充管 $VT_5$、$VT_6$ 导通，电源 $U_{DD}$ 向位线上的分布电容 $C_{O1}$、$C_{O2}$ 充电，使 $D$ 和 $\overline{D}$ 两条位线都充到 $U_{DD}$。预充脉冲消失后，$VT_5$、$VT_6$ 截止，$C_{O1}$、$C_{O2}$ 上的信息保持。

要读出信息时，该单元被选中($X$、$Y$ 均为高电平)，$VT_3$、$VT_4$ 导通，若原来存储单元处于“0”状态($Q$=0、$\overline{Q}$=1)，即 $C_1$ 上有电荷，$VT_1$ 导通，$C_2$ 上无电荷，$VT_2$ 截止，这样 $C_{O1}$ 经 $VT_3$、$VT_1$ 放电到 0，使位线 $D$ 为低电平，而 $C_{O2}$ 因 $VT_2$ 截止无放电回路，所以经 $VT_4$ 对 $C_1$ 充电，补充了 $C_1$ 漏掉的电荷，结果读出数据仍为 $D$=1，$\overline{D}$=0；反之，若原存储单元处于“1”状态($Q$=1、$\overline{Q}$=0)，$C_2$ 上有电荷，则预充电后 $C_{O2}$ 经 $VT_4$、$VT_2$ 放电到 0，而 $C_{O1}$ 经 $VT_3$ 对 $C_2$ 补充充电，读出数据为 $D$=0，$\overline{D}$=1，可见位线 $D$ 上读出的电位分别和 $C_2$、$C_1$ 上的电位相同。同时每进行一次读操作，实际上也进行了一次补充充电，即刷新。

要写入信息时，该单元被选中，$VT_3$、$VT_4$ 导通，$Q$ 和 $\overline{Q}$ 分别与两条位线连通。若需要写 0，则在位线 $\overline{D}$ 上加高电位，$D$ 上加低电位。这样 $\overline{D}$ 上的高电位经 $VT_4$ 向 $C_1$ 充电，使 $\overline{Q}$=1，而 $C_2$ 经 $VT_3$ 向 $D$ 放电，使 $Q$=0，于是该单元写入了“0”状态。

图 8.19(b)所示为单管动态 MOS 存储单元，它只有一个 NMOS 管和存储电容器 $C_S$，$C_O$ 是位线上的分布电容($C_O>>C_S$)。显然，采用单管存储单元的 DRAM，其容量可以做得更大。写入信息时，字线为高电平，VT 导通，位线上的数据经过 VT 存入 $C_S$。

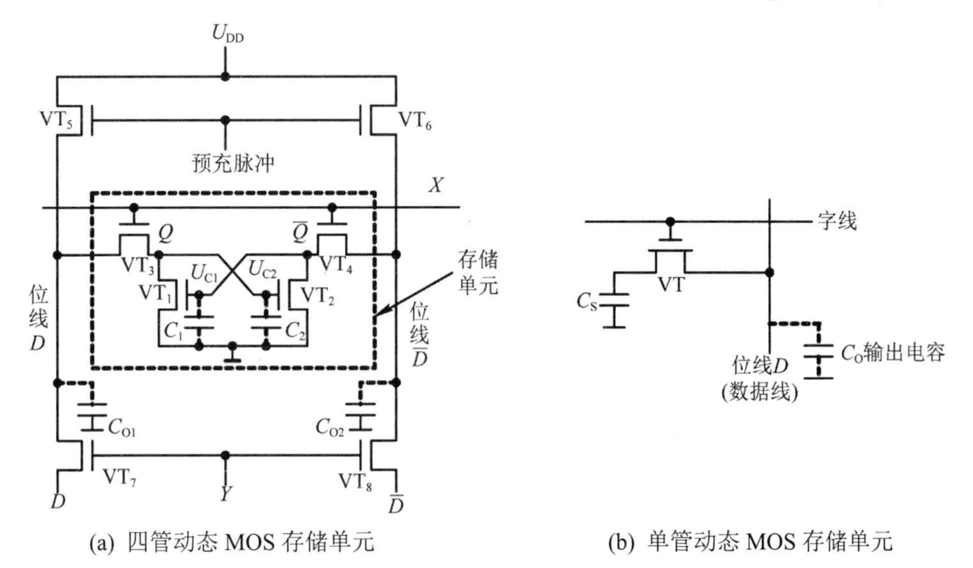


(a) 四管动态 MOS 存储单元　　(b) 单管动态 MOS 存储单元

图 8.19　动态 MOS 存储单元

读出信息时也使字线为高电平，VT 管导通，这时 $C_S$ 经 VT 向 $C_O$ 充电，使位线获得读出的信息。设位线上原来的电位 $U_O$=0，$C_S$ 原来存有正电荷，电压 $U_S$ 为高电平，因读出前后电荷总量相等，因此有 $U_SC_S=U_O(C_S+C_O)$，因 $C_O>>C_S$，所以 $U_O<<U_S$。例如，读出前 $U_S$=5V，$C_S/C_O$=1/50，则位线上读出的电压将仅有 0.1V，而且读出后 $C_S$ 上的电压也只剩下 0.1V，这是一种破坏性读出。因此每次读出后，要对该单元补充电荷进行刷新，同时还需要高灵敏度读出放大器对读出信号加以放大。

### 3. RAM 容量的扩展

1)　位数的扩展

存储器芯片的字长多数为一位、四位、八位等。当实际的存储系统的字长超过存储器芯片的字长时，需要进行位数的扩展，即位扩展。

位扩展可以利用芯片的并联方式实现，图 8.20 所示为用八片 1024×1 位的 RAM 扩展为 1024×8 位 RAM 的存储系统框图，图中八片 RAM 的所有地址线、$R/\overline{W}$、$\overline{\mathrm{CS}}$分别对应并接在一起，而每一片的 $I/O$ 端作为整个 RAM 的 $I/O$ 端的一位。

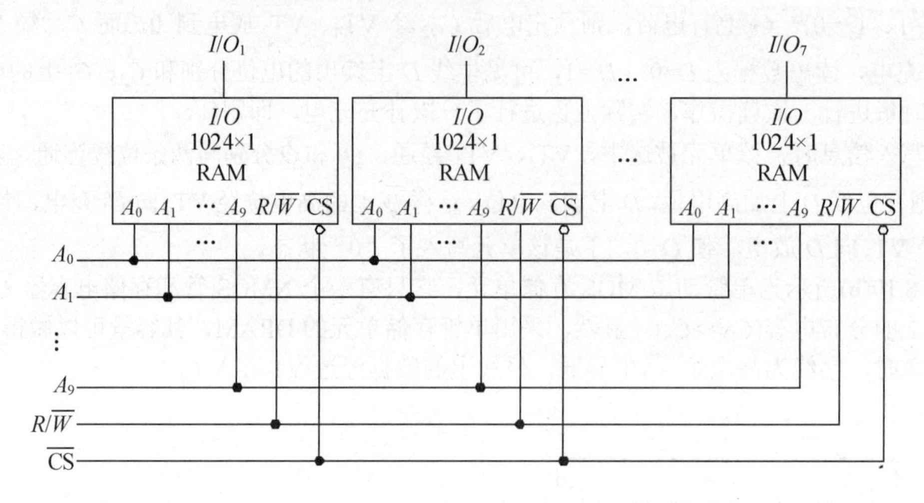


图 8.20　RAM 的位扩展

2)　字数的扩展

字数的扩展，即字扩展，可以利用外加译码器控制芯片的片选($\overline{\mathrm{CS}}$)输入端来实现。图 8.21 所示为用字扩展方式将四片 256×8 位的 RAM 扩展为 1024×8 位 RAM 的系统框图，图中，译码器的输入是系统的高位地址 $A_9$、$A_8$，其输出是各片 RAM 的片选信号。若 $A_9A_8$=01，则 RAM(2)片的$\overline{\mathrm{CS}}$=0，其余各片 RAM 的$\overline{\mathrm{CS}}$均为 1，故选中第二片，只有该片的信息可以读出，送到位线上，读出的内容则由低位地址 $A_7$～$A_0$ 决定。显然，四片 RAM 轮流工作，任何时候，只有一片 RAM 处于工作状态，整个系统字数扩大了四倍，而字长仍为八位。

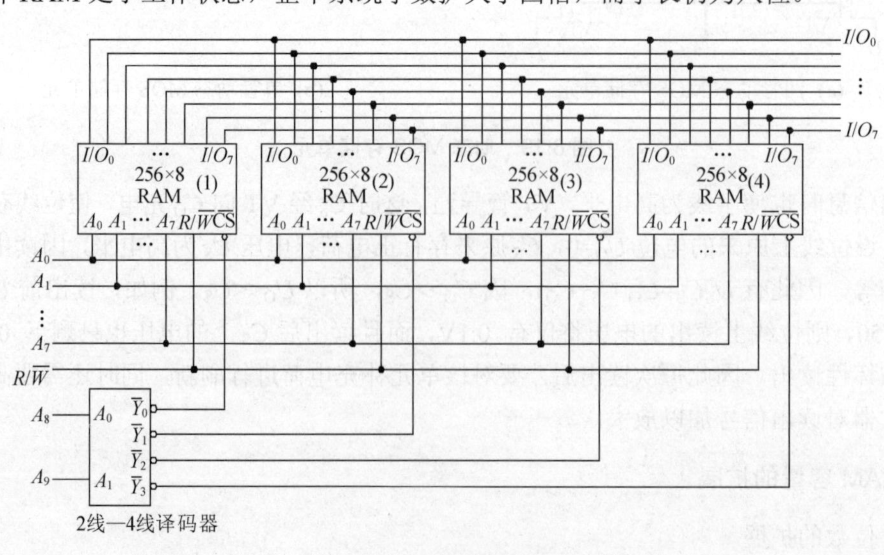


图 8.21　RAM 的字扩展

# 8.2　可编程逻辑器件

## 8.2.1　数字集成电路概述

自 20 世纪 60 年代以来，数字集成电路已经历了从 SSI、 MSI、LSI 到 VLSI 的发展过程。数字集成电路按照芯片设计方法的不同大致可以分为三类：①通用型中、小规模集成电路；②采用软件组态的大规模、超大规模集成电路，如微处理器、单片机等；③专用集成电路(Application Specific Integrated Circuit，ASIC)。

### 1. 标准集成电路

标准集成电路是指那些逻辑功能固定的集成电路。它具有很强的通用性，其电路的电气指标、封装等在国内外均已标准化，并印有公开发行的用户手册，供大家选用。SSI、MSI、LSI 以及 VLSI 中那些完成基本功能和通用功能的集成电路，如与非门、异或门、触发器、加法器、乘法器、各类存储器以及通用寄存器堆等，都属于标准集成电路。

采用标准集成电路设计逻辑电路系统时，需要进行选片、系统设计和连线等方面的工作。虽然标准集成电路品种繁多，发展也很快，但用户只能在已生产的集成电路品种中选择，所以在改进和调试系统时需要修改印制板，从而使研制周期变长、成本增加。同时，采用标准集成电路的逻辑电路系统存在集成度低，可靠性、维护性差等缺点。

### 2. 微处理器

微处理器主要指通用的微处理机芯片，如 Z80、8080、80386、80486、M6800、M68000 等。这类器件的功能由汇编语言或高级语言编写的程序来确定，也就是说，其结构由用户自己设置，故具有一定的灵活性。但该器件应用时需要用户设计专门的接口电路，且速度低，所以它很难与其他类型的器件直接配合。目前除用作 CPU 外，多用于实时处理系统。

### 3. 专用集成电路

专用集成电路(ASIC)是指那些专门为某些用户设计的集成电路。当然，这种芯片不再具有通用性。专用集成电路又称用户定制电路，它可分成全定制电路(Full Custom Circuit)和半定制电路(Semi Custom Circuit)。

全定制电路：集成电路生产厂家完全按照用户的要求，从晶体管级开始设计，充分利用设计者本人和前人的经验，力求做到管芯面积最小、工作速度最快、功耗最小和各项电气指标符合用户的要求。这种电路设计和制造方法的优点是电路性能高，保密性好，占用体积小；其缺点是成本高，设计和试制周期长。

半定制电路：在设计和生产过程中的某些部分，如门阵列法中的门阵列母片、标准单元法中的库单元、可编程逻辑器件中的全功能芯片等，可以“预先加工”和“预先设计”乃至“预先制作”好，并可为所有用户选用。而另外一些部分，如版图的布局、布线和它所形成的版图只能符合特定用户的要求，不能共享。也就是说，只有一部分设计是按用户要求定做的，故称为半定制电路。这种电路在一定程度上既可满足用户“定制”要求，又能做到设计周期短、成本低。

4. 可编程逻辑器件

可编程逻辑器件(Programmable Logic Device，PLD)具有标准集成电路和半定制电路二者的特征。一方面，它的全功能集成电路块和标准集成电路一样，不同的生产厂家可以生产相同结构和品种的电路，并印有统一的用户手册，用户可以根据自己的需求来挑选不同的品种。另一方面，用户买到这种集成电路后不能马上使用，要根据自己的电路设计进行编程，再用专门的编程器将他们“烧制”成需要的电路。因此，从工厂生产、设计和销售的角度来看，它属于标准集成电路；从用户要作设计和“烧制”的角度来看，则又属于半定制电路。

## 8.2.2 PLD 的基本结构

PLD 指一个集成电路群的集合名称，它包括了 PAL(可编程阵列逻辑)、GAL(通用阵列逻辑)、EPLD(可擦除可编程逻辑器件)、pLSI(可编程规模集成电路)、EPGA(现场可编程门阵列)等。PLD 以设计制造周期短、成本低、可靠性高和保密性好等优点被越来越多的人们所接受，成为电子系统中广泛采用的器件。

从结构的复杂程度上一般可将 PLD 分为简单 PLD 和复杂 PLD(CPLD)，或分为低密度 PLD 和高密度 PLD(HDPLD)。通常，当 PLD 中的等效门数超过 500 门时，便认为它是高密度 PLD。传统的 PROM、PLA(可编程逻辑阵列)、PAL 和 GAL 是典型的低密度 PLD，其余如 EPLD、CPLD、FPGA 和 pLSI 等则称为 HDPLD。

典型的 PLD 器件一般都由与阵列、或阵列，起缓冲驱动作用的输入逻辑和输出逻辑组成，其通用结构框图如图 8.22 所示。其中，每个输出都是输入的与或函数。与阵列的输入线和或阵列的输出线都排成阵列结构，每个交叉处用逻辑器件或熔丝连接起来。逻辑编程的物理实现，一般都是通过对熔丝或 PN 结的熔断和连接，或者对浮栅的充电和放电来实现的。

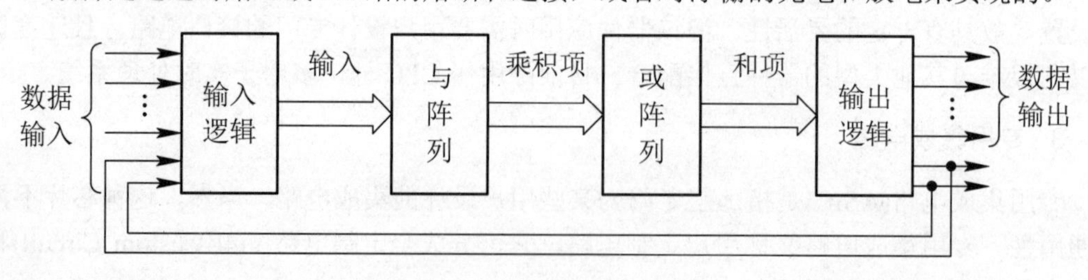


图 8.22 PLD 器件的通用结构框图

1. 可编程只读存储器

可编程只读存储器(Programmable Read Only Memory，PROM)是最早的 PLD 器件，它出现在 20 世纪 70 年代初。它包含一个固定的与阵列和一个可编程的或阵列，其基本结构如图 8.23 所示。PROM 一般用来存储计算机程序和数据，它的输入是计算机存储器地址，输出是存储单元的内容。由图可见，它的与阵列是一个“全译码阵列”，即对某一组特定的输入 $I_i(i=0, 1, 2)$只能产生一个唯一的乘积项。因为是全译码，当输入变量为 $n$ 个时，阵列的规模为 $2^n$，所以 PROM 的规模一般很大。

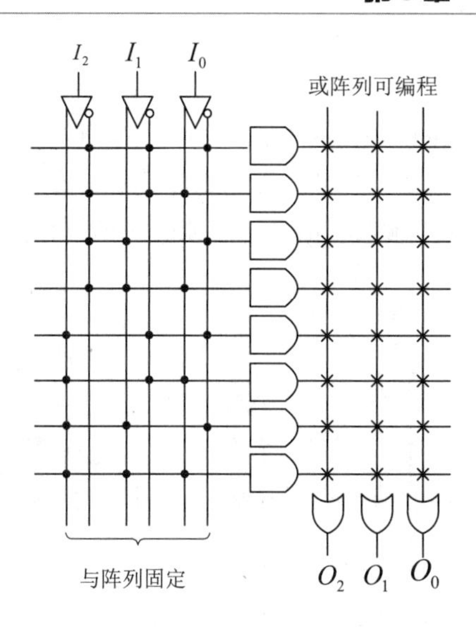


图 8.23 PROM 的基本结构

## 2. 可编程逻辑阵列

虽然用户能对 PROM 所存储的内容进行编程，但 PROM 还存在某些不足，例如，PROM 巨大阵列的开关时间限制了 PROM 的速度；PROM 的全译码阵列中的所有输入组合在大多数逻辑功能中并不使用。可编程逻辑阵列(Programmable Logic Array，PLA)，也称现场可编程逻辑阵列(FPLA)的出现，弥补了 PROM 的这些不足。它的基本结构为与阵列和或阵列，且都是可编程的，如图 8.24 所示。设计者可以控制全部的输入、输出，这为逻辑功能的处理提供了更有效的方法。然而，这种结构在实现比较简单的逻辑功能时还是比较浪费的，且 PLA 的价格昂贵，相应的编程工具也比较贵。

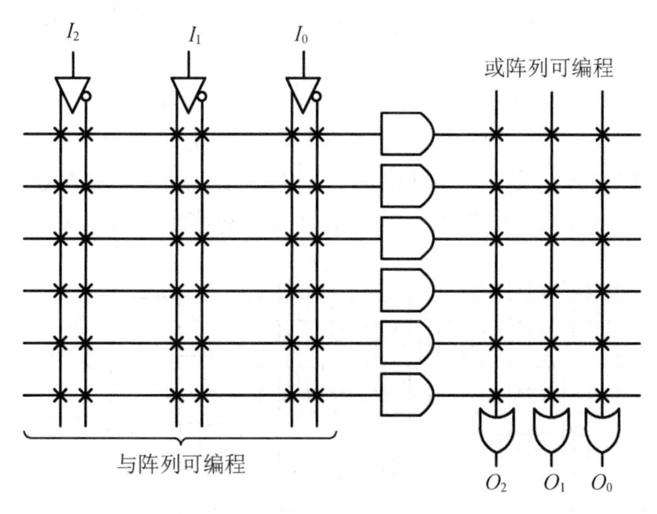


图 8.24 PLA 的基本结构

### 3. 可编程阵列逻辑

可编程阵列逻辑(Programmable Array Logic，PAL)既具有 PLA 的灵活性，又具有 PROM 易于编程的特点，其基本结构包含一个可编程的与阵列和一个固定的或阵列，如图 8.25 所示。PAL 器件与阵列的可编程特性使输入项增多，而或阵列的固定又使器件简化，所以这种器件得到了广泛应用。

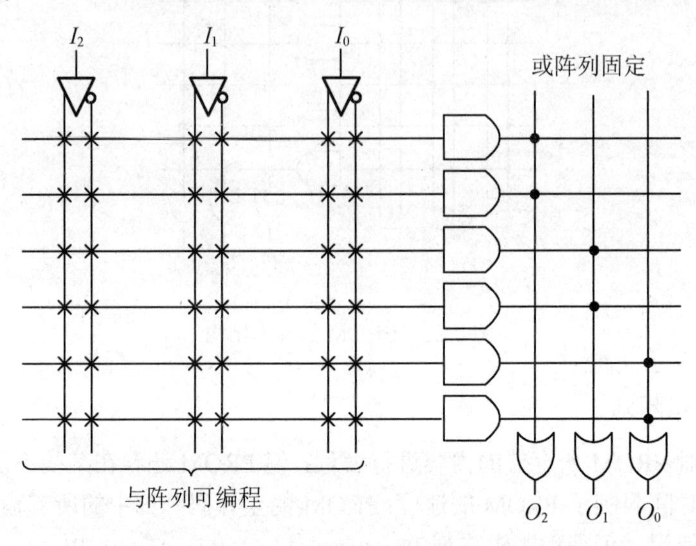


图 8.25　PAL 的基本结构

### 4. 通用阵列逻辑

通用阵列逻辑(General Array Logic，GAL)在 20 世纪 80 年代初期问世，一般认为它是第二代 PLD 器件。它具有可擦除、可重复编程和可加密等特点。目前常用的 GAL 器件有 GAL16V8 和 GAL20V8 两种，它们能仿真所有的 PAL 器件。

GAL 的基本结构如图 8.26 所示。与 PAL 器件相比，它在结构上的显著特点是输出采用了宏单元(OLMC)。也就是说，PAL 器件的可编程与阵列是送到一个固定的或阵列上输出的，而 GAL 器件的可编程与阵列则是送到 OLMC 上输出的。通过对 OLMC 单元的编程，器件能满足更多的逻辑电路要求，从而使它比 PAL 器件具有更多的功能，设计也更为灵活。

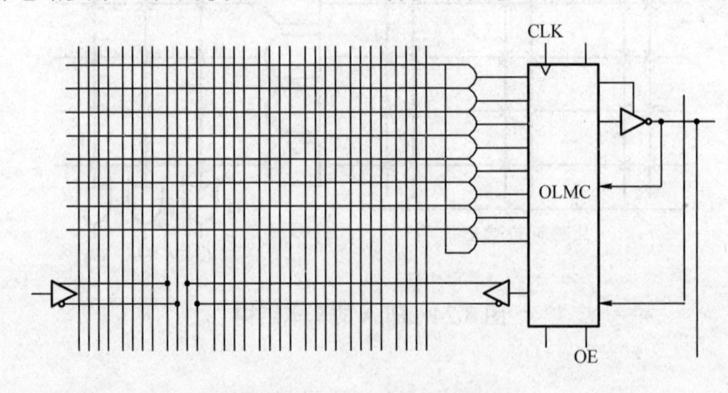


图 8.26　GAL 的基本结构

### 5. 现场可编程门阵列

现场可编程门阵列(Field Programmable Gate Array，FPGA)也称可编程门阵列(Programmable Gate Array，PGA)，是近几十年加入到用户可编程技术行列中的器件。

它是超大规模集成电路(VLSI)技术发展的产物，弥补了早期可编程逻辑器件利用率随器件规模的扩大而下降的不足。FPGA 器件集成度高，引脚数多，使用灵活。FPGA 由布线分隔的可编程逻辑块(或宏单元)(Configurable Logic Block，CLB)、可编程输入/输出块(Input/Output Block，IOB)和布线通道中可编程内部连线(Programmable Interconnect，PI)构成，其基本结构如图 8.27 所示。PLD 与 FPGA 之间的主要差别是 PLD 通过修改具有固定内部连线的电路的逻辑功能来进行编程，而 FPGA 可以通过修改 CLB 或 IOB 的功能来编程，也可以通过修改连接 CLB 的一根或多根内部连线的布线来编程。对于快速周转的样机，这些特性使得 FPGA 成为首选器件，而且 FPGA 比 PLD 更适合于实现多级的逻辑功能。

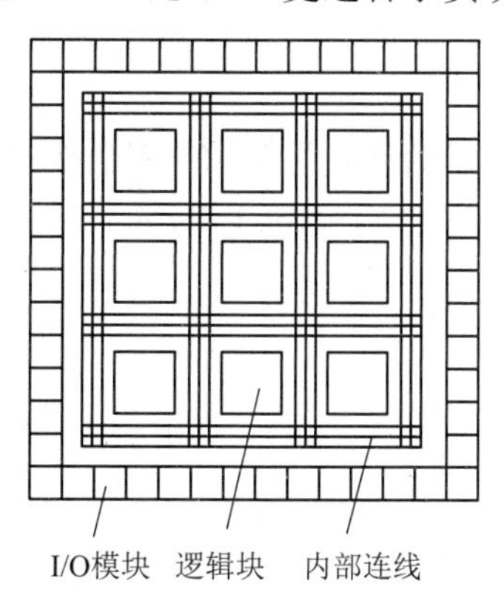


图 8.27　FPGA 的基本结构

### 6. 复杂可编程逻辑器件

复杂可编程逻辑器件(Complex Programmable Logic Device，CPLD)是和 FPGA 同期出现的可编程器件。从概念上，CPLD 是由位于中心的互连矩阵把多个类似 PAL 的功能块(Function Block，FB)连接在一起，且具有很长的固定的布线资源的可编程器件，其基本结构如图 8.28 所示。

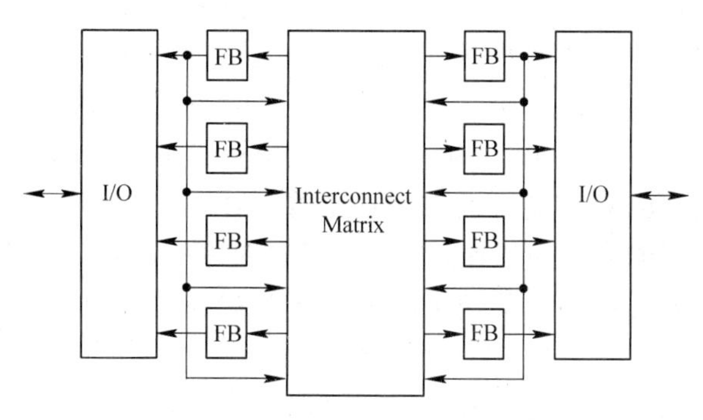


图 8.28　CPLD 的基本结构

### 8.2.3 PLD 的应用

本节主要介绍低密度可编程逻辑器件的应用，对于高密度可编程逻辑器件的应用可参阅相关专业书籍。

1. PROM 器件的应用

PROM 器件主要应用于计算机、工业控制和自动测试等系统的智能设备中，用来存放监控程序和某些固定的数据信息，如数学函数表和字符发生器等。此外，还可以应用到其他一些逻辑设计中。下面首先介绍 PROM 的功能扩展，并以字符发生器为例来说明 PROM 在逻辑设计中的应用。

1) PROM 的功能扩展

在需要存储更多信息的情况下，PROM 芯片的规模限制了它的应用，为此需要对 PROM 进行位扩展或字扩展或扩字减位。

(1) 位扩展。实现 PROM 位扩展的方法很简单，只要将多片 PROM 器件的相应地址端连在一起即可。图 8.29 给出了用四片 32×8 位 PROM 扩展成 32×32 位 PROM 的连接图，它实现了 PROM 器件从八位扩展到 32 位的功能。

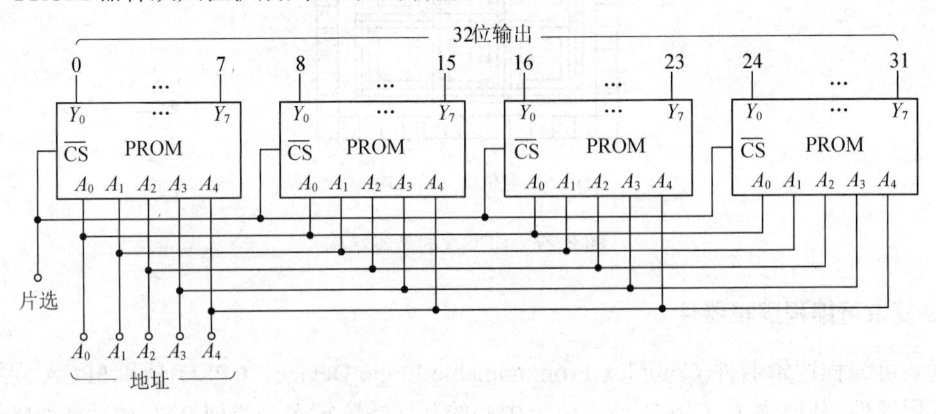


图 8.29 PROM 的位扩展连接图

(2) 字扩展。图 8.30 所示为用八片 32×8 位 PROM 扩展成 256×8 位 PROM 的连接图。32 位需要五根地址线，256 位需要八根地址线。于是，将八片 PROM 的相应地址输入端连在一起，为低五位地址输入端($A_0$～$A_4$)，三位地址($A_5$～$A_7$)经 3 线—8 线译码器输出，分别控制八片 PROM 的片选端，八片 PROM 的输出端($Y_0$～$Y_7$)相应连在一起，为数据输出端($Y_0$～$Y_7$)。这样就把八片 32×8 位 PROM 扩展成了 256×8 位 PROM。

(3) 扩字减位。对 PROM 也可以在扩展字数的同时减少位数，图 8.31 所示为把两片 32×8 位 PROM 扩展成 128×4 位 PROM 的例子。它将一片 32×8 位 PROM 的每个字分成两部分，把它的前四位($Y_0$～$Y_3$)和后四位($Y_4$～$Y_7$)分别送至双四选一数据选择器的 $A$ 和 $B$ 输入端。两片 PROM 的相应地址输入端连在一起，作为低五位地址输入端($A_0$～$A_4$)，高位地址 $A_5$ 控制两片 PROM 的片选端。高位地址 $A_6$ 作为双四选一数据选择器的选通信号，由它控制 32×8 位 PROM 的前四位($Y_0$～$Y_3$)还是后四位($Y_4$～$Y_7$)作为输出，从而实现了增字减位的目的。

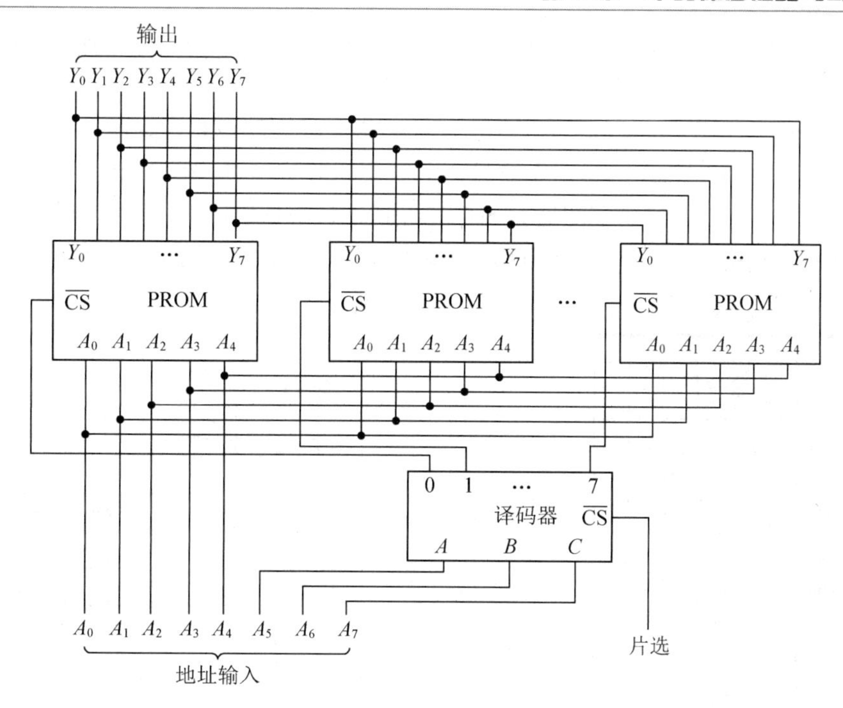


图 8.30　PROM 的字扩展连接图

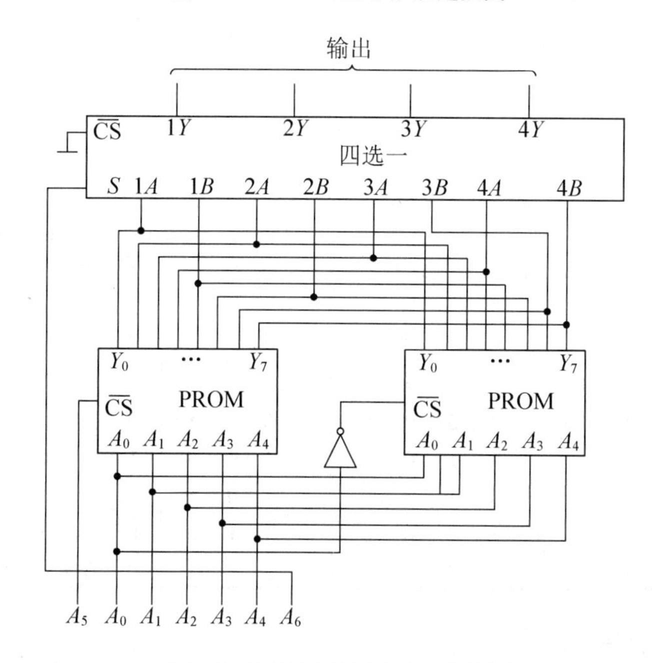


图 8.31　PROM 的扩字减位连接图

2)　PROM 构成字符发生器

PROM 可以构成字符发生器，作为发光二极管或阴极射线管显示的驱动控制。PROM 构成字符发生器的基本思想是：将 PROM 的或阵列按行、列分成 $m$(行)×$n$(列)个方格，把要产生的字或字符排在这种 $m$(行)×$n$(列)个方格里，得到字或字符的图形。根据图形列出相应的真值表，有笔画的方格视为 1，无笔画的方格视为 0。然后，将真值表对应地移到 PROM 的或阵列上即可。换句话说，就是在 PROM 的或阵列上相应于真值表里为 1 的地方上打点，为 0 的地方空着。

图 8.32 给出了用 16×8 位 PROM 产生“古井”两字的字图形和点阵图。16×8 位的 PROM 横向有十六行，纵向有八列。假设一个字符由 6×7 光点阵列组成，在显示时，“古”字和“井”字各占六行。“古井”两字的字图形如图 8.32(a)所示，根据字图形，可列出如表 8.4 所示的真值表。图 8.32(b)所示为 16×8 位 PROM 实现“古井”两字字符发生器的点阵图。

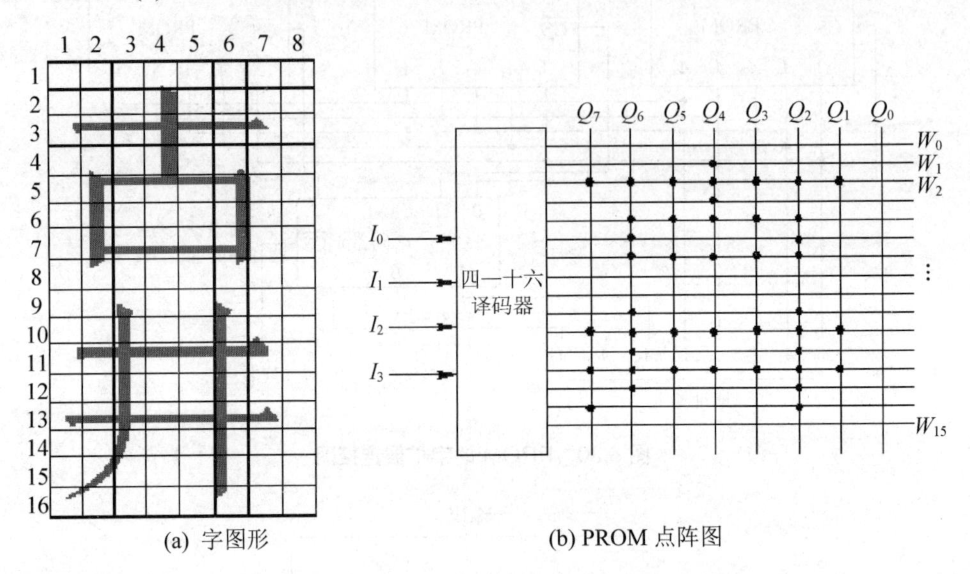


(a) 字图形　　(b) PROM 点阵图

图 8.32　“古井”字符发生器

表 8.4　“古井”字符发生器的真值表

| $I_3$ | $I_2$ | $I_1$ | $I_0$ | $Q_7$ | $Q_6$ | $Q_5$ | $Q_4$ | $Q_3$ | $Q_2$ | $Q_1$ | $Q_0$ | $I_3$ | $I_2$ | $I_1$ | $I_0$ | $Q_7$ | $Q_6$ | $Q_5$ | $Q_4$ | $Q_3$ | $Q_2$ | $Q_1$ | $Q_0$ |
|---|---|---|---|---|---|---|---|---|---|---|---|---|---|---|---|---|---|---|---|---|---|---|---|
| 0 | 0 | 0 | 0 | 0 | 0 | 0 | 0 | 0 | 0 | 0 | 0 | 1 | 0 | 0 | 0 | 0 | 0 | 0 | 0 | 0 | 0 | 0 | 0 |
| 0 | 0 | 0 | 1 | 0 | 0 | 0 | 1 | 0 | 0 | 0 | 0 | 1 | 0 | 0 | 1 | 0 | 0 | 1 | 0 | 0 | 1 | 0 | 0 |
| 0 | 0 | 1 | 0 | 1 | 1 | 1 | 1 | 1 | 1 | 1 | 0 | 1 | 0 | 1 | 0 | 1 | 1 | 1 | 1 | 1 | 1 | 1 | 0 |
| 0 | 0 | 1 | 1 | 0 | 0 | 0 | 1 | 0 | 0 | 0 | 0 | 1 | 0 | 1 | 1 | 0 | 0 | 1 | 0 | 0 | 1 | 0 | 0 |
| 0 | 1 | 0 | 0 | 0 | 1 | 1 | 1 | 1 | 1 | 0 | 0 | 1 | 1 | 0 | 0 | 1 | 1 | 1 | 1 | 1 | 1 | 1 | 0 |
| 0 | 1 | 0 | 1 | 0 | 1 | 0 | 0 | 0 | 1 | 0 | 0 | 1 | 1 | 0 | 1 | 0 | 0 | 1 | 0 | 0 | 1 | 0 | 0 |
| 0 | 1 | 1 | 0 | 0 | 1 | 1 | 1 | 1 | 1 | 0 | 0 | 1 | 1 | 1 | 0 | 0 | 1 | 0 | 0 | 0 | 1 | 0 | 0 |
| 0 | 1 | 1 | 1 | 0 | 0 | 0 | 0 | 0 | 0 | 0 | 0 | 1 | 1 | 1 | 1 | 0 | 0 | 0 | 0 | 0 | 0 | 0 | 0 |

### 2. PLA 器件的应用

用 PLA 器件可以进行任何复杂的组合逻辑和时序逻辑设计。其设计方法是：先根据给定的逻辑关系，推导出逻辑方程或真值表，再把它们直接变换成与已规格化的电路结构相对应的 PLA 点阵图。下面以实例来介绍 PLA 器件在组合逻辑和时序逻辑设计中的应用。

1)　用 PLA 器件实现组合逻辑

PLA 器件在逻辑上可视为“与—或”二级结构的多输入/输出的逻辑电路，而任意复杂的组合逻辑函数，都可以变换成“积—和”形式，因此，任意复杂的组合逻辑函数都可以直接用 PLA 器件来实现。用 PLA 器件实现组合逻辑时，首先求出逻辑方程或真值表，并化简为最简与或式。化简的目标是尽可能地减少“与”项，而每个“与”项中的变量数多少则是次要的。因为每减少了一个“与”项，就能减少一条字线。然后把化简后的逻辑方程，按照逻辑方程的“与”项对应 PLA 器件中的与阵列、逻辑方程的“或”项对应 PLA 器件中的或阵列的原则，画出 PLA 的点阵图。

下面用一个实例，将用 PLA 器件实现组合逻辑的设计方法具体化。

**【例 8.2】** 试用 PLA 器件实现 BCD 七段显示译码器。

**解：**根据 8421BCD 码和七段显示数码管字形的关系可得出 BCD 码—七段数字译码器的真值表，如表 8.5 所示。

表 8.5　译码器的真值表

| 数　字 | BCD 码 | | | | 七段数码管字段 | | | | | | |
|---|---|---|---|---|---|---|---|---|---|---|---|
| | *D* | *C* | *B* | *A* | *a* | *b* | *c* | *d* | *e* | *f* | *g* |
| 0 | 0 | 0 | 0 | 0 | 1 | 1 | 1 | 1 | 1 | 1 | 0 |
| 1 | 0 | 0 | 0 | 1 | 0 | 1 | 1 | 0 | 0 | 0 | 0 |
| 2 | 0 | 0 | 1 | 0 | 1 | 1 | 0 | 1 | 1 | 0 | 1 |
| 3 | 0 | 0 | 1 | 1 | 1 | 1 | 1 | 1 | 0 | 0 | 1 |
| 4 | 0 | 1 | 0 | 0 | 0 | 1 | 1 | 0 | 0 | 1 | 1 |
| 5 | 0 | 1 | 0 | 1 | 1 | 0 | 1 | 1 | 0 | 1 | 1 |
| 6 | 0 | 1 | 1 | 0 | 1 | 0 | 1 | 1 | 1 | 1 | 1 |
| 7 | 0 | 1 | 1 | 1 | 1 | 1 | 1 | 0 | 0 | 0 | 0 |
| 8 | 1 | 0 | 0 | 0 | 1 | 1 | 1 | 1 | 1 | 1 | 1 |
| 9 | 1 | 0 | 0 | 1 | 1 | 1 | 1 | 1 | 0 | 1 | 1 |

根据真值表，可得出各字段逻辑方程为

$$a=\overline{D}\,\overline{C}\,\overline{B}\,\overline{A}+\overline{D}\,\overline{C}B\overline{A}+\overline{D}\,\overline{C}BA+\overline{D}C\overline{B}A+\overline{D}CB\overline{A}+\overline{D}CBA+D\overline{C}\,\overline{B}\,\overline{A}+D\overline{C}\,\overline{B}A$$

$$b=\overline{D}\,\overline{C}\,\overline{B}\,\overline{A}+\overline{D}\,\overline{C}\,\overline{B}A+\overline{D}\,\overline{C}B\overline{A}+\overline{D}\,\overline{C}BA+\overline{D}C\overline{B}\,\overline{A}+\overline{D}CBA+D\overline{C}\,\overline{B}\,\overline{A}+D\overline{C}\,\overline{B}A$$

$$c=\overline{D}\,\overline{C}\,\overline{B}\,\overline{A}+\overline{D}\,\overline{C}\,\overline{B}A+\overline{D}\,\overline{C}BA+\overline{D}C\overline{B}\,\overline{A}+\overline{D}C\overline{B}A+\overline{D}CB\overline{A}+\overline{D}CBA+D\overline{C}\,\overline{B}\,\overline{A}+D\overline{C}\,\overline{B}A$$

$$d=\overline{D}\,\overline{C}\,\overline{B}\,\overline{A}+\overline{D}\,\overline{C}B\overline{A}+\overline{D}\,\overline{C}BA+\overline{D}C\overline{B}A+\overline{D}CB\overline{A}+D\overline{C}\,\overline{B}\,\overline{A}+D\overline{C}\,\overline{B}A$$

$$e=\overline{D}\,\overline{C}\,\overline{B}\,\overline{A}+\overline{D}\,\overline{C}B\overline{A}+\overline{D}CB\overline{A}+D\overline{C}\,\overline{B}\,\overline{A}$$

$$f=\overline{D}\,\overline{C}\,\overline{B}\,\overline{A}+\overline{D}C\overline{B}\,\overline{A}+\overline{D}C\overline{B}A+\overline{D}CB\overline{A}+D\overline{C}\,\overline{B}\,\overline{A}+D\overline{C}\,\overline{B}A$$

$$g=\overline{D}\,\overline{C}\,\overline{B}\,\overline{A}+\overline{D}\,\overline{C}BA+\overline{D}C\overline{B}\,\overline{A}+\overline{D}C\overline{B}A+\overline{D}CB\overline{A}+D\overline{C}\,\overline{B}\,\overline{A}+D\overline{C}\,\overline{B}A$$

在利用 PLA 实现上述真值表时，因为完全使用了标准的乘积项，所以不需要进行逻辑化简。若选用具有四个输入变量、七个输出变量和十个乘积项的 PLA 器件，即可实现表 8.5 所示的逻辑功能。根据各字段逻辑方程，按照逻辑方程的“与”项对应 PLA 器件中的与阵列、逻辑方程的“或”项对应 PLA 器件中的或阵列的原则，可得到如图 8.33 所示的 PLA 点阵图。其中，输入是 BCD 码的变量 *D*、*C*、*B* 和 *A*，输出是七个字段($a$～$g$)的控制电平。

2)　用 PLA 器件实现时序逻辑

时序逻辑电路可以用基本组合型的 PLA 来实现，也可以直接用带反馈触发器的 PLA 来实现。带反馈触发器的 PLA 和前面介绍的基本组合型的 PLA 只是在输出方式上稍有不同：

它的输出不是直接由或阵列输出，而是通过或阵列后接的一组 D 触发器输出的。显然，用它来实现时序逻辑会简单些。下面以五进制同步计数器的设计为例来说明用 PLA 实现同步时序逻辑电路的设计方法。

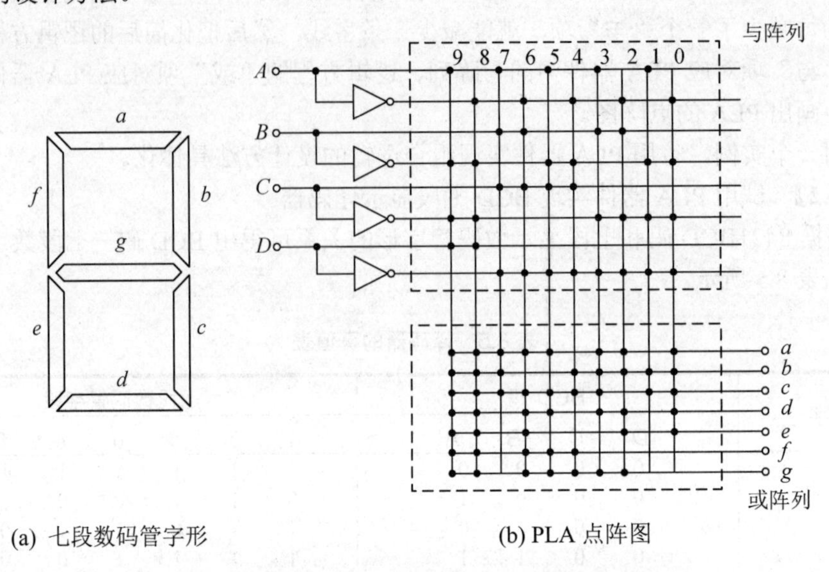


(a) 七段数码管字形　　(b) PLA 点阵图

**图 8.33　用 PLA 实现 8421BCD 七段显示译码器**

根据前面介绍的时序逻辑电路可知，五进制同步计数器由三级触发器构成，各级触发器的激励方程为

$$D_0 = Q_0^{n+1} = \overline{Q}_2^n \overline{Q}_0^n$$

$$D_1 = Q_1^{n+1} = Q_1^n \overline{Q}_0^n + \overline{Q}_1^n Q_0^n$$

$$D_3 = Q_2^{n+1} = Q_1^n Q_0^n$$

若选用具有三个输入变量、三个输出变量和四个乘积项的 PLA 器件，则可得到如图 8.34 所示的 PLA 点阵图。其中，输入是 D 触发器的初态 $Q_2^n$、$Q_1^n$ 和 $Q_0^n$。

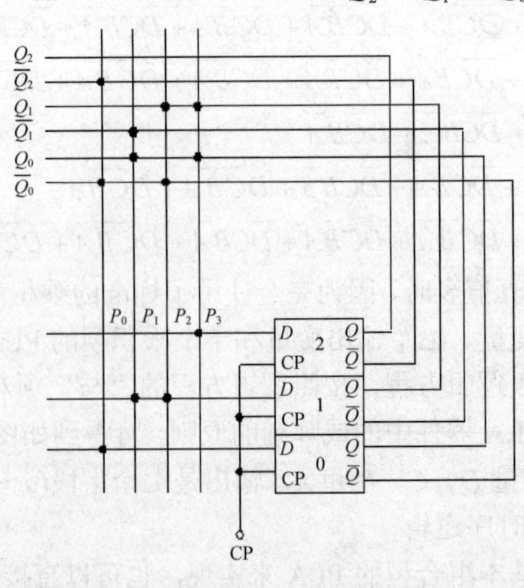


**图 8.34　PLA 实现五进制计数器的点阵图**

### 3. PAL 器件的应用

随着 PAL 器件品种的增多，其应用也越来越广泛。目前，PAL 器件除了在一般逻辑设计中得到应用外，还被广泛地应用于数据检错和纠错、工业控制技术和计算机系统设计等领域。由于篇幅有限，本节只介绍 PAL 器件在一般逻辑设计中的应用，有关其他的应用，可参考有关书籍。

用 PAL 器件实现逻辑函数的过程与 PLA 的基本相似，也是先化简逻辑函数得到最简与或式后，再画出 PAL 器件点阵图。由于 PAL 器件品种繁多，所以选择合适型号的 PAL 器件就成为应用中不可忽视的因素。选择器件主要考虑输入端、输出端数量是否恰当，乘积项数是否符合要求，寄存器数量是否足够等因素。在实际应用中，还要考虑速度、功耗和输出极性等。下面介绍如何用 PAL 实现四位二进制码到四位循环码的转换，作为 PAL 实现组合电路的一个实例。

表 8.6 给出了四位二进制码到四位循环码的转换表。把四位二进制码的 $B_3$、$B_2$、$B_1$ 和 $B_0$ 看作输入，把四位循环码的 $G_3$、$G_2$、$G_1$ 和 $G_0$ 看作输出，输出的逻辑表达式为

$$G_3=B_3$$
$$G_2=B_3\overline{B}_2+\overline{B}_3B_2$$
$$G_1=B_2\overline{B}_1+\overline{B}_2B_1$$
$$G_0=B_1\overline{B}_0+\overline{B}_1B_0$$

表 8.6　四位二进制码到四位循环码的转换表

| 四位二进制码 | | | | 四位循环码 | | | | 四位二进制码 | | | | 四位循环码 | | | |
|---|---|---|---|---|---|---|---|---|---|---|---|---|---|---|---|
| $B_3$ | $B_2$ | $B_1$ | $B_0$ | $G_3$ | $G_2$ | $G_1$ | $G_0$ | $B_3$ | $B_2$ | $B_1$ | $B_0$ | $G_3$ | $G_2$ | $G_1$ | $G_0$ |
| 0 | 0 | 0 | 0 | 0 | 0 | 0 | 0 | 1 | 0 | 0 | 0 | 1 | 1 | 0 | 0 |
| 0 | 0 | 0 | 1 | 0 | 0 | 0 | 1 | 1 | 0 | 0 | 1 | 1 | 1 | 0 | 1 |
| 0 | 0 | 1 | 0 | 0 | 0 | 1 | 1 | 1 | 0 | 1 | 0 | 1 | 1 | 1 | 1 |
| 0 | 0 | 1 | 1 | 0 | 0 | 1 | 0 | 1 | 0 | 1 | 1 | 1 | 1 | 1 | 0 |
| 0 | 1 | 0 | 0 | 0 | 1 | 1 | 0 | 1 | 1 | 0 | 0 | 1 | 0 | 1 | 0 |
| 0 | 1 | 0 | 1 | 0 | 1 | 1 | 1 | 1 | 1 | 0 | 1 | 1 | 0 | 1 | 1 |
| 0 | 1 | 1 | 0 | 0 | 1 | 0 | 1 | 1 | 1 | 1 | 0 | 1 | 0 | 0 | 1 |
| 0 | 1 | 1 | 1 | 0 | 1 | 0 | 0 | 1 | 1 | 1 | 1 | 1 | 0 | 0 | 0 |

这是一组有四个输入、四个输出的组合逻辑函数，实现上述函数的 PAL 应该是有四个以上输入端、四个以上输出端(其中有三个输出包含两个以上的乘积项)的器件。

根据上述理由，选用 PAL14H4 比较合适。因为 PAL14H4 有 14 个输入端、四个输出端，每个输出包含四个乘积项。图 8.35 所示为用 PAL14H4 实现四位二进制码到四位循环码转换的逻辑图。

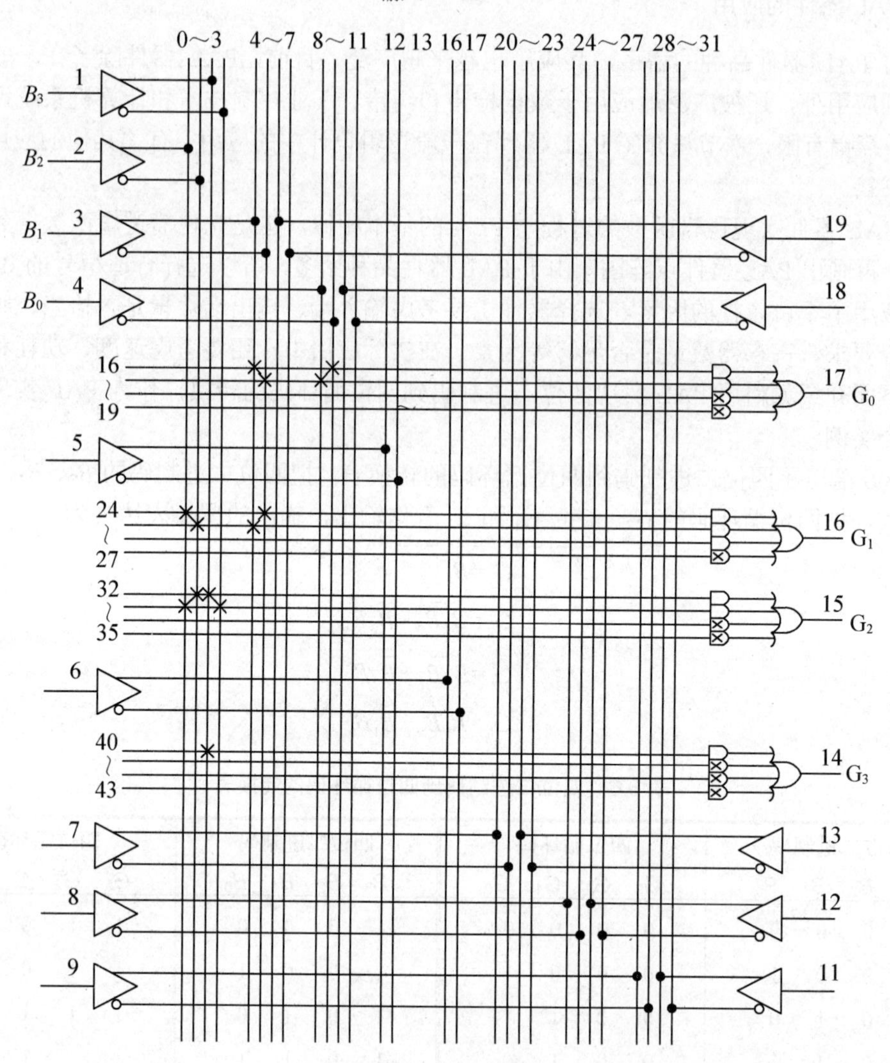


图 8.35 用 PAL14H4 实现四位二进制码到四位循环码转换的逻辑图

4. GAL 器件的应用

用 GAL 设计电子系统的全过程如下。

(1) 根据设计要求写出逻辑函数表达式。

(2) 按 GAL 编程器使用的汇编语言(如 FM 汇编语言或 ABEL 汇编语言)编写汇编源文件。

所谓 GAL 器件的编程，就是在 GAL 的端口给出地址信号、数据信号及编程电压等信息。如果没有相应的开发软件和硬件的支持，GAL 的编程几乎是不可能的。

(3) 编程器的汇编软件 FASTMAP(FM.EXE)将用户的布尔代数式翻译成标准 JEDEC 码，并生成目标文件(JED 文件)、熔断图文件(PLT 文件)及列表文件(LST 文件)。从输入的源文件(PLD 文件)产生目标文件(JED 文件)、熔断图文件(PLT 文件)及列表文件(LST 文件)等都由专门的软件实现。从输入的源文件(PLD 文件)产生目标文件(JED 文件)可以采用 ATMEL 公司的

CUPL 软件包或 DATA I/O 公司的 ABEL 软件包，但将 JED 文件固化到 GAL 芯片上(或从 GAL 芯片得到 JED 文件)的软件却因不同的编程系统而不一样。

由此可见，在应用 GAL 器件设计电子系统时，设计人员只需要写出逻辑函数表达式和编写汇编源文件即可，其他的工作都由编程器来完成。根据设计要求写出逻辑函数表达式的方法与前面其他可编程器件应用中所介绍的方法相同。编写汇编源文件涉及汇编语言 FM 和 ABEL，因此对 GAL 器件的应用在此不多介绍，有兴趣的读者可参考有关书籍。

# 本章小结

半导体存储器与可编程逻辑器件都属于大规模集成电路器件。

(1) 半导体存储器是现代数字系统特别是计算机系统中的重要组成部件，它可分为 RAM 和 ROM 两大类，绝大多数属于 MOS 工艺制成的大规模数字集成电路。半导体存储器因其存储容量大、速度快、体积小、成本低、可靠性高、省电等一系列优点而成为存储器中不可缺少的主导品种。

从逻辑电路构成的角度看，ROM 是由与门阵列和或门阵列构成的组合逻辑电路。ROM 的输出是输入最小项的组合，因此采用 ROM 可方便地实现各种逻辑函数。随着大规模集成电路成本的不断下降，利用 ROM 构成各种组合、时序电路越来越具有吸引力。

(2) 可编程逻辑器件(PLD)是一种由用户编程以实现某种逻辑功能的新型半导体逻辑器件。PLD 经历了 PROM、PLA、PAL、GAL 到 CPLD、FPGA 等高密度 PLD 的发展过程，其集成度、速度不断提高，功能不断增强，结构趋于合理，使用变得更灵活方便。与中小规模通用集成电路相比，PLD 具有集成度高、速度快、功耗小和可靠性高等优点。与大规模专用集成电路相比，采用 PLD 实现数字系统具有研制周期短、先期投资少、无风险、修改逻辑设计方便、小批量生产成本低等优势。

# 习　　题

1. ROM 可分为哪几种类型？
2. ROM 只读存储器的电路结构中包含哪几个组成部分？
3. 非易失性存储器有哪几种？
4. 半导体存储器按读、写功能可分为哪几类？
5. 存储器容量扩展有哪几种方法？
6. RAM 电路通常由哪几部分组成？
7. 若某存储器的容量为 1M×4 位，则该存储器的地址线、数据线各有多少条？
8. 某计算机的内存储器有 32 位地址线、32 位并行数据输入/输出线，求该计算机内存的最大容量是多少？
9. 典型的低密度可编程逻辑器件有哪几种？
10. 简述 PROM、PLA 和 PAL 在结构上有何区别。

11. 试说明在下列应用场合下选用哪种类型的PLD最为合适。

(1) 小批量定型产品中的中规模逻辑电路。

(2) 产品研制过程中需要不断修改的中、小规模逻辑电路。

(3) 少量的定型产品中需要的规模较大的逻辑电路。

(4) 需要经常改变其逻辑功能的规模较大的逻辑电路。

12. 已知ROM的数据表如表8.7所示，若将地址输入$A_3$、$A_2$、$A_1$和$A_0$作为输入逻辑变量，将数据输出$F_3$、$F_2$、$F_1$和$F_0$作为函数输出，试写出输出与输入间的逻辑函数式。

表8.7　习题12表

| $A_3$ | $A_2$ | $A_1$ | $A_0$ | $F_3$ | $F_2$ | $F_1$ | $F_0$ |
|---|---|---|---|---|---|---|---|
| 0 | 0 | 0 | 0 | 0 | 0 | 0 | 0 |
| 0 | 0 | 0 | 1 | 0 | 0 | 0 | 1 |
| 0 | 0 | 1 | 0 | 0 | 0 | 1 | 1 |
| 0 | 0 | 1 | 1 | 0 | 0 | 1 | 0 |
| 0 | 1 | 0 | 0 | 0 | 1 | 1 | 0 |
| 0 | 1 | 0 | 1 | 0 | 1 | 1 | 1 |
| 0 | 1 | 1 | 0 | 0 | 1 | 0 | 1 |
| 0 | 1 | 1 | 1 | 0 | 1 | 0 | 0 |
| 1 | 0 | 0 | 0 | 1 | 1 | 0 | 0 |
| 1 | 0 | 0 | 1 | 1 | 1 | 0 | 1 |
| 1 | 0 | 1 | 0 | 1 | 1 | 1 | 1 |
| 1 | 0 | 1 | 1 | 1 | 1 | 1 | 0 |
| 1 | 1 | 0 | 0 | 1 | 0 | 1 | 0 |
| 1 | 1 | 0 | 1 | 1 | 0 | 1 | 1 |
| 1 | 1 | 1 | 0 | 1 | 0 | 0 | 1 |
| 1 | 1 | 1 | 1 | 1 | 0 | 0 | 0 |

13. 已知ROM如图8.36所示，试列表说明ROM存储的内容。

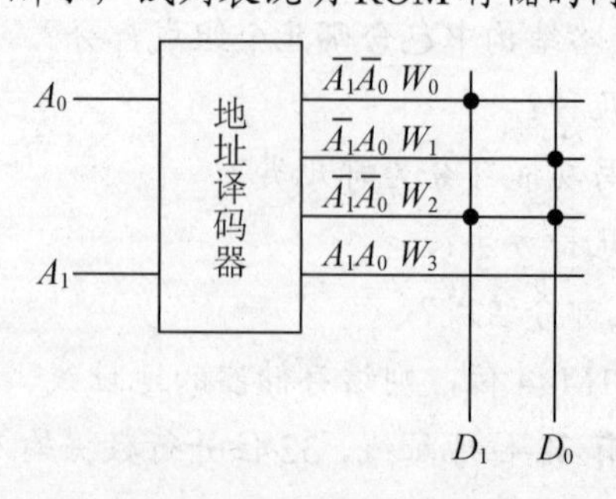


图8.36　习题13图

14. 写出图8.37所示电路中的$Y_1$、$Y_2$的逻辑表达式并化简。

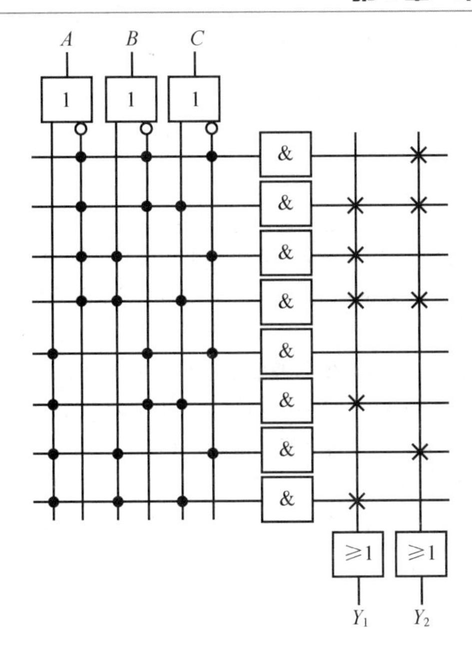


图 8.37　习题 14 图

15. 用 16×4 位 EPROM 实现下列各函数，画出存储矩阵的连线图。

(1)　$Y_1 = ABC + \overline{A}(B + C)$

(2)　$Y_2 = A\overline{B} + \overline{A}B$

(3)　$Y_3 = \overline{(A + B)(\overline{A} + \overline{C})}$

(4)　$Y_4 = ABC + \overline{A}\,\overline{B}\,\overline{C}$

16. 已知四输入、四输出的可编程逻辑阵列器件的逻辑图如图 8.38 所示，请写出其逻辑函数输出表达式。

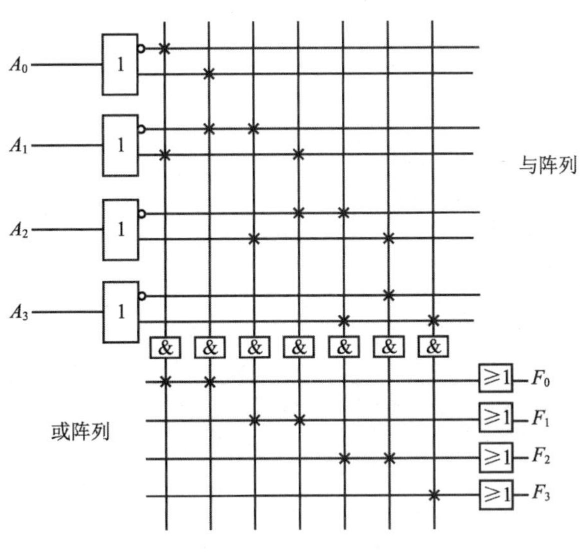


图 8.38　习题 16 图

# 参 考 文 献

[1] 清华大学电子教研组. 阎石. 数字电子技术基础. 4 版. 北京：高等教育出版社，1998
[2] 余孟尝. 数字电子技术基础简明教程. 北京：高等教育出版社，2005
[3] [美] M.Morris Mano，Charles R. Kime. 数字逻辑与计算机硬件设计基础. 2 版，英文原版. 北京：电子工业出版社，2002
[4] 蔡良伟. 数字电路与逻辑设计. 2 版. 西安：西安电子科技大学出版社，2009
[5] 康华光. 电子技术基础数字部分. 4 版. 北京：高等教育出版社，2000
[6] 王毓银. 数字电路逻辑设计. 北京：高等教育出版社，1999
[7] 胡晓光. 数字电子技术基础. 北京：北京航空航天大学出版社，2007
[8] 白中英，岳怡，郑岩. 数字逻辑与数字系统. 北京：科学出版社，1998